에너지관리기능장
필기 | 과년도 문제해설

권오수 저

감수자
(사)한국에너지기술인협회
회장 이충호

MASTER
CRAFTSMAN
ENERGY MANAGEMENT

 예문사

머리말

Master Craftsman Energy Management

필자는 지난 1974년을 시작으로 45여 년간 '보일러, 가스, 냉동, 열관리기술학원'에서 강사로 근무하였다. 오랜 기간 축적된 경험을 바탕으로 한 강의 노하우를 담아 이 분야의 기술서적 100여 권을 저술하였다. 특히 기능장 관련 도서로 '에너지관리기능장', '가스기능장', '배관기능장', '용접기능장'도 함께 저술한 바 있다.

이번 책의 출간이 더욱 뜻깊은 것은, 우리나라에서 에너지관리기능장(구. 보일러기능장) 최초의 저술자로서 그간 저술한 100여 권의 책을 통해 350여 만 명의 수험생들에게 배움의 기회와 취업, 그리고 자격증 취득에 일조한 공로를 인정받아 2004년 한국민족정신진흥회에서 발행한 '현대한국인물사'에 수록되는 영광을 얻게 되었기 때문이다. 또한 2007년에는 한국보일러사랑재단 설립을 계기로 2008년 한국보일러대상 시상식을 거행하여 2023년 현재까지 총 225명에게 상장을 수여하기도 하였다.

'에너지관리기능장'은 에너지 및 보일러 자격증 중에서 최고의 권위를 자랑하는 자격증이다. 수험생 여러분이 이 자격증을 보다 쉽게 취득하는 데 도움을 주고자 이 책을 출간하게 되었다. 이 책은 2003년부터 최근 출제된 2018년까지의 과년도 출제문제만을 수록하고 있다. 합격을 위해 시험 보기 전 마무리용으로 참고하면 반드시 좋은 결과를 얻을 수 있을 것이다.

오랜 기간 검토하고 정성껏 교정했으나 간혹 발견되는 오류에 대해서는 발견 즉시 필자가 운영하고 있는 자격증취득 질의응답용 네이버 Cafe '가냉보열(가스, 냉동, 보일러, 열관리)'에 수정하여 올려놓을 것을 약속한다.

권오수

추천사

우리들은 정년퇴직하기 전까지 (주)남양유업과 (주)한국야쿠르트, (주)우성사료에 근무하면서 기계직종 에너지·보일러 분야에 대한 최고 수준의 기능을 인정받아 대한민국명장으로 선정된 사람들입니다. 명장선정제도는 전문기능인력이 국가 경제발전에 원동력이 된다는 취지의 기능장려우대정책의 일환으로 정부에서 매년 직능(24분야 168개 직종) 분야별로 장인정신이 투철하고 동일 직종에 장기 근속하면서 그 분야 최고의 기능을 보유한 자로서 회사발전과 후배양성, 나아가 국가 기술발전에 기여한 자를 명장으로 선정하고 해당 분야에서 계속 정진할 수 있도록 하는 제도로서 우리 세 사람은 영광스럽게도 대한민국명장(에너지 분야)으로 선정되었습니다. 명장으로 선정되면 명장증서, 휘장 수여와 일시장려금 2,000만 원, 매년 기능장려연금을 지급받으며 또한 해외산업연수와 이 밖에 명장 및 기능경기 관련 행사의 심사위원 위촉, 국가기술자격(기능)시험출제, 기능대학법 및 기능대학학칙이 정하는 바에 의거 소정의 학점 인정, 기능대학법에 의한 기능대학 교원임용 자격 부여, 초중등교육법에 정한 산학겸임교사 자격요건 부여 등 많은 혜택이 주어집니다. 지난 수십 년 동안 에너지 다소비 기기인 보일러를 통한 이론과 실무를 바탕으로 자기계발을 하였으며 직장에서는 현장의 문제점들을 찾아 개선하는 절약의식과 기술력 및 창의력을 발휘하여 원가절감과 생산성 향상으로 회사의 경영환경 개선과 정부의 에너지절약시책에 일익을 다하고 있으며 수많은 개선사례를 바탕으로 사외, 사내에서 생산성향상발표회 및 기술교류활동 등을 실시하여 후배 양성 및 기업과 국가의 기술경쟁력 향상을 위해 열심히 뛰고 있습니다.

권오수 선생님은 우리가 처음 에너지·보일러 분야에 종사하면서 자격증을 취득하기 위해 공부했던 교재의 저자로서 그 이후 에너지관리기능장, 위험물·공조냉동 및 환경 기사1급 등 7~8개의 자격증을 취득할 수 있도록 견인해주신 분입니다. 2020년 현재까지 보일러, 고압가스, 에너지, 공조냉동 분야에서 47년간의 강사생활과 1백여 권의 저술을 하신 친애하는 지인으로서 지금껏 소중한 인연을 맺어가고 있습니다.

"성공의 기회는 오는 것이 아니라 내가 만들어 가는 것"이며 직업에 귀천은 없다고 생각합니다. 아무쪼록 이 책을 통하여 보일러 분야 등 기타 국가기술자격증 취득과 현재의 업무에 최선의 노력을 다한다면 반드시 성공할 수 있을 것입니다.

감사합니다.

대한민국명장(에너지) 우장균
E-mail : nywoojg@hanmail.net

대한민국명장(에너지) 성광호
E-mail : skh1647@hanmail.net

대한민국명장(에너지) 이충호
E-mail : chungho275@hanmail.net

우리나라 에너지 및 보일러 수험서에 관한 한 최고의 저자이신 권오수 선생님께서는 개척자이고 역사라 해도 과언이 아닙니다.

본 수험서 또한 그간의 집필경험을 살린 것으로, 에너지관리기능장 자격 취득을 위하여 공부하는 수험생에게 좋은 길잡이가 될 것이라 믿어 의심치 않습니다.

기능장 자격의 평가기준으로 "최상급 숙련기능을 가지고 산업현장에서 작업관리, 소속 기능인력의 지도 및 감독, 현장훈련, 경영계층과 생산계층을 유기적으로 연계시켜주는 현장관리 등의 업무를 수행할 수 있는 능력의 유무"를 국가기술자격법에서 정하고 있습니다. 이렇듯 기능계 최상위 자격자로서 갖추어야 할 엄격한 기준이 있어, 이를 대비해 수많은 에너지 및 보일러 분야 종사자들이 열심히 기능을 연마하고 기능장 자격을 취득하기 위해 공부하고 있습니다.

기능장 자격 취득은 이전에 경험했던 기능사 등 여느 자격과는 학습과정이 사뭇 다르기에 철저히 준비하고 꾸준히 노력해야 취득할 수 있음을 선배취득자로서 조언해드리고 싶습니다.

아울러 공부과정에서 무엇보다 어떤 수험서를 선택하느냐에 따라 당락이 결정될 수 있는 만큼 신중히 선택해야 하며, 본 수험서는 꾸준히 준비하고 최선을 다한다면 충분히 합격의 영광을 얻을 수 있는 충실한 안내자가 될 것이라 믿습니다.

에너지관리기능장 국가기술자격 취득을 위해 공부하는 모든 수험생들께 합격의 영광이 함께하기를 기원합니다.

[자격증 취득 후 한국에너지관리기능장회에 가입을 원하시는 분들은 한국에너지관리기능장회로 연락주시기 바랍니다.]

감사합니다.

대한민국명장(열관리)
명장 **함이호**
E-mail : dyfltk-1@hanmail.net

한국에너지관리기능장회
전임회장 **이일수**
E-mail : islee1112@hanmail.net

우리나라 최초 여성
에너지관리기능장 **신지희**
E-mail : sinsinsin888@naver.com

CBT 전면시행에 따른
CBT 웹 체험 PREVIEW

✱ 수험자 정보 확인

시험장 감독위원이 컴퓨터에 나온 수험자 정보와 신분증이 일치하는지를 확인하는 단계입니다. 수험번호, 성명, 주민등록번호, 응시종목, 좌석번호를 확인합니다.

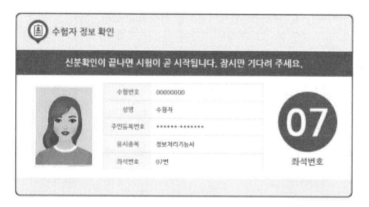

✱ 안내사항

시험에 관련된 안내사항이므로 꼼꼼히 읽어보시기 바랍니다.

1. 안내사항	2. 유의사항	3. 메뉴설명	4. 문제풀이 연습	5. 시험준비완료

📢 안내사항

- ✔ 시험은 총 60문제로 구성되어 있으며, 60분간 진행됩니다.
- ✔ 시험도중 수험자 PC 장애발생시 손을 들어 시험감독관에게 알리면 긴급 장애 조치 또는 자리이동을 할 수 있습니다.
- ✔ 시험이 끝나면 합격여부를 바로 확인할 수 있습니다.

✱ 유의사항

부정행위는 절대 안 된다는 점, 잊지 마세요!

 유의사항 - [1/3]

- 다음과 같은 부정행위가 발각될 경우 감독관의 지시에 따라 퇴실 조치되고, 시험은 무효로 처리되며, 3년간 국가기술자격검정에 응시할 자격이 정지됩니다.

  ✔ 시험 중 다른 수험자와 시험에 관련한 대화를 하는 행위

  ✔ 시험 중에 다른 수험자의 문제 및 답안을 엿보고 답안지를 작성하는 행위

  ✔ 다른 수험자를 위하여 답안을 알려주거나, 엿보게 하는 행위

  ✔ 시험 중 시험문제 내용과 관련된 물건을 휴대하여 사용하거나 이를 주고받는 행위

  다음 유의사항 보기 ▶

✱ 문제풀이 메뉴 설명

문제풀이 메뉴에 대한 주요 설명입니다. CBT에 익숙하지 않다면 꼼꼼한 확인이 필요합니다. (글자크기/화면배치, 전체/안 푼 문제 수 조회, 남은 시간 표시, 답안 표기 영역, 계산기 도구, 페이지 이동, 안 푼 문제 번호 보기/답안 제출)

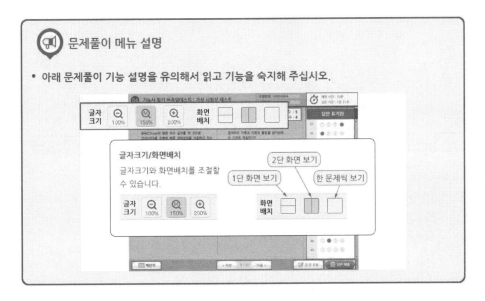

✱ 시험준비 완료!

이제 시험에 응시할 준비를 완료합니다.

> **📣 시험 준비 완료**
>
> ✔ **아래의 시험 준비 완료 버튼을 클릭해주세요.**
> ✔ 잠시 후 시험감독관의 지시에 따라 시험이 자동으로 시작됩니다.

시험 준비 완료

✱ 시험화면

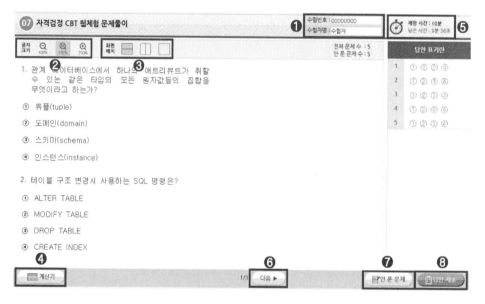

❶ **수험번호, 수험자명** : 본인이 맞는지 확인합니다.
❷ **글자크기** : 100%, 150%, 200%로 조정 가능합니다.
❸ **화면배치** : 2단 구성, 1단 구성으로 변경합니다.
❹ **계산기** : 계산이 필요할 경우 사용합니다.
❺ **제한 시간, 남은 시간** : 시험시간을 표시합니다.
❻ **다음** : 다음 페이지로 넘어갑니다.
❼ **안 푼 문제** : 답안 표기가 되지 않은 문제를 확인합니다.
❽ **답안 제출** : 최종답안을 제출합니다.

✱ 답안 제출

문제를 다 푼 후 답안 제출을 클릭하면 위와 같은 메시지가 출력됩니다.
여기서 '예'를 누르면 답안 제출이 완료되며 시험을 마칩니다.

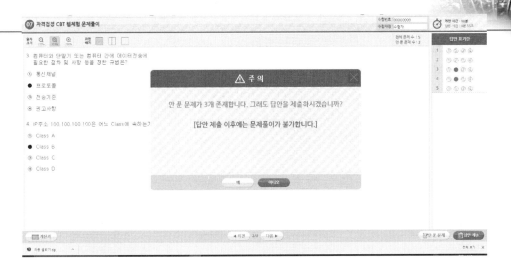

알고 가면 쉬운 CBT 4가지 팁

1. 시험에 집중하자.
기존 시험과 달리 CBT 시험에서는 같은 고사장이라도 각기 다른 시험에 응시할 수 있습니다. 옆 사람은 다른 시험을 응시하고 있으니, 자신의 시험에 집중하면 됩니다.

2. 필요하면 연습지를 요청하자.
응시자의 요청에 한해 시험장에서는 연습지를 제공하고 있습니다. 연습지는 시험이 종료되면 회수되므로 필요에 따라 요청하시기 바랍니다.

3. 이상이 있으면 주저하지 말고 손을 들자.
갑작스럽게 프로그램 문제가 발생할 수 있습니다. 이때는 주저하며 시간을 허비하지 말고, 즉시 손을 들어 감독관에게 문제점을 알려주시기 바랍니다.

4. 제출 전에 한 번 더 확인하자.
시험 종료 이전에는 언제든지 제출할 수 있지만, 한 번 제출하고 나면 수정할 수 없습니다. 맞게 표기하였는지 다시 확인해보시기 바랍니다.

출제기준(필기)

직무 분야	환경·에너지	중직무 분야	에너지·기상	자격 종목	에너지관리 기능장	적용 기간	2023.1.1~2025.12.31

○직무내용 : 건물용 및 산업용 보일러의 시공, 취급 및 에너지관리에 관한 숙련기술을 가지고 현장에서 작업관리, 기능인력의 지도, 감독, 현장훈련, 안전·환경관리, 경영층과 생산계층을 유기적으로 연계시켜 주는 현장관리 등을 수행하는 직무이다.

필기검정방법	객관식	문제수	60	시험시간	1시간

필기과목명	문제수	주요항목	세부항목	세세항목
보일러구조학, 보일러시공, 보일러취급 및 안전관리, 유체역학 및 열역학, 배관공학, 보일러 재료, 에너지이용합 리화관계법규, 공업경영에 관한 사항	60	1. 보일러 구조	1. 보일러 종류	1. 사용재질에 따른 종류 2. 구조에 따른 종류 3. 사용매체에 따른 종류 4. 사용연료에 따른 종류 5. 순환방식에 따른 종류
			2. 보일러 특성	1. 보일러의 구조 2. 보일러의 특성
			3. 보일러 용량	1. 보일러 정격용량 2. 보일러 출력
			4. 보일러 급수장치	1. 급수펌프의 구비조건 2. 급수펌프의 종류, 구조 및 특성 3. 급수펌프의 동력계산
			5. 보일러 안전장치	1. 안전밸브 및 방출밸브 2. 가용전 및 방폭문 3. 고·저수위경보장치 4. 화염검출기 5. 압력제한기 및 압력조절기 6. 증기 및 배기가스 상한온도 스위치 7. 가스누설 긴급 차단밸브
			6. 보일러 계측장치	1. 수면계 2. 압력계 3. 수위계 4. 온도계 5. 급수량계, 급유량계, 가스미터기 등 6. 가스분석기

필기과목명	문제수	주요항목	세부항목	세세항목
보일러구조학, 보일러시공, 보일러취급 및 안전관리, 유체역학 및 열역학, 배관공학, 보일러 재료, 에너지이용합 리화관계법규, 공업경영에 관한 사항		1. 보일러 구조	7. 보일러 송기장치	1. 증기밸브, 증기관 및 감압밸브 2. 비수방지관 및 기수분리기 3. 증기 축열기
			8. 보일러 연소장치	1. 고체연료 연소장치 2. 액체연료 연소장치 3. 기체연료 연소장치
			9. 보일러 연료	1. 고체 연료의 종류 및 특성 2. 액체 연료의 종류 및 특성 3. 기체 연료의 종류 및 특성
			10. 연소계산	1. 연소의 성상 2. 연료의 발열량 계산 3. 이론 산소량, 공기량, 공기비 등의 계산 4. 연소가스량 계산
			11. 송풍장치	1. 통풍방식 2. 송풍기의 종류 및 특성 3 송풍기 소요동력 4. 댐퍼, 연도 및 연돌, 소음기
			12. 집진장치 및 유해 가스 저감 대책	1. 집진장치의 종류 및 특징 2. NOx, SOx, CO, 분진 저감방법
			13. 열효율 증대장치	1. 공기예열기 2. 급수예열기(절탄기)
			14. 기타 부속장치	1. 그을음 제거기(Soot Blower) 2. 분출장치 3. 증기 과열기 및 재열기
			15. 보일러 자동제어	1. 자동제어의 종류와 제어방식 2. 자동제어 기기 3. 보일러 자동제어 요소와 특성 4. 각종 인터록 장치 5. O_2 트리밍 시스템(공연비제어장치) 6. 원격제어 및 에너지관리
			16. 보일러 열효율 열정산	1. 보일러 열효율 등의 계산 2. 보일러 열정산 3. 에너지 진단

출제기준

필기과목명	문제수	주요항목	세부항목	세세항목
보일러구조학, 보일러시공, 보일러취급 및 안전관리, 유체역학 및 열역학, 배관공학, 보일러 재료, 에너지이용합 리화관계법규, 공업경영에 관한 사항		2. 보일러 시공	1. 부하의 계산	1. 난방 및 급탕부하의 종류 2. 난방 및 급탕부하의 계산 3. 보일러의 용량 결정
			2. 난방설비	1. 증기난방　　　2. 온수난방 3. 복사난방　　　4. 지역난방 5. 열매체난방　　6. 전기난방
			3. 배관시공	1. 증기난방　　　2. 온수난방 3. 복사난방　　　4. 열매체난방 5. 전기난방　　　6. 연도설비
			4. 난방기기	1. 방열기 2. 팬코일유니트 3. 콘백터 등
			5. 보일러설치, 시공 및 검사기준	1. 보일러 설치·시공기준 2. 보일러 설치검사기준 3. 보일러 계속사용·개조검사기준 4. 보일러 운전성능 검사기준 5. 설치장소 변경검사기준
		3. 보일러 취 급 및 안 전관리	1. 보일러 운전 및 조작	1. 보일러 운전조작 2. 보일러 운전 중의 장애 3. 사용정지 시 취급 4. 부속장치 취급 5. 콘덴싱보일러의 중화처리장치
			2. 보일러 세관 및 보존	1. 보일러 세관의 종류, 방법 및 특징 2. 보일러 보존방법 및 특징
			3. 보일러 급수처리	1. 보일러 급수 수질 및 특성 2. 보일러 급수의 외처리
			4. 보일러 관수처리	1. 보일러수 내처리 특성, 청관제 종류 및 사용방법 2. 보일러 세관
			5. 보일러 연소관리	1. 연소장치 정비 2. 이상연소 조정

출제기준

필기과목명	문제수	주요항목	세부항목	세세항목
보일러구조학, 보일러시공, 보일러취급 및 안전관리, 유체역학 및 열역학, 배관공학, 보일러 재료, 에너지이용합 리화관계법규, 공업경영에 관한 사항		3. 보일러 취급 및 안전관리	6. 보일러 손상과 방지대책	1. 보일러 손상의 종류와 특징 2. 보일러 손상 방지대책
			7. 보일러 사고와 방지대책	1. 보일러 사고의 종류와 특징 2. 보일러 사고 방지대책
			8. 안전관리 일반	1. 안전일반 2. 작업 및 공구 취급 시의 안전 3. 화재방호
			9. 환경관리 일반	1. 배기가스 관리 2. 배출수 관리
		4. 유체역학 및 열역학 기초	1. 유체의 기본성질	1. 밀도, 비중량, 비체적, 비중 2. 유체의 점성
			2. 유체정역학	1. 압력의 정의 및 측정 2. 정지유체 속에서의 압력 3. 유체 속에 잠긴 면에 작용하는 힘
			3. 관로 속의 유체 흐름	1. 연속 방정식 2. 베르누이 방정식 3. 유량 계산
			4. 열의 기본성질	1. 온도와 열량, 비열 2. 일, 동력, 에너지
			5. 열전달	1. 열전달의 종류와 특징 2. 전도, 대류 및 복사 계산 3. 열관류 등 계산
			6. 열역학 법칙	1. 열역학 법칙의 정의 2. 엔탈피, 엔트로피
			7. 증기의 성질	1. 증기의 일반적 성질 2. 증기표 및 증기선도, 상태변화 3. 증기사용량 계산
		5. 배관공작	1. 관재료	1. 관의 종류 및 특징 2. 관이음쇠의 종류 및 특징
			2. 밸브 및 기타 배관부속	1. 밸브의 종류 및 특징 2. 기타 배관부속 종류 및 특징 3. 감압 밸브 및 온도조절밸브

출제기준

필기과목명	문제수	주요항목	세부항목	세세항목
보일러구조학, 보일러시공, 보일러취급 및 안전관리, 유체역학 및 열역학, 배관공학, 보일러 재료, 에너지이용합 리화관계법규, 공업경영에 관한 사항		5. 배관공작	2. 밸브 및 기타 배관 부속	4. 증기 트랩 5. 신축이음
			3. 배관작업기계 및 공구	1. 강관작업용 기계 및 공구 2. 동관 등 기타 관 작업용 공구
			4. 배관작업	1. 강관 이음 작업 2. 동관 등 기타 관 이음 작업
			5. 배관의 지지	1. 배관지지의 종류 및 특징 2. 배관의 신축
			6. 배관시공법	1. 온수배관 시공법 2. 증기배관 시공법 3. 기타배관 시공법
			7. 절단	1. 각종 관의 절단 방법 및 특징
			8. 용접	1. 아크 용접 2. 가스 용접 3. 알곤 용접
			9. 배관제도	1. 도면 해독법
		6. 보일러 재료	1. 보일러용 금속재료	1. 강재 및 주철의 종류 및 특성 2. 비철금속 종류 및 특성
			2. 내화재, 보온재, 단열재	1. 내화재의 종류와 특성 2. 보온재의 종류와 특성 3. 단열재의 종류와 특성
			3. 방청도료 및 패킹 재료	1. 방청도료의 종류와 특성 2. 패킹재의 종류와 특성
		7. 관련 법규	1. 에너지법	1. 법, 시행령, 시행규칙
			2. 에너지이용 합리화법	1. 법, 시행령, 시행규칙
			3. 열사용기자재의 검사 및 검사면제에 관한 기준	1. 특정열사용기자재 2. 검사대상기기의 검사 등
			4. 건설산업기본법	열사용기자재 시공업 등록 등

필기과목명	문제수	주요항목	세부항목	세세항목
보일러구조학, 보일러시공, 보일러취급 및 안전관리, 유체역학 및 열역학, 배관공학, 보일러 재료, 에너지이용합리화관계법규, 공업경영에 관한 사항		7. 관련 법규	5. 신에너지 및 재생에너지 개발이용보급 촉진법	1. 법, 시행령, 시행규칙
			6. 기계설비법	1. 에너지관리 관련 기계설비 기술기준
		8. 공업경영	1. 품질관리	1. 통계적 방법의 기초 2. 샘플링 검사 3. 관리도
			2. 생산관리	1. 생산계획 2. 생산통제
			3. 작업관리	1. 작업방법연구 2. 작업시간연구
			4. 기타 공업경영에 관한 사항	1. 기타 공업경영에 관한 사항

차 례

제1편 과년도출제문제

※ 2018년 6월 시험부터는 한국산업인력공단에서 문제를 제공하지 않습니다.

제2편 CBT 모의고사

※ 과년도출제문제에는 저자의 독창적인 문제가 수록되어 있으므로 무단복사는 일체 엄금합니다.

검사대상기기

구분	검사대상기기	적용범위
보일러	강철제 보일러, 주철제 보일러	다음 각 호의 어느 하나에 해당하는 것은 제외한다. 1. 최고사용압력이 0.1MPa 이하이고, 동체의 안지름이 300미리미터 이하이며, 길이가 600미리미터 이하인 것 2. 최고사용압력이 0.1MPa 이하이고, 전열면적이 5제곱미터 이하인 것 3. 2종 관류보일러 4. 온수를 발생시키는 보일러로서 대기개방형인 것
	소형 온수보일러	가스를 사용하는 것으로서 가스사용량이 17kg/h(도시가스는 232.6킬로와트)를 초과하는 것
	캐스케이드 보일러	별표 1에 따른 캐스케이드 보일러의 적용범위에 따른다.
압력용기	1종 압력용기, 2종 압력용기	별표 1에 따른 압력용기의 적용범위에 따른다.
요로	철금속가열로	정격용량이 0.58MW를 초과하는 것

검사대상기기관리자의 자격 및 조종범위

관리자의 자격	관리범위
에너지관리기능장 또는 에너지관리기사	용량이 30t/h를 초과하는 보일러
에너지관리기능장, 에너지관리기사 또는 에너지관리산업기사	용량이 10t/h를 초과하고 30t/h 이하인 보일러
에너지관리기능장, 에너지관리기사, 에너지관리산업기사 또는 에너지관리기능사	용량이 10t/h 이하인 보일러
에너지관리기능장, 에너지관리기사, 에너지관리산업기사, 에너지관리기능사 또는 인정검사대상기기관리자의 교육을 이수한 자	1. 증기보일러로서 최고사용압력이 1MPa 이하이고, 전열면적이 10제곱미터 이하인 것 2. 온수발생 및 열매체를 가열하는 보일러로서 용량이 581.5킬로와트 이하인 것 3. 압력용기

비고
1. 온수발생 및 열매체를 가열하는 보일러의 용량은 697.8킬로와트를 1t/h로 본다.
2. 제31조의27제2항에 따른 1구역에서 가스 연료를 사용하는 1종 관류보일러의 용량은 이를 구성하는 보일러의 개별 용량을 합산한 값으로 한다.
3. 계속사용검사 중 안전검사를 실시하지 않는 검사대상기기 또는 가스 외의 연료를 사용하는 1종 관류보일러의 경우에는 검사대상기기관리자의 자격에 제한을 두지 아니한다.
4. 가스를 연료로 사용하는 보일러의 검사대상기기관리자의 자격은 위 표에 따른 자격을 가진 사람으로서 제31조의26제2항에 따라 산업통상자원부장관이 정하는 관련 교육을 이수한 사람 또는 「도시가스사업법 시행령」 별표 1에 따른 특정가스사용시설의 안전관리 책임자의 자격을 가진 사람으로 한다.

기계설비유지관리자의 자격 및 등급

1. 일반기준

가. 기계설비유지관리자는 책임기계설비유지관리자와 보조기계설비유지관리자로 구분하며, 책임기계설비유지관리자는 자격 및 경력 기준에 따라 특급·고급·중급·초급으로 구분한다. 이 경우 실무경력은 해당 자격의 취득 이전의 실무경력까지 포함한다.

나. 가목에도 불구하고 국토교통부장관은 기계설비의 안전하고 효율적인 유지관리를 위하여 책임기계설비유지관리자 및 보조기계설비유지관리자의 경력, 자격·학력 및 교육을 다음의 구분에 따른 점수 범위에서 종합평가하여 그 결과에 따라 등급을 특급·고급·중급·초급으로 조정하여 산정할 수 있다.

1) 실무경력 : 30점 이내
2) 보유자격·학력 : 30점 이내
3) 교육 : 40점 이내

다. 외국인 기계설비유지관리자의 인정 범위 및 등급

외국인 기계설비유지관리자는 해당 외국인의 국가와 우리나라 간의 상호인정 협정 등에서 정하는 바에 따라 자격을 인정하되, 그 인정 범위 및 등급에 관하여는 가목 및 나목을 준용한다.

라. 그 밖에 기계설비유지관리자의 실무경력 인정, 등급 산정 및 인정 범위 등에 필요한 방법 및 절차에 관한 세부기준은 국토교통부장관이 정하여 고시한다.

2. 세부기준

구분		자격 및 경력 기준		종합평가 결과에 따른 등급 산정
		보유자격	실무경력	
가. 책임기계설비 유지관리자	1) 특급	가) 기술사		제1호나목에 따라 특급으로 산정된 기계설비유지관리자
		나) 기능장	10년 이상	
		다) 기사	10년 이상	
		라) 산업기사	13년 이상	
		마) 특급 건설기술인	10년 이상	

2) 고급	가) 기능장	7년 이상	제1호나목에 따라 고급으로 산정된 기계설비유지관리자
	나) 기사	7년 이상	
	다) 산업기사	10년 이상	
	라) 고급 건설기술인	7년 이상	
3) 중급	가) 기능장	4년 이상	제1호나목에 따라 중급으로 산정된 기계설비유지관리자
	나) 기사	4년 이상	
	다) 산업기사	7년 이상	
	라) 중급 건설기술인	4년 이상	
4) 초급	가) 기능장		제1호나목에 따라 초급으로 산정된 기계설비유지관리자
	나) 기사		
	다) 산업기사	3년 이상	
	라) 초급 건설기술인		
나. 보조기계설비유지관리자	기계설비기술자 중 기계설비유지관리자에 필요한 자격을 갖추었다고 국토교통부장관이 정하여 고시하는 사람		

비고
1. 위 표에서 "기술사", "기능장", "기사" 및 "산업기사"란 각각 「국가기술자격법」 제9조제1호에 따른 국가기술자격의 등급 중 다음 각 목의 구분에 따른 분야의 국가기술자격 등급을 말한다.
   가. 기술사 : 건축기계설비·기계·건설기계·공조냉동기계·산업기계설비·용접 분야
   나. 기능장 : 배관·에너지관리·용접 분야
   다. 기사 : 일반기계·건축설비·건설기계설비·공조냉동기계·설비보전·용접·에너지관리 분야
   라. 산업기사 : 건축설비·배관·건설기계설비·공조냉동기계·용접·에너지관리 분야
2. 위 표에서 "건설기술인"이란 「건설기술 진흥법」 제2조제8호에 따른 건설기술인 중 같은 법 시행령 별표 1에 따른 기계 직무분야의 공조냉동 및 설비 전문분야와 용접 전문분야의 건설기술인을 말한다. 이 경우 해당 건설기술인의 등급은 「건설기술 진흥법 시행령」 별표 1에 따른다.

기계설비유지관리자의 선임기준

구분	선임대상	선임자격	선임인원
1. 영 제14조제1항제1호에 해당하는 용도별 건축물	가. 연면적 6만제곱미터 이상	특급 책임기계설비유지관리자	1
		보조기계설비유지관리자	1
	나. 연면적 3만제곱미터 이상 연면적 6만제곱미터 미만	고급 책임기계설비유지관리자	1
		보조기계설비유지관리자	1
	다. 연면적 1만5천제곱미터 이상 연면적 3만제곱미터 미만	중급 책임기계설비유지관리자	1
	라. 연면적 1만제곱미터 이상 연면적 1만5천제곱미터 미만	초급 책임기계설비유지관리자	1
2. 영 제14조제1항제2호에 해당하는 공동주택	가. 3천세대 이상	특급 책임기계설비유지관리자	1
		보조기계설비유지관리자	1
	나. 2천세대 이상 3천세대 미만	고급 책임기계설비유지관리자	1
		보조기계설비유지관리자	1
	다. 1천세대 이상 2천세대 미만	중급 책임기계설비유지관리자	1
	라. 500세대 이상 1천세대 미만	초급 책임기계설비유지관리자	1
	마. 300세대 이상 500세대 미만으로서 중앙집중식 난방방식(지역난방방식을 포함한다)의 공동주택	초급 책임기계설비유지관리자	1

3. 영 제14조제1항제3호에 해당하는 건축물등(같은 항 제1호 및 제2호에 해당하는 건축물은 제외한다)	영 제14조제1항제3호에 해당하는 건축물등(같은 항 제1호 및 제2호에 해당하는 건축물은 제외한다)	건축물의 용도, 면적, 특성 등을 고려하여 국토교통부장관이 정하여 고시하는 기준에 해당하는 초급 책임기계설비유지관리자 또는 보조기계설비유지관리자	1

비고

1. 위 표에서 "선임자격"이란 해당 기계설비유지관리자 등급 이상을 보유한 사람으로서 다음 각 목의 구분에 따른 기준을 충족한 사람을 말한다. 이 경우 보조기계설비유지관리자는 초급 이상인 책임기계설비유지관리자로 선임할 수 있다.
   가. 제1호 및 제2호 : 다른 건축물 등의 기계설비유지관리자로 선임되어 있지 않은 사람
   나. 제3호 : 다른 건축물 등의 기계설비유지관리자로 선임되어 있지 않거나 국토교통부장관이 정하여 고시하는 범위 이내에서 다른 건축물 등의 기계설비유지관리자로 선임되어 있는 사람
2. 건축물대장의 건축물현황도에 표시된 대지경계선 안의 지역 또는 연접한 2개 이상의 대지에 건축물 등이 둘 이상 있고, 그 관리에 관한 권원(權原)을 가진 자가 동일인인 경우에는 이를 하나의 건축물 등으로 보아 해당 건축물 등을 합산한 연면적 또는 세대를 기준으로 기계설비유지관리자를 선임해야 한다.

Part **01**

과년도 출제문제

에너지관리기능장 Master Craftsman Energy Management

1 고압기류식 분무버너 특성 설명으로 옳은 것은?

① 연료유의 점도가 크면 무화가 곤란하다.

② 연소 시 소음의 발생이 적다.

③ 유량조절범위가 1 : 3 정도로 좁다.

④ 2~7kg/cm² 정도의 공기 또는 증기 고속류를 사용한다.

해설 고압기류식 버너

㉠ 고점도 연료의 무화도 가능하다.

㉡ 연소 시 소음발생이 있다.

㉢ 유령조절범위가 1 : 10이다.

㉣ 2~7kg/cm² 정도의 공기나 증기를 사용

2 두께 3cm, 면적 2m²인 강판의 열전도량을 6,000kcal/h로 하려면 강판 양면의 필요한 온도차는?(단, 열전도율 $\lambda = 45$kcal/m · h · ℃이다.)

① 2℃   ② 2.5℃   ③ 3℃   ④ 3.5℃

해설 $6,000 = 45 \times \dfrac{2 \times 45 \times \Delta t}{0.03}$

$\Delta t = \dfrac{6,000 \times 0.03}{45 \times 2} = 2℃$

3 다음 중 중유의 저위발열량(H_l)을 나타내는 식은?(단, H_h : 고위발열량, h : 중유 1kg 속에 함유된 수소의 중량(kg), W : 중유 1kg 속에 함유된 수분의 중량(kg))

① $H_l = H_h + (9h - W)$ ② $H_l = H_h + 600(9h - W)$

③ $H_l = H_h - 600(9h - W)$ ④ $H_l = H_h - 600(9h + W)$

해설 저위발열량$(H_l) = H_h - 600(9h + W)$

4 과잉공기와 연소 노내 온도 및 연소가스 중의 (CO_2)% 관계를 옳게 설명한 것은?

① 과잉공기가 증가하면 연소온도는 내려가고, 연소가스 중의 (CO_2)%는 증가한다.

② 과잉공기가 증가하면 연소온도는 높아지고, 연소가스 중의 (CO_2)%는 증가한다.

③ 과잉공기가 증가하면 연소온도는 내려가고, 연소가스 중의 (CO_2)%는 감소한다.

④ 과잉공기가 증가하면 연소온도는 높아지고, 연소가스 중의 (CO_2)%는 감소한다.

해설 과잉공기가 증가하면 연소온도는 내려가고, 연소가스 중의 O_2가 증가하고 연소가스 중의 CO_2는 감소한다.

5 노통보일러와 비교한 노통연관보일러의 특징을 설명한 것으로 잘못된 것은?

① 전열면적이 커서 증발량이 많고 효율이 좋다.

② 비교적 빨리 증기를 얻을 수 있다.

③ 질이 좋은 보일러수(水)가 필요하다.

④ 구조가 간단하여 설비비가 적게 된다.

해설 노통연관식 보일러는 노통보일러에 비하여 구조가 복잡하고 제작 설비비가 많이 든다.

6 보일러 절탄기 설치 시의 장점을 잘못 설명한 것은?

① 보일러의 수처리를 할 필요가 없다.

② 급수 중 일부의 불순물이 제거된다.

③ 급수와 관수의 온도차로 인한 열응력이 발생되지 않는다.

④ 보일러 열효율이 향상되어 연료가 절약된다.

해설 절탄기(급수가열기)의 설치 시에도 보일러 수처리가 반드시 필요하다.

7 보일러수의 예열, 증발, 과열이 1개의 긴 관에서 이루어지며 드럼(Drum)이 없는 보일러는?

① 하이네 보일러　　　　　　　② 슐처 보일러

③ 베록스 보일러　　　　　　　④ 라몬트 보일러

해설 슐처 보일러(관류보일러)는 예열, 증발, 과열이 1개의 긴 관에서 이루어지는 드럼이 없는 보일러이다.

8 수관 보일러 중 수평수관식 보일러인 것은?

① 가르베 보일러　　　　　　② 밥콕 보일러
③ 다쿠마 보일러　　　　　　④ 야로우 보일러

<u>해</u> 밥콕 보일러는 수관식 보일러이며 수평관식 보일러이며 CTM형, WIF형이 있다.

9 탄소 1kg을 완전 연소시키는 데 필요한 공기량은?

① 8.89Nm³　　② 3.33Nm³　　③ 1.87Nm³　　④ 22.4Nm³

<u>해</u> $C + O_2 \rightarrow CO_2$

$12kg + 22.4m^3 \rightarrow 22.4m^3$

$\therefore \quad \dfrac{22.4}{12} \times \dfrac{100}{21} = 8.89 Nm^3/kg$

10 내화물이란 제겔콘 번호(SK)에서 얼마 이상인가?

① SK 26　　　② SK 28　　　③ SK 32　　　④ SK 34

<u>해</u> 내화물은 SK 26번(1,580℃)에서 SK 42번(2,000℃)까지 17종이 있다.

11 보일러에 사용되는 청관제와 그 약품을 연결한 것으로 잘못된 것은?

① 연화제 – 가성소다, 탄산소다　　② 가성취화 억제제 – 질산나트륨, 인산나트륨
③ 탈산소제 – 암모니아, 리그닌　　④ 슬러지 분산제 – 탄닌, 전분

<u>해</u> 탈산소제
히드라진, 아황산소다, 탄닌(급수 중 산소가스분 처리제)

12 옥내에 설치된 보일러와 함께 보일러 연료를 저장하는 경우 보일러 외측으로부터 얼마 이상의 이격거리를 두는 것이 원칙인가?

① 1m　　　② 2m　　　③ 3m　　　④ 4m

<u>해</u> 중유 등 서비스 탱크는 보일러와 2m 이상 이격거리가 필요하다.

Answer　　8. ②　　9. ①　　10. ①　　11. ③　　12. ②

13 보일러 급수 중의 가스제거방법에 대해서 설명한 것 중 틀린 것은?

   ① 용존가스 제거방법은 기폭법, 탈기법 등이 있다.

   ② 탈기에 의한 방법은 산소, 탄산가스 등을 제거하는 경우에 쓰인다.

   ③ 기폭에 의한 방법은 산소, 탄산가스 등은 제거하나 철분, 망간을 제거하지는 못한다.

   ④ 기폭에 의한 처리방법은 보통 급수를 분무 또는 탑상에서 우화(雨化)시키는 방법을 취하고 있다.

해설 기폭법 : 급수 중 탄산가스, 산소, 철분, 망간의 제거

14 보일러의 수위가 낮아 과열된 경우 가장 먼저 취해야 할 조치는?

   ① 안전밸브를 열어 증기를 배출시킨다.

   ② 송풍기로 노내를 냉각시킨다.

   ③ 연료공급을 중지한다.

   ④ 급수펌프로 급수한다.

해설 ㉠ 저수위 사고 시 과열 또는 폭발을 방지하기 위하여 연료공급 즉시 차단
    ㉡ 저수위 경보장치 : 맥도널식, 전극식, 자석식, 코프식 등

15 수격작용의 방지조치로서 적합지 않은 것은?

   ① 급수관 도중에 에어포켓이 형성되게 한다.

   ② 주증기 밸브를 급개하지 않는다.

   ③ 프라이밍이나 포밍이 발생하지 않게 한다.

   ④ 용량이 큰 주증기 밸브는 응축수 빼기를 설치한다.

해설 수격작용 방지법
    ㉠ 주증기 밸브를 급개하지 않는다.
    ㉡ 프라이밍이나 포밍이 발생하지 않게 한다.
    ㉢ 용량이 큰 주증기 밸브는 응축수 빼기를 한다.

16 보일러 보존법에 대한 설명으로 틀린 것은?

   ① 만수보존법은 단기간의 휴지 시에 주로 채택하는 보존법이다.

   ② 질소가스 봉입법은 주로 고압 대용량 보일러의 단기간 휴지 시에 채택된다.

③ 보일러의 휴지기간이 장기간인 경우에는 건조보존법이 적합하다.

④ 건조보존법을 채택할 경우 흡습제로 생석회 또는 실리카겔 등을 사용한다.

해설 질소가스 봉입법(건조보존법)은 주로 고압 대용량 보일러의 장기간 휴지 시(6개월 이상) 채택하는 보존법이다.

17 보일러 내부 부식이 발생하기 쉬운 곳과 거리가 먼 것은?

① 침전물이 퇴적하기 쉬운 곳 ② 과열이 발생하기 쉬운 곳

③ 물과 접촉하는 수면 부근 ④ 산화피막이 형성된 곳

해설 전열면에 산화피막이 형성되면 보일러 내부 부식이 중지 또는 감소된다.

18 1kW로 1시간 일한 것은 몇 kcal의 열량에 해당되는가?

① 860kcal ② 622kcal ③ 552kcal ④ 486kcal

해설 $1kW = 102kg \cdot m/sec$

$A : \dfrac{1}{427} kcal/kg \cdot m$

$\therefore 102 \times 60분 \times 60초 \times \dfrac{1}{427} = 860kcal$

19 다음 중 엔트로피의 단위는?

① $kcal/kg \cdot K$ ② $kg \cdot m/kg$

③ $kcal/K$ ④ $kcal/kg$

해설 엔트로피$(ds) = \dfrac{dQ}{T} (kcal/kg \cdot K)$

엔트로피는 출입하는 열량의 이용가치를 나타내는 양으로 에너지도 아니고 온도와 같이 감각으로도 알 수 없는 측정할 수도 없는 물리학상의 상태량이다.

20 베르누이 방정식에서 압력수두의 단위는?

① $kg \cdot m/sec$ ② kg/cm^2

③ m ④ kg/sec

해설 베르누이 방정식에서 압력수두의 단위는 m이다.

Answer 17. ④ 18. ① 19. ① 20. ③

$$\frac{P_1}{r}+\frac{V_1^2}{2g}+Z_1=\frac{P_2}{r}+\frac{V_2^2}{2g}+Z_2=H$$

여기서, $\frac{P}{r}$: 압력수두,　　$\frac{V^2}{2g}$: 속도수두,

Z : 위치수두,　　H : 전수두

21 유체 속에 잠겨진 물체에 작용하는 부력은?

① 그 물체에 의해서 배제된 액체의 무게와 같다.
② 물체의 중력보다 크다.
③ 유체의 밀도와는 관계가 없다.
④ 물체의 중력과 같다.

해 유체 속에 잠겨진 물체에 작용하는 부력은 그 물체에 의해서 배제된 중량과 같다.

22 폐열회수(廢熱回收) 사이클은 어떤 사이클에 속하는가?

① 재생, 재열(再生, 再熱)　　　② 복합(複合)
③ 재열(再熱)　　　　　　　　④ 재생(再生)

해 폐열회수 사이클 : 복합 사이클

23 유체의 흐름에서 관(管)이 확대되면 압력은?

① 높아진다.　　　　　　　　② 낮아진다.
③ 일정하다.　　　　　　　　④ 갑자기 올라간다.

해 유체의 흐름에서 관이 갑자기 확대되면 유속이 감소되고 압력이 낮아진다.

24 고압배관용 탄소강관의 KS 표시 기호는?

① SPPH　　② SPPS　　③ SPHT　　④ SPLT

해 ㉠ SPPH : 고압배관용 탄소강관
ⓛ SPPS : 압력배관용 탄소강관
ⓒ SPHT : 고온배관용 탄소강관
ⓔ SPLT : 저온배관용 탄소강관

25 압력배관용 탄소강관의 최대사용압력은 몇 kg/cm² 정도인가?

① 18kg/cm²

② 30kg/cm²

③ 50kg/cm²

④ 100kg/cm²

해 압력배관용 탄소강관(SPPS)은 100kg/cm² 정도가 최대사용압력이고 그 이상은 SPPH로 사용하여야 한다.

26 증기와 응축수와 비중차를 이용한 기계식 트랩으로 다량의 응축수를 처리하는 경우 주로 사용되는 트랩은?

① 오리피스 트랩

② 디스크 트랩

③ 피스톤형 트랩

④ 플로트 트랩

해 플로트 트랩 : 다량 트랩(기계적 트랩, 비중량차에 의한 트랩)

27 배관의 신축이음 종류가 아닌 것은?

① 슬리브형

② 루프형

③ 플로트형

④ 벨로스형

해 배관의 신축이음
ㄱ 슬리브형 　　 ㄴ 루프형
ㄷ 벨로스형 　　 ㄹ 스위블형

28 온수난방 방열기에 부착되는 부속은?

① 유니언 캡

② 냉각 레그

③ 리프트 피팅

④ 에어 벤트 밸브

해 에어 벤트 밸브 : 온수난방 방열기용(에어제거용)

29 다음 보온재 중 안전사용온도가 가장 높은 것은?

① 탄산마그네슘

② 글라스 울

③ 양모 펠트

④ 규산칼슘

해 ㄱ 탄산마그네슘 : 250℃ 이하　　 ㄴ 글라스 울 : 300℃ 이하
ㄷ 양모 펠트 : 100℃ 이하　　 ㄹ 규산칼슘 : 650℃ 이하

Answer 　 25. ④ 　 26. ④ 　 27. ③ 　 28. ④ 　 29. ④

30 다음 중 산성 내화물에 속하는 것은?

① 고 알루미나질 내화물　　　　　② 탄화규소질 내화물
③ 규석질 내화물　　　　　　　　　④ 크롬질 내화물

해설 ㉠ 고 알루미나질 내화물 : 염기성
　　 ㉡ 탄화규소질 내화물 : 중성
　　 ㉢ 규석질 내화물 : 산성
　　 ㉣ 크롬질 내화물 : 중성

31 보일러의 절탄기 또는 공기예열기에 온도계가 설치된 경우 생략하여도 되는 온도계는?

① 보일러 본체 배기가스 온도계
② 급수 입구의 급수온도계
③ 버너의 급유 입구의 온도계
④ 과열기 출구 온도계

해설 절탄기나 공기예열기에 온도계가 부착된 경우 보일러 본체 배기가스 온도계가 생략된다.

32 집진장치 중 가압한 물을 분사시켜 충돌 또는 확산에 의한 포집을 하는 가압수식에 속하지 않는 것은?

① 벤튜리 스크러버　　　　　　　　② 사이클론 스크러버
③ 세정탑　　　　　　　　　　　　　④ 백 필터

해설 ㉠ 백 필터는 여과식이며 건식 집진장치이다.
　　 ㉡ 습식 : 가압수식, 유수식, 회전식 집진장치

33 다음 중 전기저항 용접의 종류가 아닌 것은?

① 스폿 용접　　　　　　　　　　　② 프로젝션 용접
③ 심(Seam)용접　　　　　　　　　④ 서브머지드 용접

해설 서브머지드 용접
아크 용접이다. 후판 용접에 제한이 없고 높은 전류를 사용할 수 있으므로 전류밀도가 커져 용접속도를 증가시키고 용입이 깊다.

34 보일러 이상 저수위 원인에 해당되지 않는 것은?

① 수면계의 기밀 불량　　　　② 증기의 대량 소비
③ 수위의 감시 불량　　　　　④ 안전밸브 작동 불량

해설 이상 저수위의 원인
　㉠ 수면계 기밀 불량
　㉡ 증기의 대량 소비
　㉢ 수위의 감시 불량
　㉣ 분출을 실시 후 분출밸브를 완전히 잠그지 않았을 때의 누수발생 때문

35 인젝터가 작동되지 않는 경우가 아닌 것은?

① 증기에 수분이 너무 많다.　　② 증기 압력이 너무 낮다.
③ 흡입 관로에서 공기가 누입된다.　④ 급수 온도가 너무 낮다.

해설 ㉠ 급수 온도가 50℃ 이하이면 인젝터는 정상적으로 작동한다.
　㉡ 인젝터 : 그레샴형, 메트로폴리탄형
　㉢ 인젝터 구조 : 핸들, 출구정지밸브, 흡수밸브, 증기밸브, 노즐

36 PB관 이음쇠로 만들어지지 않은 것은?

① 플랜지(Flange)　　　　　② 티(Tee)
③ 커넥터(Connector)　　　　④ 엘보(Elbow)

해설 플랜지는 강도상 유리하므로 금속제 이음쇠로 이상적이다.

37 체적이 10m³, 무게가 9,000kgf인 액체의 비중은?

① 0.11　　　　② 1.1　　　　③ 0.9　　　　④ 9

해설 물 1m³=1,000kgf(비중 1)
∴ $\frac{9,000}{10}$ =900kgf(비중 0.9)

38 엔탈피의 크기와 관계가 있는 것은?

① 내부에너지와 엔트로피　　　② 압력과 포화온도
③ 외부에너지와 엔트로피　　　④ 내부에너지와 일량

해설 엔탈피 = 내부에너지 + 외부에너지

즉, h = u + APV(kcal/kg)

39 고온, 고압 배관용으로 사용할 수 있으며 내식성이 우수한 관은?

① 압력배관용 탄소강관　　　　　② 스테인리스 강관

③ 경질 염화비닐관　　　　　　　④ 동관

해설 스테인리스 강관 : 고온 고압 배관용으로서 내식성이 우수하다.

40 특정열사용기자재 중 기관에 포함되지 않는 것은?

① 압력용기　　　　　　　　　　② 강철제 보일러

③ 태양열 집열기　　　　　　　　④ 축열식 전기보일러

해설 ㉠ 압력용기 : 제1종, 제2종이 있다.(기관에서 제외)

㉡ 기관(보일러 종류)

㉢ 요업요로(요, 로) : 기관에서 제외함

41 급수온도 25℃이고, 압력 14kg/cm²인 증기를 5,000kg/h 발생시키는 보일러가 있다. 이 보일러가 450kg/h의 연료를 소비할 때 보일러의 열효율은?(단, 연료 발열량 10,000kcal/kg, 증기 엔탈피 726kcal/kg이다.)

① 77.9%　　　　② 79.1%　　　　③ 63.1%　　　　④ 64.8%

해설 $\dfrac{\text{유효열}}{\text{공급열}} \times 100(\%) = \dfrac{5,000 \times (726-25)}{450 \times 10,000} \times 100 = 77.9\%$

42 어떤 보일러에서 급수의 온도가 60℃, 증발량이 1시간당 3,000kg, 발생증기의 엔탈피는 660kcal/kg이다. 이 보일러의 상당증발량은?

① 2,783kg/h　　　② 3,340kg/h　　　③ 3,625kg/h　　　④ 4,020kg/h

해설 $We = \dfrac{3,000 \times (660-60)}{539} = 3,340\text{kg/h}$

$We = \dfrac{GW(h_2 - h_1)}{539}(\text{kg/h})$

43 수소(H_2)의 영향을 가장 많이 받는 가스 분석계는?

① 밀도식 CO_2계

② 오르사트식 가스 분석계

③ 가스크로마토그래피

④ 열전도율형 CO_2계

해설 열전도율형 CO_2계 : CO_2는 공기보다 열전도율이 나쁜 점을 이용하는 가스 분석계이다. CO_2, SO_2 가스의 분석 시 H_2(수소)가 혼입하면 오차가 발생한다.

44 압력 $10kg/cm^2$, 건도가 0.95인 수증기 1kg의 엔탈피는?(단, $10kg/cm^2$에서 포화수의 엔탈피는 181.2kcal/kg, 포화증기의 엔탈피는 662.9kcal/kg이다.)

① 457.6kcal/kg

② 638.8kcal/kg

③ 810.9kcal/kg

④ 1,120.5kcal/kg

해설 증발잠열(r) $= 662.9 - 181.2 = 481.7 kcal/kg$

$h_2 = 181.2 + 481.7 \times 0.95 = 638.8 kcal/kg$

h_2(습증기 엔탈피) $= h_1 + r \cdot x(kcal/kg)$

45 개방식과 밀폐식 팽창탱크에 필요한 것은?

① 통기관

② 압력계

③ 팽창관

④ 안전밸브

해설 온수팽창탱크

㉠ 통기관 : 개방식용

㉡ 압력계·안전밸브 : 밀폐식용

㉢ 팽창관 : 개방식, 밀폐식 겸용

46 피복 아크 용접봉의 종류와 기호가 맞게 짝지어진 것은?

① 일미나이트계 : E4302

② 고셀룰로오스계 : E4310

③ 고산화티탄계 : E4311

④ 저수소계 : E4316

해설 ㉠ 일미나이트계 : E4301

㉡ 고셀룰로오스계 : E4311

㉢ 고산화티탄계 : E4313

㉣ 저수소계 : E4316

47 자연대류에 의하여 난방하는 경우, 방열기 설치에 관한 설명으로 잘못된 것은?

① 외벽에 접하고 있는 창 아래에 설치한다.

② 벽으로부터 50~65mm 떨어진 상태로 설치한다.

③ 바닥에서 최소한 90mm 정도 이격시켜 공기가 원활하게 유입되도록 한다.

④ 방열기는 높이가 높고 길이가 짧은 것이 난방에 효과적이다.

해설 방열기는 길이가 어느 정도 긴 것이 난방에 효과적이다.

48 보일러 스케일 부착 방지 대책으로 부적합한 것은?

① 전처리된 용수를 사용한다. ② 응축수(복수)는 재사용하지 않는다.

③ 청관제를 적절히 사용한다. ④ 관수 분출작업을 적절히 한다.

해설 응축수를 재사용하면 보일러 효율이 높아지고 경제적이다. 응축수는 급수처리된 물에서 생긴 급수에 해당

49 가스 설비에서 가스 홀더의 종류가 아닌 것은?

① 유수식 가스 홀더 ② 무수식 가스 홀더

③ 고압가스 홀더 ④ 저압가스 홀더

해설 가스홀더

ⓐ 유수식 홀더 ⓑ 무수식 홀더 ⓒ 고압가스 홀더

50 보일러의 자동제어 장치에서 인터록(Interlock)이란?

① 증기의 압력, 연료량, 공기량을 조절하는 것

② 제어량과 목표치를 비교하여 동작시키는 것

③ 정해진 순서에 따라 차례로 진행하는 것

④ 구비조건에 맞지 않을 때 다음 동작이 정지되는 것

해설 인터록 : 구비조건에 맞지 않을 때 다음 동작이 정지되는 것

ⓐ 저수위 인터록

ⓑ 프리퍼지 인터록

ⓒ 저연소 인터록

ⓓ 불착화 인터록

ⓔ 압력초과 인터록

51 가열 전 물의 온도가 10℃인 온수보일러에서 가열 후 온도가 80℃라면 이 보일러의 온수 팽창량은?(단, 이 온수보일러의 전체 보유수량은 400l, 물의 팽창계수는 $0.5 \times 10^{-3}/℃$ 이다.)

① 10l ② 12l ③ 14l ④ 16l

해설 $400 \times (0.5 \times 10^{-3}) \times (80-10) = 14l$

52 연소실에서 가마울림 현상이 발생하는 경우 그 방지대책으로 틀린 것은?

① 2차 공기의 가열 송풍에 대한 조절방식 등을 개선한다.
② 연소실 내에서 천천히 연소시킨다.
③ 연소실과 연도의 구조를 개선한다.
④ 수분이 적은 연료를 사용한다.

해설 연소실에서 가마울림(공명음) 현상이 발생하는 것을 방지하기 위하여 연료를 신속히 연소시킨다.

53 원심펌프 등에 사용되는 것으로 축 구멍에 부착된 금속제의 시트(Seat)에 대해서 축과 같이 돌아가는 링이 스프링 힘에 의해서 패킹제를 접촉점에 밀어붙여 액체 누설을 방지하는 것은?

① 글랜드 패킹 ② 메탈 패킹
③ 메커니컬 실 ④ 패킹 박스

해설 축봉장치
㉠ 글랜드 패킹
㉡ 메커니컬 실
• 세트 형식
• 실 형식
• 면압 밸런스 형식

54 다음 중 증기난방에 사용되는 기기가 아닌 것은?

① 기수분리기 ② 응축수탱크
③ 팽창탱크 ④ 트랩

해설 팽창탱크(개방식, 밀폐식) : 온수보일러용

---

55 그림의 OC곡선을 보고 가장 올바른 내용을 나타낸 것은?

① α : 소비자 위험
② L(p) : 로트의 합격 확률
③ β : 생산자 위험
④ 불량률 : 0.03

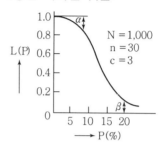

해설 OC(Operating Characteristic Curves)는 불량률이 커지면 로트가 합격할 확률은 작아진다.

56 품질관리 활동의 초기단계에서 가장 큰 비율로 들어가는 코스트는?

① 평가코스트
② 실패코스트
③ 예방코스트
④ 검사코스트

해설 ㉠ 실패코스트 : 품질관리 활동의 초기단계에서 가장 큰 비율로 들어가는 코스트이다.
㉡ 평가코스트 : 품질코스트에서 품질수준을 유지하기 위하여 소요되는 비용이다.

57 PERT/CPM에서 Network 작도 시 ⋯→ 은 무엇을 나타내는가?

① 단계(Event)
② 명목상의 활동(Dummy Activity)
③ 병행활동(Paralleled Activity)
④ 최초단계(Initial Event)

해설 PERT/CPM에서 Network 작도 시 ⋯→ 은 명목상의 활동이다.
PERT 기법이란 경영 관리자가 사업목적달성을 위하여 수행하는 기본계획

58 신제품에 가장 적절한 수요예측방법은?

① 시계열분석
② 의견분석
③ 최소자승법
④ 지수평활법

해설 ㉠ 의견분석 : 신제품에 가장 적합한 수요예측이다.
㉡ 수요예측방법 : 시계열분석, 희귀분석, 구조분석, 의견분석

59 관리도에 대한 설명 내용으로 가장 관계가 먼 것은?

① 관리도는 공정의 관리만이 아니라 공정의 해석에도 이용된다.

② 관리도는 과거의 데이터의 해석에도 이용된다.

③ 관리도는 표준화가 불가능한 공정에는 사용할 수 없다.

④ 계량치인 경우에는 $\overline{X}-R$ 관리도가 일반적으로 이용된다.

관리도란 공정의 상태를 나타내는 특성치에 관해서 그려진 그래프로서 공정을 관거상태(안전상태)로 유지하기 위해 사용된다.

㉠ $\overline{X}-R$ 관리도 : 계량치, Pn 관리도 : 계수치

㉡ $\overline{X}$ 관리도 : 평균치의 변화, R 관리도 : 분포의 폭

60 다음은 워크 샘플링에 대한 설명이다. 틀린 것은?

① 관측대상의 작업을 모집단으로 하고 임의의 시점에서 작업내용을 샘플로 한다.

② 업무나 활동의 비율을 알 수 있다.

③ 기초이론은 확률이다.

④ 한 사람의 관측자가 1인 또는 1대의 기계만을 측정한다.

워크 샘플링

사람이나 기계의 가동상태 및 작업의 종류 등을 순간적으로 관측하고 이러한 관측을 반복하여 각 관측 항목의 시간 구성이나 그 추이 상황을 통계적으로 추측하는 법이다.

과년도출제문제

2003. 7. 20.

1 강제순환식 수관보일러에 해당되는 것은?

① 라몬트 보일러   ② 밥콕 보일러

③ 다쿠마 보일러   ④ 랭커셔 보일러

해설 (1) 강제순환식 수관보일러

      ㉠ 라몬트 보일러

      ㉡ 베록스 보일러

(2) 밥콕 보일러 : 자연순환식 수관보일러

(3) 다쿠마 보일러 : 자연순환식 수관보일러

(4) 랭커셔 보일러 : 노통보일러

2 급수온도 20℃, 압력 7kg/cm²의 증기를 매시 2,000kg 발생시키는 보일러의 상당증발량은?(단, 발생증기의 엔탈피는 650kcal/kg이다.)

① 2,138kg/h   ② 2,238kg/h

③ 2,338kg/h   ④ 2,438kg/h

해설 $상당증발량 = \dfrac{매시증발량 \times (발생증기엔탈피 - 급수엔탈피)}{539}$

$\therefore \ \dfrac{2,000 \times (650 - 20)}{539} = 2,337.66\text{kg/h}$

3 기체연료의 특징 설명으로 옳은 것은?

① 연소조절 및 점화, 소화가 용이하다.

② 자동제어가 곤란하다.

③ 과잉공기가 많아야 완전 연소된다.

④ 누출 및 위험성이 적다.

해설 기체연료의 특징

    ㉠ 연소조절 및 점화, 소화가 용이하다.

ⓛ 자동제어가 용이하다.
ⓒ 과잉공기가 적어도 된다.
ⓔ 누출 시 폭발의 위험성이 크다.

4 보일러 본체는 수부와 무엇으로 구성되는가?

① 화로 　　② 증기부 　　③ 연소실 　　④ 관부

해 보일러 본체 내부는 수부와 증기부로 분별된다.

5 열효율 73.6%인 보일러를 열효율 86.7%로 개선하였다면 약 몇 %의 연료가 절감되는가?

① 11.0% 　　② 12.1% 　　③ 14.0% 　　④ 15.1%

해 연료절감률 $=\dfrac{86.7-73.6}{86.7}\times100=15.1\%$

6 5kg의 철을 80℃에서 120℃까지 높이는 데 필요한 열량은 몇 kcal인가?(단, 철의 비열은 0.12kcal/kg · ℃이다.)

① 12kcal 　　② 24kcal 　　③ 36kcal 　　④ 48kcal

해 $Q=G\times CP\times\Delta t$
$Q=5\times0.12\times(120-80)=24kcal$

7 평형노통과 비교한 파형노통의 단점으로 옳은 것은?

① 외압에 대하여 강도가 작다.
② 평형노통보다 전열면적이 작다.
③ 열에 의한 신축 탄력성이 작다.
④ 스케일이 부착하기 쉽다.

해 파형노통
ⓐ 외압에 대한 강도가 크다.
ⓛ 평형노통보다 전열면적이 크다.
ⓒ 열에 의한 신축이나 탄력성이 크다.
ⓔ 스케일이 부착되기 쉽다.

8 압입통풍방식의 설명으로 옳은 것은?

① 배기가스와 외기의 비중량 차를 이용한 통풍방식이다.

② 연도나 연돌 쪽에만 송풍기가 있는 방식이다.

③ 버너 쪽과 연돌 쪽에 각각 송풍기가 설치된 방식이다.

④ 버너 쪽에만 송풍기가 있는 방식이다.

해 압입통풍(인공통풍)

　　㉠ 터보형 송풍기 부착

　　㉡ 버너 쪽에만 송풍기가 있다.

　　※ 보기 ① : 자연통풍

　　　　보기 ② : 흡입통풍

　　　　보기 ③ : 평형통풍

9 보일러에서 사용되는 부르동관 압력계의 설치에 대한 설명으로 잘못된 것은?

① 압력계 콕은 그 핸들이 수직의 증기관과 동일 방향에 놓일 때 닫히는 상태이어야 한다.

② 사이펀관을 설치하여 증기가 직접 압력계 내부로 들어가는 것을 방지한다.

③ 압력계에 연결되는 증기관은 보일러 최고사용압력에 견디는 것이어야 한다.

④ 증기온도가 483K(210℃)를 넘을 때는 압력계의 증기관으로 황동관이나 동관을 사용할 수 없다.

해 압력계의 콕은 그 핸들이 수직의 증기관과 동일방향에 놓일 때는 열린 상태가 된다.

10 보일러 연소 시 역화가 발생하는 경우와 가장 거리가 먼 것은?

① 연도 댐퍼가 닫혀 있는 상태에서 점화하는 경우

② 프리퍼지가 부족한 상태에서 점화하는 경우

③ 점화 시 착화가 빠를 경우

④ 유압이 너무 과대한 경우

해 점화 시 착화가 5초 이내일수록, 즉 빠를수록 역화가 방지된다.

11 노내 가스폭발과 가장 관계가 없는 것은?

① 심한 불완전연소를 하는 경우

② 연소정지 중에 연료가 노내에 유입된 경우

③ 연도의 굴곡이 심한 경우

④ 연도가 짧은 경우

해 연도가 짧으면 통풍력이 증가하여 노내 가스폭발이 다소 방지될 수도 있다.

12 보일러 내면에 발생하는 점식(Pitting)의 방지법이 아닌 것은?

① 용존산소를 제거한다.

② 아연판을 매단다.

③ 약한 전류를 통전시킨다.

④ 브리딩 스페이스를 크게 한다.

해 브리딩 스페이스(노통의 신축흡수거리)가 크면 구식(그루빙)이 방지된다.

13 보일러의 수격작용 발생 방지조치로 옳은 것은?

① 송기 시 주증기밸브를 천천히 연다.

② 가능한 한 찬물로 급수를 한다.

③ 급수관 내에 보일러 수면 위로 노출되게 하여 급수한다.

④ 연소실에 기름의 공급량을 줄인다.

해 증기발생 시 최초로 송기할 때 주증기 밸브를 천천히 열면 수격작용(워터해머)이 방지된다.

14 보일러에서 슬러지 조정 목적의 청관제로 사용되는 약품이 아닌 것은?

① 탄닌   ② 리그닌

③ 히드라진   ④ 전분

해 히드라진은 탈산소제(물속에 용존산소 제거로 점식이나 부식방지)에 사용된다.

15 보일러 저온부식의 원인이 되는 것은?

① 과잉공기 중의 질소성분   ② 연료 중의 바나듐성분

③ 연료 중의 유황성분   ④ 연료의 불완전연소

해설 S(유황) $+O_2 \rightarrow SO_2$(아황산가스)

$SO_2 + H_2O \rightarrow H_2SO_3$(무수황산)

$H_2SO_3 + \frac{1}{2}O_2 \rightarrow H_2SO_4$(황산에 의해 저온부식 발생)

16 캐리오버가 발생하는 경우가 아닌 것은?

① 증기배관 내에 드레인이 다량 있는 경우

② 증기실이 적고 증발수면이 좁은 경우

③ 보일러 수면이 너무 높은 경우

④ 프라이밍이나 포밍이 발생한 경우

해설 ㉠ 증기배관 내에 드레인이 다량 있는 경우에는 수격작용(워터해머)이 발생된다.

㉡ 캐리오버(기수공발)

17 물의 잠열에 대하여 옳게 설명한 것은?

① 압력의 상승으로 증가하는 일의 열당량을 의미한다.

② 물의 온도상승에 소요되는 열량이다.

③ 온도변화 없이 상(相)변화만을 일으키는 열량이다.

④ 건조포화증기의 엔탈피와 같다.

해설 물의 증발잠열(539kcal/kg)은 온도변화 없이 상변화만 일으킬 때 필요한 열량이다.

18 벤튜리(Venturi)계로서는 유체의 무엇을 측정하는가?

① 속도   ② 압력   ③ 온도   ④ 마찰

해설 벤튜리계로는 압력차를 이용하여 유량을 구한다.(차압식 유량계)

19 액체와 기체의 구별이 없는 온도는?

① 포화온도   ② 임계온도

③ 노점   ④ 이슬점

해설 임계온도에서는 액체와 기체의 구별이 없어진다.(증발잠열은 0kcal/kg)

20 1칼로리(cal)를 줄(Joule) 단위로 환산하면 약 얼마인가?

① 0.24J   ② 860J   ③ 4.2J   ④ 9.8J

해설 1cal = 4.2J

1J = 0.24cal

21 0.5kW의 전열기로 20℃의 물 5kg을 80℃까지 가열하는 데 소요되는 시간은?(단, 가열효율은 90%이다.)

① 46.5분   ② 21.0분   ③ 32.3분   ④ 12.7분

해설 0.5kW - h = 430kcal

1kW - h = 860kcal

$\dfrac{5 \times 1 \times (80-20)}{430 \times 0.9} \times 60 = 46.5분$

22 밀폐된 용기 속의 유체에 압력을 가(加)했을 때 그 압력이 작용하는 방향은?

① 압력을 가하는 방향으로 작용   ② 압력을 가하는 반대방향으로 작용

③ 용기 내 모든 방향으로 작용   ④ 용기의 하부 방향으로만 작용

해설 밀폐용기 속 유체에 압력을 가하면 그 압력이 용기 내의 모든 방향으로 작용한다.

23 760mmHg의 대기압을 수주(水柱)로 나타내면 몇 m인가?

① 1m   ② 1.33m   ③ 30.33m   ④ 10.33m

해설 760mmHg = 1atm = 1,0332kg/cm²a = 14.7PSI = 10.33mH₂O = 101,325N/m² = 101,325Pa = 1.01325bar

24 압력배관용 탄소강관의 KS 기호는?

① SPPS   ② STPW   ③ SPW   ④ SPP

해설 ㉠ SPPS : 압력배관용 탄소강관(10~100kg/cm²까지 사용)

㉡ SPW : 배관용 아크용접 탄소강 강관

㉢ SPP : 일반배관용 탄소강 강관

㉣ STPW : 수도용 도복장 강관

---

25 배관의 하중을 위에서 걸어 당겨 지지하는 부품인 행거(Hanger)의 종류가 아닌 것은?

① 스프링 행거

② 롤러 행거

③ 콘스탄트 행거

④ 리지드 행거

 행거

ㄱ 스프링 행거

ㄴ 콘스탄트 행거

ㄷ 리지드 행거

26 열전도율이 작고 가벼우며 물에 개어서 사용할 수도 있는 무기질 보온재는?

① 탄산마그네슘

② 탄화 코르크

③ 규조토

④ 석면

ㄱ 탄산마그네슘 무기질 보온재는(탄산마그네슘+석면 8~15% 정도 함유) 물 반죽 또는 보온판 보온통으로 사용

ㄴ 안전사용온도 : 250℃ 이하

27 관로(管路)의 유체 마찰저항은 유체속도의 몇 제곱에 비례하는가?

① 4제곱

② 3제곱

③ 2제곱

④ 1제곱

속도수두 $= \dfrac{V^2}{2g} = \dfrac{(유속)^2}{2 \times 9.8}$ (m)

28 고온에서 수소취화 현상이 없고, 전기 전도도가 우수한 동(銅)은?

① 인탈산동

② 무산소동

③ 터프 피치 동

④ 황산동

무산소동

ㄱ 고온에서 수소취화현상이 없다.

ㄴ 순도가 99.96%이다.

ㄷ 전기전도도가 높다.

29 다음 중 발포(發泡) 보온재에 해당되지 않는 것은?

① 우레탄   ② 폴리스티렌

③ 양모 펠트   ④ 염화비닐

해설 ㉠ 펠트류(유기질 보온재)는 양모, 우모를 이용하여 펠트 상으로 제작한 것으로 곡면 등에도 시공이 가능하다.
     ㉡ 폼류 : 경질폴리우레탄, 폴리스티렌 폼, 염화비닐 폼

30 수소 1kg을 완전 연소시키는 데 필요한 공기량은?(단, 공기 중의 산소 중량 백분율은 23.2%임)

① 8kg   ② 16kg

③ 26.7kg   ④ 34.5kg

해설 $H_2 + \dfrac{1}{2}O_2 \rightarrow H_2O$

$2kg : 16kg \rightarrow 18kg$

$1kg : 8kg \rightarrow 9kg$

$\therefore \dfrac{8}{0.232} = 34.5kg$

31 호칭지름 15A의 관을 반지름 90mm, 각도 90°로 구부리고자 할 때 필요한 곡선부의 길이는?

① 135.0mm   ② 141.4mm

③ 158.6mm   ④ 160.8mm

해설 $l = 2\pi R \times \dfrac{\theta}{360}$

$\therefore l = 2 \times 3.14 \times 90 \times \dfrac{90}{360} = 141.3mm$

32 보일러의 수면계를 점검해야 하는 시기와 무관한 것은?

① 두 개의 수면계 수위가 서로 상이할 때

② 수면계의 수위가 의심스러울 때

③ 프라이밍, 포밍 등이 발생할 때

④ 압력계의 압력이 내려갈 때

해설 압력계의 압력이 내려가면 안전한 상태이므로 수면계의 점검이 불필요하다.

---

33 물의 알칼리도에서 M알칼리도는 어느 지시약으로 측정하는가?

① 페놀프탈레인   ② 메틸알코올

③ 메틸오렌지   ④ 암모니아

해설 ㉠ M알칼리도(전 알칼리도)
　　　메틸오렌지를 지시약으로 측정
　　㉡ P알칼리도
　　　페놀프탈레인을 지시약으로 측정

34 압력이 100kg/cm²인 습증기가 있다. 포화수의 엔탈피가 334kcal/kg이고, 건조포화증기 엔탈피는 652kcal/kg, 건조도가 80%일 때, 이 습증기의 엔탈피는?

① 427.5kcal/kg   ② 575.4kcal/kg

③ 588.4kcal/kg   ④ 641.5kcal/kg

해설 $h_2 = h_1 + rx$
$\therefore h_2 = 334 + (652 - 334) \times 0.8 = 588.4\text{kcal}$

35 다이헤드식 나사절삭기로 할 수 없는 작업은?

① 관의 절단   ② 관의 접합

③ 나사절삭   ④ 거스러미 제거

해설 다이헤드식 나사절삭기로 할 수 있는 작업
　　㉠ 관의 나사절삭
　　㉡ 관의 절단
　　㉢ 거스러미 제거

36 연료 및 열의 석유환산기준에서 기준이 되는 연료는?

① 원유   ② 벙커-C유

③ 석탄   ④ 휘발유

해설 연료 및 열의 석유환산기준에서 원유는 기준 연료(10,000kcal/kg)가 된다.

37 에너지이용합리화법상의 특정열사용기자재가 아닌 것은?

① 강철제 보일러

② 난방기기

③ 2종 압력용기

④ 온수보일러

해설 난방기기는 열사용기자재에서 제외된다.

38 난방부하가 4,500kcal/h인 방의 온수방열기의 방열면적은 약 몇 m²로 하면 되는가?(단, 방열기 방열량은 표준방열량으로 한다.)

① 6m²

② 7m²

③ 9m²

④ 10m²

해설 $EDR = \dfrac{Hr}{450}(m^2)$

$\therefore EDR = \dfrac{4,500}{450} = 10m^2$

39 바닥 패널히팅(Panel Heating)에 관한 설명으로 틀린 것은?

① 별도의 방열기가 없으므로 공간 활용도가 높아진다.

② 실내의 온도 상승시간이 비교적 길어진다.

③ 화상을 입을 염려가 없고, 공기의 오염이 적다.

④ 온도 분포로 볼 때 천장 근처의 온도가 가장 높다.

해설 ㉠ 바닥 패널히팅은 일종의 복사난방으로 실내의 온도분포가 고르게 나타난다.

㉡ 복사난방 패널
- 바닥 패널
- 천장 패널
- 벽 패널

40 동관과 강관의 이음에 사용되는 것으로 분해, 조립이 자유로운 이음방식은?

① 나사이음

② 플레어 이음

③ 용접이음

④ 플랜지 이음

해설 플레어 이음(압축이음)은 20mm 이하의 동관이음에서 관의 분해, 조립이 용이하다.

41 편차의 정(+), 부(−)에 의하여 조작 신호가 최대, 최소가 되는 제어 동작은?

① 다위치 동작　　　　　　　　　② 미분 동작

③ 적분 동작　　　　　　　　　　④ 온·오프 동작

해설 불연속 동작인 온·오프 동작은 자동제어 편차의 정(+), 부(−)에 의하여 조작신호가 최대, 최소가 된다.

42 내화물의 스폴링(Spalling) 현상이 발생되는 원인이 아닌 것은?

① 온도 급변에 의한 영향　　　　② 구조적인 응력 불균형

③ 조작변화에 의한 영향　　　　　④ 수증기 흡수에 의한 체적 팽창

해설 스폴링 현상(박락 현상)

ⓐ 열충격에 의한 열적 스폴링(온도급변)

ⓑ 기계적 스폴링(구조의 불균형)

ⓒ 조직적 스폴링(조직변화에 의한)

43 저압 증기보일러에서 보일러수가 환수관으로 역류하거나 누출하는 것을 방지하기 위하여 설치하는 배관방식은?

① 리프트피팅 배관　　　　　　　② 하트포드 접속법

③ 에어루프 배관　　　　　　　　④ 바이패스 배관

해설 하트포드 접속법은 저압 증기보일러에서 보일러수가 환수관으로 역류하거나 누출하는 것을 방지하기 위하여 설치하는 배관이다.

44 난방부하를 계산할 때 고려하지 않아도 좋은 것은?

① 벽체를 통과하는 열량

② 유리창을 통과하는 열량

③ 창문 틈새 등의 환기로 인한 열량

④ 전등과 같은 기기에 의한 열량

해설 난방부하

ⓐ 벽체를 통과하는 열량

ⓑ 유리창을 통과하는 열량

ⓒ 창문 틈새 등의 환기(극간풍 등)로 인한 열량

45 "일정량의 기체의 부피는 압력에 반비례하고, 절대온도에 비례한다."는 법칙은?

① 아보가드로의 법칙　　　　② 보일 – 샤를의 법칙

③ 달톤의 법칙　　　　　　　④ 보일의 법칙

해 보일 – 샤를의 법칙은 일정량의 기체의 부피는 압력에 반비례하고 절대온도에 비례한다는 법칙이다.

46 원통형 보일러와 비교할 때 수관식 보일러의 장점이 아닌 것은?

① 수관의 배열이 용이하며 패키지형으로 제작이 가능하다

② 보일러 효율이 좋고 용량에 비해 가벼워서 운반과 설치가 쉽다.

③ 증발량에 대한 수부가 커서 부하변동에 응하기 쉽다.

④ 전열면적이 커서 증기발생이 빠르고 증발량이 많다.

해 ① 원통형 보일러는 수부가 크므로 열용량이 커서 부하변동에 응하기가 쉽다.
　ⓛ 수관식 보일러는 전열면적은 크나 수부가 적어서 증기의 급수용에 응하기 수월하다.

47 입형 보일러의 특징 설명으로 잘못된 것은?

① 설비비가 많이 들지만 보일러 효율이 높다.

② 좁은 장소에 설치가 용이하다.

③ 전열면적이 작아 부하능력이 적다.

④ 수부가 좁아 습증기가 발생할 수 있다.

해 입형 보일러는 설비비가 적게 들고 보일러 효율이 매우 낮다. 또한 보일러 용량이 작고, 안전성이 떨어지는 소규모 보일러이다.

48 보일러의 증발계수에 대하여 옳게 설명한 것은?

① 실제증발량을 상당증발량으로 나눈 값이다.

② 상당증발량을 539로 나눈 값이다.

③ 상당증발량을 실제증발량으로 나눈 값이다.

④ 실제증발량을 539로 나눈 값이다.

해 ㉠ 증발계수(증발력) $= \dfrac{\text{발생증기 엔탈피} - \text{급수엔탈피}}{539}$

　ⓛ 증발계수 $= \dfrac{\text{상당증발량}}{\text{실제증발량}}$

Answer　45. ② 　46. ③ 　47. ① 　48. ③

29

49 전열면적이 15m²인 증기보일러의 급수밸브 크기는?

① 32A 이상

② 25A 이상

③ 20A 이상

④ 15A 이상

해설 ㉠ 전열면적 10m² 이하 : 호칭 15A 이상

㉡ 전열면적 10m² 초과 : 호칭 20A 이상

50 보일러 급수의 외처리에서 고체협잡물의 처리방법이 아닌 것은?

① 기폭법

② 침강법

③ 응집법

④ 여과법

해설 ㉠ 기폭법 : 철, 망간, CO_2의 제거

㉡ 침강법, 응집법, 여과법은 현탁물(고체협잡물 처리방법)

㉢ 용해고형물 처리 : 증류법, 약품처리법, 이온교환법

㉣ 탈기법 : 급수 중 용존 산수처리법(점식방지)

51 다음 중 합성고무로 만든 패킹제는?

① 테프론

② 네오프렌

③ 펠트

④ 아스베스토스

해설 네오프렌 : 내열범위가 −46~121℃인 합성고무제이다. 물, 공기, 기름, 냉매배관용에 사용된다.

52 플라스틱 내화물의 결합제가 아닌 것은?

① 유기질 결합제

② 물유리

③ 가소성 점토

④ 알루미나 시멘트

해설 (1) 플라스틱 내화물 결합제

㉠ 내화골재

㉡ 가소성 점토

㉢ 물유리(규산소다)

㉣ 유기질 결합제

(2) 캐스터블 내화물 결합제

㉠ 내화성 골재

㉡ 수경성 알루미나 분말 시멘트

Answer 49. ③ 50. ① 51. ② 52. ④

53 보일러수의 관내 처리를 위하여 투입하는 청관제의 사용목적과 무관한 것은?

① pH 조정
② 탈산소
③ 가성취화 방지
④ 기포발생 촉진

해 기포발생 방지제(청관제, 급수처리 내처리)
㉠ 고급지방산, 에스테르
㉡ 폴리아미드
㉢ 고급지방산, 알코올
㉣ 프탈산아미드

54 일반적인 보일러의 정지 순서를 옳게 나열한 것은?

㉠ 통풍기의 운전을 정지하고 댐퍼를 닫는다.
㉡ 연료의 공급을 차단한다.
㉢ 사용수위보다 약간 높게 급수한 후 급수밸브를 잠근다.
㉣ 주증기 스톱밸브를 닫는다.

① ㉡→㉠→㉢→㉣
② ㉠→㉡→㉢→㉣
③ ㉢→㉣→㉠→㉡
④ ㉣→㉠→㉡→㉢

해 일반 보일러의 정지순서
㉡→㉠→㉢→㉣

55 어떤 측정법으로 동일 시료를 무한 횟수 측정하였을 때 데이터의 분포와 평균치와 참값과의 차를 무엇이라 하는가?

① 신뢰성
② 정확성
③ 정밀도
④ 오차

해 정확성 : 어떤 측정법으로 동일 시료를 무한 횟수 측정하였을 때 데이터 분포의 평균치와 참값과의 차이다.

56 예방보전의 기능에 해당되지 않는 것은?

① 취급되어야 할 대상설비의 결정
② 정비작업에 점검시기의 결정
③ 대상설비 점검개소의 결정
④ 대상설비의 외주이용도 결정

해설 설비보전

    ㉠ 보전 예방   ㉡ 예방 보전   ㉢ 계량 보전   ㉣ 사후 보존

57 관리한계선을 구하는 데 이항분포를 이용하여 관리선을 구하는 관리도는?

① Pn 관리도   ② U 관리도

③ $\overline{X}-R$ 관리도   ④ X 관리도

해설 ㉠ Pn 관리도(불량개수)

    ㉡ U 관리도(단위당 결점수)

    ㉢ $\overline{X}-R$ 관리도(메디안 범위)

    ㉣ X 관리도(개개의 측정치)

58 로트(Lot)수를 가장 올바르게 정의한 것은?

① 1회 생산수량을 의미한다.

② 일정한 제조횟수를 표시하는 개념이다.

③ 생산목표량을 기계대수로 나눈 것이다.

④ 생산목표량을 공정수로 나눈 것이다.

해설 로트는 단위생산수량이다. 즉 로트수란 일정한 제조횟수이다. 로트의 크기란 예정생산 목표량을 로트 수로 나눈 값이다.

$$크기 = \frac{예정생산목표량}{로트수}$$

59 다음의 데이터를 보고 편차 제곱합(S)을 구하면?(단, 소수점 이하 3자리까지 구하시오.)

[Data] 18.8, 19.1, 18.8, 18.2, 18.4, 18.3, 19.0, 18.6, 19.2

① 0.338   ② 1.029

③ 0.114   ④ 1.014

해설 제곱합

각 데이터로부터 데이터의 평균값을 뺀 것의 제곱의 합

$$평균값 = \frac{18.8+19.1+18.8+18.2+18.4+18.3+19.0+18.6+19.2}{9} = 18.71$$

$$\therefore (18.8-18.71)^2+(19.1-18.71)^2+(18.8-18.71)^2+(18.2-18.71)^2+(18.4-18.71)^2+(18.3-18.71)^2$$
$$+(19-18.71)^2+(18.6-18.71)^2+(19.2-18.71)^2 = 1.029$$

60 공정 도시기호 중 공정계열의 일부를 생략할 경우에 사용되는 보조 도시기호는?

①

② ⊤

③ ✝

④ ⊥̸

해설 : 소관 구분

ⓛ ⊤ : 공정도 생략

ⓒ ⊥̸ : 폐기

1 신설 보일러의 소다 끓임(Soda Boiling)에 사용되는 약품이 아닌 것은?

① 탄산소다(Na_2CO_3)

② 아황산소다(Na_2SO_3)

③ 가성소다($NaOH$)

④ 염화소다($NaCl$)

해설 소다 끓인 약품 : 탄산소다, 아황산소다, 제3인산소다, 가성소다, 히드라진, 암모니아 등

2 관지지 금속 중 배관의 열팽창에 의한 좌우, 상하 이동을 구속하고 제한하는 장치는?

① 행거　　　　② 서포트　　　　③ 리스트레인트　　　④ 브레이스

해설 리스트레인트 : 관지지 금속 중 배관의 열팽창에 의한 좌우, 상하 이동을 구속 제한하는 장치

3 버킷 트랩 사용 시 트랩 수봉이 파괴되어 증기가 분출되는 현상이 계속될 경우의 대책은?

① 오리피스를 작은 것으로 교체한다.

② 밸브시트에 부착된 오물을 긁어낸다.

③ 배압이 높으므로 낮추어준다.

④ 밸브시트를 교체한다.

해설 버킷 트랩 사용 시 트랩 수봉이 파괴되어 증기가 분출되는 현상이 계속될 경우의 대책은 오리피스를 작은 것으로 교체한다.

4 다음 방열기 표시 기호의 설명으로 잘못된 것은?

① 이 방열기의 쪽수는 18개이다.

② 5는 5세주형 방열기의 표시기호이다.

③ 방열기의 높이(치수)가 650mm이다.

④ 유출 관경은 25A, 유입 관경은 20A이다.

해설 유입관경 : 25A

유출관경 : 20A

5 절대압력 5kg/cm²인 상태로 운전되는 보일러의 증발량이 시간당 5,000kg이었다면 이 보일러의 상당증발량은?(단, 이때 급수온도는 30℃이었고, 발생증기의 건도는 98%이었으며, 증기표 값은 다음과 같다.)

증기압(절대)(kg/cm²)	포화수엔탈피(kcal/kg)	포화증기엔탈피(kcal/kg)
5	152.1	656.0

① 5,714kg/h   ② 5,807kg/h   ③ 5,992kg/h   ④ 6,085kg/h

해설 발생증기 엔탈피 $=152.1+0.98(656.0-152.1)=645.922$ kcal/kg

$$\frac{5,000(645.922-30)}{539}=5,714 \text{kg/h}$$

6 루프형 신축곡관에서 곡관의 외경(d)이 25mm이고, 길이(l)가 1m일 때 흡수할 수 있는 배관의 신장(Δl)은?(단, $l(\text{m})=0.073\sqrt{d(mm)\cdot\Delta l(mm)}$ 이다.)

① 0.3mm   ② 0.75mm   ③ 3mm   ④ 7.5mm

해설 $l=0.073\sqrt{25\times(\Delta l)}=1\text{m}(1,000\text{mm})$, $\Delta l=\dfrac{L^2}{0.073^2\times d}$

$\therefore \Delta l=\dfrac{l^2}{0.073^2\times 25}=7.5\text{mm}$

7 증기난방에서 응축수 환수의 리프트 배관(Lift Fitting)에 대한 설명으로 잘못된 것은?

① 진공환수식에서 환수관 도중에 입상관이 있는 경우 물을 흡상하기 위해 설치한다.
② 동파의 위험이 있는 곳에는 리프트 배관의 설치가 불가능하다.
③ 1단당 1.5m 정도 흡상이 가능하므로 그 이상 흡상이 필요한 경우에는 단수를 늘려야 한다.
④ 고압증기관에서도 증기트랩의 종류에 영향을 받지 않는 장점이 있다.

해설 리프트 피팅은 진공환수식에서 환수주관보다 높은 위치에 전용펌프가 있거나 방열기보다 높은 곳에 환수주관을 배관하는 경우 적용되는 이음방법이다.

8 수관보일러 중 자연순환 보일러에 속하는 것은?

① 라몬트 보일러   ② 베록스 보일러   ③ 벤슨 보일러   ④ 밥콕 보일러

해설 ㉠ 강제순환 보일러 : 라몬트 보일러, 베록스 보일러, 벤슨 보일러(관류형)
㉡ 밥콕 보일러 : 자연순환식 수관 보일러

Answer   5. ①   6. ④   7. ④   8. ④

9 랭킨 사이클(Rankine Cycle)의 작동과정을 옳게 나열한 것은?

① 단열압축 – 정압가열 – 단열팽창 – 정적냉각

② 단열압축 – 정압가열 – 단열팽창 – 정압냉각

③ 단열압축 – 등적가열 – 동압팽창 – 정적냉각

④ 단열압축 – 등온가열 – 단열팽창 – 정압냉각

해설 ㉠ 단열압축(정적압축) : 급수 펌프
ㄴ 정압가열 : 건포화증기 발생
ㄷ 단열팽창 : 터빈 발전기 가동
ㄹ 정압냉각 : 포화증기 응축

10 보일러 청관제 약품 종류 중 고압 보일러의 탈산소제로 사용되는 것은?

① 히드라진   ② 아황산소다

③ 탄산소다   ④ 리그닌

해설 탈산소제
㉠ 아황산소다(저압보일러)
ㄴ 히드라진(고압보일러)
ㄷ 탄닌

11 자동제어의 종류 중 주어진 목표 값과 조작된 결과의 제어량을 비교하여 그 차를 제거하기 위하여, 출력 측의 신호를 입력 측으로 되돌려 제어하는 것은?

① 피드백 제어   ② 시퀀스 제어

③ 인터록 제어   ④ 캐스케이드 제어

해설 피드백 제어(폐회로) : 입력과 출력의 편차를 수정동작으로 개선시킨다.

12 국내외 사정으로 인하여 에너지 수급에 중대한 차질이 발생하거나 발생할 우려가 있을 경우 이에 효과적으로 대처하기 위하여 비상 시 에너지수급계획을 수립하는데 누가 하는가?

① 안전행정부 장관   ② 산업통상자원부 장관

③ 국토교통부 장관   ④ 한국에너지공단 이사장

해설 에너지수급계획 수립전자 : 산업통상자원부 장관

13 어떤 온수방열기의 입구온도가 85℃, 출구온도가 60℃이고 실내온도가 20℃이다. 난방부하가 28,000kcal/h일 때 필요한 방열기 쪽수는?(단, 방열기 쪽당 방열면적은 0.21m², 방열계수는 7.2kcal/m²·h·℃이다.)

① 297쪽   ② 353쪽   ③ 424쪽   ④ 578쪽

해설 소요방열량 $= 7.2 \times \left(\dfrac{85+60}{2} - 20 \right) = 378 \text{kcal/m}^2\text{h}$

$\therefore$ 쪽수 $= \dfrac{28,000}{378 \times 0.21} = 353$쪽

14 중유 연소 보일러에서 단속 연소의 원인이 아닌 것은?

① 중유 속에 수분이 섞여 있는 경우
② 분무용 증기나 공기가 드레인을 함유하고 있는 경우
③ 중유 속에 슬러지 등의 불순물이 섞여 있는 경우
④ 공기예열기가 정상 작동하지 않는 경우

해설 공기예열기의 작동과 보일러 단속 연소와는 직접적인 관련이 없다. 공기예열기가 정상 작동하지 않으면 연소를 중지시켜야 한다.

15 보일러수(水)의 이상 증발 예방대책으로 잘못된 것은?

① 보일러수의 블로다운을 적절히 한다.
② 보일러수의 급수처리를 엄격히 한다.
③ 보일러의 수위를 약간 높여서 운전한다.
④ 증기밸브를 급개하지 않는다.

해설 보일러는 항상 상용수위를 유지한다.(수면계의 $\frac{1}{2}$로 기준을 잡는다.)
수위를 높이면 비수(프라이밍) 발생으로 캐리오버(기수공발) 등의 이상 증발 현상이 초래된다.

16 보일러 급수 중의 용존(해)고형분을 처리하는 방법이 아닌 것은?

① 가성소다법   ② 석회소다법
③ 응집 또는 침강법   ④ 이온교환법

해설 ㉠ 응집법, 침강법, 여과법은 고형 협잡물(현탁물질)의 처리방법이다.
㉡ 용해고형물 처리법 : 증류법, 약품처리법, 이온교환법

---

17 에너지이용합리화법상 열사용기자재인 것은?

① 한국전력공사에서 사용하는 발전용 보일러

② 서울시 지하철에 사용되는 전기기관차

③ 외국인투자 관광호텔에 설치하기 위하여 외국에서 수입하는 난방용 보일러

④ 선박안전법에 의하여 검사를 받는 선박용 유류 보일러

해설 외국에서 수입한 난방용 보일러도 에너지법상 열사용기자재이다.

18 보일러 연소 시 화염의 유무를 검출하는 연소장치인 플레임 아이에 사용되는 검출 소자가 아닌 것은?

① CuS 셀 ② 광전관 ③ CdS 셀 ④ PdS 셀

해설 플레임 아이
　㉠ 황화카드뮴 광도전 셀
　㉡ 황화납 광도전 셀
　㉢ 적외선 광전관
　㉣ 자외선 광전관

19 증기보일러에서 증기의 송기 시 발생하는 수격작용을 방지하는 조치로 잘못된 것은?

① 공기가 고이는 곳에 공기 배출기를 설치한다.

② 응축수가 고이는 곳에 증기 트랩을 설치한다.

③ 증기밸브를 열 때는 서서히 연다.

④ 소량의 증기로 난관 조작 후 송기한다.

해설 공기배출기와 수격작용(워터해머)과는 관련이 없다.

20 다음 집진장치 중 집진효율이 가장 좋은 것은?

① 중력 집진장치 ② 관성력 집진장치

③ 세정식 집진장치 ④ 전기 집진장치

해설 ㉠ 중력식 : 20μ까지 집진
　㉡ 관성력식 : 20μ 이상까지 집진
　㉢ 원심력식 : $10 \sim 20\mu$ 집진
　㉣ 전기식 : $0.05 \sim 20\mu$ 정도 집진(집진효율이 $90 \sim 99.5\%$)

21 제품공정분석표에 사용되는 기호 중 공정 간의 정체를 나타내는 것은?

① 　　② 　　③ 　　④

$\boxed{\text{해}}$ ◇ : 양과 질의 검사

▽ : 공정 간의 대기(정체)

✡ : 작업 중 일시 대기

△ : 저장(보관)

22 두께 30mm인 보온판의 열전도율이 0.06kcal/m · h · ℃이다. 이 판에서 단위면적당 전도되는 열량이 60kcal/h일 때 이 보온판의 내외부 표면온도차는?

① 20℃　　② 30℃　　③ 40℃　　④ 60℃

$\boxed{\text{해}}$ $60 = \dfrac{0.06 \times \Delta t}{0.03}$

$\Delta t = \dfrac{60 \times 0.03}{0.06} = 30℃$

23 다음 물질 중 열의 전도도가 가장 낮은 것은?

① 동(Cu)　　② 철　　③ 강　　④ 스케일

$\boxed{\text{해}}$ 스케일은 열전도율이 매우 낮다.(철강재의 $\dfrac{1}{50} \sim \dfrac{1}{100}$ 정도)

스케일은 열손실을 초래한다.

24 수관식 보일러에서 전열면의 증발률(Be_1)을 구하는 식은?

① $Be_1 = \dfrac{총증발량}{전열면적}$　　　　② $Be_1 = \dfrac{매시증발량}{전열면적}$

③ $Be_1 = \dfrac{전열면적}{총증발량}$　　　　④ $Be_1 = \dfrac{전열면적}{매시증발량}$

$\boxed{\text{해}}$ 전열면의 증발률 $= \dfrac{매시증발량}{전열면적}$ [kg/m²h]

25 월 100대의 제품을 생산하는 데 세이퍼 1대의 제품 1대당 소요공수가 14.4H라 한다. 1일 8H, 월 25일, 가동한다고 할 때 이 제품 전부를 만드는 데 필요한 세이퍼의 필요대수를 계산하면? (단, 작업자 가동률 80%, 세이퍼 가동률 90%이다.)

① 8대　　　　　② 9대　　　　　③ 10대　　　　　④ 11대

해설 $14.4 \times 100 = 1,440H$

$$\therefore \frac{1,440H}{8H \times 25 \times 0.8 \times 0.9} = 10$$

26 보일러 운전 중의 사고와 방지대책에 관한 설명으로 잘못된 것은?

① 과열사고는 주로 스케일 부착에 의한 것과 저수위사고로 분류한다.
② 점식은 외부부식 중 한가지로서 산화부식이라고도 한다.
③ 저수위가 되어 보일러가 과열되면 즉시 연료 공급을 중단한다.
④ 압력초과, 과열, 부식 등의 현상은 보일러 취급상의 결함으로 과도하면 파열 사고를 초래한다.

해설 점식은 보일러수 내의 용존산소에 의해 부식되며 내부부식이다.

27 계수값 관리도는 어느 것인가?

① R 관리도　　　　　　　　　② $\overline{X}$ 관리도
③ P 관리도　　　　　　　　　④ $\overline{X} - P$ 관리도

해설 계수값 관리도
ㄱ P관리도 : 불량률
ㄴ Pn관리도 : 불량 개수
ㄷ C관리도 : 결점 수
ㄹ u관리도 : 단위당 결점 수

28 방수처리되지 않은 글라스 울(Glass Wool, 유리면) 보온재의 안전사용온도는?

① 300℃ 이하　　　　　　　② 450℃ 이하
③ 600℃ 이하　　　　　　　④ 800℃ 이하

해설 글라스 울(유리 솜) : 300℃ 이하 사용
ㄱ 열전도율 : 0.036~0.054kcal/mh℃
ㄴ 방수처리된 것(600℃까지 사용)

29 보일러 산세정 후 중화방청 처리하는 경우 사용하는 약품이 아닌 것은?

① 히드라진   ② 인산소다   ③ 탄산소다   ④ 인산칼슘

해 중화방청 처리제

㉠ 가성소다   ㉡ 인산소다

㉢ 히드라진   ㉣ 탄산소다   ㉤ 암모니아

30 증기의 교축(Throttle) 시에 항상 증가하는 것은?

① 압력   ② 엔트로피

③ 엔탈피   ④ 열전달량

해 증기의 교축 시에는 유체의 마찰이나 와류 등의 난류현상이 일어나 압력의 감소와 더불어 속도가 감소하는데, 이 때 속도에너지의 감소는 열에너지로 바꾸어 유체에 회수되므로 엔탈피는 일정하다.(비가역 변화이므로 엔트로피는 항상 증가)

31 유체에서 체적탄성계수의 단위는?

① N/m^2 ② m^2/N ③ $N \cdot m$ ④ N/m^3

해 유체의 압축률의 역을 탄성계수(체적탄성계수)

$$k = - V \cdot \frac{dP}{dV} [N/m^2]$$

32 연강용 피복 아크 용접봉 심선의 5가지 주요 화학성분 원소는?

① C, Si, Mn, P, S   ② C, Si, Fe, N, H

③ C, Si, Ca, N, H   ④ C, Si, Pb, N, H

해 강의 5대 원소 : 탄소, 규소, 망간, 인, 황

33 보일러수에 용해염류가 다량 있을 때 가장 적절한 수처리방법은?

① 침전법   ② 탈기법

③ 가열법   ④ 석회소다법

해 보일러수에 용해염류가 다량 존재하면 연화법으로 석회소다법이나 제올라이트법, 이온교환법으로 처리한다.

34 보온관의 열관류율이 5.0kcal/m²·h·℃, 관 1m 당 표면적이 0.1m², 관의 길이가 50m, 내부 유체온도 120℃, 공기온도 20℃, 보온효율 80%일 때 보온관의 열손실은?

① 350kcal/h
② 480kcal/h
③ 500kcal/h
④ 530kcal/h

해설 $50 \times 0.1 \times 5.0 \times (120 - 20) = 2,500$kcal/h

∴ $2,500 \times (1 - 0.8) = 500$kcal/h

35 다음 오일(Oil) 연소용 버너 중 유량조절 범위가 가장 넓은 것은?

① 유압식 버너
② 저압공기식 버너
③ 회전식 버너
④ 고압기류식 버너

해설 유량조절

㉠ 유압식 버너(1 : 2)

㉡ 저압공기식 버너(1 : 5)

㉢ 회전식 버너(1 : 5)

㉣ 고압기류식 버너(1 : 10)

36 일반적으로 기체의 체적을 일정하게 하고 온도를 높이면 압력은 어떻게 변화하는가?

① 증가한다.
② 감소한다.
③ 변하지 않는다.
④ 감소하다가 증가한다.

해설 기체의 체적을 일정하게 하고 온도가 상승하면 기체의 압력이 증가한다.

37 25℃의 물 5kg을 1기압, 100℃의 건조포화증기로 만들 때 필요한 열량은?(단, 1기압에서의 물의 증발잠열은 539kcal/kg이다.)

① 2,695kcal
② 3,070kcal
③ 4,120kcal
④ 5,390kcal

해설 $5 \times 1 \times (100 - 25) = 375$kcal

$5 \times 539 = 2,695$kcal

∴ $375 + 2,695 = 3,070$kcal

38 보일러 증기온도 조절방법으로 부적합한 것은?

① 과열저감기를 사용한다.　　② 배기가스를 재순환시킨다.

③ 버너의 분무각도를 변경한다.　　④ 과열기 표면에 급수를 분사한다.

해설 급수는 과열기 표면에 급수하지 않고 과열증기 중에 살포시켜야 한다.

39 순수한 카바이드 1kg에서 이론적으로 몇 l의 아세틸렌이 발생하는가?

① 676l　　② 384l　　③ 483l　　④ 348l

해설 순수한 카바이드(CaC_2) 1kg의 질량에서 아세틸렌(C_2H_2) 가스가 348l의 이론적 양이 발생된다.

40 원형 직관 속을 흐르는 유체의 손실수두에 대한 설명으로 잘못된 것은?

① 관의 길이에 비례한다.　　② 속도수두에 반비례한다.

③ 관의 내경에 반비례한다.　　④ 관마찰계수에 비례한다.

해설 손실수두(압력강하)는 속도수두$\left(\dfrac{V^2}{2\times9.8}\right)$에 비례하고 길이($l$)에 비례하며 관의 직경에 반비례한다.

41 강철제 증기보일러의 안전밸브 및 압력 방출장치의 크기는 호칭지름 25A 이상이어야 하지만, 20A 이상으로 할 수 있는 경우는?

① 최고사용압력이 0.2MPa(2kg/cm^2)인 보일러

② 최고사용압력 1MPa(10kg/cm^2)이고, 동체 안지름이 600mm, 길이가 1,000mm인 보일러

③ 최대증발량이 4t/h인 관류보일러

④ 최고사용압력이 1MPa(10kg/cm^2)이고, 전열면적이 3m^{2}인 보일러

해설 최대증발량이 5t/h 이하의 관류보일러는 호칭지름 20A 이상으로 할 수 있다.

42 중유연소 시 검댕의 발생을 방지하는 방법으로 부적합한 것은?

① 연소용 공기를 예열공급한다.　　② 과잉 공기량을 적절히 조절한다.

③ 불꽃이 수냉벽에 닿지 않게 한다.　　④ 황 함유량이 낮은 중유를 사용한다.

해설 황 함유량이 낮은 중유는 저온부식이 방지될 수 있다.

Answer　　38. ④　　39. ④　　40. ②　　41. ③　　42. ④

43 다음의 PERT/CPM에서 주공정(Critical Path)은?(단, 화살표 밑의 숫자는 활동시간을 나타낸다.)

① ⓐ-ⓒ-ⓑ-ⓓ
② ⓐ-ⓑ-ⓒ-ⓓ
③ ⓐ-ⓑ-ⓓ
④ ⓐ-ⓓ

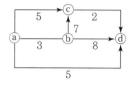

해설 ㉠ ⓐ-ⓑ : 3 ㉡ ⓑ-ⓒ : 7
㉢ ⓑ-ⓓ : 8 ㉣ PERT : 최단시간의 목표달성 목적
㉤ CPM : 목표기일의 단축과 비용의 최소화 목적
① 방향이 틀림 ② 3+7+2=12시간
③ 8+3=11시간 ④ 8-3=5시간

44 증기배관 도중에 밸브를 설치하는 경우 일반적으로 어떤 밸브를 설치하는가?

① 체크 밸브
② 글로브 밸브
③ 슬루스 밸브
④ 앵글 밸브

해설 증기배관 도중에는 글로브 밸브나 슬루스 밸브를 골고루 사용한다.

45 다음 중 단위 중량당 엔탈피(Enthalpy)가 가장 큰 것은?

① 과냉각액
② 과열증기
③ 포화증기
④ 습포화증기

해설 과열증기는 엔탈피가 가장 크다.
급수 < 포화수 < 포화습증기 < 건조증기 < 과열증기

46 증기 또는 온수가 흐르는 수평배관에 사용되는 리듀서의 형태는?

① 동심형(同心形)
② 편심형(偏心形)
③ 만곡형
④ 절곡형

해설 편심리듀서

상향기울기   하향기울기

47 고압배관용 탄소강 강관의 KS 기호는?

① SPPH
② SPHT
③ SPPS
④ SPPW

해설 ㉠ SPPH : 고압배관용
㉡ SPHT : 고온배관용
㉢ SPPS : 압력배관용
㉣ SPPW : 수도용 아연도금

48 내화물의 스폴링(박락)종류가 아닌 것은?

① 열적 스폴링
② 구조적 스폴링
③ 화학적 스폴링
④ 기계적 스폴링

해설 스폴링 현상
㉠ 열적 스폴링
㉡ 구조적 스폴링
㉢ 기계적 스폴링

49 수관보일러의 상부드럼은 고정하는 데 반하여 하부드럼은 고정하지 않고 어느 정도 간격을 두는 이유는?

① 열팽창을 고려하여
② 보일러수의 순환을 원활히 하기 위하여
③ 수격작용을 방지하기 위하여
④ 진동을 감쇄시키기 위하여

해설 하부드럼의 수관식 보일러는 열팽창을 고려하여 고정하지 않고 어느 정도 간격을 둔다.

50 연료가 유류인 온수보일러의 형식별 사용버너를 짝지은 것 중 잘못된 것은?

① 압력분무식 : 건타입(Gun Type)
② 증발식 : 포트식(Pot Type)
③ 회전무화식 : 노즐식(Nozzle Type)
④ 낙차식 : 심지고정 낙차식

해설 회전무화식 : 분무컵식(산업용 분무중유 버너)
중소형 보일러 자동제어에 이상적인 버너이다.

51 TQC(Total Quality Control)란?

① 시스템적 사고방법을 사용하지 않는 품질관리 기법이다.

② 애프터 서비스를 통한 품질을 보충하는 방법이다.

③ 전사적인 품질정보의 교환으로 품질향상을 기도하는 기법이다.

④ QC부의 정보분석 결과를 생신부에 피드백하는 것이다.

해설 TQC(전사적 품질관리)
SQC(통계적 품질관리)

52 증기배관의 신축이음장치에서 고장이 가장 적고 고압에 잘 견디는 것은?

① 벨로스형 　　　　　　　　　② 단식 슬리브형

③ 복식 슬리브형 　　　　　　　④ 루프형

해설 ㉠ 루프형 신축이음 : 고장이 적고 고압에 잘 견디며 신축이 가장 크다.
　　㉡ 신축 흡수의 크기 : 루프형 > 슬리브형 > 벨로스형 > 스위블형

53 노통보일러에서 노통을 편심으로 하는 이유는?

① 노통의 설치가 간단하므로 　　② 노통의 설치에 제한을 받으므로

③ 물순환을 좋게 하기 위하여 　　④ 공작이 쉬우므로

해설 보일러에서 노통을 편심으로 하는 이유는 물순환을 좋게 하기 위하여

54 금속 열처리 중 재료를 가열하였다가 급냉시켜 경도를 높이는 것은?

① 뜨임(Tempering) 　　　　　② 담금질(Quenching)

③ 풀림(Annealing) 　　　　　④ 불림(Normalizing)

해설 담금질은 금속 열처리 중 재료를 가열하였다가 급냉시켜 경도를 높인다.

55 증기배관에 감압밸브 설치 시 고압 측과 저압 측의 적절한 압력차는?(단, 이때 고압 측의 압력은 $7kg/cm^2$ 이상이다.)

① 3 : 1 이내 　　　② 4 : 1 이내 　　　③ 5 : 1 이내 　　　④ 2 : 1 이내

해설 감압밸브는 고압 측과 저압 측의 적합한 압력차는 2 : 1 이내이다.

56 보일러를 장기간 휴지하는 경우 어떤 보존방법이 좋은가?

① 만수 보존법

② 청관 보존법

③ 소다 만수 보존법

④ 건조 보존법

해설 건조 보존법은 보일러를 6개월 이상 장기간 휴지하는 경우의 보존방법이다.

57 열량(熱量) 1kcal를 일로 환산하면 약 몇 N·m인가?

① 427N·m

② 4,185N·m

③ 419N·m

④ 41N·m

해설 1kcal = 1,000cal
1cal = 4.185J
1 × 1,000 × 4.185 = 4,185N·m

58 오일 버너가 구비하여야 할 사항으로 틀린 것은?

① 넓은 부하 범위에 걸쳐 연속적으로 양호한 안정 무화를 얻을 수 있을 것

② 무화 시 버너의 기름 분무각도가 될 수 있는 한 변화하는 구조일 것

③ 양질인 경질유에서 고점도의 조악 중유까지 사용할 수 있도록 연료유 사용범위가 넓을 것

④ 분무구의 교환이나 청소가 쉬운 구조이고, 소음발생이 적을 것

해설 오일버너는 무화 시 버너의 기름 분무각도가 될 수 있는 한 변화가 없는 구조이어야 한다.

59 샘플링 검사의 목적으로서 틀린 것은?

① 검사비용 절감

② 생산공정상의 문제점 해결

③ 품질향상의 자극

④ 나쁜 품질인 로트의 불합격

해설 샘플링 검사란 전수검사가 좋은지 무검사가 좋은지 분명하지 않을 때 사용되는 검사방법

60 대기압하에서 펌프의 최대흡입 양정(揚程)은 이론상 몇 m 정도인가?

① 10m

② 20m

③ 15m

④ 30m

해설 대기압하에서 펌프의 최대흡입 양정은 이론상 10m 정도이다.(실양정은 6~7m 정도)

Answer   56. ④   57. ②   58. ②   59. ②   60. ①

1 탄소(C) 6kg을 완전연소시키는 데 필요한 산소량은?

① 2kg

② 6kg

③ 16kg

④ 32kg

 $C + O_2 \rightarrow CO_2$

$12kg + 32kg \rightarrow 44kg$

$\therefore \dfrac{32}{12} \times 6 = 15.999kg$

2 관류 보일러의 특징을 설명한 것으로 잘못된 것은?

① 관수의 순환력이 크므로 순환펌프가 필요 없다.

② 완벽한 급수처리를 요한다.

③ 드럼이 없이 긴 관으로만 전열부가 형성된다.

④ 효율이 좋으며 가동시간이 짧다.

관류 보일러는 순환펌프(급수펌프)가 필요하다.

㉠ 벤슨 보일러(Benson Boiler)

㉡ 슐처 보일러(Sulzer Boiler)

㉢ 엣모스 보일러

3 증기보일러의 용량을 표시하는 것 중 일반적으로 가장 많이 사용되는 것은?

① 보일러 마력

② 보일러 압력

③ 보일러 열출력

④ 매시간당의 증발량

㉠ 증기보일러 용량 : 매시간당 증발량(kg/h)

㉡ 온수보일러 용량 : 정격 출력(kcal/h)

4 슈미트 보일러는 어떤 보일러 종류에 해당되는가?

① 자연순환 수관 보일러　　　　② 관류 보일러

③ 간접가열 보일러　　　　　　④ 곡관식 수관 보일러

해설 슈미트 하트만 보일러, 레플러 보일러는 간접가열 보일러이다.

5 보일러 청관제의 역할에 해당되지 않는 것은?

① 관수의 pH 조정　　　　　　② 관수의 취출

③ 관수의 탈산소작용　　　　　④ 관수의 경도성분 연화

해설 ㉠ 관수의 취출 : 보일러 분출작용으로 해결한다.
　　㉡ 분출의 종류 : • 수면분출(연속분출)
　　　　　　　　　　　• 수저분출(간헐분출)

6 관 내부의 물이 외부의 연소가스에 의해 가열되는 것은?

① 수관　　　　② 연관　　　　③ 노통　　　　④ 노관

해설 관 내부의 물이 외부의 연소가스에 의해 가열되는 관은 수관이다.

7 보일러 연소실에서 발생한 연소가스가 굴뚝까지 이르는 통로는?

① 연돌　　　　② 연도　　　　③ 화관(火管)　　　　④ 개자리

해설 연도 : 보일러 연소실에서 발생한 연소가스가 굴뚝(연돌)까지 이르는 통로이다.

8 자연순환식 수관보일러의 강수관과 상승관에 관한 설명으로 옳은 것은?

① 강수관은 직접 연소가스에 접촉하기 때문에 관내 물의 비중이 크게 되어 보일러물을 순환시킨다.

② 강수관은 상승관 외부에 배치하여 연소가스와의 접촉을 양호하게 한다.

③ 강수관은 급수 중의 불순물이 상부 드럼에서 하부 드럼으로 내려오지 못하게 하는 기능도 있어야 한다.

④ 상승관은 직접 연소가스에 접촉하기 때문에 관내 물의 비중이 작게 되어 보일러수를 순환시킨다.

해설 ⊙ 강수관은 하강관이며 이중관으로 물의 순환력을 크게 해 주기 위해 연소가스로 가열되지 않게 한다.
ⓒ 상승관(송수관)은 비중을 작게 하기 위해 연소가스로 가열되게 한다.

9 노통에 겔로웨이관을 설치하였을 때의 이점이 아닌 것은?

① 전열면적이 증가된다.
② 노통이 보강된다.
③ 연소효율이 증대된다.
④ 동내부의 물순환이 좋아진다.

해설 노통에 겔로웨이관(횡관)을 설치하면 노내 연소열이 횡관에 빼앗겨서 노내 온도가 저하될 우려가 있다.

10 다음 압력계 중 탄성식 압력계가 아닌 것은?

① 링 밸런스식 압력계
② 벨로스식 압력계
③ 다이어프램식 압력계
④ 부르동관식 압력계

해설 링 밸런스식 압력계(환산천평식 압력계)는 액주식 압력계이다.

11 보일러 전체 무게가 20,000N이고, 보일러가 설치될 기초의 무게가 5,000N이며, 보일러를 설치할 기초의 저면적(低面積)이 5m²일 때 기초 저면에 걸리는 단위면적당의 평균력은?

① 4,000N/m²
② 5,000N/m²
③ 400N/m²
④ 500N/m²

해설 $\dfrac{20,000+5,000}{5}=5,000\text{N/m}^2$

12 선택적 캐리오버(Selective Carry Over)는 무엇이 증기와 함께 송기되는 것인가?

① 액정
② 거품
③ 탄산칼슘
④ 무수규산

해설 캐리오버(기수공발)
⊙ 물방울의 작은 입자가 증기와 함께 이탈하는 현상
ⓒ 선택성 캐리오버(규산 캐리오버)가 함께 일어난다. 무수규산은 압력이 높으면 쉽게 증기 속에 포함된다.

13 원통보일러의 보일러수 pH 값으로 가장 적합한 것은?

① 6.2~6.9 ② 7.3~7.8 ③ 9.4~9.7 ④ 11.0~11.5

해설 ㉠ 원통형 보일러 보일러수 pH : 11~11.5
㉡ 급수의 pH : 8~9

14 보일러에서 프라이밍이나 포밍이 발생하는 경우와 가장 거리가 먼 것은?

① 보일러 관수가 농축되었을 때
② 증기부하가 과대할 때
③ 보일러수에 유지분 함유율이 높을 때
④ 보일러수의 표면장력이 작을 때

해설 ㉠ 보일러수의 표면장력과 프라이밍, 포밍과는 무관하다.
㉡ 프라이밍(비수발생)
㉢ 포밍(물거품)

15 외부와의 열의 흡입이 없는 열역학적 변화는?

① 정압변화 ② 정적변화 ③ 단열변화 ④ 등온변화

해설 단열변화 : 외부와의 열의 출입이 없는 열역학적 변화이다.

16 0℃일 때 2.5m인 강철제 레일이 온도가 40℃가 되면 늘어나는 길이는?(단, 강철의 선팽창계수는 $1.1 \times 10^{-5}/℃$ 이다.)

① 0.011cm ② 0.11cm ③ 1.1cm ④ 1.75cm

해설 $250cm \times 1.1 \times 10^{-5}/℃ \times 40℃ = 0.11cm$

17 다음과 같이 에너지가 변환될 때 직접 변환이 가장 곤란한 것은?

① 위치에너지 → 운동에너지
② 역학적 에너지 → 기계적 에너지
③ 열에너지 → 기계적 에너지
④ 전기에너지 → 열에너지

해설 열에너지는 운동에너지로 변환 후 기계적 에너지가 될 수 있다.

Answer 13. ④ 14. ④ 15. ③ 16. ② 17. ③

18 열용량의 설명으로 옳은 것은?

① 단위 물체를 단위온도 만큼 높이는 열량
② 물체의 비열에 온도를 곱해 얻은 열량
③ 물체의 온도를 1℃ 높이는 데 소요되는 열량
④ 물체의 중량에 대한 비열의 비로 표시한 열량

해설 ㉠ 열용량 : 어떤 물체의 온도를 1℃ 높이는 데 소요되는 열량이다.(질량×비열＝열용량)
ㄴ 비열 : 어떤 물질 1kg을 1℃ 높이는 데 필요한 열량(kcal/kg℃)

19 강관용 플랜지의 선택 조건에 해당되지 않는 것은?

① 플랜지의 온도   ② 플랜지의 압력
③ 유체의 성질   ④ 유체의 속도

해설 유체의 속도나 강관용 플랜지 선택조건과는 무관하다.

20 어떤 보일러가 저위발열량 9,500kcal/kg인 연료를 매시 200kg씩 연소시킬 때 상당증발량은?
(단, 이 보일러의 효율은 84%이다.)

① 2,961kg/h   ② 2,200kg/h   ③ 3,660kg/h   ④ 4,280g/h

해설 상당증발량

$$\frac{200 \times 9,500 \times 0.84}{539} = 2,961 \text{kg/h}$$

21 직경 20cm인 원관 속을 속도 7.3m/s로 유체가 흐를 때 유량은?

① 0.23m³/s   ② 13.76m³/s   ③ 229m³/s   ④ 760m³/s

해설 $\dfrac{3.14}{4} \times (0.2)^2 \times 7.3 = 0.229 \text{m}^3/\text{s}$

유량＝단면적×유속(m³/s)

22 동파 우려가 있는 부분에 설치하는 트랩으로 가장 적합한 것은?

① 플로트 트랩   ② 디스크 트랩
③ 버킷 트랩   ④ 방열기 트랩

해설 ㉠ 바이메탈형 트랩은 동파의 위험이 없다.
㉡ 버킷 트랩은 동결의 우려가 있다.
㉢ 디스크 트랩은 열역학적 및 유체역학 이용

23 산소를 최대한 제거시켜, 잔류 탈산제도 없는 동(銅)으로 순도가 가장 높은 것은?

① 인탈산동
② 무산소동
③ 터프피치동
④ 합금동

해설 ㉠ 무산소동 : 순도 99.6% 이상
㉡ 인탈산동 : 일반 배관 재료
㉢ 터프피치동 : 순도 99.9% 이상 전기 재료
㉣ 합금동 : 용도 다양

24 안전율의 고려요소와 가장 거리가 먼 것은?

① 발생하는 응력의 종류
② 사용하는 장소
③ 사용자의 연령
④ 가공의 정확성

해설 안전율의 고려 요소
㉠ 발생하는 응력의 종류
㉡ 사용하는 장소
㉢ 가공의 정확성

25 보일러에서 연소 배기가스의 CO_2 성분을 측정하는 주된 이유는?

① 연소부하를 계산하기 위하여
② 연료 소비량을 알기 위하여
③ 연료의 구성 성분을 알기 위하여
④ 공기비를 조절하여 연소효율을 높이기 위하여

해설 연소 배기가스의 CO_2 성분을 측정하면 공기비를 조절할 수 있고 연소효율을 증가시킬 수 있다.

26 강관의 호칭법에서 스케줄 번호와 관계되는 것은?

① 관의 바깥지름
② 관의 길이
③ 관의 안지름
④ 관의 두께

해설 스케줄 번호 : 관의 두께 표시

27 보일러에서 증기를 처음 송기할 때의 주의사항으로 잘못된 것은?

① 캐리오버, 수격작용이 발생되지 않게 한다.

② 수위, 증기압을 일정하게 유지한다.

③ 배관 내의 드레인을 배출한다.

④ 보일러 수위를 낮춘다.

해설 송기(증기 이송) 시에는 보일러 수위를 일정하게 유지한다.

28 중력단위 1kgf를 SI 단위로 환산하면?

① 0.102N　　　　② 1.02N　　　　③ 9.8N　　　　④ 98N

해설 1kgf=9.8N

29 강관을 구부릴 때 사용하는 동력 램식 벤더(Ram Type Bender)의 구성 요소가 아닌 것은?

① 센터 포머　　　② 램 실린더　　　③ 심봉　　　④ 유압펌프

해설 심봉이 필요한 벤더기는 로터리식이다.

30 60℃의 물 2kg을 대기압하에서 100℃ 증기로 만들려면 필요한 열량은?

① 80kcal

② 579kcal

③ 1,158kcal

④ 1,567kcal

해설 ㉠ 물의 현열=$2\times1\times(100-60)=80$kcal

ⓛ 물의 증발열=$2\times539=1,078$kcal

∴ $80+1,078=1,158$kcal

31 보일러 연소 관리에 관한 설명 중 잘못된 것은?

① 보일러 본체 및 내화벽돌에 강열한 화염을 충돌시킨다.

② 연소량을 증가할 때에는 연료 공급량을 우선 늘리고, 연소량을 감소할 때는 통풍량부터 줄인다.

③ 되도록 노 내를 고온으로 유지한다.

④ 연소상태 및 화염상태 등을 수시로 감시한다.

해설 연소량을 증가시킬 때는 우선적으로 공기량을 먼저 증가시킨다.

32 10m의 높이에 배관되어 있는 파이프에 압력 5kgf/cm²인 물이 속도 3m/s로 흐르고 있다면, 이 물이 가지고 있는 전수두는?

① 30.13mAq   ② 40.24mAq   ③ 50.35mAq   ④ 60.46mAq

해설 $H = \dfrac{V^2}{2g} = \dfrac{(3)^2}{2 \times 9.8} = 0.459 \text{mAq}$

$\therefore \dfrac{5 \times 10^4}{1,000} + 10 + 0.459 = 60.46 \text{mAq}$

33 신설 보일러에서 소다 끓이기(Soda Boiling)는 주로 어떤 성분을 제거하기 위하여 하는가?

① 스케일   ② 고형물   ③ 소석회   ④ 유지

해설 ㉠ 신설 보일러에서 소다 끓이기는 주로 유지분을 제거하기 위함이다.

㉡ 소다 끓임 약제 : 가성소다, 인산소다, 탄산소다

34 피드백 제어에서 동작신호를 받아서 제어계가 정해진 동작을 하는 데 필요한 신호를 만들어 내보내는 부분은?

① 조작부   ② 조절부   ③ 검출부   ④ 제어부

해설 조절부 : 피드백 제어에서 동작신호를 받아서 제어계가 정해진 동작을 하는 데 필요한 신호를 만들어 보낸다.

35 검사대상기기 설치자가 대상기기 조종자를 선임하지 않았을 때의 벌칙은?

① 5백만 원 이하의 벌금

② 1천만 원 이하의 벌금

③ 1년 이하의 징역 또는 1천만 원 이하의 벌금

④ 2천만 원 이하의 벌금

해설 검사대상기기 설치자가 조종자를 선임하지 않으면 1천만 원 이하의 벌금에 처한다.

36 에너지이용합리화법상 국가에너지 기본계획에 포함되어 있지 않은 사항은?

① 환경친화적 에너지의 이용을 위한 대책
② 에너지 이용의 합리화와 이를 통한 이산화탄소의 배출장소를 위한 대책
③ 국내외 에너지 수급 정세의 추이와 전망
④ 핵연료의 개발

해설 핵연료는 에너지이용합리화법에서 제외된다.

37 터보 송풍기 회전속도의 가감과 풍량, 풍압, 동력의 변화 관계를 옳게 설명한 것은?

① 풍량은 회전속도와 2제곱에 비례하여 변화한다.
② 풍압은 회전속도와 비례하여 변화한다.
③ 풍량은 회전속도와 3제곱에 비례하여 변화한다.
④ 동력은 회전속도의 3제곱에 비례하여 변화한다.

해설 ㉠ 풍량은 회전수 증가에 비례
ⓛ 풍압은 회전수 증가의 2승에 비례
ⓒ 동력은 회전수 증가의 3승에 비례

38 다음 밸브 중 유체의 흐름방향이 정해져 있지 않은 것은?

① 감압밸브   ② 체크밸브
③ 글로브 밸브   ④ 슬루스 밸브

해설 ㉠ 슬루스 밸브는 유체의 흐름방향이 정해져 있지 않다.
ⓛ 슬루스 밸브는 유량조절이 부적당하다.
ⓒ 개폐용이라 앞, 뒤편이 없다.

39 온수난방 시공 시 각 방열기에 공급되는 유량분배를 균등하게 하여 전후방 방열기의 온도차를 최소화하는 방식은?

① 역귀환방식   ② 직접귀환방식
③ 단관식   ④ 중력순환식

해설 역귀환방식 : 방열기에 공급되는 유량 분배를 균등하게 하여 전후방 방열기의 온도차를 최소화시키는 방식

40 보일러수 중에 포함된 실리카(SiO₂)에 대한 설명으로 잘못된 것은?

① 칼슘 및 알루미늄 등과 결합하여 스케일을 형성한다.
② 저압 보일러에서는 알칼리도를 높혀 스케일화를 방지할 수 있다.
③ 실리카 함유량이 많은 스케일은 연질이므로 제거가 쉽다.
④ 보일러수에 실리카가 많으면 캐리오버 등으로 터빈 날개 등을 부식한다.

 SiO₂(실리카) 함유량이 많은 스케일은 경질염이므로 스케일 제거가 어렵다.

41 난방부하가 50,000kcal/h인 건물에 주철제 증기방열기로 난방하려고 한다. 방열기 입구의 증기 온도가 112℃, 출구온도가 106℃, 실내온도가 21℃일 때 필요한 방열기 쪽수는?(단, 방열기의 쪽당 방열면적은 0.26m²이다.)

① 86쪽 ② 162쪽 ③ 270쪽 ④ 304쪽

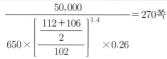

$$\frac{50,000}{650 \times \left[\frac{\frac{112+106}{2}}{102}\right]^{1.4} \times 0.26} = 270쪽$$

42 도면에 표시된 다음과 같은 컨벡터(Convector)에 대한 설명으로 틀린 것은?

① 2단으로 유효 엘리먼트의 길이는 1m이다.
② 엘리먼트의 관경은 32A이다.
③ 핀(Fin)의 치수는 108mm×165mm이다.
④ 컨벡터로의 유입, 유출 관경은 모두 20A이다.

 108 : 크기, 165 : 핀의 피치

43 보일러 산 세관 시 첨가하는 부식억제제의 구비조건이 아닌 것은?

① 점식이 발생되지 않을 것
② 세관액의 온도, 농도에 대한 영향이 적을 것
③ 물에 대해 용해도가 적을 것
④ 시간적으로 안정할 것

 ㉠ 부식억제제는 물에 대한 용해도가 커야 한다.
㉡ 부식억제제의 종류 : 수지계 물질, 알코올류, 알데히드류, 케톤류, 아민유도체, 함질소 유기화합물

44 강관의 종류에 따른 KS규격 기호가 잘못된 것은?

① 압력배관용 탄소강관 : SPPS ② 고온배관용 탄소강관 : SPHT

③ 보일러 및 열교환기용 탄소강관 : STBH ④ 고압배관용 탄소강관 : SPP

해설 SPP

일반배관용 탄소강관이며 사용압력이 $10kg/cm^2$ 이하이며 흑관, 백관이 있다. 물, 증기, 가스, 기름, 공기 등의 배관에 사용된다.

45 평판을 사이고 두고 고온 유체와 저온 유체가 접하고 있는 경우 열관류율(열통과율)에 영향을 미치지 않는 것은?

① 평판의 열전도도 ② 평판의 면적

③ 평판의 두께 ④ 유체와 평판 간의 열전달률

해설 열관류율($kcal/m^2h℃$)에 영향을 미치는 요인

㉠ 평판의 열전도도

㉡ 평판의 두께

㉢ 유체와 평판 간의 열전달률

46 보일러의 장기보존법 중 건조보존법으로 적합한 것은?

① 진공건조보관법 ② 산소가스봉입보존법

③ 질소가스봉입보존법 ④ 공기봉입보존법

해설 보일러 건조보존법

㉠ 질소가스봉입보존법(6개월 이상)

㉡ 보통밀폐건조법(2~3개월)

㉢ 석회보존법(6개월 이상)

47 보온재로 사용되는 탄산마그네슘에 대한 설명 중 잘못된 것은?

① 염기성의 탄산마그네슘 85%에 15% 정도의 석면을 혼합한 것이다.

② 무기질 보온재의 한 종류이다.

③ 실제 보온 시공할 때는 물반죽을 하면서 사용한다.

④ 안전사용온도는 500℃ 정도로 석면보다 높다.

해설 탄산마그네슘 무기질 보온재
- ㉠ 열전도율 : $0.05 \sim 0.07$kcal/mh℃
- ㉡ 안전사용온도 : 250℃ 이하
- ㉢ 석면 혼합비율에 따라 열전도율이 좌우된다.

48 버너의 착화를 원활하게 하고 화염의 안정을 도모하는 것으로 선회기를 설치하여 연소공기에 선회운동을 주는 장치는?

① 윈드박스   ② 보염기

③ 버너타일   ④ 플레임 아이

해설 보염기

버너의 착화를 원활하게 하고 화염의 안정을 도모하는 것으로 선회기를 설치하여 연소공기에 선회운동을 주는 에어레지스터(보염장치)이다.

49 수질의 단위로서 용액 1ton 중에 물질 1mg이 포함된 양을 표시하는 것은?

① ppb   ② ppm

③ epm   ④ cpm

해설 ㉠ 1ppm : 1mg/kg, g/ton$\left(\dfrac{1}{100만}\right)$

㉡ ppb : 1mg/ton$\left(\dfrac{1}{10억}\right)$

㉢ epm : 1mg당량/kg$\left(\dfrac{1}{100만}$ 단위중량당$\right)$

50 증기의 건도가 0인 상태는?

① 포화수   ② 포화증기

③ 습증기   ④ 건증기

해설 ㉠ 포화수 : 건도(x)가 0
- ㉡ 건포화증기 : 건도(x)가 1
- ㉢ 습포화증기 : 건도(x)가 1 미만
- ㉣ 과열증기 : 건도(x)가 1이며 포화온도보다 높은 온도의 증기

51 증기난방 배관 시공법에 대한 설명 중 틀린 것은?

① 증기지관을 분기할 때는 수직 또는 45° 이상으로 분기한다.
② 장애물 넘기 배관은 루프 배관을 하며 위로는 공기, 아래는 응축수가 흐르게 한다.
③ 이경관접합 시에는 편심리듀서를 사용하여 응축수가 고이는 것을 방지한다.
④ 감압장치 배관에서 저압축관경은 고압축관경보다 작게 배관한다.

해설 저압측 증기관은 고압측 관경에 비해 크게 배관한다.(비체적이 크기 때문)

52 열팽창에 의한 배관의 이동을 구속 제한하는 장치로 배관의 측 방향 이동을 허용하나, 축과 직각방향의 이동을 구속하는 리스트레인트는?

① 슈(Shoe)　　② 스톱(Stop)　　③ 가이드(Guide)　　④ 앵커(Anchor)

해설 리스트레인트
　　㉠ 앵커 : 완전히 배관관계 일부를 고정하는 장치
　　㉡ 스톱 : 관의 이동 및 회전을 구속하나 나머지 방향은 자유롭게 허용
　　㉢ 가이드 : 배관라인의 축과 직각방향의 이동을 구속한다.

53 자동식 가스분석계 중 화학적 가스분석계에 속하는 것은?

① 연소열법　　　　　　　　　② 밀도법
③ 열전도도법　　　　　　　　④ 적외선 가스분석

해설 화학적 가스분석계
　　㉠ 연소열법(연소식 O_2계, 미연소가스계)
　　㉡ 자동 CO_2계
　　㉢ 오르사트 가스분석계
　　㉣ 자동화학식 가스분석계

54 보일러 연소 시 화염 유무를 검출하는 플레임 아이에 사용되는 화염검출 소자가 아닌 것은?

① 광전관　　② CuS 셀　　③ CdS 셀　　④ PbS 셀

해설 화염검출기
　　㉠ 광전관(적외선, 자외선 이용)
　　㉡ 황화 카드뮴 광도전 셀(CdS)
　　㉢ 황화납 광도전 셀(PbS)

55 미리 정해진 일정 단위 중에 포함된 부적합(결점) 수에 의거 공정을 편리할 때 사용하는 관리도는?

① P 관리도   ② nP 관리도

③ c 관리도   ④ u 관리도

해설 ㉠ c 관리도 : 결점 수

  ㉡ nP 관리도 : 불량 개수

  ㉢ P 관리도 : 불량률

  ㉣ u 관리도 : 단위당 결점 수

56 도수분포표에서 도수가 최대인 곳의 대표치를 말하는 것은?

① 중위수   ② 비대칭도

③ 모드(Mode)   ④ 첨도

해설 도수분포제작목적

  ㉠ 데이터의 흩어진 모양을 알고 싶을 때

  ㉡ 많은 데이터로부터 평균치와 표준편차를 구할 때

  ㉢ 원 데이터로 규격과 대조하고 싶을 때

57 로트 수가 10이고 준비작업시간이 20분이며, 로트별 정미작업시간이 60분이라면 1로트당 작업시간은?

① 90분   ② 62분   ③ 26분   ④ 13분

해설 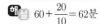 $60 + \dfrac{20}{10} = 62$분

58 더미활동(Dummy Activity)에 대한 설명 중 가장 적합한 것은?

① 가장 긴 작업시간이 예상되는 공정을 말한다.

② 공정의 시작에서 그 단계에 이르는 공정별 소요시간들 중 가장 큰 값이다.

③ 실제활동은 아니며, 활동의 선행조건을 네트워크에 명확히 표현하기 위한 활동이다.

④ 각 활동별 소요시간이 베타분포를 따른다고 가정할 때의 활동이다.

해설 더미활동

실제 활동은 아니며 활동의 선행조건을 네트워크에 명확히 표현하기 위한 활동이다.

Answer 55. ③ 56. ③ 57. ② 58. ③   61

59 단순지수평활법을 이용하여 금월의 수요를 예측하려고 한다면 이때 필요한 자료는 무엇인가?

① 일정기간의 평균값, 가중값, 지수평활계수

② 추세선, 최소자승법, 매개변수

③ 전월의 예측치와 실제치, 지수평활계수

④ 추세변동, 순환변동, 우연변동

해설 ㉠ 지수평활법 : 과거의 자료에 따라 예측할 경우 현시점에 가까운 자료에 가장 비중을 많이 주고 과거로
거슬러 올라갈수록 그 비중을 지수적으로 감소해 감는 수요의 경향변동을 분석하는 방법

㉡ 수요예측기법 : 최소자승법, 이동평균법, 지수평활법

60 다음 중 검사항목에 의한 분류가 아닌 것은?

① 자주검사   ② 수량검사

③ 중량검사   ④ 성능검사

해설 검사항목

㉠ 수량검사   ㉡ 외관검사

㉢ 중량검사   ㉣ 치수검사

㉤ 성능검사

과년도출제문제

2005. 4. 3.

1 다음 내화물 중 산성내화물인 것은?

① 마그네시아질　　　　　② 탄소질
③ 탄화규소질　　　　　　④ 규석질

해설 ㉠ 마그네시아질 : 염기성
　　㉡ 탄소질 : 중성
　　㉢ 탄화규소질 : 중성
　　㉣ 규석질 : 산성

2 다음 배관 중 스위블형 신축이음이라고 볼 수 없는 것은?

①

②

③

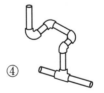
④

해설 ①은 90° 엘보 방향전환

3 다음 중 보일러 청관제로서 슬러지 조정제로 사용되는 것은?

① 전분　　　　　　　　② 가성소다
③ 인산소다　　　　　　④ 히드라진

해설 슬러지 조정제 : 전분, 탄닌, 리그닌, 텍스트린

4 피복아크용접에서 자기 쏠림현상을 방지하는 방법으로 옳은 것은?

① 용접봉을 굵은 것으로 사용한다.　　② 접지점을 용접부에서 멀리한다.

③ 용접 전압을 높여준다.　　④ 용접 전류를 높여준다.

해설　피복아크용접에서 자기 쏠림현상을 방지하려면 접지점을 용접부에서 멀리한다.

5 내화물이 융회 등을 흡수하여서 표면의 용융점이 내려가서 유출되든가 혹은 융회 중에 용해하여 점차 줄어드는 현상은?

① 연화변형　　② 열적 스폴링

③ 구조적 스폴링　　④ 융액침식

해설　융액침식이란 내화물이 융회 등을 흡수하여 표면의 용융점이 내려가서 유출되든가 혹은 융회 중에 용해하여 점차 줄어드는 현상이다.

6 배관의 신축이음 종류 중 고온, 고압용의 옥외배관에 많이 사용되며, 응력이 크게 작용하는 것은?

① 슬리브형　　② 루프형

③ 벨로스형　　④ 스위블형

해설　루프형 신축이음 : 곡관형이며 고온, 고압용의 옥외배관에 많이 사용되나 응력발생이 크다.

7 수관식 보일러에서 그을음을 불어내는 장치인 슈트블로의 분무 매체로 사용되지 않는 것은?

① 기름　　② 증기

③ 물　　④ 공기

해설　슈트블로(그을음 제거)의 분무매체는 증기, 물, 공기 등이다.

8 과열기를 가진 보일러에서 과열증기의 압력은 포화증기의 압력에 비하여 어떠한가?

① 과열증기 압력이 높다.　　② 동일하다.

③ 과열증기 압력이 낮다.　　④ 조건에 따라 다르다.

해설　포화증기 압력＝과열증기 압력이다.(단, 온도나 엔탈피는 과열증기가 크다.)

9 오르사트 가스분석기로 직접 분석할 수 없는 성분은?

① O_2 ② CO   ③ CO_2 ④ N_2

해설 ㉠ 질소＝100－(CO_2＋O_2＋CO)의 값으로 결정한다.
    ㉡ CO_2 : 수산화칼륨용액(KOH)
    ㉢ O_2 : 알칼리성 피롤카롤 용액
    ㉣ CO : 암모니아성 염화 제1동 용액

10 보일러의 압력계 부착방법을 잘못 설명한 것은?

① 증기온도가 210℃가 넘을 때는 동관을 사용해야 한다.
② 압력계와 연결된 증기관은 동관일 경우 안지름 6.5mm 이상이어야 한다.
③ 압력계의 콕 대신에 밸브를 사용할 경우에는 한 눈에 개폐 여부를 알 수 있는 구조로 한다.
④ 물이 채워진 상태로 안지름 6.5mm 이상의 사이펀관을 거쳐 압력계를 부착한다.

해설 증기온도가 210℃ 이상이면 강관을 사용하고 동관사용은 억제한다.

11 어떤 연료 3kg으로 2,070kg의 물을 가열시켰더니 온도가 10℃에서 20℃로 되었다. 이 연료의 발열량은?(단, 가열장치의 열효율은 80%이다.)

① 6,900kcal/kg   ② 8,625kcal/kg
③ 2,587kcal/kg   ④ 9,834kcal/kg

해설 $\dfrac{2,070\times1\times(20-10)}{3\times0.8}=8,625\text{kcal/kg}$

12 공기비(m)가 큰 경우 배기가스 중의 함유 비율이 커지는 것은?

① SO_2 ② CO   ③ O_2 ④ CO_2

해설 공기비(과잉공기계수)가 큰 경우 배기가스 중 O_2의 함량이 커지고 CO_2는 감소한다.

13 유체의 레이놀즈(Reynolds) 수가 얼마 이상이면 난류라고 하는가?

① 3,000   ② 2,000   ③ 1,000   ④ 550

해설 Re가 2,000을 초과하면 난류현상의 유체흐름이다.

14 피드백 자동제어의 중심부분으로 동작신호를 받아서 제어계가 정해진 동작을 하는 데 필요한 신호를 만들어 내보내는 부분은?

① 조절부　　　　　② 조작부　　　　　③ 비교부　　　　　④ 검출부

해설 조절부란 피드백 제어에서 동작신호를 받아서 제어계가 정해진 동작을 하는 데 필요한 신호를 만들어서 보낸다.

15 다음 중 보일러 관수의 탈산소제가 아닌 것은?

① 아황산소다　　　② 암모니아　　　③ 탄닌　　　　　④ 히드라진

해설 ㉠ 탈산소제 : 아황산소다, 탄닌, 히드라진
　　ㄴ 알칼리 세관제 : 암모니아, 가성소다, 탄산소다, 인산소다

16 펌프의 공동현상(Cavitation)에 의하여 발생되는 현상 설명으로 틀린 것은?

① 부식 또는 침식이 발생한다.　　　　② 운전불능이 될 수도 있다.
③ 소음 및 진동이 발생한다.　　　　　④ 양정 및 효율이 상승한다.

해설 펌프의 캐비테이션 현상이 발생되면 양정이나 효율이 감소한다.

17 보일러 화염검출기인 플레임 아이(Flame Eye)는 화염의 어떠한 성질을 이용하여 화염 검출을 하는가?

① 화염의 스파크를 이용　　　　　② 화염의 이온화를 이용
③ 화염이 발광체임을 이용　　　　④ 화염이 발열체임을 이용

해설 ㉠ 화염의 이온화 이용 : 플레임 로드
　　ㄴ 화염의 발광체 이용 : 플레임 아이
　　ㄷ 화염의 발열체 이용 : 스택스위치

18 배관의 상부에서 관을 지지하는 것으로 관의 상하 방향이동을 허용하면서 일정한 힘으로 관을 지지하는 것은?

① 콘스탄트 행거　　② 리지드 행거　　③ 슈　　　　　④ 앵커

해설 콘스탄트 행거는 배관의 상부에서 관을 지지하는 것으로 관의 상하 방향이동을 허용하면서 일정한 힘으로 관을 지지한다.

19 강철제 증기보일러의 전열면적이 10m²를 초과하는 경우 급수밸브의 크기는 얼마 이상이어야 하는가?

① 15A   ② 20A   ③ 30A   ④ 40A

 전열면적
  ㉠ 10m² 이하 : 15A 이상
  ㉡ 10m² 초과 : 20A 이상

20 유체 속에 잠겨진 경사면에 작용하는 힘은?

① 경사진 각도에만 관계된다.
② 유체의 비중량과 단면적의 곱과 같다.
③ 단면적의 크기와 경사각에 비례한다.
④ 면의 중심점에서의 압력과 면적과의 곱과 같다.

해설 유체 속에 잠겨진 경사면에 작용하는 힘은 면의 중심점에서의 압력과 면적과의 곱과 같다.

21 충동 증기트랩을 옳게 설명한 것은?

① 높은 온도의 응축수 증발로 인하여 생기는 부피의 증가를 이용한 것
② 부력을 이용하여 밸브를 개폐하는 것
③ 휘발성이 큰 액체를 봉입한 것을 이용한 것
④ 저온의 공기를 통과시키며 관말트랩으로 사용한 것

해설 ㉠ 충동식 증기트랩(디스크식 트랩)은 높은 온도의 응축수 재증발에 의해 생기는 부피의 증가를 이용한 트랩이다.
  ㉡ 디스크 트랩은 수격현상에 강하고 과열증기에도 사용, 구조가 간단하고 고장이 없고 유지보수가 용이하며 겨울철 동파에 의한 피해가 없다.

22 자동제어에서 목표값이 의미하는 것은?

① 제어량에 대한 희망값   ② 조절부의 조절값
③ 동작신호값   ④ 기준압력값

해설 자동제어에서 목표값 : 제어량에 대한 희망값

23 압력을 표시하는 수주(水柱)의 단위로 옳은 것은?

① psi   ② mmHg   ③ mmAq   ④ kgf/cm²

해설 수주 압력의 단위 : mmAq, mmH_2O

24 보일러 건조 보존 시에 흡습제로 사용할 수 있는 물질은?

① 히드라진   ② 아황산소다
③ 생석회   ④ 탄산소다

해설 건조제 : 생석회, 오산화인, 염화칼슘, 드라이 케미컬(실리카겔)

25 증기보일러에서 순환수량과 증기발생량의 비는?

① 순환비   ② 관류비   ③ 증발배수   ④ 증발계수

해설 순환비 $= \dfrac{순환수량}{증기발생량}$

26 보일러 가성취화의 특징을 설명한 것으로 틀린 것은?

① 방향이 불규칙적이다.
② 반드시 수면 이하에서 발생한다.
③ 압축응력을 받는 이음부에서 생긴다.
④ 리벳과 리벳 사이에서 발생되기 쉽다.

해설 가성취화 부식의 특징
㉠ 방향이 불규칙하다.
㉡ 반드시 수면 이하에서 발생한다.
㉢ 리벳과 리벳 사이에서 발생되기 쉽다.

27 목표값이 변화하지 않고 일정한 값을 갖는 자동제어는?

① 추종제어   ② 비율제어
③ 프로그램 제어   ④ 정치제어

해설 정치제어는 목표값이 변화하지 않고 일정한 값을 갖는다.

28 다음 밸브 중 핸들을 90° 회전시켜 개폐 조작이 가능한 것은?

① 슬루스 밸브

② 게이트 밸브

③ 체크 밸브

④ 볼 밸브

해설 볼 밸브는 핸들을 90도 회전시켜 개폐가 가능하다.

29 압력 3kg/cm²에서 물의 증발잠열이 517.1kcal/kg이며, 포화온도는 132.88℃이다. 물 5kg을 3kg/cm² 하에서 증발시킬 때 엔트로피의 변화량은?

① 6.37kcal/K

② 8.73kcal/K

③ 1.32kcal/K

④ 4.42kcal/K

해설 $ds = \dfrac{dQ}{T} = \dfrac{517.1}{273 + 132.88} \times 5 = 6.37 \text{kcal/K}$

30 캐스터블 내화물을 옳게 설명한 것은?

① 내화성 골재에 수경성 알루미나 시멘트를 배합한 것

② 내화성 골재에 가소성 점토를 가하여 배합한 것

③ SiO₂를 휘발시키고 정제하고 결합제를 가하여 성형한 것

④ MgO를 천연 광석과 함께 분쇄한 후, 물, 유리를 가하여 소성한 것

해설 캐스터블 부정형 내화물=내화성 골재+수경성 알루미나 시멘트 배합

31 온수 귀환방식에서 각 방열기에 공급되는 유량 분배를 균등히 하여 선, 후 방열기의 온도차를 최소화시키는 방식으로 환수관 길이가 길어지는 방식은?

① 중력귀환방식

② 강제귀환방식

③ 역귀환방식

④ 직접귀환방식

해설 온수난방의 역귀환방식은 각 방열기에 공급되는 온수의 유량 분배를 균등히 하여 선, 후 방열기의 온도차를 최소화시키는 방식으로 환수관의 길이가 길어진다.

32 원심식 송풍기의 풍량을 Q(m³/min), 회전수 N(rpm), 풍압을 P(mmAq), 날개의 직경을 D라고 할 때 다음 관계식 중 틀린 것은?

① $Q \propto N$

② $Q \propto D^3$

③ $P \propto N$

④ $P \propto D^2$

해설 ㉠ 풍량은 회전수 증가에 비례한다.
㉡ 풍압은 회전수 증가의 자승에 비례한다.
㉢ 동력은 회전수 증가의 3승에 비례한다.

$$\frac{Q_1}{Q_2} = \frac{N_1}{N_2}, \quad \frac{Q_1}{Q_2} = \left(\frac{D_1}{D_2}\right)^3, \quad \frac{P_1}{P_2} = \left(\frac{D_1}{D_2}\right)^2$$

33 보일러에서 선택적 캐리오버(Carry Over)의 원인이 되는 원소의 종류는?

① 나트륨(Na) 　　　　　　　　② 마그네슘(Mg)

③ 실리카(Si) 　　　　　　　　　④ 칼슘(Ca)

해설 실리카는 보일러에서 선택적 캐리오버(기수공발)의 원인이 되는 원소이다.

34 슬루스 밸브에 관한 설명으로 틀린 것은?

① 리프트가 커서 개폐에 시간이 걸린다.

② 밸브를 중간 정도만 열어도 마찰저항이 없으므로 유량조절용으로 적합하다.

③ 밸브를 완전히 열면 밸브 본체 속이 관로의 단면적과 거의 같게 된다.

④ 쐐기형의 밸브 본체가 밸브 시트 안을 눌러 기밀을 유지한다.

해설 슬루스 밸브(게이트 밸브)는 밸브를 중간정도만 열면 마찰저항이 커서 유량조절로는 부적합하다.

35 보일러 및 열교환기용 합금강 강관의 KS 기호는?

① STH 　　　　② STHA 　　　　③ STLT 　　　　④ STS×TB

해설 ㉠ STH : 보일러 열교환기용 탄소강 강관
㉡ STHA : 보일러 열교환기용 합금강 강관
㉢ STLT : 저온열교환기용 강관
㉣ STS×TB : 보일러 열교환기용 스테인리스 강관

36 400℃ 이하의 파이프, 탱크, 노벽 등의 보온재로 적절하며, 진동이 심한 곳에서도 사용이 가능하지만, 800℃에서는 강도와 보온성을 상실하는 보온재는?

① 규조토 　　　　　　　　　② 탄산마그네슘

③ 석면 　　　　　　　　　　④ 암면

해설 석면(무기질 보온재)은 400℃ 이하의 파이프나 탱크 노벽 등의 보온재로 적합하다.
진동이 심한 곳에서 사용이 가능하다.(800℃ 이상에서 사용불가)

37 안지름이 500mm인 관속을 매초 2m의 속도로 유체가 흐를 때 단위시간당의 유량은?

① 0.39m³/h　　　　② 23.4m³/h　　　　③ 524.3m³/h　　　　④ 1.414m³/h

해설 $A = \dfrac{\pi}{4}D^2 = \dfrac{3.14}{4} \times 0.5^2 = 0.19625\text{m}^2$

$Q = A \times V = 0.19625 \times 2 \times 3{,}600 = 1{,}413\text{m}^3/\text{h}$

※ 1시간 = 3,600초

38 어떤 보일러의 성능시험 결과 급수량이 2,000kg/h, 급수온도 15℃, 증기온도 105℃, 증기의
엔탈피 640kcal/kg이었다. 이 보일러의 상당증발량은?

① 334kg/h　　　　　　　　　　② 1,985kg/h

③ 2.319kg/h　　　　　　　　　　④ 2,000kg/h

해설 $\text{상당증발량} = \dfrac{\text{시간당증기발생량(증기의 엔탈피 - 급수엔탈피)}}{539}(\text{kg/h})$

$\dfrac{2{,}000(640 - 15)}{539} = 2{,}319(\text{kg/h})$

39 대류(對流)열 전달방식을 2가지로 옳게 구분한 것은?

① 자유대류와 복사대류　　　　　　② 강제대류와 자연대류

③ 열판대류와 전도대류　　　　　　④ 교환대류와 강제대류

해설 대류에는 자연대류와 강제대류가 있다.(열의 전달에는 전도, 대류, 복사가 있다.)

40 안지름 0.1m, 길이 100m인 파이프에 물이 흐르고 있다. 파이프의 마찰손실계수를 0.015, 물의
평균속도가 10m/s일 때 나타나는 압력손실은?

① 5.65kg/cm²　　　　② 6.65kg/cm²　　　　③ 7.65kg/cm²　　　　④ 8.65kg/cm²

해설 $h = \lambda \times \dfrac{l}{D} \times \dfrac{V^2}{2g}$

$= 0.015 \times \dfrac{100}{0.1} \times \dfrac{10^2}{2 \times 9.8} = 76.5 = 7.65\text{kg/cm}^2$

Answer　　37. ④　　38. ③　　39. ②　　40. ③

41 보일러 캐리오버(Carry Over)에 대한 설명으로 가장 옳은 것은?

① 대량의 거품이 일어나는 포밍(Forming)현상이다.

② 수분과 증기가 비등하는 프라이밍(Priming) 현상이다.

③ 보일러수 중에 용해된 물질이나 수분이 증기와 동반해서 증기관으로 반출되는 현상이다.

④ 보일러수에 용해된 유지분 등이 동 내면에 고착하는 현상이다.

해설 캐리오버란 보일러수 중에 용해된 물질이나 수분이 증가와 동반해서 증기관으로 반출되는 현상이다.(기수공발 현상)

42 연간 에너지 사용량(연료 및 열과 전력의 합)이 얼마 이상이면 시·도지사에게 신고하여야 하는가?

① 2천 티·오·이   ② 1천5백 티·오·이

③ 1천 티·오·이   ④ 2천5백 티·오·이

해설 에너지 다소비업자

연간 에너지 사용량이 2,000 TOE 이상 사용하면 에너지 관리대상자로 지정되며 시장 도지사에게 신고하여야 한다.

43 보일러수에 함유되어 있는 물질 중 스케일 생성 성분이 아닌 것은?

① 황산칼슘   ② 황산마그네슘

③ 탄산마그네슘   ④ 탄산소다

해설 탄산소다는 알칼리 세관제 또는 경수연화제 등으로 사용한다.

44 다음 중 관류보일러에 속하는 것은?

① 케와니 보일러   ② 벤슨 보일러

③ 코니시 보일러   ④ 밥콕 보일러

해설 ㉠ 케와니 보일러 : 연관 보일러
㉡ 벤슨 보일러 : 관류 보일러
㉢ 코니시 보일러 : 노통 보일러
㉣ 밥콕, 웰콕스 보일러 : 자연순환 수관식 보일러

45 다음 보온재 중 최고 안전사용온도가 가장 높은 것은?

① 세라믹 파이버 ② 펠트
③ 글라스 울 ④ 폴리우레탄 폼

해설 ㉠ 세라믹 파이버는 1,300℃까지 견디는 무기질 보온재로서 안전사용온도가 매우 높다.
㉡ 펠트류(우모, 양모) : 100℃
㉢ 글라스 울(유리 솜) : 300℃ 이하
㉣ 폴리우레탄 폼 : 80℃ 이하

46 온수난방에서 시동 전에 물의 평균밀도가 0.9957ton/m³이고, 난방 중 온수의 평균밀도가 0.9828ton/m³ 인 경우 시동 전에 비해 온수의 팽창량은 약 몇 *l*인가?(단, 온수시스템 내의 가동 전 보유수량은 2.28m³이다.)

① 20*l* ② 30*l* ③ 40*l* ④ 50*l*

해설 $1,000 \times \left(\dfrac{1}{0.9828} - \dfrac{1}{0.9957} \right) \times 2.28 = 30.096l$

47 보일러 설치시공기준상 보일러를 옥내에 설치하는 경우 보일러 및 보일러의 금속제 연도 등으로부터 몇 m 이내에 있는 가연성 물체에 대하여는 불연성 재료로 피복하여야 하는가?

① 0.3m ② 0.6m ③ 0.9m ④ 1.2m

해설 보일러 옥내 설치 시 가연성 물체는 보일러의 금속제 연도 등으로부터 0.3m 이내에 있는 물체는 불연성 재료로 피복하여야 한다.

48 원통보일러의 급수 pH로 적정한 것은?

① 10.0~11.8 ② 5.0~6.5
③ 12.0~13.0 ④ 7.0~9.0

해설 ㉠ 급수의 pH : 7.0~9.0
㉡ 보일러수의 pH : 10.5~11.8

49 1kW로 1시간 일한 것은 몇 kcal의 열량에 해당되는가?

① 860kcal ② 632kcal ③ 552kcal ④ 486kcal

Answer 45. ① 46. ② 47. ① 48. ④ 49. ①

해설 $1\mathrm{kW-h}=102\mathrm{kg \cdot m/sec} \times 1\mathrm{Hr} \times 3{,}600\mathrm{sec/Hr} \times \dfrac{1}{427}\mathrm{kcal/kg \cdot m}=860\mathrm{kcal}$

50 보일러를 청소하기 위한 냉각방법으로 가장 옳은 것은?

① 운전을 정지한 후 보일러수를 한꺼번에 배출시키고 냉각시킨다.
② 보일러수를 배출시키는 한편 차가운 물을 급수하여 냉각시킨다.
③ 운전을 서서히 계속하여 증기를 완전히 배출시킨 후 차가운 물을 급수하여 냉각시킨다.
④ 보일러 수위를 표준수위로 유지시켜 운전을 정지한 후 자연냉각시킨다.

해설 보일러 냉각은 보일러수 수위를 표준으로(상용 수위) 유지시키면서 정지한 후 자연냉각시킨다.

51 보일러의 과열기 온도가 일반적으로 약 몇 도 이상이 되면 바나듐에 의한 고온부식이 발생하는가?

① 300℃ 이상　　② 350℃ 이상　　③ 500℃ 이상　　④ 950℃ 이상

해설 ㉠ 바나듐의 고온부식 : 500℃ 이상
ⓛ 진한 황산의 저온부식 : 150℃ 이하

52 열정산에서 출열 항목에 속하는 것은?

① 증기의 보유열량　　　　　　② 공기의 보유열량
③ 연료의 현열　　　　　　　　④ 화학반응열

해설 출열
㉠ 증기의 보유열량
ⓛ 배기가스 열손실
ⓒ 불완전 열손실
ⓔ 방사열손실
ⓜ 미연탄소분에 의한 열손실

53 수관보일러에서 강제순환식이 자연순환식보다 유리한 점을 설명한 것으로 틀린 것은?

① 동일한 증발량에 대해 소형경량으로 제작할 수 있다.
② 관수의 농축 속도가 느려서 스케일 생성이 높다.
③ 순환펌프를 사용하므로 열전달이 높고 기동이 빠르다.
④ 수관군의 배열에 신경 쓸 필요가 없으므로 자유로운 설계를 할 수 있다.

해 강제순환식 수관보일러는 관수의 농축속도가 빨라서 스케일(관석)생성이 빠르다.

54 보일러수 관내 처리방법으로 청관제를 투입하는 방법이 있는데 청관제를 사용하는 목적이 아닌 것은?

① 고착 스케일 제거　　　　　　　　② 기포방지
③ 가성취화 악제　　　　　　　　　④ pH 알칼리도 조정

해 청관제 투입의 목적
　　㉠ 고착스케일 생성방지
　　㉡ 가성취화 억제
　　㉢ 기포방지
　　㉣ pH, 알칼리도 조정

55 원재료가 제품화 되어가는 과정, 즉 가공, 검사, 운반, 지연, 저장에 관한 정보를 수집하여 분석하고 검토를 행하는 것은?

① 사무공정 분석표　　　　　　　　② 작업자공정 분석표
③ 제품공정 분석표　　　　　　　　④ 연합작업 분석표

해 제품공정 분석표
원재료가 제품화 되어가는 과정, 즉 가공, 검사, 운반, 지연, 저장에 관한 정보를 수집하여 분석하고 검토하는 것이다.

56 수요예측방법의 하나인 시계열분석에서 시계열적 변동에 해당되지 않는 것은?

① 추세변동　　　　　　　　　　　② 순환변동
③ 계절변동　　　　　　　　　　　④ 판매변동

해 수요예측
　　㉠ 시계열분석(추세변동, 순환변동, 계절변동)
　　㉡ 회귀분석
　　㉢ 구조분석
　　㉣ 의견분석

57 다음 검사 중 판정의 대상에 의한 분류가 아닌 것은?

① 관리 샘플링 검사　　　　　　② 로트별 샘플링 검사

③ 전수검사　　　　　　　　　　④ 출하검사

해설 (1) 검사가 행해지는 공정에 의한 분류
　　　　㉠ 출하검사
　　　　㉡ 공정검사
　　　　㉢ 최종검사
　　　　㉣ 수입검사
　　　　㉤ 기타 검사
　　　(2) 판정의 대상
　　　　㉠ 전수검사
　　　　㉡ 로트별 샘플링 검사
　　　　㉢ 무검사
　　　　㉣ 자주검사
　　　　㉤ 관리 샘플링 검사

58 nP 관리도에서 시료군마다 n＝100이고, 시료군의 수가 k＝20이며, $\sum nP = 77$이다. 이때 nP 관리도의 관리상한선 UCL을 구하면 얼마인가?

① UCL＝8.94　　　　　　　　② UCL＝3.85

③ UCL＝5.77　　　　　　　　④ UCL＝9.62

해설 nP 관리도(불량개수), UCL(관리 상한), n(시료군의 크기)

$$UCL(상부관리한계) = n\overline{P} + 3 \times \sqrt{n\overline{P}(1-P)} = \frac{77}{20} + 3 \times \sqrt{\frac{77}{20} \times \left(1 - \frac{77}{20 \times 100}\right)} = 9.62$$

59 다음 내용은 설비보전조직에 대한 설명이다, 어떤 조직의 형태인가?

> "보전작업자는 조직상 각 제조부문의 감독자 밑에 둔다.
> 단점 : 생산 우선에 의한 보전작업 경시, 보전기술 향상의 곤란성
> 장점 : 운전과의 일체감 및 현장감독의 용이성"

① 집중보전　　　② 지역보전　　　③ 부문보전　　　④ 절충보전

해설 ㉠ 설비보전 : 보전예방, 예방보전, 개량보전, 사후보존
　　　㉡ 보전조직 : 집중보전, 지역보전, 부문보전, 절충보전
　　　㉢ 부문보전 : 공장의 보전요원을 각 제조부문의 감독자 아래에 배치하여 보전을 행하는 보전이다.

60 파레토그림에 대한 설명으로 가장 거리가 먼 내용은?

① 부적합품(불량), 클레임 등의 손실금액이나 퍼센트를 그 원인별, 상황별로 취해 그림의 왼쪽에서부터 오른쪽으로 비중이 작은 항목부터 큰 항목 순서로 나열한 그림이다.

② 현재의 중요 문제점을 객관적으로 발견할 수 있으므로 관리방침을 수립할 수 있다.

③ 도수분포의 응용수법으로 중요한 문제점을 찾아내는 것으로서 현장에서 널리 사용된다.

④ 파레토그림에서 나타난 1~2개 부적합품(불량) 항목만 없애면 부적합품(불량)률은 크게 감소된다.

해설 파레토그림(Pareto Graph)의 목적

㉠ 현재의 중요문제점을 객관적으로 발견하여 관리방침 수립

㉡ 도수분포의 응용수법으로 문제점을 찾아내는 것이며 현장에서 널리 사용

㉢ 파레트 그림에서 나타난 불량품 1~2개 항목만 없애면 불량률은 크게 감소된다.

1 어떤 보일러의 급수량이 2,000ℓ/h, 관수 중의 허용고형분이 1,100ppm, 급수 중의 고형분이 200ppm일 때 분출률은?

① 2.2% ② 22.2% ③ 5.5% ④ 55%

해설 분출량 $= \dfrac{\text{급수량}(1-\text{응축수회수율})\times\text{급수 중고형분}}{\text{관수 중의 고형분}}$

$\dfrac{2,000\times200}{1,100}=363.64ℓ/\text{h}$

분출률 $= \dfrac{200}{1,100-200}\times100=22.2\%$

2 다음 중 바이패스(By-Pass)배관을 필요로 하지 않는 것은?

① 온도조절 밸브 ② 슬레노이드 밸브
③ 감압 밸브 ④ 증기트랩

해설 전자밸브에는 바이패스 배관이 필요하지 않다.

3 정적비열(C_v)과 정압비열(C_p)의 관계를 옳게 나타낸 것은?

① $C_p < C_v$ ② $C_p = C_v$ ③ $C_p > C_v$ ④ $C_p \leq C_v$

해설 정압비열(C_p)이 언제나 기체에서는 정적비열(C_v)보다 크다. 고로 항상 비열비 $k=\dfrac{C_p}{C_v}>1$, 1보다 크다.

4 최상층 방열기로 공급되는 온수의 온도가 90℃이고, 온도강하가 16℃일 때 자연순환수두는? (단, 보일러 중에서 최상층 방열기의 중심까지 수직높이는 15m이고, 배관도중의 열손실은 무시한다.)

〈온도에 따른 물의 비중량〉

온도(℃)	비중량(kgf/m³)	온도(℃)	비중량(kgf/m³)
70	977.81	82	970.57
74	975.98	86	968.00
78	973.07	90	965.34

① 104.6mmAq   ② 124.6mmAq   ③ 159.6mmAq   ④ 249.4mmAq

해설 자연순환수두 = 배관높이(저온비중량 − 고온비중량)
$$= 15 \times (975.98 - 965.34) = 159.6\text{mmAq}$$
※ 90 − 16 = 74℃

5 유체에 대한 베르누이 정리에서 유체가 가지는 에너지와 관계가 없는 것은?

① 압력에너지   ② 속도에너지   ③ 위치에너지   ④ 질량에너지

해설 베르누이 정리에서 유체가 가지는 에너지
㉠ 압력에너지
㉡ 속도에너지
㉢ 위치에너지

6 열역학 제2법칙을 옳게 설명한 것은?

① 열은 그 자체만으로는 저온 물체로부터 고온 물체로 이동할 수 없다.
② 어떤 계내에서 물체의 상태변화 없이 절대온도 0도에 이르게 할 수 없다.
③ 열을 전부 일로 바꿀 수 있고, 일은 열로 전부 변화시킬 수 없다.
④ 에너지는 소멸하지 않고 형태만 바뀐다.

해설 열은 그 자체만으로는 저온 물체로부터 고온 물체로 이동이 불가한데 이 법칙을 열역학 제2법칙이라 한다.

7 탄소 12kg을 완전 연소시키기 위하여 필요한 산소량은?

① 16kg   ② 24kg   ③ 32kg   ④ 36kg

해설 $C + O_2 \rightarrow CO_2$
12kg + 32kg → 44kg(분자량)

8 증기의 건도를 향상시키는 방법으로 틀린 것은?

① 증기주관 내의 드레인을 제거한다.

② 기수분리기를 사용하여 수분을 제거한다.

③ 고압증기를 저압으로 감압시킨다.

④ 과열저감기를 사용하여 건도를 향상시킨다.

해설 과열저감기는 증기온도의 온도(과열증기)를 조절하는 기구이다.

9 증기보일러의 압력계 부착에 대한 설명 중 틀린 것은?

① 증기가 직접 압력계에 들어가지 않도록 안지름 6.5mm 이상의 사이펀관을 설치한다.

② 압력계와 연결된 증기관이 강관일 때 그 안지름은 12.7mm 이상이어야 한다.

③ 증기온도가 483K(210℃)를 초과할 때 압력계와 연결되는 증기관은 황동관 또는 동관으로 할 수 없다.

④ 압력계와 연결되는 증기관은 사용압력의 1.5배 이상의 압력에 견디는 것으로 한다.

해설 압력계 연결관(증기관)

㉠ 강관 : 12.7mm 이상(증기온도 210℃ 초과 시는 동관사용불가)

㉡ 동관, 황동관 : 6.5mm 이상

10 보일러의 분출 시 주의사항으로 잘못 설명된 것은?

① 연속 사용 중인 보일러에서는 부하가 가벼운 시기를 택하여 행하는 것이다.

② 2대 이상의 보일러를 동시에 분출하지 않아야 한다.

③ 분출 도중 다른 작업을 하지 않아야 된다.

④ 수저분출은 연속 분출이므로 가능한 안전수위 이하까지 충분히 분출한다.

해설 ㉠ 수저분은 단속분출이다.

㉡ 분출 시에는 안전저수위까지 수위가 내려가면 위험하다.(보일러 운전 시)

11 어떤 증기 보일러의 전열면적이 40m²이다. 안전밸브는 몇 개 이상 부착하면 되는가?

① 1개　　　　② 2개　　　　③ 3개　　　　④ 4개

해설 보일러 전열면적이 50m² 이하에서는 안전밸브를 1개 이상 설치 가능하다.

12 증기트랩이 갖추어야 할 필요조건이 아닌 것은?

① 동작이 확실할 것 ② 마찰저항이 클 것

③ 내구성이 있을 것 ④ 공기를 뺄 수 있을 것

해설 증기트랩은 언제나 마찰저항이 적어야 한다.

13 에너지이용합리화법에 의하여 에너지 총 조사는 몇 년을 주기로 실시하는가?

① 1년 ② 2년 ③ 3년 ④ 5년

해설 에너지 총 조사기간 : 3년 마다(단, 간이 에너지 총 조사는 수시)

14 피드백 제어(Feedback Control)의 기본 4대 제어장치에 해당되지 않는 것은?

① 조작부 ② 조절부 ③ 설정부 ④ 검출부

해설 피드백 제어 기본 4대 제어장치
㉠ 조절부
㉡ 조작부
㉢ 제어 대상
㉣ 검출부

15 유체의 층류흐름과 난류흐름의 구분에 사용되는 수는?

① 푸르드 수 ② 레이놀즈 수

③ 아보가드로 수 ④ 웨버 수

해설 유체의 층류와 난류의 구별은 레이놀즈 수(Re)에 의해 구분된다.

16 태양열 보일러가 80W/m²의 비율로 열을 흡수한다. 열효율이 75%인 장치로 10kW의 동작을 얻으려면 전열면적은 몇 m²가 되어야 하는가?

① 166.7m² ② 216.7m² ③ 52.8m² ④ 149.1m²

해설 $10kW = 10,000W$

$10,000 = 80 \times 0.75 \times kW$

$kW = \dfrac{10,000}{80 \times 0.75} = 166.7m^2$

17 기체연료(Gas)의 특징 설명으로 잘못된 것은?

① 누설 시 화재 폭발의 위험이 없다.

② 고부하 연소가 가능하다.

③ 다른 연료에 비해 매연발생이 적다.

④ 적은 과잉공기비로 완전연소가 가능하다.

해설 기체연료 누설 시 화재나 폭발의 위험이 따른다. 저장이나 설치가 까다롭다.

18 보일러 밀폐 건조 보존 시 보일러 내부에 넣어 두는 건조제의 종류가 아닌 것은?

① 생석회   ② 실리카겔

③ 활성 알루미나   ④ 황산나트륨

해설 황산나트륨은 급수처리 시 탈산소제로서 (O_2)를 제거하여 점식을 방지한다.

19 보일러의 부하가 너무 클 때의 영향에 대한 설명으로 잘못된 것은?

① 프라이밍을 일으키기 쉽다.   ② 보일러효율이 저하된다.

③ 국부과열이 일어날 우려가 있다.   ④ 매연이 생기기 쉽다.

해설 보일러 매연은 연소와 관계되며 부하와는 관련성이 적다.

20 온수귀환방식 중 역귀환방식에 관한 설명으로 옳은 것은?

① 배관길이를 짧게 하여 온수공급거리에 따라 보일러에서 가까운 곳과 먼 곳의 방열기 온도차를 줄이는 방식이다.

② 방열기를 통과한 귀환온수가 순차적으로 보일러에 귀환하여 가까운 곳과 먼 곳의 방열기 온도차를 줄이는 방식이다.

③ 각 방열기에 공급되는 유량분배에 차등을 두어 가까운 곳과 먼 곳의 방열기 온도차를 줄이는 방식이다.

④ 각 방열기에 공급되는 유량분배를 균등하게 하여 가까운 곳과 먼 곳의 방열기 온도차를 줄이는 방식이다.

해설 온수난방에서 역귀환방식은 각 방열기에 공급되는 유량분배를 균등하게 하여 가까운 곳과 먼 곳의 방열기 온도차를 줄이는 방식이다.

21 아크 용접기의 용량은 무엇으로 정하는가?

① 개로 전압 　　　　　　　　② 정격 2차 전류
③ 정격 사용률 　　　　　　　④ 최고 2차 무부하 전압

해설 아크 용접기의 용량 크기 : 정격 2차 전류

22 보일러의 노통이나 화실과 같은 원통이 외측에서의 압력에 의해 함몰되는 현상은?

① 팽출 　　　　　　　　　　② 블리스터
③ 그루빙 　　　　　　　　　④ 압궤

해설 압궤 : 보일러 노통이나 화실과 같은 원통이 압력에 의해 외측에서 내부로 함몰되는 현상

23 강제순환 수관보일러에 있어서 순환비는?

① 순환수량과 포화수의 비율 　　　　② 포화증기량과 포화수량의 비율
③ 발생증기량과 순환수량과의 비율 　④ 과열증기량과 포화수량의 비율

해설 순환비 $= \dfrac{\text{순환수량}}{\text{발생증기량}}$

24 다음 유량계 중 용적식 유량계에 속하는 것은?

① 벤튜리 유량계 　　　　　　② 오리피스 유량계
③ 플로노즐 유량계 　　　　　④ 오벌기어식 유량계

해설 용적식 : 오벌기어식, 회전원판식, 루트식, 가스미터기
차압식 : 벤튜리, 오리피스, 플로노즐

25 두께 150mm인 콘크리트에 두께 5mm의 석고판을 부착한 면적 15m²의 벽체가 있다. 외기온도가 -5℃, 실내온도가 20℃라면, 이 벽체로부터의 손실열량은?(단, 실내외측 표면의 열전달률은 각 7.2kcal/m²·h·℃와 20kcal/m²·h·℃이며 재료의 열전도도는 콘크리트 1.4kcal/m·h·℃, 석고판 0.18kcal/m·h·℃이다.)

① 884kcal/h 　　　　　　　　② 1,158kcal/h
③ 1,780kcal/h 　　　　　　　④ 2,556kcal/h

Answer　21. ②　22. ④　23. ③　24. ④　25. ②

해설 $Q = k \times \varDelta t \times A (\mathrm{kcal/h})$

$$k = \cfrac{1}{\cfrac{1}{a_1} + \cfrac{b_1}{x_1} + \cfrac{b_2}{x_2} + \cfrac{1}{a_2}}$$

$$= \cfrac{1}{\cfrac{1}{7.2} + \cfrac{0.15}{1.4} + \cfrac{0.005}{0.18} + \cfrac{1}{20}}$$

$$= \frac{1}{0.138 + 0.107 + 0.0277 + 0.05} = 3.091$$

$Q = 3.091 \times [20 - (-5)] \times 15 = 1,159 (\mathrm{kcal/h})$

26 배관 설비제도 도면에서 "EL – 300TOP"로 표시된 것의 설명으로 옳은 것은?

① 파이프 윗면이 기준면보다 300mm 높게 있다.
② 파이프 윗면이 기준면보다 300mm 낮게 있다.
③ 파이프 밑면이 기준면보다 300mm 높게 있다.
④ 파이프 밑면이 기준면보다 300mm 낮게 있다.

해설 EL – 300TOP : 파이프 윗면이 기준면보다 300mm 낮게 있다.
※ TOP : 파이프 윗면 기준 – 기준면 아래 표시

27 배관의 이동 및 회전을 방지하기 위해 지지점 위에 완전히 고정하는 금속으로 열팽창 신축에 의한 진동이 다른 부분에 영향을 미치지 않도록 배관을 분리하며 설치, 고정하는 리스트레인트 (Restraint)의 종류는?

① 앵커(Anchor)
② 스톱(Stop)
③ 가이드(Guide)
④ 브레이스(Brace)

해설 앵커 : 리스트레인트이며 열팽창 신축에 의한 진동이 다른 부분에 영향이 미치지 않도록 배관을 분리하여 설치 고정한다.

28 보일러 청관제의 역할과 관계가 없는 것은?

① 관수 연화
② 슬러지 조정
③ 가성취화 방지
④ 스케일 제거

해설 청관제는 스케일 생성을 방지한다. 기타 관수의 연화, 슬러지 조정, 가성취화 방지의 기능이 있다.

29 다음 보온재 중 가장 높은 온도에서 사용할 수 있는 것은?

① 세라믹 파이버 ② 양모

③ 암면 ④ 탄산마그네슘

해설 ㉠ 세라믹 파이버 : 1,300℃

㉡ 양모 : 펠트류이며 100℃ 이하

㉢ 암면 : 400~600℃

㉣ 탄산마그네슘 : 250℃ 이하

30 보일러의 연소실 내부에서 전열면으로 열이 전달되는 형태 중 가장 크게 작용하는 열전달 방식은?

① 전도 ② 대류

③ 복사 ④ 비등

해설 복사 : 연소실 내부에서 전열면으로 열이 전달되는 형태로서 크게 작용한다.

31 용적 $30l$의 산소용기 고압력계에 $80kg/cm^2$이 나타났다면 1시간에 $300l$ 소요되는 팁으로 몇 시간 용접할 수 있는가?

① 6시간 ② 8시간

③ 12시간 ④ 14시간

해설 $30 \times 80 = 2,400l$

$\therefore \dfrac{2,400}{300} = 8$시간

32 2유체 버너라고도 하며, 유류 버너 중 유량의 조절범위가 가장 큰 것은?

① 고압기류식 버너 ② 건타입 버너

③ 유압식 버너 ④ 회전식 버너

해설 ㉠ 고압기류식 버너 : 1 : 10

㉡ 건타입 버너 : 유압식+공기식

㉢ 유압식 버너 : 1 : 2

㉣ 회전식 버너 : 1 : 5

33 이온교환수지의 재생제로 사용되는 것은?

① $CaCO_3$
② H_3PO_4

③ N_2H_4
④ NaCl

해설 이온교환수지
㉠ 양이온 재생제 : NaCl, H_2SO_4, HCl
㉡ 음이온 재생제 : NaCl, NaOH, NH_3, Na_2CO_3

34 실제증발량 4ton/h인 보일러의 효율이 85%이고, 급수온도가 40℃, 발생증기 엔탈피가 650kcal/kg이다. 이 보일러의 연료소비량은?(단, 연료의 저위발열량은 9,800kcal/kg이다.)

① 360kg/h
② 293kg/h

③ 250kg/h
④ 390kg/h

해설 $0.85 = \dfrac{4 \times 1,000(650-40)}{GF \times 9.800}$

$GF = \dfrac{4,000(650-40)}{0.85 \times 9.800} = 293\text{kg/h}$

35 신설보일러에서 알칼리 세정과 소다 끓임을 하기 전의 처리방법으로 물이나 히드라진 100ppm 정도를 첨가한 세정수로 펌핑하는 것은?

① 플러싱
② 클린싱

③ 페이스팅
④ 탄닝 처리

해설 플러싱이란 신설보일러의 알칼리세정과 소다 끓임 하기 전의 사전처리로서 물이나 히드라진 100ppm 정도를 첨가한 세정수로 펌핑하여 청소하는 방법

36 보일러 기초가 받는 하중을 계산할 때 고압이 작용하는 과열기의 하중은?

① 과열기 자체의 중량

② 과열기에 들어가는 증기의 중량

③ 과열기 자체의 중량에 증기의 중량을 합한 것

④ 과열기 자체의 중량에 만수 시의 수량을 합한 것

해설 과열기의 기초가 받는 하중
㉠ 과열기 자체의 중량
㉡ 과열기 내 증기의 중량

37 이온교환처리 장치에서 이온교환수지의 재생을 위한 운전공정을 순서대로 나열한 것은?

① 역세 – 재생 – 압출 – 수세 – 통수

② 재생 – 역세 – 통수 – 압출 – 수세

③ 역세 – 통수 – 재생 – 압출 – 수세

④ 통수 – 재생 – 수세 – 압출 – 역세

해설 이온교환수지법

㉠ 역세(LV)

㉡ 재생(SV)

㉢ 압출(SV)

㉣ 수세(SV)

㉤ 통수(SV 10~60 통수유속)

38 집진장치인 백필터의 사용 시 고려해야 할 사항과 가장 관련이 없는 것은?

① 연소온도

② 가스 노점온도

③ 함진 농도

④ 압력손실

해설 백필터(여과식) 집진장치 설치 시 고려사항

㉠ 가스의 노점온도

㉡ 함진 농도

㉢ 압력손실

39 보일러 설치·시공 기준에 따라 보일러를 옥내에서 설치하는 경우의 설명으로 잘못된 것은? (단, 소형 보일러가 아닌 경우임)

① 보일러를 불연성 물질의 격벽으로 구분된 장소에 설치해야 한다.

② 도시가스를 사용하는 경우는 환기구를 가능한 한 높이 설치한다.

③ 보일러에서 설치된 계기들을 육안으로 관찰하는 데 지장이 없도록 충분한 조명시설이 있어야 한다.

④ 연료를 보일러실에 저장할 때는 보일러와 1m 이상의 거리를 두어야 한다.

해설 연료탱크와 보일러는 최소한 2m 이상의 이격거리가 필요하다.

40 스트레이너의 종류 중 유체의 흐름 방향에 대하여 직각으로 방향이 바뀌므로 유체 흐름에 대한 저항이 크지만, 보수, 점검이 용이하여 오일 스트레이너로 주로 사용되는 것은?

① Y형 스트레이너

② V형 스트레이너

③ U형 스트레이너

④ H형 스트레이너

해설 U자형 오일여과기
ㄱ 저항이 크다.
ㄴ 보수나 점검이 용이하다.
ㄷ 오일 여과기로 이상적이다.
ㄹ 흐름 방향에 직각 방향으로 바뀐다.

41 동관의 특징 설명으로 잘못된 것은?

① 마찰저항 손실이 적다.
② 가공성이 매우 좋다.
③ 내식성 및 열전도율이 작다.
④ 무게가 가벼우며 위생적이다.

해설 동관의 특징
ㄱ 마찰저항 손실이 적다.
ㄴ 가공성이 매우 좋다.
ㄷ 내식성이 크고 열전도율이 크다.
ㄹ 무게가 가볍고 위생적이다.

42 연소가스의 여열을 이용하여 급수를 가열하는 장치는?

① 과열기   ② 재열기
③ 응축기   ④ 절탄기

해설 절탄기는 연도에 설치하여 배기가스의 여열을 이용해서 급수를 사전에 예열시켜 보일러 열효율은 높인다.

43 보일러에서 고온 부식을 일으키는 연료 중의 성분은?

① 황   ② 탄산가스
③ 바나듐   ④ 일산화탄소

해설 ㄱ 황 : 저온부식의 원인
ㄴ 바나듐, 나트륨 : 고온부식의 원인

44 아래에 주어진 평면도를 등각투상도로 나타낼 때 맞는 것은?

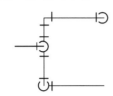

①

②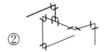

③

④

45 보온재의 구비조건으로 잘못 설명한 것은?

① 열전도율이 가능한 적을 것　　　② 시공 및 취급이 간편할 것

③ 흡수성이 적을 것　　　　　　　④ 비중이 클 것

해설 보온재는 밀도나 비중이 적어야 열전도율(kcal/m·h·℃)이 적어진다.

46 배관의 호칭법에서 강관의 스케줄 번호가 나타나는 것은?

① 관의 안지름　　　　　　　　　② 관의 길이

③ 관의 바깥지름　　　　　　　　④ 관의 두께

해설 강관의 스케줄 번호(관의 두께)

$$Sch = 10 \times \frac{P}{S}$$

47 어떤 보일러의 상당증발량이 1,800kg/h일 때 보일러의 보일러 마력(HP)은?

① 95HP　　　　　　　　　　　② 154HP

③ 137HP　　　　　　　　　　　④ 115HP

해설 보일러 1마력을 상당증발량 15.65kg/h

$$\therefore \frac{1,800}{15.65} = 115 \text{HP}$$

48 수관식 보일러의 연소실 벽면에 설치하는 수냉노벽의 설치목적과 관계가 없는 것은?

① 물의 순환을 좋게 하며 수관의 변형을 방지한다.
② 전열면적의 증가로 증발량이 많아진다.
③ 연소실 내의 복사열을 흡수한다.
④ 연소실 노벽을 보호한다.

해설 수냉노벽관 설치 이유는 방사열을 흡수하며 전열면적이 증가되고 연소실의 노벽을 보호한다.

49 보일러수에 함유된 성분 중 고온에서 석출되는 것으로, 주로 증발관에서 스케일화되기 쉬우며, 내처리제를 사용하여 침전시켜 제거하는 것은?

① 염화마그네슘
② 황산칼슘
③ 중탄산마그네슘
④ 실리카

해설 황산칼슘 : 증발관에서 스케일화되기 쉽다. 고로 내처리제를 사용하여 침전시킨다.

50 다음 보일러 중 안전밸브를 반드시 밀폐식으로 설치해야 하는 것은?

① 라몬트 보일러
② 벤슨 보일러
③ 노통연관 보일러
④ 다우섬 보일러

해설 다우섬 등 열매체를 이용하는 보일러는 인화성 물질로서 안전밸브는 반드시 밀폐식으로 설치한다.

51 다음 중 무기질 보온재에 해당되는 것은?

① 탄화코르크
② 양모
③ 우모
④ 석면

해설 석면은 무기질 보온재이다.(안전사용온도는 350~550℃이다.)
열전도율은 0.048~0.065kcal/mh℃

52 검사대상기기 설치자는 검사대상기기의 안전관리 및 위해 방지를 위하여 검사대상기기 조종자를 채용하여야 한다. 이를 위반하였을 경우 벌칙은?

① 2년 이하의 징역 또는 2천만 원 이하의 벌금
② 1년 이하의 징역 또는 1천만 원 이하의 벌금

Answer 48. ①　49. ②　50. ④　51. ④　52. ③

③ 1천만 원 이하의 벌금

④ 5백만 원 이하의 벌금

해설 검사대상기기(보일러, 압력용기, 철금속가열로) 조종자를 채용하지 않으면 1천만 원 이하의 벌금에 처한다.

53 보일러 연료의 형태 중 버너연소가 아닌 것은?

① 기름연소   ② 수분식 연소   ③ 가스연소   ④ 미분탄연소

해설 고채연료의 연소장치에는 화격자방식에서 수분식과 기계식(스토우카)이 있다.

54 증기선도에서 임계점이란?

① 고체, 액체, 기체가 불평형을 유지하는 점이다.

② 증발열이 어느 압력에 달하면 0이 되는 점이다.

③ 증기와 액체가 평형으로 존재할 수 없는 상태의 점이다.

④ 건포화증기를 계속 가열하면 압력 변동 없이 온도만 상승하는 점이다.

해설 증기선도에서 임계점이란 증발열이 어느 압력에 도달하면 0kcal/kg이 되는 지점 보일러의 경우는 225.65 kg/cm²이다.

55 다음 데이터로부터 통계량을 계산한 것 중 틀린 것은?

[데이터]   21.5, 23.7, 24.3, 27.2, 29.1

① 중앙값(Me)=24.3   ② 제곱합(S)=7.59

③ 시료분산(s^2)=8.988   ④ 범위(R)=7.6

해설 ㉠ 범위(Range) : 데이터가 얼마나 많은 숫자 값을 포함하고 있는지 알려준다.
㉡ 제곱합(Sum of Sequence) : 각 데이터로부터 데이터의 평균값을 뺀 값의 제곱합을 말함

- 중앙값(Median) = 24.3
- 범위 = 29.1 − 21.5 = 7.6
- 평균값 = $\dfrac{(21.5+23.7+24.3+27.2+29.1)}{5}$ = 25.16
- 제곱합 = $(21.5-25.16)^2+(23.7-25.16)^2+(24.3-25.16)^2+(27.2-25.16)^2+(29.1-25.16)^2 = 35.952$
- 시료분산 = $\dfrac{35.952}{4}$ = 8.988

56 다음 중에서 작업자에 대한 심리적 영향을 가장 많이 주는 작업측정의 기법은?

① PTS법 ② 워크 샘플링법 ③ WF법 ④ 스톱워치법

해설 스톱워치법 : 작업자에 대한 심리적 영향을 가장 많이 주는 작업측정의 기법

57 다음 중 계량치 관리도는 어느 것인가?

① R 관리도 ② nP 관리도 ③ C 관리도 ④ U 관리도

해설 계량치 $X-R$ 관리도(평균치와 범위)

X 관리도(개개의 측정치)

$\overline{X}-R$ 관리도(메디안 범위)

nP, C, U 관리도는 계수치

58 생산보전(PM ; Productive Maintenance)의 내용에 속하지 않는 것은?

① 사후 보전 ② 안전 보전 ③ 예방 보전 ④ 개량 보전

해설 생산보전(PM)

㉠ 사후 보전(BM) ㉡ 예방 보전(PM) ㉢ 개량 보전(CM) ㉣ 보전 예방(MP)

59 여력을 나타내는 식으로 가장 올바른 것은?

① 여력＝1일 실동시간×1개월 실동시간×가동대수

② 여력＝(능력－부하)×$\dfrac{1}{100}$

③ 여력＝$\dfrac{능력－부하}{능력}×100$

④ 여력＝$\dfrac{능력－부하}{부하}×100$

해설 ㉠ 여력＝$\dfrac{능력－부하}{능력}×100$

㉡ 여력계획의 종류

• 장기여력 계획(반년~3년) • 중기여력 계획(30일, 15일, 10일) • 단기여력 계획(3일, 7일)

60 다음 중 로트별 검사에 대한 AQL 지표형 샘플링검사 방식은 어느 것인가?

① KS A ISO 2859－0 ② KS A ISO 2859－1

③ KS A ISO 2859－2 ④ KS A ISO 2859－3

해설 로트별 검사에 대한 AQL 지표형 샘플링 검사방식은 KS A ISO 2859－1이다.

AQL(Average Quality Limit) : 합격품질수준

과년도출제문제

2006. 4. 2.

1 증기에 관한 기본적 성질을 설명한 것으로 옳은 것은?

① 순수한 물질은 한 개의 포화온도와 포화압력이 존재한다.

② 습증기 영역에서 건도는 항상 1보다 크다.

③ 증기가 갖는 열량은 4℃의 순수한 물을 기준하여 정해진다.

④ 대기압 상태에서 엔탈피의 변화량과 주고받은 열량의 변화량은 같다.

해설 ㉠ 습증기의 건도는 항상 1보다 작다.

㉡ 증기가 갖는 열량은 포화온도와 물의 증발열의 합이다.

㉢ 대기압 상태에서 엔탈피 변화량은 주고받은 열량의 변화량과 같다.

2 다음 기체 중 가연성인 것은?

① CO_2 ② N_2 ③ CO   ④ He

해설 CO_2, N_2, He : 불연성

CO : 가연성 및 독성가스

3 유체의 부력을 이용하여 벨브를 개폐하는 트랩은?

① 벨로스 트랩   ② 디스크 트랩

③ 오리피스 트랩   ④ 버킷 트랩

해설 ㉠ 버킷 트랩 : 유체의 부력 이용

㉡ 벨로스 트랩 : 유체의 온도차 이용

㉢ 디스크, 오리피스 트랩 : 유체의 열역학 이용

4 최고사용압력이 0.5MPa인 강철제 보일러의 수압시험 압력은?

① 0.75MPa   ② 0.95MPa

③ 0.85MPa   ④ 1.0MPa

Answer   1. ④   2. ③   3. ④   4. ②

해설 $0.5MPa = 5kg/cm^2 (P \times 1.3배 + 0.3MPa)$

∴ $0.5MPa \times 1.3배 + 0.3MPa = 0.95MPa$

5 급수펌프로 보일러에 2kg/cm² 압력으로 매분 0.18m³의 물을 공급할 때 펌프 축마력은?(단, 펌프효율은 80%이다.)

① 1PS ② 1.25PS ③ 60PS ④ 75PS

해설 펌프축마력 $= \dfrac{rQH}{75 \times 60 \times \eta} = \dfrac{1,000 \times 0.18 \times (20)}{75 \times 60 \times 0.8} = 1PS$

※ $2kg/cm^2 = 20mAq$

6 관류보일러의 장점으로서 적합하지 않은 것은?

① 원통보일러보다 취급이 용이하고, 안전성이 높다.
② 고압, 대용량에 적합하다.
③ 전열면적이 커서 일반적으로 열효율이 높다.
④ 전열면적당의 보유수량이 적어서 증기발생에 걸리는 시간이 짧다.

해설 관류보일러는 보일러수가 적어서 압력변화와 스케일생성이 심하고 급수처리가 까다로워 취급이 불편하다.

7 보일러 내부를 화학세정(산세관)할 때 인히비터를 사용하는 이유는?

① 보일러 용수의 연화   ② 보일러 강판의 부식억제
③ 스케일의 부착방지   ④ 스케일의 용해속도 촉진

해설 보일러 세관에서 염산처리 시에 강판의 부식억제를 위하여 인히비터를 부식억제제로 사용한다.

8 보일러수를 취출(Blow)하는 목적으로 옳은 것은?

① 동(胴) 내의 부유물 및 동 저부의 슬러지 성분을 배출하기 위하여
② 보일러 전열면의 슈트(Soot)를 제거하기 위하여
③ 보일러수의 pH를 산성으로 만들기 위하여
④ 발생증기의 건조도 등 증기의 질(質)을 파악하기 위하여

해설 보일러수 중 취출(분출)작업의 목적은 동내의 부유물 및 동 저부의 슬러지 성분을 배출하기 위해서 실시한다.

9 다이헤드식 동력 나사절삭기로 할 수 없는 작업은?

① 관의 절단 　　② 관의 접합
③ 나사절삭 　　④ 거스러미 제거

[해설] 다이헤드식 동력용 나사절삭기의 기능
㉠ 관의 나사절삭
㉡ 관의 절단
㉢ 거스러미 제거

10 보일러 내에 아연판을 설치하는 목적은?

① 비수작용방지 　　② 스케일 생성방지
③ 보일러 내부 부식방지 　　④ 포밍 방지

[해설] 보일러 내에 아연판을 설치하는 이유는 보일러 내부 점식을 방지하기 위해서이다.

11 증기와 응축수의 열역학적 특성 값에 의해 작용하는 트랩은?

① 플로트 트랩　　② 버킷 트랩　　③ 디스크 트랩　　④ 바이메탈 트랩

[해설] 디스크 트랩은 증기와 응축수의 열역학적 특성 값에 의해 작동된다.

12 동관에 대한 설명으로 잘못된 것은?

① 동관의 호칭경은 외경에 $\frac{1}{3}$ 인치를 더한 값이다.
② 동관은 두께에 따라 K, L, M형 등으로 구분한다.
③ 가성소다와 같은 알칼리에 내식성이 강하다.
④ 암모니아수, 황산에는 심하게 침식된다.

[해설] ㉠ 동관의 외경이 호칭경이 된다.
㉡ 강관은 내경이 호칭경이 된다.

13 실제 증기 발생량이 3,000kg/h이고, 급수온도가 10℃, 발생증기의 엔탈피가 653kcal/kg인 경우, 환산증발량은?

① 3,579kg/h　　② 3,487kg/h　　③ 3,325kg/h　　④ 3,288kg/h

해설 $\dfrac{3{,}000 \times (653 - 10)}{539} = 3{,}579\text{kg/h}$

14 열설비에 다량의 응축수가 공기장애(에어 바인딩)로 배출되지 않는 경우가 있다. 이것을 방지하기 위한 배관시공으로 맞는 것은?

① 트랩입구를 향해 끝 올림 배관으로 설치한다.
② 트랩입구 배관을 입상관으로 설치한다.
③ 트랩입구 배관을 가능한 한 굵고 짧게 한다.
④ 트랩입구 배관을 보온시공한다.

해설 ㉠ 트랩입구 배관시공은 끝내림 구배로 한다.
ㄴ 트랩입구 배관은 입하관으로 한다.
ㄷ 트랩입구 배관은 가능한 굵고 짧게 하며 보온시공을 하지 않는다.

15 다음 중 부정형 내화물이 아닌 것은?

① 캐스터블 내화물
② 포스테라이트 내화물
③ 플라스틱 내화물
④ 레밍믹스

해설 포스테라이트 내화물은 염기성 내화물이다.

16 어떤 복수기의 진공도가 600mmHg일 때 절대압력은?(단, 표준대기압은 765mmHg이다.)

① 600mmHg
② 165mmHg
③ 265mmHg
④ 320mmHg

해설 abs = 765 − 600 = 165mmHg

17 고체 및 액체 연료 1kg에 대한 이론공기량(Nm³)을 구하는 식은?(단, C : 탄소, H : 수소, O : 산소, S : 황의 중량)

① $\dfrac{1}{0.21}(1.867 + 5.6\text{H} - 0.7\text{O} + 0.7\text{S})$

② $\dfrac{1}{0.21}(1.767 + 5.6\text{H} - 0.7\text{O} + 0.7\text{S})$

③ $\dfrac{1}{0.21}(1.867 + 6.5\text{H} - 5.6\text{O} + 0.7\text{S})$

④ $\dfrac{1}{0.21}(1.767 + 8.5\text{H} - 0.7\text{O} + 0.7\text{S})$

$$A_0 = \frac{1}{0.21}(1.867C + 5.6H - 0.7O + 0.7S)$$

18 보일러 사고를 유발하는 원인과 가장 무관한 것은?

① 이상증발 현상
② 워터해머 작용
③ 연소기의 과소
④ 안전장치의 기능불량

보일러 사고 유발원인

㉠ 이상증발 현상　　　㉡ 저수위 사고
㉢ 워터해머 작용　　　㉣ 안전장치 기능불량　　　㉤ 노내 가스 폭발

19 동관의 용도와 무관한 것은?

① 급유관
② 배수관
③ 냉매관
④ 열교환기용관

배수관은 강관이나 합성수지관이 이상적이다.

20 열팽창에 의한 배관의 이동을 구속하거나 제한하는 장치로 배관의 일정 방향의 이동과 회전만 구속하고 다른 방향은 자유롭게 이동하게 하는 장치는?

① 파이프 슈(Pipe Shoe)
② 앵커(Anchor)
③ 스톱(Stop)
④ 브레이스(Brase)

스톱은 리스트레인트로서 배관의 일정 방향의 이동과 회전만 구속하고 다른 방향은 자유롭게 이동시킨다.

21 난방배관 시공법에 대한 설명으로 틀린 것은?

① 각 방열기에는 반드시 수동공기빼기 밸브를 부착한다.
② 배관계통에 공기가 정체하는 곳이 없도록 한다.
③ 팽창관에는 유사 시를 대비하여 정지밸브를 설치한다.
④ 2개 이상의 지관을 분기할 때에 분기된 티(Tee)의 간격은 관경의 10배 이상이 되도록 한다.

난방배관 팽창관에는 정지밸브의 설치는 금물이다.

22 증기보일러 본체는 연소가스와 물이 열을 교환할 수 있는 구조로 되어 있다. 이와 관련한 설명 중 옳은 것은?

① 관 내부로는 물이 흐르고, 외부에는 연소가스가 통과하는 관을 연관이라고 한다.

② 수관 보일러는 일반 노통보일러보다 전열면적이 작고 보유수량이 많아서 가동하는 데 시간 이 많이 소요된다.

③ 수(水) 드럼(Drum) 내부에 설치된 연소가스가 통과하는 관을 수관이라고 한다.

④ 차판(Baffle Plate)은 전열효율을 높이기 위하여 가스의 유동방향을 전환시키는 것이다.

해설 ㉠ 연관은 관 내부로 연소가스, 외부로 물이 흐른다.

ⓒ 수관 보일러는 일반 노통보일러보다 전열면적이 크다.

ⓒ 수관은 드럼 외부에 설치한다.

ⓔ 배플 플레이트(차판)는 전열효율 증가를 위해 가스의 유동방향을 전환시킨다.

23 천연가스(LNG)를 연료로 사용하는 보일러에서 배기가스를 분석한 결과 산소 농도가 1.8%로 측정되었다면, 배기가스 중의 CO_2 농도는 약 몇 %인가?

① 10% ② 11% ③ 12% ④ 13%

해설 $LNG = CH_4 + 2O_2 \rightarrow CO_2 + 2H_2O$

공기비 $= \dfrac{21}{21 - O_2} = \dfrac{21}{21 - 1.8} = 1.09$, 이론공기량 $= \dfrac{O_0}{0.21} = 2 \times \dfrac{1}{0.21} = 9.52$

∴ 실제배기가스량 $= (m - 0.21)A_0 + CO_2$

$= (1.09 - 0.21) \times 9.52 + 1 = 9.38$

∴ $CO_2 = \dfrac{1}{9.38} \times 100 = 10.7\%$

24 보일러의 비상정지 시 응급조치 사항이 아닌 것은?

① 연료의 공급을 차단한다. ② 주증기밸브를 닫는다.

③ 댐퍼를 닫고 통풍을 막는다. ④ 연소용 공기의 공급을 정지한다.

해설 보일러 비상정지 시는 댐퍼는 열고 통풍을 원활히 하여 잔류가스를 배출시킨다.

25 유체가 원추 확대관에서 생기는 손실수두는?

① 속도에 비례한다. ② 속도의 자승에 비례한다.

③ 속도의 3승에 비례한다. ④ 속도의 4승에 비례한다.

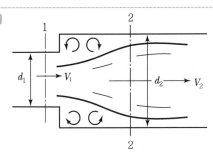

$$h_L = \frac{(V_1 - V_2)^2}{2g}$$

26 보일러 동 내부에 점식을 일으키는 것은?

① 급수 중의 탄산칼슘　　　　　② 급수 중의 인산칼슘

③ 급수 중에 포함된 공기　　　　④ 급수 중의 황산칼슘

해설 급수 중 공기나 산소, CO_2는 점식의 원인

27 보일러 운전 중 이상저수위가 발생하는 원인이 아닌 것은?

① 증기 취출량이 과대한 경우

② 급수장치가 증발능력에 비해 과소한 경우

③ 급수밸브나 급수역지밸브의 고장 등으로 보일러 수가 급수 배관이나 급수탱크로 역류한 경우

④ 발생증기압력을 저압으로 하여 운전하는 경우

해설 증기의 저압과 이상저수위 발생과는 연관성이 없다.

28 증기방열기의 전 방열면적이 60m²이고, 증기방열기 방열면적 1m²당 응축수 발생량이 1.2kg/h일 때 응축수 펌프의 용량은?(단, 증기배관에서 응축수량은 방열기 응축수의 30%로 하고, 펌프의 용량은 발생 응축수의 3배로 한다.)

① 1.56kg/min　　② 3.12kg/min　　③ 4.68kg/min　　④ 6.24kg/min

해설 펌프용량 = 응축수량 $\times \dfrac{3배}{60}$ [kg/mim]

응축수량 = $\dfrac{650}{r} \times EDR \times (1+a) = 60 \times 1.2 \times (1+0.3) = 93.6$kg/h

$\therefore 93.6 \times \dfrac{3}{60} = 4.68$kg/min

29 다음 보일러 검사 중 계속사용검사에 해당되지 않는 것은?

① 안전검사
② 운전성능검사
③ 재사용검사
④ 설치장소변경검사

해설 계속사용검사
㉠ 계속사용 안전검사
㉡ 계속사용 성능검사
㉢ 사용중지 후 재사용 검사

30 난방부하 계산과 관련한 설명 중 틀린 것은?

① 난방부하는 난방면적에 열손실계수를 곱하여 산출한다.
② 방열기의 방열계수는 온수난방의 경우가 증기난방의 경우보다 크다.
③ 온수난방은 방열기의 평균온도를 80℃로 기준하고, 표준방열량은 450kcal/m²·h이다.
④ 증기난방은 방열기의 평균온도를 102℃로 기준하고, 표준방열량은 650kcal/m²·h이다.

해설 방열기의 방열계수(kcal/m²·h·℃)는 증기난방이 온수난방보다 크다.

31 주로 방로 피복에 사용하는 보온재로서, 아스팔트로 피복한 것은 −60℃ 정도까지 유지할 수 있으므로 보냉용으로 많이 사용되는 보온재는?

① 펠트
② 코르크
③ 기포성 수지
④ 암면

해설 펠트는 유기질 보온재로서 아스팔트로 피복한 것은 −60℃까지 보냉용 사용이 가능하다.

32 다음과 같은 특징을 갖는 난방방식은 어떤 난방법인가?

- 실내온도가 균일하여 쾌감도가 높다.
- 방열기의 설치가 불필요하여 바닥면의 이용도가 높다.
- 천장이 높은 집의 난방에 적합하다.
- 평균온도가 낮아서 열손실이 적다.

① 온수난방법
② 증기난방법
③ 복사난방법
④ 온풍난방법

해설 위의 4가지 특징을 가진 난방은 복사난방법에 해당한다.

33 열관류의 단위로 옳은 것은?

① kcal/kg · h
② kcal/kg · ℃
③ kcal/m · h · ℃
④ kcal/m² · h · ℃

해 ㉠ 비열 : kcal/kg℃   ㉡ 열전도율 : kcal/mh℃   ㉢ 열관류율 : kcal/m²h℃

34 보일러 관석(Scale)을 대분류할 때 관련이 없는 것은?

① 황산칼슘($CaSO_4$)을 주성분으로 하는 스케일
② 규산칼슘($CaSiO_2$)을 주성분으로 하는 스케일
③ 탄산칼슘($CaCO_3$)을 주성분으로 하는 스케일
④ 염화칼슘($CaCl_2$)을 주성분으로 하는 스케일

해 관석(스케일)의 성분
㉠ $CaSO_4$ ㉡ $CaSiO_2$ ㉢ $CaCO_3$

35 보일러의 최고사용압력이 20kg/cm²인 강철제 보일러를 제작할 때, 보일러의 압력부위에 사용할 수 없는 강재는?

① SB 410
② SPPS 370
③ STBH 340
④ SWS 410

해 SWS : 용접구조용 압연강재
S : 일반구조용, B : 보일러
SPPS : 압력배관용 탄소강관
STBH : 보일러 열교환기용 합금강 강관

36 보기의 재료를 상온에서 열전도율이 큰 것부터 낮은 것 순으로 옳게 나열한 것은?

〈보기〉 1. 알루미늄   2. 납   3. 탄소강   4. 황동

① 1 → 4 → 2 → 3
② 1 → 4 → 3 → 2
③ 4 → 1 → 2 → 3
④ 4 → 1 → 3 → 2

해 열전도율(kcal/mh℃) 순서
알루미늄 > 황동 > 탄소강 > 납
(은 : 360, 구리 : 320, 알루미늄 : 196, 황동 : 90, 탄소강 : 46, 납 : 30)

37 가스절단에서 표준 드래그(Drag) 길이는 보통 판 두께의 어느 정도인가?

① $\frac{1}{3}$　　　　　② $\frac{1}{4}$　　　　　③ $\frac{1}{5}$　　　　　④ $\frac{1}{6}$

해설 가스절단에서 표준 드래그(절단 기류의 입구점에서 출구점 사이의 수평거리)의 길이는 보통판 두께의 $\frac{1}{5}$ 정도
(모재두께 12.7mm, 드레그 길이는 2.4mm)

38 유체의 점성계수(粘性係數)를 옳게 나타낸 식은?

① 점성계수＝전단변형/전단응력　　　② 점성계수＝전단응력/전단변형률
③ 점성계수＝전단압력/전단변형　　　④ 점성계수＝압축압력/전단변형률

해설 ㉠ 점성계수단위 : Poise(1dyne · sec/cm²)＝1g/cm · sec
㉡ 점성계수＝$\dfrac{전단응력}{전단변형률}$

39 연소실 용적 $V(m^3)$, 연료의 시간당 연소량 $G_f(kg/h)$, 연료의 저위발열량 $H_l(kcal/kg)$이라면,
연소실 열발생률 $\rho(kcal/m^3 \cdot h)$은?

① $\rho = \dfrac{H_l \cdot V}{G_f}$　　　　　　　　② $\rho = \dfrac{G_f \cdot H_l}{V}$

③ $\rho = \dfrac{V}{G_f \cdot H_l}$　　　　　　　　④ $\rho = \dfrac{H_l}{G_f \cdot V}$

해설 연소실 열발생률＝$\dfrac{시간당연료소비량 \times 발열량}{연소실용적}$ $(kcal/m^3h)$

40 화염 검출기의 종류 중 화염의 이온화에 의한 전기 전도성을 이용한 것으로 가스 점화 버너에
주로 사용되는 것은?

① 플레임 로드　　　　　　　　② 플레임 아이
③ 스택 스위치　　　　　　　　④ 황화 카드뮴 셀

해설 ㉠ 플레임 로드 : 전기전도성 이용
㉡ 플레임 아이(황화 카드뮴 셀) : 화염의 발광체 이용
㉢ 스택 스위치 : 화염의 발열체 이용

41 아래와 같은 베르누이 방정식에서 P/r 항은 무엇을 뜻하는가?(단, H : 전수두, P : 압력, r : 비중량, V : 유속, g : 중력가속도, Z : 위치수두)

$$H \frac{P}{r} + \frac{V^2}{2g} + Z$$

① 압력수두　　　　　　　　② 속도수두
③ 위치수두　　　　　　　　④ 전수두

해설 ㉠ $\dfrac{P}{\gamma}$: 압력수두　　㉡ $\dfrac{V^2}{2g}$: 속도수두　　㉢ Z : 위치수두

42 압력배관용 강관의 사용압력이 30kg/cm², 인장강도가 20kg/cm²일 때의 스케줄 번호는?(단, 안전율은 4로 한다.)

① 30　　　　　　　　　　② 40
③ 60　　　　　　　　　　④ 80

해설 허용응력 $= \dfrac{20}{4} = 5$

$\text{Sch} = 10 \times \dfrac{P}{S} = 10 \times \dfrac{30}{5} = 60$

43 자동제어에서 추치제어의 종류가 아닌 것은?

① 추종제어　　　　　　　② 캐스케이드 제어
③ 비율제어　　　　　　　④ 프로그램 제어

해설 추치제어
㉠ 추종제어
㉡ 비율제어
㉢ 프로그램 제어

44 교축열량계는 무엇을 측정하는 것인가?

① 증기의 압력　　　　　　② 증기의 온도
③ 증기의 건도　　　　　　④ 증기의 유량

해설 교축열량계 : 증기의 건도측정

---

45 뉴턴의 점성법칙의 구성요소만으로 되어 있는 것은?

① 전단응력, 점성계수　　　　　　② 압력, 점성계수

③ 전단응력, 압력　　　　　　　　④ 동점성계수, 온도

해설 뉴턴의 점성법칙 구성요소

ㄱ 전단응력 : $\mu\dfrac{du}{dy}$

ㄴ 속도구배 : $\dfrac{du}{dy}$

ㄷ 점성계수 : Poise(μ)

46 보일러 절탄기 설치 시의 장점을 잘못 설명한 것은?

① 보일러의 수처리를 할 필요가 없다.

② 급수 중 일부의 불순물이 제거된다.

③ 급수와 관수의 온도차로 인한 열응력이 발생되지 않는다.

④ 보일러 열효율이 향상되어 연료가 절약된다.

해설 절탄기(급수가열기) 설치 시에도 급수처리는 철저히 하여야 한다.

47 보일러 버팀의 종류 중 동판과 경판을 연결하여 경판의 강도를 보강해 주는 것은?

① 거싯 버팀　　　　　　　　　　② 시렁 버팀

③ 도그 버팀　　　　　　　　　　④ 나사 버팀

해설 거싯 버팀은 동판과 경판을 연결하여 경판의 강도를 보강한다.

48 진공식 보일러의 설명으로 틀린 것은?

① 진공식 보일러의 동체 내부압력은 항상 절대압력으로 500mmH$_2$O 이하이다.

② 상용화된 진공식 보일러는 모두 온수보일러이다.

③ 진공식 보일러의 동체 내부에는 증기가 존재한다.

④ 진공식 보일러는 열매가 완전히 밀폐되기 때문에 부식이 적고 스케일이 없으며 보일러의 수명이 길다.

해설 진공식 보일러는 항상 내부압력 760mmHg 이하이다.

49 물의 잠열에 대하여 옳게 설명한 것은?

① 압력의 상승으로 증가하는 일의 열당량을 의미한다.

② 물의 온도상승에 소요되는 열량이다.

③ 온도변화 없이 상(相)변화만을 일으키는 열량이다.

④ 건조 포화증기의 엔탈피와 같다.

해설 잠열은 온도변화 없이 상변화만을 일으키는 열량이다.

50 보일러 강판의 가성취화에 대한 설명으로 잘못된 것은?

① 압축 응력을 받는 이음부에 발생한다.

② 반드시 수면 이하에서 발생한다.

③ 결정입자의 경계에 따라 균열이 생긴다.

④ 리벳과 리벳 사이에 발생되기 쉽다.

해설 가성취화가 일어나는 원인은 ㉯, ㉰, ㉱에서 발생된다.

51 신설 보일러에서 소다 끓이기(Soda Boiling) 약액으로 적합한 것은?

① 탄산소다   ② 인산

③ 염화수소   ④ 염화마그네슘

해설 탄산소다는 신설보일러에서 소다 끓이기 위해 약액으로 사용한다.

52 주증기관 끝에 관말 트랩을 설치 시공할 경우 냉각 래그(Cooling Leg)는 최소 몇 m 이상이어야 하는가?

① 1m   ② 1.5m   ③ 2m   ④ 2.5m

해설 주증기관 끝에 관말 트랩을 설치 시공할 경우 냉각 래그 길이는 1.5m 이상이어야 한다.

53 급수펌프의 흡입배관 시공에 대한 설명으로 틀린 것은?

① 흡입관은 토출관경 보다 1단계 작은 것을 사용한다.

② 흡입배관은 가급적 길이를 짧게 한다.

③ 흡입수평배관에는 편심레듀서를 사용한다.

④ 흡입수평관이 긴 경우는 1/50~1/100의 상향구배를 준다.

해설 급수펌프 흡입관은 토출관경과 같거나 1단계 큰 것을 사용한다.

54 길이 20m 강관의 증기배관에 있어서 통기 전후의 관 온도가 각각 10℃, 105℃이면 관의 팽창 길이는?(단, 강관의 선팽창계수는 $1.2×10^{-5}$로 한다.)

① 20.8mm　　　　② 22.8mm　　　　③ 24.8mm　　　　④ 26.8mm

해설 $l = 20 × \left(\dfrac{1.2}{100,000}\right) × (105 - 10) = 0.0228\text{m} = 22.8\text{mm}$

55 계수값 규준형 1회 샘플링 검사에 대한 설명 중 가장 거리가 먼 내용은?

① 검사에 제출된 로트에 관한 사전의 정보는 샘플링 검사를 적용하는데 직접적으로 필요로 하지 않는다.

② 생산자 측과 구매자 측이 요구하는 품질보호를 동시에 만족시키도록 샘플링 검사방식을 선정한다.

③ 파괴검사의 경우와 같이 전수검사가 불가능한 때에는 사용할 수 없다.

④ 1회만의 거래 시에도 사용할 수 있다.

해설 ㉠ 규준형 샘플링 검사 : 생산자 측과 구매자 측이 요구하는 품질보호를 동시에 만족시키도록 샘플링 검사방식을 선정한다.
　　 ㉡ 계수값 규준형 샘플링 검사 시 파괴검사의 경우와 같이 전수검사가 불가능할 때는 할 수가 있다.

56 문제가 되는 결과와 이에 대응하는 원인과의 관계를 알기 쉽게 도표로 나타낸 것은?

① 산포도　　　　② 파레토도　　　　③ 히스토그램　　　　④ 특성요인도

해설 특성요인도 : 문제가 되는 특성과 이에 영향을 주는(미치는) 요인과의 관계를 알기 쉽게 도표로 나타낸 것

57 표준시간을 내경법으로 구하는 수식은?

① 표준시간＝정미시간＋여유시간

② 표준시간＝정미시간×(1＋여유율)

③ 표준시간＝정미시간×$\left(\dfrac{1}{1-여유율}\right)$

④ 표준시간＝정미시간×$\left(\dfrac{1}{1+여유율}\right)$

해설 ㉠ 표준시간(내경법)＝정미시간×$\left(\dfrac{1}{1-여유율}\right)$

㉡ 표준시간(외경법)＝정미시간×$(1+여유율)$

58 다음 표를 이용하여 비용 구배(Cost Slope)를 구하면 얼마인가?

정상		특급	
소요시간	소요비용	소요시간	소요비용
5일	40,000원	3일	50,000원

① 3,000원/일　　② 4,000원/일　　③ 5,000원/일　　④ 6,000원/일

해설 5일－3일＝2일

50,000－40,000＝10,000

∴ $\dfrac{10,000}{2}$＝5,000원/일

59 다음 중 부하와 능력의 조정을 도모하는 것은?

① 진도관리　　② 절차계획　　③ 공수계획　　④ 현품관리

해설 공수계획이란 작업량을 구체적으로 결정하고 이것을 현재 작업장 인원이나 기계의 능력과 대조하여 양자의 조정을 꾀하는 기능, 즉 부하와 능력의 조정을 꾀하는 것

60 제품 공정분석표용 공정 도시기호 중 정체 공정(Delay)기호는 어느 것인가?

① ◯　　② ⟷　　③ D　　④ ☐

해설 ◯ : 작업(가공, 조직)　　⟶ : 운반

D : 지연(정체)　　☐ : 양의 검사

과년도출제문제

2006. 7. 16.

1 증기와 응축수의 열역학적 특성으로 작동하는 트랩은?

① 디스크 트랩
② 하향 버킷 트랩
③ 벨로스 트랩
④ 플로트 트랩

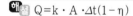 **열역학적 트랩**

㉠ 디스크 트립

㉡ 오리피스 트랩

2 보온관의 열관류율이 5.0kcal/m² · h · ℃, 관 1m당 표면적이 0.1m², 관의 길이가 50m, 내부 유체온도 120℃, 외부 공기온도 20℃, 보온 효율 80%일 때 보온관의 열손실은?

① 350kcal/h
② 480kcal/h
③ 500kcal/h
④ 530kcal/h

해 $Q = k \cdot A \cdot \Delta t(1-\eta)$

$= 5.0 \times (1 \times 0.1 \times 50) \times (120-20) \times (1-0.8)$

$= 500\text{kcal/h}$

3 연료의 연소 시 과잉공기량을 옳게 설명한 것은?

① 실제공기량과 같은 값이다.
② 실제공기량에서 이론공기량을 뺀 값이다.
③ 이론공기량에서 실제공기량을 뺀 값이다.
④ 이론공기량에서 실제공기량을 더한 값이다.

해 과잉공기량 = 실제공기량 − 이론공기량

4 다음 설명에 해당되는 보일러 손상 종류는?

> 고온고압의 보일러에서 발생하나 저압보일러에서도 열부하가 클 경우 발생되며, 발생하는 장소로는 용접부의 틈이 있는 경우나 관공 등 응력이 집중하는 틈이 많은 곳이다. 외관상으로는 부식성이 없고 극히 미세한 불규칙적인 방사형을 하고 있다.

① 가성취화　　　② 내부부식　　　③ 블리스터　　　④ 래미네이션

해설 가성취화 발생장소
　　　㉠ 용접부의 틈이 있는 경우
　　　㉡ 관공 등 응력이 집중하는 틈이 많은 곳

5 보일러를 6개월 이상 장기간 휴지하는 경우 어떤 보존방법이 좋은가?

① 만수보존법　　　② 청관보존법　　　③ 소다 만수보존법　　　④ 건조보존법

해설 ㉠ 6개월 이상 장기보존법 : 건조보존법
　　　㉡ 2~3개월 단기보존법 : 만수보존법

6 포화증기의 온도가 485K일 때 과열도가 30℃라면, 이 증기의 실제온도는 몇 ℃인가?

① 182℃　　　② 212℃　　　③ 242℃　　　④ 272℃

해설 $485 - 273 = 212℃$
　　　$\therefore\ 212 + 30 = 242℃$

7 유속이 일정한 장소에 설치하여 유체의 전압과 정압의 차이를 측정하고 그 값으로 속도수두 및 유량을 계산하는 것은?

① 와류식 유량계　　　　　　② 피토관식 유량계
③ 유속식 유량계　　　　　　④ 차압식 유량계

해설 피토관식 유량계 : 유체의 전압과 정압의 차이(동압)를 측정하고 그 값으로 속두수두를 측정 후 유량을 계산한다.

8 지름이 100mm에서 지름 200mm로 돌연 확대되는 관에 물이 0.04m³/sec의 유량이 흐르고 있다. 이때 돌연 확대에 의한 손실수두는?

① 0.32m　　　② 0.53m　　　③ 0.75m　　　④ 1.28m

Answer　　4. ①　5. ④　6. ③　7. ②　8. ③

해설 $h_L = \dfrac{(V_1 - V_2)^2}{2g}$, $V_1 = \dfrac{0.04}{\dfrac{3.14}{4} \times (0.1)^2} = 5.1\text{m/s}$, $V_2 = \dfrac{0.04}{\dfrac{3.14}{4} \times (0.2)^2} = 1.27\text{m/s}$

$\therefore\ h_L = \dfrac{(5.1 - 1.27)^2}{2 \times 9.8} = 0.75\text{m}$

9 보일러 급수 중의 가스제거방법에 대해서 설명한 것 중 틀린 것은?

① 용존가스 제거방법은 기폭법, 탈기법 등이 있다.

② 탈기에 의한 방법은 산소, 탄산가스 등을 제거하는 경우에 쓰인다.

③ 기폭에 의한 방법은 산소, 탄산가스 등은 제거하나 철분, 망간을 제거하지는 못한다.

④ 기폭에 의한 처리방법은 보통 급수를 분무 또는 탑상에서 우화(雨化)시키는 방법을 취하고 있다.

해설 기폭법 : 철분, 망간, 탄산가스의 제거법

10 강관 벤더기에 관한 설명으로 잘못된 것은?

① 램(Ran)식은 현장용으로 많이 쓰인다.

② 로터리(Rotary)식 사용 시에는 관의 단면 변형이 없고 강관, 스테인리스관, 동관도 벤딩 가능하다.

③ 램식은 관 속에 모래를 채우는 대신 심봉을 넣고 벤딩을 한다.

④ 공장에서 동일 모양의 벤딩 제품을 다량 생산할 때 적합한 것은 로터리식이다.

해설 ㉠ 관 속에 모래를 채워서 벤더시키는 것은 토치램프를 이용하는 열간 벤딩이다.
㉡ 심봉을 관에 넣고 벤딩하는 것을 수동로터리식이다.

11 증기난방법 종류에서 응축수 환수방식에 의한 분류에 해당되지 않는 것은?

① 기계환수식   ② 중력환수식
③ 진공환수식   ④ 저압환수식

해설 증기난방 응축수 환수방식
㉠ 기계환수식(응축수 펌프 사용)
㉡ 중력환수식(소규모 난방용)
㉢ 진공환수식(대규모 난방용)

12 어떤 보일러의 원심식 급수펌프가 2,500rpm으로 회전하여 200m³/h의 유량을 공급한다고 한다. 이 펌프를 1,500rpm으로 회전시키면 공급되는 유량은?

① 100m³/h   ② 120m³/h   ③ 140m³/h   ④ 160m³/h

해설 $Q' = Q \times \left(\dfrac{N_1}{N} \right) = 200 \times \left(\dfrac{1,500}{2,500} \right) = 120\text{m}^3/\text{h}$

13 액체 연료인 중유의 유동점은 응고점보다 몇 도 정도 더 높은가?

① 10℃   ② 5℃   ③ 2.5℃   ④ 1℃

해설 유동점＝응고점＋2.5℃

14 탄산마그네슘($MgCO_2$) 보온재의 설명으로 잘못된 것은?

① 염기성 탄산마그네슘에 석면을 8~15% 정도 혼합한 것이다.
② 안전사용온도는 무기질 보온재 중 가장 높다.
③ 석면의 혼합비율에 따라 열전도율은 달라진다.
④ 물반죽 또는 보온판, 보온통 형태로 사용된다.

해설 무기질 보온재는 규산칼슘이나 세라믹 파이버 등이 안전사용온도가 매우 높은 편이다.

15 두께 3cm, 면적 2m²인 강판의 열전도량을 6,000kcal/h로 하려면 강판 양면의 필요한 온도차는?(단, 열전도율 45kcal/m·h·℃)

① 2℃   ② 2.5℃   ③ 3℃   ④ 3.5℃

해설 $6,000 = 45 \times \dfrac{(\Delta t) \times 2}{0.03}$

$\Delta t = \dfrac{6,000 \times 0.03}{45 \times 2} = 2℃$

※ 3cm＝0.03m

16 내화물의 내화도 측정에 사용되는 온도계는?

① 알코올 온도계   ② 수은 온도계   ③ 제겔콘 온도계   ④ 습구 온도계

해설 제겔콘 온도계 : 내화물의 내화도 측정

17 보일러의 압력계 부착방법 설명으로 잘못된 것은?

① 압력계와 연결된 증기관은 동관일 경우 안지름 6.5mm 이상이어야 한다.

② 증기온도가 210℃를 넘을 때에는 황동관 또는 동관을 사용하여서는 안 된다.

③ 압력계에는 물을 넣은 안지름 12.7mm 이상의 사이펀관을 설치한다.

④ 압력계의 콕 대신에 밸브를 사용할 경우에는 한눈으로 개폐 여부를 알 수 있는 구조로 한다.

해설 사이펀관의 안지름 : 6.5mm 이상

18 검사대상기기인 보일러의 검사 종류 중 검사 유효기간이 1년인 것은?

① 구조검사   ② 제조검사

③ 용접검사   ④ 계속사용안전검사

해설 검사유효기간이 1년 : ① 계속사용안전 검사, ② 계속사용성능 검사

19 높이가 2m 되는 뚜껑이 없는 용기 안에 비중이 0.8인 기름이 가득 차 있다면 밑면의 압력은?

① 1,600kgf/cm²   ② 16kgf/cm²

③ 1.6kgf/cm²   ④ 0.16kgf/cm²

해설 $P = rH = \dfrac{1{,}000 \times 0.8 \times 2}{10^4} = 0.16\text{kgf/cm}^2$

20 보일러 스케일과 관계가 없는 성분은?

① 황산염   ② 규산염   ③ 칼슘염   ④ 인산염

해설 인산염 : 용해고형분

21 보일러 및 교환기용 탄소강관의 KS 규격기호는?

① STBH   ② STHA   ③ STS-TB   ④ SPPH

해설 STBH : 보일러 열교환기용 탄소강관

22 폐열보일러에 대한 설명 중 잘못된 것은?

① 여러 가지 다른 노나 가스터빈 등에서 나오는 폐가스가 갖고 있는 에너지를 열원으로 한 것이다.

② 분진 등에 의한 전열면의 오손이 심할 경우가 있다.

③ 가스의 흐름, 수관의 피치, 노벽의 구조, 매연분출기의 배치 등을 적절히 할 필요가 있다.

④ 폐열의 열량이 낮으므로 연료비가 많이 든다.

해설 폐열보일러는 폐열(배열)을 회수하여 재사용하기 때문에 연료비는 전연 들지 않는다.

23 기체의 정압비열과 정적비열의 관계를 옳게 설명한 것은?

① 정압비열이 정적비열보다 항상 작다.

② 정압비열이 정적비열보다 항상 크다.

③ 기체에 따라 다르다.

④ 정압비열과 정적비열은 거의 같다.

해설 기체의 비열비 $= \dfrac{정압비열}{정적비열}$ (기체의 비열비는 항상 1보다 크다.)

24 강철제 유류용 보일러의 용량이 얼마 이상이면 공급 연료량에 따라 연소용 공기를 자동 조절하는 장치를 갖추어야 하는가?(단, 난방 및 급탕 겸용 보일러임)

① 2t/h ② 5t/h

③ 10t/h ④ 20t/h

해설 ㉠ 난방용 10t/h 이상의 보일러는 공급연료량에 따라 연소용 공기를 자동조절하는 장치가 필요하다.

㉡ 가스용 보일러나 용량 5t/h 이상인 유류용 보일러는 연료공급량에 따라 연소용 공기를 조절하는 기능이 필요하다.

25 다음 중 증기트랩의 구비조건 설명으로 틀린 것은?

① 유체의 마찰저항이 클 것 ② 내식성과 내구성이 있을 것

③ 공기빼기가 양호할 것 ④ 봉수가 유실되지 않는 구조일 것

해설 증기트랩은 유체의 마찰저항이 적어야 한다.

---

26 배관, 지지구 중 펌프, 압축기 등에서 발생하는 기계의 진동, 수격작용 등에 의한 각종 충격을 억제하는 데 사용되는 것은?

① 브레이스　　　　　　　　　　② 행거

③ 리스트레인트　　　　　　　　④ 서포트

해설 브레이스 : 펌프나 압축기 운전 중 발생하는 기계의 진동 수격작용 등에 의한 각종 충격을 억제하는 배관지지기구이다.

27 충동식 증기트랩에 관한 설명으로 틀린 것은?

① 작동 시 증기가 약간 새는 결점이 있다.

② 종류로는 디스크 트랩, 오리피스 트랩 등이 있다.

③ 응축수의 양에 비하여 크기가 큰 편이다.

④ 고압, 중압, 저압의 어느 곳에나 사용가능하다.

해설 충격식 증기트랩은 소형 증기트랩이다. 그리고 응축수 배출용량은 중, 소량이다.

28 1kg의 습포화증기 속에 증기상(蒸氣相)이 $x$kg 포함되어 있을 때 습도는?

① $x-1$　　　　② $1-x$　　　　③ $\dfrac{x}{(1-x)}$　　　　④ x

해설 $Y = 1 - x$

29 배기가스 중의 산소농도를 측정하여 공기비를 측정하는 경우 일반적으로 "공기비 $= \dfrac{21}{(21-(\text{산소농도}))}$"의 식을 이용하고 있다. 이 식에서 (산소농도)에 대한 설명으로 옳은 것은?

① 습배기가스 중의 산소의 중량 %

② 습배기가스 중의 산소의 체적 %

③ 건배기가스 중의 산소의 중량 %

④ 건배기가스 중의 산소의 체적 %

해설 공기비$(m) = \dfrac{21}{21-(O_2)}$, O_2 : 건조배기가스 중 산소의 체적(%)

30 보일러수의 청관제 약품 중 슬러지 조정제로만 되어 있는 것은?

① 리그린, 덱스트린, 탄닌
② 수산화나트, 탄산나트륨, 히드라진
③ 아황산나트륨, 인산나트륨, 암모니아
④ 질산나트륨, 황산나트륨, 초산나트륨

해설 슬러지 조정제 : 리그닌, 덱스트린, 탄닌

31 보일러 부속장치 중 고온부식이 유발될 수 있는 장치는?

① 절탄기 ② 과열기 ③ 응축기 ④ 공기예열기

해설 ㉠ 과열기, 재열기 : 고온부식 발생
㉡ 절탄기, 공기예열기 : 저온부식 발생

32 다음 중 열역학 제2법칙과 관련된 설명은?

① 외부에서 어떤 일을 하지 않고는 저온부에서 고온부로 열을 이동시킬 수 없다.
② 밀폐계가 임의의 사이클을 이룰 때 전달되는 열량의 총합은 행하여진 일량의 총합과 같다.
③ 열은 본질상 에너지의 일종이며, 열과 일은 서로 전환이 가능하고, 이때 열과 일 사이에는 일정한 비례 관계가 성립한다.
④ 에너지는 단지 다른 형태로 변화될 수 있지만 창조나 소멸은 되지 않는다.

해설 열역학 제2법칙 : 외부에서 어떤 일을 하지 않고는 저온부에서 고온부로 열을 이동시킬 수 없다.

33 보일러 열손실 중 최대인 것은?

① 배기가스에 의한 손실
② 불완전연소에 의한 손실
③ 방열(放熱)에 의한 손실
④ 그을음에 의한 손실

해설 배기가스 열손실은 보일러 열손실 중 가장 크다.

34 유리섬유 보온재의 특성 설명으로 잘못된 것은?

① 사용온도가 $-25 \sim 300℃$이다.
② 섬유가 가늘고 섬세하게 밀집되어 다량의 공기를 포함하고 있으므로 보온효과가 좋다.
③ 순수한 유기질의 섬유제품으로서 불에 타지 않는다.
④ 가볍고 유연하여 작업성이 좋으며 칼이나 가위 등으로 쉽게 절단되므로 작업이 용이하다.

해설 유리섬유(글라스 울)는 유기질이 아닌 무기질 보온재이다.

35 보일러 증기 압력이 상승할 때의 상태변화 설명으로 잘못된 것은?

① 포화온도가 상승한다.　　　　② 증발잠열이 증가한다.

③ 포화수의 비중이 작아진다.　　④ 증기 엔탈피가 증가한다.

해설 보일러 압력이 증가하면 증발잠열은 감소한다.

36 연강용 피복 아크 용접봉 심선의 5가지 주요 화학성분 원소는?

① C, Si, Mn, P, S　　　　② C, Si, Fe, N, H

③ C, Si, Ca, N, H　　　　④ C, Si, Pb, N, H

해설 연강용 피복 아크 용접봉 심선
탄소(C), 규소(Si), 망간(Mn), 인(P), 황(S)

37 보일러 저온부식의 원인이 되는 것은?

① 과잉공기 중의 질소 성분　　② 연료 중의 바나듐 성분

③ 연료 중의 유황 성분　　　　④ 연료의 불완전연소

해설 저온부식 : $S + O_2 \rightarrow SO_2$(아황산가스)

$$SO_2 + H_2O \rightarrow H_2SO_3 \, (무수황산)$$

$$H_2SO_3 + \frac{1}{2} O_2 \rightarrow H_2SO_4 \, (진한 황산)$$

38 다음 중 보온재의 보온효과가 증가하는 경우는?

① 보온재의 온도가 상승하는 경우

② 보온재의 열전도율이 커지는 경우

③ 보온재의 비중이 커지는 경우

④ 보온재의 습기가 감소하는 경우

해설 보온재의 습기가 감소하거나 수분이 없으면 보온효과가 커진다.

39 노통연관식 보일러에서 노통의 상부가 압궤되는 주된 요인은?

① 수처리불량   ② 저수위차단 불량

③ 연소실 폭발   ④ 과부하 운전

해설 저수위차단이 불량하면 압력 급상승으로 노통이 압궤된다.

40 보일러에서 2차 연소란 무엇인가?

① 미연가스가 연소실 이외의 연도에서 다시 연소하는 것이다.

② 미연가스가 연소실 내의 후부에서 재연소하는 것이다.

③ 완전 연소하기 어려운 연료를 2번 연소시키는 것이다.

④ 불완전 연소가스가 연소실에서 재연소하는 것이다.

해설 2차 연소 : 미연소가스가 연소실 이외의 연도에서 다시 연소하는 폭발사고(방지용으로 방폭문 설치가 필요하다.)

41 증기과열기에 설치된 안전밸브의 취출압력은 어떻게 조정되어야 하는가?

① 보일러 본체의 안전밸브와 동시에 취출되도록 한다.

② 최고사용압력 이상에서 취출되도록 한다.

③ 보일러 본체의 안전밸브보다 늦게 취출되도록 한다.

④ 보일러 본체의 안전밸브보다 먼저 취출되도록 한다.

해설 과열기 안전밸브는 보일러 본체의 안전밸브보다 먼저 취출되도록 한다.

42 중유의 연소 성상을 개선하기 위한 첨가제의 종류가 아닌 것은?

① 연소촉진제   ② 착화지연제

③ 슬러지 분산제   ④ 회분개질제

해설 중유의 첨가제

    ㉠ 연소촉진제

    ㉡ 슬러지 분산제

    ㉢ 회분개질제

    ㉣ 매연방지제

    ㉤ 유동점 강하제

43 액체열(Heat of Liquid)을 가장 옳게 설명한 것은?

① 임의의 압력하에서 0℃의 액체 1kg을 그 압력에 상당하는 포화온도까지 높이는 데 필요한 열량

② 1kg의 액체를 대기압상태에서 게이지 압력 1kgf/cm²까지 올리는 데 필요한 열량

③ 100℃의 액체를 대기압상태에서 포화온도까지 올리는 데 필요한 열량

④ 액체 1kg을 대기압상태에서 포화증기로 만드는 데 필요한 열량

해설 액체열 : 임의의 압력하에서 0℃ 액체 1kg을 그 압력에 상당하는 포화온도까지 높이는 데 필요한 열량

44 각 물질의 연소반응식을 표시한 것 중 틀린 것은?

① $S + O_2 = 2SO$

② $C + O_2 = CO_2$

③ $H_2 + \left(\dfrac{1}{2}\right) O_2 = H_2O$

④ $C + \left(\dfrac{1}{2}\right) O_2 = CO$

해설 $S + O_2 \rightarrow SO_2$

45 고온에서 저온으로 열이 이동하는 형태가 아닌 것은?

① 복사　　　　② 전도　　　　③ 대류　　　　④ 흡열

해설 열의 이동

ⓐ 전도　　　　ⓑ 대류　　　　ⓒ 복사

46 저압 증기보일러에서 보일러수가 환수관으로 역류하거나 누출하는 것을 방지하기 위하여 설치하는 배관방식은?

① 리프트 피팅 배관

② 하트포드 접속법

③ 에어 루프 배관

④ 바이패스 배관

해설 하트포드 접속법

저압 증기보일러에서 보일러수가 환수관으로 역류하거나 누출하는 것을 방지하기 위하여 설치하는 배관방식이다.

47 증기배관에 감압밸브 설치 시 고압 측과 저압 측의 적합한 압력차의 비는?(단, 고압 측의 압력은 7kg/cm² 이상이다.)

① 3 : 1 이내　　　② 4 : 1 이내　　　③ 5 : 1 이내　　　④ 2 : 1 이내

해설 감압밸브 설치 시 고압 측의 압력이 7kg/cm² 이상이면 고저 압력차의 감압비는 2 : 1이 이상적이다.

48 보일러에 사용되는 청관제 중 탈산소제로 사용되는 것은?

① 히드라진　　　　　　　　② 수산화나트륨
③ 탄산나트륨　　　　　　　　④ 암모니아

해설 탈산소제
　㉠ 고압 보일러(히드라진)
　㉡ 저압 보일러(아황산소다)

49 자동제어의 종류 중 주어진 목표 값과 조작된 결과의 제어량을 비교하여 그 차를 제거하기 위하여 출력 측의 신호를 입력 측으로 되돌려 제어하는 것은?

① 피드백 제어　　　　　　　② 시퀀스 제어
③ 인터록 제어　　　　　　　④ 캐스케이드 제어

해설 피드백 제어 : 출력 측의 신호를 입력 측으로 되돌려 수정동작을 행하는 것

50 신설 보일러의 소다 끓임(Soda Boiling) 조작 시 사용하는 소다의 종류가 아닌 것은?

① 탄산나트륨　　　　　　　　② 수산화나트륨
③ 질산나트륨　　　　　　　　④ 제3인산나트륨

해설 소다 보일링 양식
　㉠ 수산화나트륨($NaOH$)
　㉡ 탄산나트륨(Na_2CO_3)
　㉢ 인산나트륨(Na_3PO_4, $12H_2O$)
　㉣ 황산나트륨(Na_2SO_3)

51 긴 관으로만 구성된 보일러로 초임계 압력에서도 증기를 얻을 수 있는 보일러는?

① 슈미트 보일러　　　　　　② 베록스 보일러
③ 라몬트 보일러　　　　　　④ 슐처 보일러

해설 관류보일러(벤슨, 슐처)는 고압에서도 사용이 가능하다.

52 어떤 강의실의 필요 열량이 5,000kcal/h이다. 3세주 650mm, 쪽당 방열면적 0.15m²인 방열기를 설치하여 증기난방을 할 경우 필요한 쪽수는?

① 46쪽   ② 49쪽   ③ 52쪽   ④ 56쪽

해설 $EA = \dfrac{H}{650 \times sb} = \dfrac{5,000}{650 \times 0.15} = 51.28$쪽

53 일반적으로 급속연소가 가능하며 높은 화염온도를 얻을 수 있고 저칼로리 가스의 연소와 예열공기의 사용이 곤란한 가스버너는?

① 유도혼합식 버너   ② 내부혼합식 버너

③ 부분혼합식 버너   ④ 외부혼합식 버너

해설 내부혼합식 버너
㉠ 급속연소가 가능하다.
㉡ 높은 화염의 온도를 얻을 수 있다.
㉢ 예열공기의 사용 곤란
㉣ 저칼로리의 가스연소 곤란

54 보일러 안전밸브의 호칭지름은 25A 이상이어야 하나, 보일러 크기나 종류에 따라 20A 이상으로 할 수 있는 보일러도 있는데 이에 해당되지 않는 것은?

① 최고사용압력 0.1MPa 이하의 보일러
② 소용량 강철제 보일러
③ 전열면적 10m² 이하의 보일러
④ 최대증발량 5t/h 이하의 관류 보일러

해설 전열면적 2m² 이하 : 안전밸브 20A 이상
전열면적 10m² 초과 : 안전밸브 25A 이상

55 어떤 측정법으로 동일 시료를 무한 횟수로 측정하였을 때 데이터 분포의 평균치와 참값과의 차를 무엇이라 하는가?

① 신뢰성   ② 정확성
③ 정밀도   ④ 오차

해설 정확성 : 어떤 측정법으로 동일 시료를 무한 횟수로 측정하였을 때 데이터 분포의 평균치와 참값과의 차이

56 TPM 활동의 기본을 이루는 3정 5S 활동에서 3정에 해당되는 것은?

① 정시간   ② 정돈   ③ 정리   ④ 정량

해설 생산관리 5S 원칙 : 정리, 정돈, 청소, 청경, 습관화
TPM 활동 3정 : 정량, 정품, 정위치

57 공정분석 기호 중 □는 무엇을 의미하는가?

① 검사   ② 가공   ③ 정체   ④ 저장

해설 ㉠ □ : 검사   ㉡ ○ : 작업

㉢ ⇒ : 운반   ㉣ ▽ : 보관

㉤ D : 대기(정체)   ㉥ ◎ : 결함

58 축의 완성지름, 철사의 인장강도, 아스피린 순도와 같은 데이터를 관리하는 가장 대표적인 관리도는?

① $\bar{X}-R$ 관리도   ② nP 관리도

③ c 관리도   ④ u 관리도

해설 $\bar{X}-R$ 관리도
관리항목이 축의 완성된 지름, 철사의 인장강도, 아스피린의 순도, 바이트의 소입온도, 전구의 소비전력 등과 같이 공정에서 채취한 시료의 길이, 무게, 시간, 강도, 성분, 수확률 등 계량치의 데이터에 대해서 $\bar{X}$와 R을 사용하여 공정을 관리하는 관리도

59 PERT에서 Network에 관한 설명 중 틀린 것은?

① 가장 긴 작업시간이 예상되는 공정을 주공정이라 한다.
② 명목상의 활동(Dummy)은 점선 화살표(┈→)로 표시한다.
③ 활동(Activity)은 하나의 생산 작업 요소로서 원(○)으로 표시된다.
④ Network는 일반적으로 활동과 단계의 상호관계로 구성된다.

해설 PERT Network의 구성요소 중 애로 다이어그램의 구성요소에서 단계는 ○로 표시한다.(단, → : 활동 표시, ┈→ : 명목상의 활동 표시(가공작업))

60 생산계획량을 완성하는 데 필요한 인원이나 기계의 부하를 결정하여 이를 현재인원 및 기계의 능력과 비교하여 조정하는 것은?

① 일정계획 　　　　　　　　　　② 절차계획

③ 공수계획 　　　　　　　　　　④ 진도관리

해설 공수계획

생산계획을 완성하는 데 필요한 인원이나 기계의 부하를 결정하여 이를 현재인원 및 기계의 능력과 비교하며 조정한다.

1 공기예열기를 설치하였을 경우의 이점이 아닌 것은?

① 예열공기의 공급으로 불완전 연소가 증가한다.

② 노 내의 연소속도가 빨라진다.

③ 보일러의 열효율이 높아진다.

④ 배기가스의 열손실이 감소된다.

해설 공기예열기를 사용하면 예열공기의 공급으로 완전연소가 가능하다.

2 고압기류식 분무 버너 특성 설명으로 가장 옳은 것은?

① 연료유의 점도가 크면 비교적 무화가 곤란하다.

② 연소 시 소음의 발생이 적다.

③ 유량조절범위가 1 : 3 정도로 좁다.

④ 공기 또는 증기를 분사시켜 기름을 무화하는 방식이다.

해설 고압기류식 버너

㉠ 점도가 커도 무화가 용이하다.

㉡ 연소 시 소음발생이 크다.

㉢ 유량조절범위가 1 : 10이다.

㉣ 공기 또는 증기를 분사시켜 무화시킨다.

3 보일러 구조에 관한 보일러제조기술규격(KBM)에서 정하고 있는 노통연관 보일러 및 수평노통 보일러의 상용수위는 동체 중심선에서부터 동체 반지름의 몇 % 이하로 정하고 있는가?

① 35　　　　　② 50　　　　　③ 65　　　　　④ 75

해설
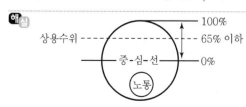

4 급수온도 20℃에서 압력 7kgf/cm², 온도 300℃의 증기를 매시 2,000kg 발생시키는 보일러의 상당증발량은?(단, 급수엔탈피는 20kcal/kg이고, 발생증기의 엔탈피는 650kcal/kg이다.)

① 2,138kg/h ② 2,238kg/h ③ 2,338kg/h ④ 2,438kg/h

해설 상당증발량 $= \dfrac{2,000(650-20)}{539} = 2,337.66$ kg/h

5 연료(탄화수소유)의 연소가 지속될 수 있는 최저온도는?

① 연소점 ② 착화점 ③ 발화점 ④ 유동점

해설 연소점 : 연료의 연소가 지속될 수 있는 최저온도

6 다음 액화천연가스(LNG)의 주성분 중 가장 많이 포함된 것은?

① CH_4 ② C_2H_6 ③ CO ④ C_2H_4

해설 액화천연가스(LNG)
$$CH_4 + 2O_2 \rightarrow CO_2 + 2H_2O$$

7 관 내부의 물이 외부의 연소가스에 의해 가열되는 관은?

① 수관 ② 섹션 ③ 노통 ④ 노관

해설

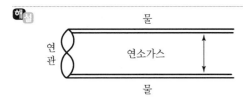

8 노통 보일러에서 노통을 편심으로 하는 주된 이유는?

① 노통의 설치가 간단하므로 ② 노통의 설치에 제한을 받으므로
③ 물순환을 좋게 하기 위하여 ④ 공작이 쉬우므로

해설 노통이 한쪽으로 편심되면 보일러수의 순환이 촉진된다.

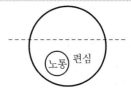

9 압입통풍방식의 설명으로 옳은 것은?

① 배기가스의 외기의 비중량 차를 이용한 통풍방식이다.

② 연도나 연돌 쪽에만 각각 송풍기가 설치된 방식이다.

③ 버너 쪽과 연돌 쪽에 각각 송풍기가 설치된 방식이다.

④ 버너 쪽에만 송풍기가 있는 방식이다.

해설 압입통풍

버너 쪽에 송풍기 설치(노내 압력이 정압 유지)

㉠ 자연통풍, ㉡ 흡입통풍, ㉢ 평형통풍

10 유기질 보온재가 아닌 것은?

① 펠트   ② 코르크

③ 기포성 수지   ④ 석면

해설 석면 : 무기질 보온재로서 400℃ 이하에서 사용

11 보일러 연돌의 통풍력 설명으로 틀린 것은?

① 연돌 높이가 높을수록 통풍력이 크다.

② 연돌의 단면적이 클수록 통풍력이 크다.

③ 연돌 내 배기가스의 온도가 높을수록 통풍력이 크다.

④ 연돌의 온도 구배가 작을수록 통풍력이 크다.

해설 연돌(굴뚝)의 온도구배(배기가스와 외기의 온도차)가 클수록 통풍력이 커진다.

12 보일러 외부부식의 일종인 저온부식을 유발하는 주요성분으로 가장 적합한 것은?

① 질소(N_2)   ② 일산화탄소(CO)

③ 바나듐(V)   ④ 황(S)

해설 $S+O_2 \rightarrow SO_2$, $SO_2+H_2O \rightarrow$

$H_2SO_3 \rightarrow H_2SO_3 + \frac{1}{2}O_2 \rightarrow H_2SO_4$

(진한 황산에 의해 저온부식발생)

13 보일러 용수의 처리방법 중 보일러 외처리방법이 아닌 것은?

① 여과법

② 폭기법

③ 청관제사용법

④ 증류법

해설 청관제사용법 : 보일러 내 관석(스케일) 발생 방지를 위한 것으로 내처리법이다.

14 증기보일러 점화가 불량한 경우 그 원인과 거리가 먼 것은?

① 점화버너의 공기비 조정이 나쁠 때

② 점화전극의 클리어런스가 맞지 않을 때

③ 점화용 트랜스의 전기스파크가 불량할 때

④ 급수량이 과대할 때

해설 급수량의 증대나 감소는 점화불량과는 관련이 없다.

15 선택적 캐리오버(Selective Carry Over)는 무엇이 증기에 포함되어 분출되는 현상을 의미하는가?

① 액적

② 거품

③ 탄산칼슘

④ 실리카

해설 실리카가 증기에 포함되어 증기드럼 외부로 배출되는 캐리오버는 선택적 캐리오버이다.

16 1kW로 1시간 일한 것은 약 몇 kcal의 열량에 해당되는가?

① 860kcal

② 632kcal

③ 552kcal

④ 486kcal

해설 $1\text{kW} - \text{h} = 102\text{kg} \cdot \text{m/s} \times \dfrac{1}{427}\text{kcal/kg} \cdot \text{m} \times 3{,}600\text{sec/h} = 859.953\text{kcal}$

17 절대온도(K)는 섭씨온도(℃)에 얼마를 더하는가?

① 263

② 273

③ 285

④ 293

해설 $K = \text{℃} + 273$

$\text{°R} = \text{°F} + 460$

18 유체 속에 잠겨진 물체에 작용하는 부력에 대한 설명으로 옳은 것은?

① 그 물체에 의해서 배제된 유체의 무게와 같다.

② 물체의 중력보다 크다.

③ 유체의 밀도와는 관계가 없다.

④ 물체의 중력과 같다.

해 유체 속에 잠겨진 물체에 작용하는 부력에는 그 물체에 의해서 배제된 유체의 무게와 같다.

19 배관에서 유체가 완전난류가 흐르고 있을 때 손실수두는?

① 속도의 3제곱근에 비례한다.   ② 관경에 비례한다.

③ 관길이에 반비례한다.   ④ 관의 마찰계수에 비례한다.

해 배관에서 유체가 완전난류가 흐르고 있을 때 손실수두는 관의 마찰계수에 비례한다.

20 포화액점과 건포화 증기점이 겹치는 점으로 증발과정 없이 포화액으로 됨과 동시에 건포화 증기로 변하며 증발열이 필요 없게 되는 점은?

① 비등점   ② 임계점

③ 노점   ④ 이슬점

해 임계점이란 포화액점과 건포화증기점이 겹치는 점으로 증발과정 없이 액과 기체의 구별이 없어지며 증발잠열 값이 0kcal/kg이 된다.

㉠ $225.65kg/cm^2$

㉡ $374.15℃$

21 1칼로리(cal)를 줄(Joule. J) 단위로 환산하면?

① 약 0.24J   ② 약 860J   ③ 약 4.2J   ④ 약 9.8J

해 ㉠ $1cal = 4.2J$

㉡ $1kcal = 4.2kJ$

22 벽면에 매설하는 배수 수직관에 접속할 때 사용하는 관 트랩은?

① S트랩   ② P트랩   ③ U트랩   ④ 가옥트랩

해 P트랩 : 벽면에 매설하는 배수 수직관에 접속할 때 사용하는 관트랩(배수 트랩)이다.

23 동관의 이음방법이 아닌 것은?

① 몰코 이음

② 플랜지 이음

③ 경납용접 이음

④ 연납용접 이음

해 몰코 이음(Molco Joint) : 13~60Su 이하의 스테인리스강관의 이음방법이다.

24 증기사용설비의 온도를 일정하게 유지시키기 위한 것으로 교환기나 가열기 등에 사용하는 자동제어밸브는?

① 전자밸브

② 안전밸브

③ 온도조절밸브

④ 감압밸브

해 온도조절밸브 : 증기사용설비의 온도를 일정하게 유지시키는 자동제어밸브이다.

25 다음 중 증기트랩에 속하지 않는 것은?

① 기계식 트랩

② 박스트랩

③ 온도조절식 트랩

④ 열역학적 트랩

해 박스트랩은 배수트랩이다.

26 보일러 및 열교환기용 합금강관 KS 기호는?

① SPPH

② STHA

③ SPPS

④ SPHT

해 STHA : 보일러 열교환기용 합금강관

27 보일러의 고온배관용 탄소강관(SPHT)은 주로 몇 ℃를 초과하는 온도의 배관에 사용하는가?

① 100℃

② 350℃

③ 500℃

④ 700℃

해 SPHT : 고온배관용 탄소강관이며 주로 350℃를 초과하는 온도의 배관에 사용된다.

28 보일러설치규격(KBI)에 의한 온도계 설치 위치로 부적당한 것은?

① 보일러 본체 배기가스 온도계

② 급수입구 급수온도계

③ 과열기 및 재열기가 있는 경우 출구 온도계

④ 증기공급관 온도계

해설 증기의 온도계는 증기압력표로 가늠한다.

29 일일 급수량이 36,000*l*인 보일러에서 급수 중 고형분 농도가 100ppm, 보일러수의 허용고형분이 2,000ppm일 때 1일 분출량(*l*/day)은 약 얼마인가?(단, 응축수는 회수하지 않는다.)

① 1,625*l*/day ② 1,785*l*/day ③ 1,895*l*/day ④ 1,945.4*l*/day

해설 $\dfrac{36,000 \times 100}{2,000-100} = 1,894.73 l/\text{day}$

30 보일러 급수 중의 용존가스(O_2, CO_2)를 제거하는 방법으로 가장 적합한 것은?

① 석회소다법 ② 탈기법 ③ 이온교환법 ④ 침강분리법

해설 탈기법 : 급수 중의 용존 O_2, CO_2를 제거하는 급수처리 외처리법이다.

31 압력이 100kgf/cm²인 습증기가 있다. 포화수의 엔탈피가 334kcal/kg이고, 건포화증기 엔탈피는 652kcal/kg, 건조도가 80%일 때, 이 습증기의 엔탈피는 약 얼마인가?

① 427kcal/kg ② 575kcal/kg ③ 588kcal/kg ④ 641kcal/kg

해설 $h_2 = 334 + 0.8(652-334)$
$= 588.4\text{kcal/kg}$

32 보일러의 용량을 표시하는 방법이 아닌 것은?

① 전열면적 ② 보일러 마력 ③ 방열기의 능력 ④ 상당방열면적

해설 보일러 용량 표시
㉠ 전열면적 ㉡ 보일러 마력 ㉢ 상당방열면적
㉣ 상당증발량 ㉤ 정격출력

---

33 난방부하에서 구조체의 손실열량을 계산하는 공식으로 옳은 것은?(단, Q : 손실열량, K : 열관류율, A : 구조체의 면적, t_1 : 난방실 온도, t_0 : 외부온도이다.)

① $Q = KA(t_1 + t_0)$

② $Q = KA(t_1 - t_0)$

③ $Q = \dfrac{A(t_1 - t_0)}{K}$

④ $Q = \dfrac{K(t_1 - t_0)}{A}$

해설 $Q = KA(t_1 - t_0)$

34 관지지장치 중 배관의 열팽창에 의한 배관의 이동을 구속 또는 제한하는 장치는?

① 행거

② 서포트

③ 리스트레인트

④ 브레이스

해설 리스트레인트 : 앵커, 스톱, 가이드가 있으며 배관의 열팽창에 의한 배관의 이동을 구속 또는 제한한다.

35 보일러 안전밸브의 증기누설 원인으로 가장 적합한 것은?

① 배관이 지나치게 길 때

② 압력이 지나치게 낮을 때

③ 밸브 디스크와 시트 사이에 이물질이 있을 때

④ 급수 펌프의 압력이 높을 때

해설 밸브 디스크와 시트 사이에 이물질이 있을 때 안전밸브의 증기누설의 원인이 된다.

36 액체연료의 일반적인 특징 설명으로 틀린 것은?

① 석탄에 비하여 연소효율이 낮다.

② 석탄에 비하여 연소조절이 용이하다.

③ 석탄에 비하여 재와 그을음이 적다.

④ 석탄에 비하여 고온을 얻기가 쉽다.

해설 액체연료는 일반적인 특징은 석탄에 비해 연소효율이 높다.

37 체적과 시간으로부터 직접유량을 구하는 유량계는?

① 피토관

② 벤튜리관

③ 로터미터

④ 열선식

해설 로터미터(면적식 순간유량계) : 부자 유량계, 면적의 변위와 시간으로부터 순간유량을 측정한다.

38 피복 아크 용접봉의 종류와 기호가 맞게 짝지어진 것은?

① 일미나이트계 : E4302

② 고셀룰로오스계 : E4310

③ 고산화티탄계 : E4311

④ 저수소계 : E4316

해설 E4301 : 일미나이트계

E4311 : 고셀룰로오스계

E4313 : 고산화티탄계

39 열역학 제2법칙에 관한 설명과 무관한 것은?

① 저온의 물체로부터 고온의 물체로 열에너지를 이동할 수 없다.

② 고온의 물체로부터 저온의 물체로 열에너지를 이동할 수 있다.

③ 제2종 영구기관의 존재 가능성을 부정하는 법칙이다.

④ 시스템에 의해 얻은 양은 주위에 의해 잃은 양과 같다.

해설 ①, ②, ③의 내용은 열역학 제2법칙의 설명이다.

40 에너지이용합리화법 시행령에서 산업통상자원부장관이 에너지 저장의무를 부과할 수 있는 대상자로 틀린 것은?

① 전기사업법에 의한 전기사업자

②「도시가스사업법」에 의한 도시가스사업자

③「집단에너지사업법」에 의한 집단에너지사업자

④ 연간 1만 석유환산톤 이하의 에너지를 사용하는 자

해설 에너지저장의무 부과대상자

㉠ ①, ②, ③에 해당하는 사업자

㉡ 연간 2만 석유환산톤 이상의 에너지를 사용하는 자

41 에너지이용합리화법에서 목표에너지원 단위를 설명한 것으로 가장 적합한 것은?

① 에너지를 사용하여 만드는 제품의 단위당 에너지 사용 목표량

② 연간 사용하는 에너지와 제품 생산량의 비율

③ 연간 사용하는 에너지 목표량

④ 에너지 절약을 위하여 제품의 생산조절과 비용을 계산하는 것

해설 목표에너지 원단위란 에너지를 사용하여 만드는 제품의 단위당 에너지 사용 목표량

42 다음 보온재 중 최고 안전사용온도가 가장 높은 것은?

① 내화단열벽돌
② 글라스 울 보온판·통
③ 우모펠트
④ 폼폴리스티렌 보온판·통

해설 내화단열벽돌은 1,200℃ 이상의 안전사용온도에서 사용된다.

43 1보일러 마력을 설명한 것으로 옳은 것은?

① 1시간에 0℃의 물 15.65kg을 같은 온도의 증기로 변화시킬 수 있는 능력
② 1시간에 100℃의 물 15.65kg을 같은 온도의 증기로 변화시킬 수 있는 능력
③ 1시간에 100℃의 수증기 15.65kg을 포화증기로 변화시킬 수 있는 능력
④ 1시간에 0℃의 물 15.65kg을 건포화증기로 변화시킬 수 있는 능력

해설 보일러 1마력이란 1시간에 100℃의 물 15.65kg을 같은 온도의 증기로 변화시킬 수 있는 능력

44 다음 중 이음쇠의 용도와 종류가 잘못 조합된 것은?

① 배관의 끝을 막을 때 : 플러그, 티
② 배관의 방향을 바꿀 때 : 밴드, 엘보
③ 관의 분해, 수리가 필요할 때 : 유니언, 플랜지
④ 직경이 다른 관을 이음할 때 : 레듀서, 부싱

해설 배관의 끝을 막을 때 : 캡, 플러그

45 다음 밸브 중 게이트밸브라고도 하며 유체의 흐름을 단속하는 대표적인 밸브는?

① 감압밸브
② 체크밸브
③ 글로브밸브
④ 슬루스밸브

해설 슬루스밸브(게이트밸브) : 유량조절이 불가능하다.

46 연소 안전제어기가 하는 기본적인 동작과 가장 거리가 먼 것은?

① 화염검출기나 운전에 필요한 조건 감시

② 증기발생량의 균형 유지

③ 각종 발신기에서 신호를 받아 버너의 운전 여부 판단

④ 점화조작이 잘 되지 않을 때의 연료 차단

해설 증기발생량의 균형유지와 연소 안전제어기가 하는 기본적인 동작과는 거리가 멀다.

47 보일러 수의 내처리제 약품 중 탈산소제로만 묶어진 것은?

① 수산화나트륨과 암모니아

② 탄산나트륨과 초산나트륨

③ 아황산나트륨과 히드라진

④ 수산화나트륨과 덱스트린

해설 탈산소제 : 아황산나트륨, 히드라진, 탄닌

48 다음 보일러 종류 중 수관식 보일러의 강제순환형 보일러에 속하는 것은?

① 다쿠마 보일러   ② 라몬트 보일러

③ 베록스 보일러   ④ 벤슨 보일러

해설 강제순환식 보일러 : 베록스 보일러, 라몬트 노즐 보일러

49 응축수 회수기는 고온의 응축수를 온도강하 없이 보일러에 급수할 수 있는 장치로서 압력계가 상승하며 동시에 배출구에서도 가압기체가 계속 나오는 이상발생의 원인으로 틀린 것은?

① 디스크 밸브 내에 먼지가 끼어 기밀이 잘 되지 않는다.

② 장치 내부의 배기밸브에 먼지나 이물질이 끼어 있다.

③ 디스크 밸브가 불량이다.

④ 가압기체가 공급되지 않는다.

해설 가압기체가 공급되지 않는 것은 압력계가 0이 되고 배출구에서 배기음이 들리지 않을 때의 원인이다.

---

50 여러 가지 용량의 유류용 증기 보일러의 계속사용 운전성능검사를 실시한 결과들 중 측정된 열효율이 '보일러효율 향상기술규격'의 기준에 미달하여 검사에 불합격되는 것은?

① 3t/h 보일러 – 76% ② 7t/h 보일러 – 79%

③ 10t/h 보일러 – 82% ④ 20t/h 보일러 – 85%

해설 6톤 이상~20톤 미만 : 81% 이상에서 합격

51 보일러에서 사용되는 실측식 가스미터의 종류에 속하지 않는 것은?

① 로터리식 가스미터 ② 클로버식 가스미터

③ 루트식 가스미터 ④ 터빈식 가스미터

해설 추측식 가스미터
ㄱ 오리피스식
ㄴ 터빈식, 선근차식

52 보일러 연소 시 화염 유무를 검출하는 플레임 아이에 사용되는 화염검출 소자가 아닌 것은?

① pbs 셀 ② pus 셀

③ cds 셀 ④ 광전관

해설 화염검출기
ㄱ cds 셀(B, C 중유용)
ㄴ pbs 셀(가스, 오일용)
ㄷ 광전관(B, C 중유용)
ㄹ 자외선 광전관(가스, A, B, C 중유용)
ㅁ 플레임 로드(가스용)

53 난방부하를 계산할 때 반드시 방위계수를 고려하여야 하는 경우인 것은?

① 난방실과 접하는 칸막이벽
② 난방하는 실과 접하는 내측 유리창
③ 북측 실내 칸막이벽에 설치된 유리창
④ 비난방실의 서측 외벽

해설 난방부하 계산 시 방위계수가 필요한 것은 비난방실 서측이나 북측에 필요하다.

54 에너지이용합리화법에서 특정열사용기자재 관련사항으로 열사용기자재와 관련한 특정업에 대하여 시·도지사에게 등록하도록 규정하고 있다. 다음 중 등록대상이 아닌 것은?

① 열사용기자재의 판매
② 열사용기자재의 설치
③ 열사용기자재의 시공
④ 열사용기자재의 세관

해설 열사용기자재의 판매업은 등록이 아닌 신고사항이다.

55 작업자가 장소를 이동하면서 작업을 수행하는 경우에 그 과정을 가공, 검사, 운반, 저장 등의 기호를 사용하여 분석하는 것을 무엇이라 하는가?

① 작업자 연합작업분석
② 작업자 동작분석
③ 작업자 미세분석
④ 작업자 공정분석

해설 공정분석
　㉠ 단순공정분석
　㉡ 세밀공정분석
　　• 제품공정분석 : 단일형, 조립형, 분해형
　　• 작업자 공정분석(가공, 검사, 운반, 저장기호 사용)
　　• 연합공정분석

56 모집단을 몇 개의 층으로 나누고 각 층으로부터 각각 랜덤하게 시료를 뽑는 샘플링방법은?

① 층별 샘플링
② 2단계 샘플링
③ 계통 샘플링
④ 단순 샘플링

해설 층별 샘플링 : 모집단을 몇 개의 층으로 나누고 각 층으로부터 각각 랜덤하게 시료를 뽑는 샘플링 방법이다.

57 다음 중 절차계획에서 다루어지는 주요한 내용으로 가장 관계가 없는 것은?

① 각 작업의 소요시간
② 각 작업의 실시 순서
③ 각 작업에 필요한 기계와 공구
④ 각 작업의 부하와 능력의 조정

해설 절차계획(순서계획)은 ①, ②, ③항 내용 외에 각 공정에 필요한 인원수, 사용자재, 기타 조건 등이 있다.

58 그림과 같은 계획공정도(Network)에서 주공정으로 옳은 것은?(단, 화살표 밑의 숫자는 활동시간[단위 : 주]을 나타낸다.)

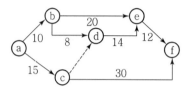

① ⓐ－ⓑ－ⓔ－ⓕ
② ⓐ－ⓑ－ⓓ－ⓔ－ⓕ
③ ⓐ－ⓒ－ⓓ－ⓔ－ⓕ
④ ⓐ－ⓒ－ⓕ

해설 주공정 : 활동시간이 가장 많은 ⓐ－ⓒ－ⓕ이 해당된다.

59 u 관리도의 관리상한선과 관리하한선을 구하는 식으로 옳은 것은?

① $\bar{u} \pm 3\sqrt{\bar{u}}$
② $\bar{u} \pm \sqrt{\bar{u}}$
③ $\bar{u} \pm 3\sqrt{\dfrac{\bar{u}}{n}}$
④ $\bar{u} \pm \sqrt{n} \cdot \bar{u}$

해설 u 관리도는 관리항목으로 직물의 얼룩, 에나멜 동선의 핀 홀 등과 같은 결점수를 취급할 때 검사하는 시료의 길이나 면적 등이 일정하지 않은 경우에 사용한다.

$$UCL = \bar{u} \pm 3\sqrt{\dfrac{\bar{u}}{n}}$$

60 다음 중 관리의 사이클을 가장 올바르게 표시한 것은?(단, A : 조처, C : 검토, D : 실행, P : 계획)

① P→C→A→D
② P→A→C→D
③ A→D→C→P
④ P→D→C→A

해설 관리의 사이클
계획 → 실행 → 검토 → 조처

1 보일러설치기술규격(KBI)상 단관식 보일러의 특징을 설명한 것으로 틀린 것은?

① 관만으로 구성되어 기수드럼을 필요로 하지 않고 관을 자유로이 배치할 수 있다.

② 전열면의 보유수량이 많이 기동에서 소요증기 발생까지의 시간이 길다.

③ 부하변동에 의해 압력변동이 생기기 쉬운 응답이 빠르고 급수량 및 연료량의 자동제어장치가 필요하다.

④ 작고 가느다란 관내에서 급수의 전부 또는 거의가 증발되기 때문에 제대로 처리된 급수를 사용해야 한다.

해설 단관식 관류보일러는 순환비가 1이며 전열면적당 보유수량이 적어 기동에서 소요증기 발생까지 시간이 짧다.

2 기체연료의 특징 설명으로 옳은 것은?

① 연소조절 및 점화, 소화가 용이하다.　　② 자동제어가 곤란하다.

③ 과잉공기가 많아야 완전 연소된다.　　④ 누출 시 폭발 위험성이 적다.

해설 기체연료는 연소조절 및 점화, 소화는 용이하나, 저장, 취급이 불편하다.

3 보일러의 통풍장치에 사용되는 송풍기로 풍량을 2배로 얻기 위해서는 회전수를 몇 배로 하면 되는가?

① 2배　　　　　　② 4배　　　　　　③ $2\frac{1}{2}$배　　　　　　④ $\frac{1}{2}$배

해설 ㉠ 풍량 $= Q \times \left(\dfrac{N_2}{N_1}\right)$

㉡ 풍압 $= P \times \left(\dfrac{N_2}{N_1}\right)^2$

㉢ 동력 $= Ps \times \left(\dfrac{N_2}{N_1}\right)^3$

4 보일러 1마력에 상당하는 상당증발량은?

① 15.65kgf/h

② 16.50kgf/h

③ 18.65kgf/h

④ 17.50kgf/h

해설 상당증발량 발생 15.65kgf/h : 보일러 1마력

5 실제증발량 4ton/h인 보일러의 효율이 85%이고, 급수온도가 40℃, 발생증기 엔탈피가 650kcal/kg 급수이다. 이 보일러의 연료소비량은 약 얼마인가?(단, 연료의 저위발열량은 9,800kcal/kg이다.)

① 360kg/h

② 293kg/h

③ 250kg/h

④ 390kg/h

해설

$$85 = \frac{4 \times 1,000(650-40)}{G_f \times 9,800} \times 100$$

$$\therefore G_f = \frac{4,000(650-40)}{0.85 \times 9,800} = 293\text{kg/h}$$

6 포화증기를 가열하여 온도를 올라가게 하는 장치는?

① 공기예열기

② 과열기

③ 절탄기

④ 중유가열장치

해설 과열기 : 포화증기를 가열하여 압력은 일정하나 온도만 상승시키는 보일러 열효율을 높이는 폐열회수장치이다.

7 다음 중 환산(상당)증발량의 산출식은?(단, G＝실제증발량, h_2＝증기엔탈피, h_1＝급수엔탈피)

① $\dfrac{G \times (h_2 - h_1)}{539}$

② $G \times 539 \times (h_2 - h_1)$

③ $G \times 539 \times (h_1 - h_2)$

④ $G \times (h_2 - h_1)$

해설 상당증발량 ＝ $\dfrac{G \times (h_2 - h_1)}{539}$ (kg/h)

8 증기난방의 진공환수식에 관한 설명으로 틀린 것은?

① 진공 펌프로 환수시킨다.

② 다른 방법보다 증기 회전이 빠르다.

③ 환수관경은 커야만 한다.

④ 방열기 설치장소에 제한을 받지 않는다.

해 진공환수식 증기난방은 응축수의 유속이 빠르게 되므로 환수관의 직경이 작아도 된다.

9 다음 설명 중 인젝터 급수불능 원인이 아닌 것은?

① 인젝터 자체 온도가 높을 때　　②　증기 압력이 2kgf/cm² 이하일 때

③ 흡입 관로에서 공기가 누입될 때　④　급수온도가 낮을 때

해 급수온도가 50℃ 이하이면 인젝터 급수불능이 방지된다.

10 보일러 설치기술규격(KBI)상 보일러의 압력계에 연결되는 증기관으로 황동관을 사용할 수 없는 증기온도는 몇 ℃ 이상일 때인가?

① 100℃ 이상　　② 150℃ 이상　　③ 210℃ 이상　　④ 273℃ 이상

해 압력계와 연결된 증기관은 증기온도가 483K(210℃)를 초과할 때에는 황동관 또는 동관을 사용하여서는 안 된다.

11 난방부하를 계산할 때 고려하지 않아도 좋은 것은?

① 벽체를 통과하는 열량

② 유리창을 통과하는 열량

③ 창문 틈새 등의 환기로 인한 열량

④ 전등과 같은 기기에 의한 열량

해 전등과 같은 기기에 의한 열량은 냉방부하이다.

12 보일러의 안전밸브 또는 압력릴리프밸브에 요구되는 기능설명으로 틀린 것은?

① 설정된 압력 이하에서 방출할 것

② 적절한 정지압력으로 닫힐 것

③ 방출할 때는 규정의 리프트가 얻어질 것

④ 밸브의 개폐동작이 안정적일 것

해 안전밸브나 압력릴리프밸브에서는 설정된 압력 이상에서 방출할 것

13 그림은 보일러를 자동제어하기 위하여 사용되는 검출기이다. 그 제어대상은 무엇인가?

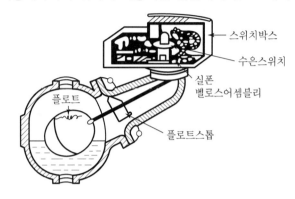

스위치박스
수은스위치
실폰
벨로스어셈블리
플로트
플로트스톱

① 온도   ② 압력   ③ 수위   ④ 연소상태

해설 맥도널(플로트) 저수위 경보장치는 수위 검출 및 저수위 사고 시 경보 및 연료 차단

14 탄소 2kg을 완전연소시키는 데 필요한 이론공기량은?

① $5.3Nm^3$ ② $8.9Nm^3$
③ $10.7Nm^3$ ④ $17.8Nm^3$

해설 $C + O_2 \rightarrow CO_2$
$12kg + 22.4m^3 \rightarrow 22.4m^3$
$A_o = \left(\dfrac{22.4}{12} \times \dfrac{1}{0.21} \right) \times 2 = 17.8Nm^3$

15 다음 난방방식의 분류 중 중앙식 난방이 아닌 것은?

① 직접난방   ② 간접난방
③ 방사난방   ④ 개별난방

해설 난방방식
㉠ 중앙식 난방
  • 직접난방(온수, 증기난방)
  • 간접난방
  • 복사난방
㉡ 개별난방
㉢ 온풍난방
㉣ 지역난방

16 고온수 난방에서 2차 측과 연결방법에 따라 분류한 것이다. 해당하지 않는 것은?

① 고온수 직결방식
② 캐스케이드 방식
③ 블리드인 방식
④ 열교환기 방식

해설 고온수 난방에서 2차 측과 연결방법 분류
㉠ 고온수 직결방식
㉡ 블리드인 방식
㉢ 열교환기 방식

17 보수유지관리기술규격(KRM)상 압력계의 정비 시 주의사항으로 틀린 것은?

① 압력계 등은 양손으로 잡고 회전시켜 분리해서는 안 된다.
② 압력계와 미터콕은 나사삽입 연결의 개스킷으로 적정한 것을 사용한다.
③ 압력계는 적어도 1년에 한번은 기준압력계와 비교검사를 한다.
④ 사이펀관에는 부착 전에 반드시 물이 없도록 한다.

해설 사이펀관에는 80℃ 이하의 물을 항상 채워넣어서 압력계와 연결시킨다.

18 고온가스의 처리가 간단하여 굴뚝 또는 배관 내에 장착하고 지름이 $100\mu m$인 입자의 집진에 이용되며 집진효율이 50~70%인 장치로 구조가 간단한 함진가스의 집진장치는?

① 중력식 집진장치
② 원신력식 집진장치
③ 관성력식 집진장치
④ 여과식 집진장치

해설 관성력식 집진장치
㉠ 집진입자가 $100\mu m$인 것을 집진
㉡ 집진효율이 50~70%
㉢ 구조가 간단하다.

19 다음 중 송풍기의 종류가 아닌 것은?

① 터보형
② 다익형
③ 플레이트형
④ 플랜지형

해설 송풍기
㉠ 터보형
㉡ 다익형
㉢ 플레이트형
㉣ 익형

---

20 액체연료의 연소장치 중 분무식 버너에 속하지 않는 것은?

① 유압식 버너　　　② 회전식 버너　　　③ 포트형 버너　　　④ 기류식 버너

해설 오일버너
　　㉠ 포트형　　　　　㉡ 버너형(유압식, 회전식, 기류식, 건타입 등)

21 보일러의 연소량을 일정하게 하고 과잉열을 물에 저장하므로 과부하 시에는 증기를 방출하여 증기부족을 보충시키는 장치는?

① 공기예열기　　　② 축열기　　　③ 절탄기　　　④ 과열기

해설 증기축열기(제1종 압력용기)는 어큐뮬레이터이며 저부하 시 잉여증기를 저장한 후 과부하 시 증기 또는 온수를 방출하여 증기부족을 보충시킨다.

22 대류형 방열기로서 강판재 케이싱 속에 튜브 등의 가열기를 설치한 것으로 공기는 하부로 유입되어 가열되고 상부로 토출되어 자연대류에 의해 난방하는 방열기는?

① 주형 방열기　　　② 길드 방열기　　　③ 벽걸이 방열기　　　④ 컨벡터

해설 컨벡터 : 강판제 대류난방 방열기

23 복사난방의 특징을 설명한 것으로 틀린 것은?

① 방열기의 설치가 불필요하여 바닥면의 이용도가 높다.
② 실내 평균온도가 높아 손실열량이 크다.
③ 건물 구조체에 매입 배관을 하므로 시공 및 고장수리가 어렵다.
④ 예열시간이 많이 걸려 일시적 난방에는 부적당하다.

해설 복사난방은 실내 평균온도가 균일하고 열손실이 적은 패널난방이다.

24 보일러 사용기술규격(KBO)상 보일러수 속에 유지류, 용해 고형물, 부유물 등의 농도가 높아지면 드럼 수면에 안정한 거품이 발생하고, 또한 거품이 증가하여 드럼의 기실에 전체로 확대되는 현상은?

① 점식　　　② 포밍　　　③ 파열　　　④ 캐비테이션

해설 포밍 : 드럼의 기실에 안정한 거품이 기수드럼 수면에 발생하는 현상이다.

25 보일러사용기술규격(KBO)에 규정한 보일러의 건조보조법에서 질소가스를 사용할 때의 보존 압력은?

① 0.03MPa　　　　　　　　　　② 0.06MPa

③ 0.12MPa　　　　　　　　　　④ 0.15MPa

해설 보일러 건조보존법에서 질소가스를 드럼 내에 공급하는 압력은 0.06MPa(0.6kg/cm²)이다.

26 보일러 용수의 처리방법 중 보일러 외처리 방법이 아닌 것은?

① 여과법　　　　　　　　　　② 폭기법

③ 청관제사용법　　　　　　　④ 증류법

해설 청관제(보일러 급수처리 내처리법)

㉠ 경수 연화제

㉡ pH 알칼리도 조정제

㉢ 슬러지 안정제

㉣ 기포방지제

27 보일러수에 청관제를 사용하는 목적이 아닌 것은?

① 고착 스케일 제거　　　　　② 기포방지

③ 가성취화 억제　　　　　　　④ pH 알칼리도 조정

해설 보일러 세관 : 고착 스케일 제거방법

㉠ 염산 세관(산)

㉡ 구연산 세관(중성)

㉢ 탄산소다 세관(알칼리)

28 불완전연소의 원인과 가장 거리가 먼 것은?

① 연료유의 분무 입자가 크다.

② 연료유와 연소용 공기의 혼합이 불량하다.

③ 연소용 공기량이 부족하다.

④ 연소용 공기를 예열하였다.

해설 연소용 공기를 예열하면 완전연소가 용이하다.

29 보일러 부식의 원인 중 외면부식 발생원인인 것은?

① 보일러 급수의 수질
② 보일러의 pH 조정 불량
③ 용존산소에 의한 부식
④ 연료 중 바나듐, 유황 성분

해설 ㉠ 바나듐 : 과열기, 재열기에서 고온부식 발생인자
㉡ 황 : 절탄기, 공기예열기에서 저온부식 발생인자

30 보일러 내면에 발생하는 점식(Pitting)의 방지법이 아닌 것은?

① 용존산소를 제거한다.
② 아연판을 매단다.
③ 내면에 도료를 칠한다.
④ 브리딩 스페이스를 크게 한다.

해설 ㉠ 브리딩 스페이스를 크게 하면 구식(그루빙)의 발생이 방지된다.
㉡ 브리딩 스페이스 : 노통의 신축흡흡거리

31 보일러의 노통이나 화실과 같은 원통이 과열이나 휨에 의해 외압을 견뎌내지 못하고 찌그러지는 현상은?

① 팽출
② 블리스터
③ 그루빙
④ 압궤

해설 압궤(코라프스) : 노통이나 화실이 과열에 의해 외압을 견뎌내지 못하고 내부로 찌그러지는 현상

32 보일러 수리작업 시 사용되는 공구에 대한 취급상 안전사항으로 틀린 것은?

① 수동용 오스터 사용 시 절삭유를 충분히 공급하고 무리한 힘을 가하지 않는다.
② 토치램프를 사용하기 전에는 근처에 인화물질이 없는가 확인한다.
③ 해머작업 시에는 반드시 장갑을 끼고 작업한다.
④ 드라이버는 홈에 맞는 것을 사용하여 이가 상한 것은 사용하지 않는다.

해설 해머작업 시에는 필히 장갑을 벗고 작업한다.

33 부력(浮力)은 그 물체가 배제한 유체의 중량과 같은 힘을 수직 상방으로 받는 것을 말하는데 이는 어떤 원리인가?

① 아르키메데스
② 파스칼
③ 뉴톤
④ 오일러

해설 아르키메데스의 원리 : 부력은 그 물체가 배제한 유체의 중량과 같은 힘을 수직방형으로 받는다는 원리

34 벤투리(Venturi)계로는 유체의 무엇을 측정하는가?

① 속도　　　② 유량　　　③ 온도　　　④ 마찰

해설 벤튜리미터는 차압식 유량계이다.

35 관마찰계수가 일정할 때 배관 속을 흐르는 유체의 손실수두에 관한 설명으로 옳은 것은?

① 유속에 비례한다.　　　② 유속의 제곱에 비례한다.
③ 관 길이에 반비례한다.　　　④ 유속의 3승에 비례한다.

해설 ㉠ 손실수두$(h_2) = f\dfrac{L}{d} \times \dfrac{V^2}{2g}$

㉡ 마찰손실계수$(f) = F\left(Re \cdot \dfrac{e}{d}\right)$

㉢ 층류구역$(f) = \left(\dfrac{64}{Re}\right)$

㉣ 난류구역$(f) = 0.3164Re^{-\frac{1}{4}}$
$3,000 < Re < 100,000$

36 0℃일 때 2.5m인 강철제 레일이 온도가 40℃가 되면 늘어나는 길이는?(단, 강철의 선팽창계수는 $1.1 \times 10^{-5}/℃$ 이다.)

① 0.011cm　　　② 0.11cm　　　③ 1.1cm　　　④ 1.75cm

해설 $2.5 \times 1.1 \times 10^{-5} \times (40-0) = 0.001m(0.11cm)$

37 125℃에서 물 1kg이 증발할 때 엔트로피 변화는 몇 kcal/kg·K인가?(단, 125℃ 물의 증발잠열은 522.6kcal/kg이다.)

① 1.131　　　② 1.222　　　③ 1.313　　　④ 1.422

해설 $ds = \dfrac{dQ}{T} = \dfrac{522.6}{125+273} = 1.313kcal/kg \cdot K$

38 대류(對流)열 전달방식을 2가지로 올바르게 구분한 것은?

① 자유대류와 복사대류　　　② 강제대류와 자연대류
③ 열판대류와 전도대류　　　④ 교환대류와 강제대류

해설 대류열 전달
　　㉠ 강제대류　　　　　㉡ 자연대류

39 에너지 보존의 법칙을 올바르게 나타낸 것은?

① 에너지의 형태는 변화하지 않는다.

② 열은 일로 변화시킬 수 있고, 반대로 일은 열로 변화시킬 수 있다.

③ 계의 에너지는 감소한다.

④ 계의 에너지는 증가한다.

해설 에너지 보존의 법칙
열은 일로 변화시킬 수 있고 반대로 일은 열로 변화시킬 수 있다.

40 증기의 건도를 향상시키는 방법으로 틀린 것은?

① 증기주관 내의 드레인을 제거한다.

② 기수분리기를 사용하여 수분을 제거한다.

③ 고압증기를 저압으로 감압시킨다.

④ 과열저감기를 사용하여 건도를 향상시킨다.

해설 과열증기 온도를 조절하기 위하여 과열저감기를 사용한다.

41 고압배관용 탄소강의 KS 표시기호는?

① SPPH
② SPPS
③ SPHT
④ SPLT

해설 SPPH : 고압배관용 탄소용 강관(100kg/cm² 이상에서 사용)

42 보일러 급수배관 등에 사용되는 밸브로서 유량 조절용으로는 부적합하며, 밸브를 완전히 열거나 완전히 잠그는 용도로 사용되는 밸브는?

① 체크 밸브
② 글로브 밸브
③ 슬루스 밸브
④ 앵글 밸브

해설 슬루스 밸브 : 게이트 밸브이며 유량조절용으로는 부적합하다. 보일러 급수배관에 사용된다.

43 일반적인 배관작업용 쇠톱의 인치당 산수에 따른 재질별 사용용도를 분류한 것으로 잘못된 것은?

① 14산 - 주철, 동합금
② 18산 - 경강, 탄소강
③ 24산 - 동, 납
④ 32산 - 박판, 소결합금강

해 24산 : 강관, 합금강, 형강

44 루프형 신축이음의 굽힘 반경은 사용되는 관지름의 몇 배 이상으로 하여야 하는가?

① 3배
② 4배
③ 5배
④ 6배

해 루프형 신축이음의 굽힘반경은 사용되는 관지름의 6배 이상으로 한다.

45 펌프에서 발생하는 진동을 억제하는 데 필요한 배관 지지구는?

① 행거
② 리스트레인트
③ 브레이스
④ 서포트

해 (1) 브레이스(Brace)
　　㉠ 방진구(진동방지)
　　㉡ 완충기(충격완화)
(2) 리스트레인트
　　㉠ 앵커
　　㉡ 스톱
　　㉢ 가이드
(3) 행거
　　㉠ 리지드 행거
　　㉡ 스프링 행거
　　㉢ 콘스탄트 행거
(4) 서포트
　　㉠ 롤러 서포트
　　㉡ 리지드 서포트
　　㉢ 스프링 서포트

46 온수난방 시공 시 각 방열기에 공급되는 유량분배를 균등하게 하여 전후방 방열기의 온도차를 최소화하는 방식은?

① 역귀환방식
② 직접귀환방식
③ 단관식
④ 중력순환식

Answer　43. ③　44. ④　45. ③　46. ①

해설 역귀환방식

동일 층에서나 각 층간에도 각 방열기에 이르는 배관에서의 순환율을 갖도록 하기 위해 채택하며 관의 길이가 길어지고 마찰저항이 증대하지만 건물 내 실의 온도가 균일하다.

47 연강의 용접 등에서 용융철의 미립자가 용융지나 심선의 이행금속에서 비산하는 것은?

① 자기 쏠림(Magnetic Blow)　　　　② 핀치 효과(Pinch Effect)

③ 굴하작용(Digging Action)　　　　④ 스패터(Spatter)

해설 스패터 : 연강의 용접 등에서 용융철의 미립자가 용융지나 심선의 이행금속에서 비산하는 것이다.

48 보기와 같은 배관라인의 정투영도(평면도)를 입체적인 등각도로 표시한 것으로 다음 중 가장 적합한 것은?

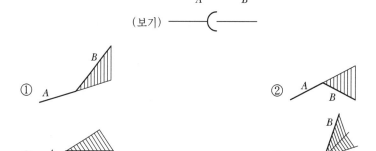

해설

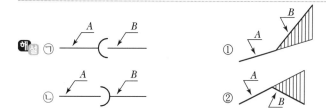

49 파이프의 설명으로 적합하지 않은 것은?

① 호칭경은 일정한 등분으로 나뉘어 있다.

② 관이음의 부품들도 호칭경으로 표시된다.

③ 관이음의 부품들은 국제적으로 표준화되어 있다.

④ 호칭경 없이 외경으로 관경을 표시한다.

해 호칭경 없이 외경으로 관경을 표시하는 것은 파이프보다 튜브에 관한 내용이다.

50 보온재가 갖추어야 할 조건으로 틀린 것은?

① 흡수성이 작을 것　　　　　　　② 부피, 비중이 작을 것
③ 열전도율이 클 것　　　　　　　④ 물리적, 화학적 강도가 클 것

해 보온, 단열재는 열전도율(kcal/mh℃)이 적어야 한다.

51 적색 안료에 사용되고 연단을 아미인유와 혼합하여 만들며 녹을 방지하기 위해 페인트 밑칠 및 다른 착색도료의 초벽으로 우수하여 기계류의 도장 밑칠에 널리 사용하는 것은?

① 수성페인트　　　　　　　　　　② 광명단 도료
③ 합성수지 도료　　　　　　　　　④ 알루미늄 페인트

해 광명단 도료 : 녹을 방지하기 위해 페이트 밑칠 또는 다른 착색도료의 초벽으로 사용된다.

52 열사용기자재관리규칙에 의한 인정 검사대상기기 조종자의 교육을 이수한 자가 조종할 수 없는 기기는?

① 증기보일러로서 최고사용압력이 1MPa 이하인 것
② 증기보일러의 전열면적이 15m² 이하인 것
③ 온수를 발생하는 오일용 보일러로서 출력이 0.58MW 이하인 것
④ 압력용기

해 증기보일러로서 최고사용압력이 1MPa (10kg/cm²) 이하이고 전열면적이 10m² 이하인 것은 인정검사 대상기기 조종자의 교육을 이수한 자가 조종이 가능하다.

53 다음 중 에너지이용합리화법상 열사용기자재에 해당하는 것은?

① 압력용기　　　　　　　　　　　② 안전밸브
③ 열풍기　　　　　　　　　　　　④ 내화물

해 열사용기자재
　㉠ 보일러　　　　㉡ 태양열 집열기　　　　㉢ 압력용기

Answer　　50. ③　51. ②　52. ②　53. ①

54 에너지이용합리화법시행령에 규정된 산업통상자원부장관 또는 시·도지사가 한국에너지공단에게 위탁하지 않는 업무는?

① 효율관리 기자재에 대한 측정결과 통보의 접수

② 에너지 사용계획 검토

③ 에너지 절약 전문기업의 등록

④ 국가에너지 기본계획의 수립

해설 에너지기본법은 제6조 국가에너지 기본계획의 수립은 국가에너지 심의위원회를 거쳐 계획기간은 20년이고 5년마다 기본계획을 수립시행한다.

55 이항분포(Binomial Distribution)의 특징으로 가장 옳은 것은?

① P=0일 때는 평균치에 대하여 좌·우 대칭이다.

② P≤0.1이고, nP=0.1~10일 때는 푸아송 분포에 근사한다.

③ 부적합품의 출현 개수에 대한 표준편차는 D(x)=nP이다.

④ P≤0.5이고, nP≥5일 때는 푸아송 분포에 근사한다.

해설 ㉠ 확률(P)=P≤0.1이고, nP(회수와 확률)=0.1~10일 때에는 푸아송 분포에 근사한다.
㉡ 이항분포에서 nP를 일정하게 놓고 n→∞, P→0로 하면 푸아송 분포(Poisson Distribution)가 된다.

56 연간 소요량 4,000개인 어떤 부품의 발주비용은 매회 200원이며 부품단가는 100원, 연간 재고유지비율이 10%일 때, F. W. Harris 식에 의한 경제적 주문량은 얼마인가?

① $\frac{40개}{회}$ ② $\frac{400개}{회}$ ③ $\frac{1,000개}{회}$ ④ $\frac{1,300개}{회}$

해설 $4,000 \times 0.1 = \frac{400개}{회}$

※ 연간 재고유지비율 10%(0.1)

57 제품공정 분석표(Product Process Chart) 작성 시 가공시간 기입법으로 가장 올바른 것은?

① $\frac{1개당 가공시간 \times 1로트의 수량}{1로트의 총가공시간}$ ② $\frac{1로트의 가공시간}{1로트의 총가공시간 \times 1로트의 수량}$

③ $\frac{1개당 가공시간 \times 1로트의 총가공시간}{1로트의 수량}$ ④ $\frac{1개당 총가공시간}{1개당 가공시간 \times 1로트의 수량}$

해 가공시간 기입법

$$\frac{1개당 가동시간 \times 1로트의 수량}{1로트의 총가공시간}$$

58 다음 중 검사판정의 대상에 의한 분류가 아닌 것은?

① 관리 샘플링 검사   ② 로트별 샘플링 검사

③ 전수검사   ④ 출하검사

해 판정의 대상

㉠ 전수검사(100% 검사)   ㉡ 로트별 샘플링 검사

㉢ 관리 샘플링 검사   ㉣ 무검사

㉤ 자주검사

59 "무결점 운동"이라 불리는 것으로 품질개선을 위한 동기부여 프로그램은 어느 것인가?

① TQC   ② ZD   ③ MIL – STD   ④ ISO

해 ㉠ ZD : 무결점 운동

㉡ TQC : 전사적 품질관리

60 M 타입의 자동차 또는 LCD TV를 조립, 완성한 후 부적합수(결점수)를 점검한 데이터에는 어떤 관리도를 사용하는가?

① P 관리도   ② nP 관리도

③ c 관리도   ④ $\overline{X} - R$ 관리도

해 ㉠ P 관리도(불량률의 관리도)

㉡ nP 관리도(불량개수의 관리도)

㉢ C 관리도(결점수의 관리도)

㉣ $\overline{X} - R$ 관리도(평균치와 범위의 관리도)

㉤ $\tilde{X} - R$ 관리도(메디안과 범위의 관리도)

과년도출제문제

2008. 3. 30.

1 다음은 보일러의 급수장치 중 펌프 구비조건을 열거한 것이다. 틀린 것은?

① 고온, 고압에 견딜 것
② 직렬운전에 지장이 없을 것
③ 작동이 간단하고 취급이 용이할 것
④ 저부하에서도 효율이 좋을 것

해설 급수펌프는 병렬 운전에 지장이 없을 것

2 보일러 연소실에서 발생한 연소가스가 굴뚝까지 이르는 통로는?

① 연돌
② 연도
③ 화관
④ 개자리

해설 연소실 → 배기가스 → 연도 → 연돌(굴뚝)

3 보일러에서 공기예열기의 기능에 관한 설명 중 잘못된 것은?

① 연소가스의 일부를 활용하므로 열효율은 낮아진다.
② 공기를 예열시켜 공급하므로 불안전연소가 감소한다.
③ 노내의 연소속도를 빠르게 할 수 있다.
④ 저질 연료의 연소에 더욱 효과적이다.

해설 공기예열기는 배기가스의 일부를 활용하므로 열효율이 증가하나 저온부식이 발생된다.

4 가열 전 물의 온도가 10℃인 온수보일러에서 가열 후 온도가 80℃라면 이 보일러의 온수 팽창량은 몇 l인가?(단, 이 온수보일러의 전체 보유수량은 $400l$, 물의 팽창계수는 $0.5 \times 10^{-3}/℃$ 이다.)

① 10
② 12
③ 14
④ 16

해설 $V = 400 \times (0.5 \times 10^{-3}) \times (80 - 10) = 14l$

5 보일러의 보염장치 설치 목적을 설명한 것으로 틀린 것은?

① 연소용 공기의 흐름을 조절하여 준다.
② 확실한 착화가 되도록 한다.
③ 연료의 분무를 확실하게 방지한다.
④ 화염의 형상을 조절한다.

해설 보염장치(에어레지스터 : 윈드박스, 버너타일, 콤버스트, 보염기)는 연료(중유)의 분무를 확실하게 안정화시킨다.

6 열정산에서 출열 항목에 속하는 것은?

① 발생증기의 보유열　　② 공기의 현열
③ 연료의 현열　　　　　④ 연료의 연소열

해설 ㉠ 발생증기의 보유열 : 출열
　　㉡ ②, ③, ④는 입열

7 난방부하 계산과 관련한 설명 중 틀린 것은?

① 난방부하는 난방면적에 열손실계수를 곱하여 산출한다.
② 방열기의 방열계수는 온수난방의 경우가 증기난방의 경우보다 크다.
③ 온수난방은 방열기의 평균온도를 80℃로 기준하고, 표준발열량은 450kcal/m² · h · ℃이다.
④ 증기난방은 방열기의 평균온도를 102℃로 기준하고, 표준방열량은 650kcal/m² · h · ℃이다.

해설 방열기의 방열계수(kcal/m² · h)는 증기난방의 경우가 온수난방보다 크다.

8 터보형 송풍기가 장착된 보일러에서 풍량조절방법이 아닌 것은?

① 댐퍼의 조절에 의한 방법
② 회전수 변화에 의한 방법
③ 송풍기 깃(Vane)의 수량조절에 의한 방법
④ 흡입베인의 개도에 의한 방법

해설 풍량조절방법은 ①, ②, ④항의 방법이 사용된다.

9 방열기는 창문 아래에 설치하는데 벽면으로부터 몇 mm 정도의 간격을 두어야 적합한가?

① 10~20　　　　② 30~40　　　　③ 50~60　　　　④ 70~90

해설 방열기 $\xleftrightarrow[\text{이격거리}]{50\sim60}$ 창문이 설치된 벽면

10 보일러 급수내관을 설치하였을 때의 이점과 관계없는 것은?

① 급수가 일부 예열된다.　　　　② 관수의 순환이 교란되지 않는다.
③ 전열면의 부동팽창을 촉진한다.　　　　④ 관수의 온도분포가 고르게 된다.

해설 급수내관을 설치하면 급수와 보일러수의 온도차가 적어서 부동팽창이 방지된다.

11 증기보일러의 용량을 표시하는 방법이 아닌 것은?

① 보일러 마력　　　② 상당증발량　　　③ 정격출력　　　④ 연소효율

해설 연소효율 $=\dfrac{\text{실제연소율}}{\text{공급열}}\times100(\%)$

12 천장이나 벽, 바닥 등에 코일을 매설하여 온수 등 열매체를 이용하여 복사열에 의해 실내를 난방하는 것은?

① 대류난방　　　② 패널난방　　　③ 간접난방　　　④ 전도난방

해설 복사패널난방
　㉠ 바닥 패널
　㉡ 벽 패널
　㉢ 천장 패널

13 다음 중 리프트 피팅에 대한 설명으로 잘못된 것은?

① 저압증기 환수관이 진공펌프의 흡입구보다 낮은 위치에 있을 때 설치한다.
② 급수펌프 가까이에서는 1개소만 설치한다.
③ 1단의 흡상높이는 1.5m 이내로 한다.
④ 환수주관보다 지름이 1~2mm 정도 큰 치수를 사용한다.

해설 Lift Fiting은 환수주관보다 지름이 1~2mm 정도 작은 치수를 사용한다.

14 공기과잉계수를 나타낸 것으로 옳은 것은?

① 실제 사용공기량과 이론공기량과의 비
② 배기가스량과 사용공기량과의 비
③ 이론공기량과 배기가스량과의 비
④ 연소가스량과 이론공기량과의 비

해설 공기과잉계수(공기비) $= \dfrac{\text{실제사용공기량}}{\text{이론공기량}}$

15 보일러 자동제어 요소의 동작 중 연속동작이 아닌 것은?

① 비례동작   ② 2위치동작
③ 적분동작   ④ 미분동작

해설 2위치동작(On-Off 동작) : 불연속동작

16 증기보일러의 안전밸브는 2개 이상 설치하여야 하나, 전열면적이 몇 m² 이하인 경우에 1개 이상으로 할 수 있는가?

① 50   ② 70   ③ 90   ④ 100

해설 전열면적 50m² 이하 : 안전밸브 장착은 1개 이상이다.

17 수관식 보일러에서 그을음을 불어내는 장치인 슈트블로의 분무 매체로 사용되지 않는 것은?

① 기름   ② 증기   ③ 물   ④ 공기

해설 슈트블로의 분무매체 : 증기, 물, 공기 등

18 매연의 발생 원인이 아닌 것은?

① 연소실 온도가 높을 경우   ② 통풍력이 부족할 경우
③ 연소실 용적이 적을 경우   ④ 연소장치가 불량일 경우

해설 연소실 온도가 높거나 연소용 공기량이 풍부하면 매연발생이 방지된다.

19 지역난방의 특징에 대한 설명 중 틀린 것은?

① 열효율이 좋고 연료비가 절감된다.　　② 건물 내의 유효면적이 증대된다.

③ 온수는 저온수를 사용한다.　　④ 대기오염을 감소시킬 수 있다.

해설 지역난방은 고압의 증기나 중온수($102 \sim 115℃$)가 사용된다.

20 연료의 연소 시 연소온도를 높일 수 있는 조건이 아닌 것은?

① 발열량이 높은 연료를 사용할 경우　　② 방사 열손실을 줄일 경우

③ 연료나 공기를 가급적 예열시킬 경우　　④ 공기비를 높일 경우

해설 공기비를 높이면
　㉠ 배기가스 손실이 커진다.
　㉡ 연소실 노내 온도가 저하된다.

21 전양식 안전밸브를 사용하는 증기보일러에서 분출압력이 15kgf/cm², 밸브시트 구멍의 지름이 50mm일 때 분출용량은 약 몇 kgf/h인가?

① 12,985　　　　② 12,920　　　　③ 12,013　　　　④ 11,525

해설 $A = \dfrac{\pi}{4}D^2 = \dfrac{3.14}{4} \times (50)^2 = 1,962.5$

$W = \dfrac{(1.03P+1)SA}{2.5} \, (\text{kg/h})$

$\therefore W = \dfrac{(1.03 \times 15 + 1) \times 1,962.5}{2.5} = 12,913.25$

22 다음 중 노통이 2개인 보일러는?

① 코니시 보일러　　　　　　② 랭커셔 보일러

③ 케와니 보일러　　　　　　④ 섹셔널 보일러

해설 ㉠ 코니시 보일러 : 노통 1개
　㉡ 랭커셔 보일러 : 노통 2개
　㉢ 케와니 보일러(기관차형 보일러) : 연관식 보일러
　㉣ 섹셔널 보일러 : 주철제 보일러

23 배기가스 분석방법에서 수동식 가스분석계 중 화학적 가스분석방법에 해당되지 않는 것은?

① 오르사트법
② 헴펠법
③ 검지관
④ 세라믹법

해 세라믹법 : 물리적인 가스분석계

24 다음 중 보일러 동 내부에 점식을 일으키는 주요인은?

① 급수 중의 탄산칼슘
② 급수 중의 인산칼슘
③ 급수 중에 포함된 용존산소
④ 급수 중의 황산칼슘

해 용존산소나 탄산가스 : 점식의 주요인(탈기법이나, 기폭법으로 급수처리)

25 보일러 매연발생의 원인이 아닌 것은?

① 불순물 혼입
② 연소실 과열
③ 통풍력 부족
④ 점화조작 불량

해 연소실 과열 : 보일러 폭발과 관련이 깊은 상태의 발생요인

26 보일러에서 팽출이 발생하기 쉬운 곳은?

① 노통
② 연소실
③ 관판
④ 수관

해 팽출발생장소 : 수관 및 원통형 보일러 동 저부

27 청관제의 사용목적이 아닌 것은?

① 보일러수의 pH 조정
② 보일러수의 탈산소
③ 관수의 연화
④ 보일러 수위를 일정하게 유지

해 급수제어(FWC) : 보일러 수위를 일정하게 유지하는 자동제어

28 원통보일러의 보일러수 25℃에서 pH 값으로 가장 적합한 것은?

① 6.2~6.9
② 7.3~7.8
③ 9.4~9.7
④ 11.0~11.8

해설 ㉠ 급수의 pH : 8~9 이하
㉡ 보일러수의 pH : 11~11.8 이하

29 열관류율의 단위로 옳은 것은?

① $kcal/kg \cdot h$

② $kcal/kg \cdot ℃$

③ $kcal/m \cdot h \cdot ℃$

④ $kcal/m^2 \cdot h \cdot ℃$

해설 ㉠ 열전도율 : $kcal/m \cdot h \cdot ℃$
㉡ 열전달률 : $kcal/m^2 \cdot h \cdot ℃$
㉢ 열관류율 : $kcal/m^2 \cdot h \cdot ℃$

30 오르사트 가스분석기로 직접 분석할 수 없는 성분은?

① O_2

② CO

③ CO_2

④ N_2

해설 $N_2 = 100 - (CO_2 + O_2 + CO)(\%)$

31 유체 속에 잠겨진 경사면에 작용하는 힘은?

① 경사진 각도에만 관계된다.

② 유체의 비중량과 단면적의 곱과 같다.

③ 잠겨진 깊이와는 무관하다.

④ 면의 중심점에서의 압력과 면적과의 곱과 같다.

해설 유체 속에 잠겨진 경사면에 작용하는 힘은 면의 중심점에서의 압력과 면적과의 곱과 같다.

32 직경 20cm인 원관 속을 속도 7.3m/s로 유체가 흐를 때 유량은 약 몇 m³/s인가?

① 0.23

② 13.76

③ 229

④ 760

해설 $Q = A \times V = 단면적 \times 유속 = \dfrac{3.14}{4} \times (0.2)^2 \times 7.3 = 0.229 m^3/s$

33 보일러 강판의 가성취화에 대한 설명으로 잘못된 것은?

① 관체의 평면부에서 가장 많이 발생한다.

② 반드시 수면 이하에서 발생한다.

③ 관공 등의 응력이 집중하는 곳에 발생한다.

④ 리벳과 리벳 사이에 발생되기 쉽다.

해 가성취화는 가성소다(NaOH)에 의해 알칼리가 상승하여 생기는 부식이다.
②, ③, ④는 가성취화 발생장소이다.

34 보일러 산세정 후 중화방청처리하는 경우 사용하는 약품이 아닌 것은?

① 히드라진

② 인산소다

③ 탄산소다

④ 인산칼슘

해 중화방청처리제
㉠ 히드라진
㉡ 인산소다
㉢ 탄산소다

35 보일러의 분출사고 시 긴급조치사항으로 잘못 설명된 것은?

① 보일러 부근에 있는 사람들을 우선 안전한 곳으로 긴급히 대피시킨다.

② 연도 댐퍼를 전개한다.

③ 압입통풍기를 정지시킨다.

④ 다른 보일러와 증기관이 연결되어 있을 경우 증기밸브를 연다.

해 보일러의 분출사고 시 다른 보일러와 증기관이 연결되어 있을 경우 증기밸브를 차단시켜야 한다.

36 다음 중 표준대기압에 해당되지 않는 것은?

① 760mmHg

② 101,325N/m²

③ 10.3323mmAq

④ 12.7psi

해 ㉠ 표준대기압(atm) : 14.7psi
㉡ 공학기압(at) : 14.2psi

37 레이놀즈 수(Reynolds Number)의 물리적 의미를 나타내는 식으로 옳은 것은?

① $\dfrac{유속}{음속}$
② $\dfrac{관성력}{점성력}$
③ $\dfrac{관성력}{중력}$
④ $\dfrac{관성력}{표면장력}$

해설 레이놀즈수 $= \dfrac{관성력}{점성력}$

38 20℃의 물 5kg을 1기압, 100℃의 건조포화증기로 만들 때 필요한 열량은 몇 kcal인가?(단, 1기압 에서의 물의 증발잠열은 539kcal/kg이다.)

① 2,695
② 3,095
③ 4,120
④ 5,390

해설 $5 \times 1 \times (100 - 20) = 400\text{kcal}$
$5 \times 539 = 2,695\text{kcal}$
∴ $Q = 400 + 2,695 = 3,095\text{kcal}$

39 다음 랭킨사이클 T-S 선도에서 단열팽창의 과정은?

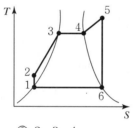

① 1-2
② 2-3-4
③ 5-6
④ 6-4

해설 ㉠ 1-2 : 정적압축과정(급수과정)
㉡ 2-5 : 정압가열과정(건포화증기)
㉢ 5-6 : 단열팽창과정(습증기 상태)
㉣ 6-1 : 정압방열(포화수)

40 증기 선도에서 임계점이란?

① 고체, 액체, 기체가 불평형을 유지하는 점이다.
② 증발열이 어느 압력에 달하면 0이 되는 점이다.
③ 증기와 액체가 평형으로 존재할 수 없는 상태의 점이다.
④ 건포화증기를 계속 가열하면 압력변동 없이 온도만 상승하는 점이다.

해설 임계점에서는 증발잠열이 0kcal/kg이 되고 액체와 증기의 구별이 없어진다.

41 에너지이용합리화법상의 특정열사용기자재가 아닌 것은?

① 강철제 보일러 　　　　　　　② 난방기기
③ 2종 압력용기 　　　　　　　　④ 온수보일러

해설 난방기기는 에너지이용합리화법에서 제외되는 기기이다.

42 에너지이용합리화법상 에너지의 최저소비효율기준에 미달하는 효율관리기자재의 생산 또는
판매금지 명령을 위반한 자에 대한 벌칙은?

① 1년 이하의 징역 또는 1천만 원 이하의 벌금
② 1천만 원 이하의 벌금
③ 2년 이하의 징역 또는 2천만 원 이하의 벌금
④ 2천만 원 이하의 벌금

해설 에너지 최저소비효율기준에 미달하는 효율관리 기자재의 생산 또는 판매금지 명령에 위반하면 2천만 원 이하의
벌금에 처한다.

43 동력용 나사절삭기의 종류에 들지 않는 것은?

① 오스터식 　　　② 호브식 　　　③ 다이헤드식 　　　④ 로터리식

해설 동력식 나사절삭기
　　㉠ 오스터식 　　　㉡ 호브식 　　　㉢ 다이헤드식 　　　㉣ 로터리식 : 벤더기(강관용)

44 증기난방 배관의 설명이다. 옳지 않은 것은?

① 단관 중력환수식은 방열기 밸브를 반드시 방열기의 아래쪽 태핑에 단다.
② 진공환수식은 응축수를 방열기보다 위쪽의 환수관으로 배출할 수 있다.
③ 기계환수식은 각 방열기마다 공기빼기밸브를 설치할 필요가 없다.
④ 습식 환수관의 주관은 보일러 수면보다 높은 곳에 배관한다.

해설 증기난방에서 습식 환수관의 주관은 보일러 수면보다 낮은 곳에 배관한다.

45 압력배관용 탄소강관의 KS 기호는?

① SPPS   ② STPW   ③ SPW   ④ SPP

 ㉠ SPPS : 압력배관용 탄소강 강관
ㄴ STPW : 수도용 도복장 강관
ㄷ SPW : 배관용 아크 용접관 탄소강 강관
ㄹ SPP : 일반 배관용 탄소강 강관

46 피복금속 아크용접에서 교류용접과 비교한 직류용접기의 장점이 아닌 것은?

① 극성의 변화가 쉽다.   ② 전격 위험이 적다.
③ 역률이 양호하다.   ④ 자기 쏠림이 적다.

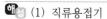 (1) 직류용접기
㉠ 전동발전형   ㄴ 엔진구동형   ㄷ 정류기형
(2) 직류용접기는 자기쏠림방지가 불가능, 교류는 자기쏠림이 적다.

47 다음 배관 중 스위블형 신축이음이라고 볼 수 없는 것은?

①   ②

③ 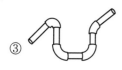   ④

 스위블형 신축이음은 엘보가 2개 이상에서 신축이 가능하다.

48 아래에 주어진 평면도를 등각투상도로 나타낼 때 맞는 것은?

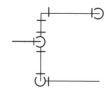

해설 물체를 직교하는 두 평면 사이에 놓고 투상할 때 직교하는 두 평면을 투상면 또는 투영면이라고도 하며, 투상면에 투상된 물건의 자취를 투상도라고 한다.

49 다음 중 증기트랩의 구비조건 설명으로 틀린 것은?

① 유체의 마찰저항이 클 것

② 내식성과 내구성이 있을 것

③ 공기빼기가 양호할 것

④ 봉수가 확실할 것

해설 증기트랩은 유체의 마찰저항이 적어야 한다.

50 관지지장치 중 배관의 열팽창에 의한 배관의 이동을 구속 또는 제한하는 장치는?

① 행거　　　　　　　　　② 서포트

③ 리스트레인트　　　　　④ 브레이스

해설 리스트레인트
앵커, 스톱, 가이드가 있으며 관지지장치 중 배관의 열팽창에 의한 배관의 이동을 구속 또는 제한하는 장치이다.

51 에너지이용합리화법상 "목표에너지원단위"란 무엇을 뜻하는가?

① 건축물의 단위면적당 에너지사용 목표량

② 제품 생산목표량

③ 연료단위당 제품 생산목표량

④ 목표량에 맞는 에너지 사용량

해설 목표에너지원단위 : 건축물의 단위면적당 에너지 사용 목표량이다.

52 탄산마그네슘 보온재에 관한 설명 중 잘못된 것은?

① 200~250℃에서 열분해를 일으킨다.

② 열전도율이 작다.

③ 습기가 많은 옥외 배관에 알맞다.

④ 탄산마그네슘 85%에 석면 10~15%를 첨가한 것이다.

해설 탄산마그네슘 보온재는 300℃에서 탄산분, 결수가 없어진다.

53 알루미늄 도료에 관한 설명이다. 잘못된 것은?

① 400~500℃의 내열성을 지니고 있어 난방용 방열기 등의 외면에 도장한다.

② 알루미늄 도막은 금속광택이 있고 열을 잘 반사한다.

③ 은분이라고도 하며 방청효과가 크고 습기가 통하기 어렵기 때문에 내구성이 풍부한 도막이 형성된다.

④ 알루미늄 분말에 아마인유와 혼합하여 만든다.

해설 알루미늄 방청용 도료는 알루미늄 분말에 유성 바니시(Oil Varnish)를 섞은 도료이다.

54 다음 중 18% Cr~8% Ni의 스테인리스강에 해당되는 것은?

① 페라이트계 스테인리스강 ② 오스테나이트계 스테인리스강

③ 마텐자이트계 스테인리스강 ④ 석출경화형 스테인리스강

해설 18% Cr~8% Ni(크롬 – 니켈)계 스테인리스강은 오스테나이트계 스테인리스강에 해당된다.

55 로트로부터 시료를 샘플링해서 조사하고, 그 결과를 로트의 판정기준과 대조하여 그 로트의 합격, 불합격을 판정하는 검사를 무엇이라 하는가?

① 샘플링검사 ② 전수검사

③ 공정검사 ④ 품질검사

해설 샘플링검사

로트로부터 시료를 샘플링해서 조사하고, 그 결과를 로트의 판정기준과 대조하여 그 로트의 합격, 불합격을 판정하는 검사이다.

56 모든 작업을 기본동작으로 분해하고, 각 기본동작에 대하고 성질과 조건에 따라 미리 정해놓은 시간치를 적용하여 정미시간을 산정하는 방법은?

① PTS법   ② WS법   ③ 스톱워치법   ④ 실적자료법

 PTS법

모든 작업을 기본동작으로 분해하고, 각 기본동작에 대하여 성질과 조건에 따라 미리 정해 놓은 시간치를 적용하여 정미시간을 산정하는 방법이다.

57 다음 중 데이터를 그 내용이나 원인 등 분류 항목별로 나누어 크기의 순서대로 나열하여 나타낸 그림을 무엇이라 하는가?

① 히스트램(Histogram)

② 파레토도(Pareto Diagram)

③ 특성요인도(Causes And Effects Diagram)

④ 체크시트(Check Sheet)

파레토도 : 데이터를 그 내용이나 원인 등 분류 항목별로 나누어 크기의 순서대로 나열하여 나타낸 그림이다.

58 일정통제를 할 때 1일당 그 작업을 단축하는 데 소요되는 비용의 증가를 의미하는 것은?

① 비용구배(Cost Slope)   ② 정상소요시간(Normal Duration Time)

③ 비용견적(Cost Estimation)   ④ 총비용(Total Cost)

비용구배 : 일정통제를 할 때 1일당 그 작업을 단축하는 데 소요되는 비용의 증가를 의미한다.

59 c관리도에서 k=20인 군의 총부적합(결점)수 합계는 58이었다. 이 관리도의 UCL, LCL을 구하면 약 얼마인가?

① UCL=6.92, LCL=0   ② UCL=4.90, LCL=고려하지 않음

③ UCL=6.92, LCL=고려하지 않음   ④ UCL=8.01, LCL=고려하지 않음

c관리도(결점수의 관리도) : UCL & LCL $= \bar{\bar{x}} \pm E_2 \bar{R}$

중심선(CL) $= \bar{c} = \dfrac{\sum^{r}}{k} = \dfrac{58}{20} = 2.9$, $ULC = \bar{c} + 3\sqrt{c} = 2.9 + 3\sqrt{2.9} = 8.01$

※ $LCL = \bar{c} - 3\sqrt{c} = 2.9 - 3\sqrt{2.9} = -2.21$

60 일반적으로 품질코스트 가운데 가장 큰 비율을 차지하는 코스트는?

① 평가코스트   ② 실패코스트

③ 예방코스트   ④ 검사코스트

해설 품질코스트

ㄱ 예빙코스드

ㄴ 평가코스트

ㄷ 실패코스트(불량제품, 불량원료에 의한 손실비용으로 가장 비율이 크다.)

과년도출제문제

2008. 7. 13.

1 노통 보일러와 비교한 연관 보일러의 특징을 설명한 것으로 잘못된 것은?

① 전열면적이 커서 증발량이 많고 효율이 좋다.

② 비교적 빨리 증기를 얻을 수 있다.

③ 질이 좋은 보일러수(水)가 필요하다.

④ 구조가 간단하여 설비비가 적게 든다.

해 연관 보일러는 노통 보일러에 비해 구조가 복잡하고 설비비가 많이 든다.

2 보일러 절탄기 설치 시의 장점을 잘못 설명한 것은?

① 보일러의 수처리를 할 필요가 없다.

② 배기가스로 배출되는 배열을 회수할 수 있다.

③ 급수와 관수의 온도차로 인한 열응력을 감소시킬 수 있다.

④ 보일러 열효율이 향상되어 연료가 절약된다.

해 절탄기(급수가열기) 설치 시에도 보일러 수처리가 반드시 필요하다.

3 급수펌프로 보일러에 2kgf/cm² 압력으로 매분 0.18m³의 물을 공급할 때 펌프 축마력은?(단, 펌프 효율은 80%이다.)

① 1 PS   ② 1.25 PS   ③ 60 PS   ④ 75 PS

해 $PS = \dfrac{1,000 \times Q \times H}{75 \times 60 \times \eta} = \dfrac{1,000 \times 0.18 \times (2 \times 10)}{75 \times 60 \times 0.8} = 1$

4 보일러용 중유에 대한 설명 중 옳은 것은?

① 점도가 높을수록 예열이 필요 없다.

② 점도가 높을수록 인화점이 낮다.

Answer   1. ④   2. ①   3. ①   4. ④

③ 점도가 높을수록 무화가 잘된다.

④ 점도가 너무 낮으면 역화현상이 발생될 수 있다.

해 중유는 점도가 낮을수록 연소효율이 높아지고 역화현상이 발생될 수 있다.

5 굴뚝의 통풍력을 구하는 식으로 옳은 것은?(단, Z=통풍력(mmAq), H=굴뚝의 높이(m), γ_a = 외기의 비중량(kgf/m³), γ_g =배기가스의 비중량(kgf/m³))

① $Z=(\gamma_g-\gamma_a)H$ ② $Z=(\gamma_a-\gamma_g)H$

③ $Z=(\gamma_g-\gamma_a)/H$ ④ $Z=(\gamma_a-\gamma_g)/H$

해 통풍력$(Z)=(\gamma_a-\gamma_g)H$

6 고압기류식 버너의 공기 또는 증기의 압력은 약 몇 kgf/cm²인가?

① 1~8   ② 8~12   ③ 15~18   ④ 20~25

해 고압기류식 버너(증기, 공기)의 압력은 약 1~8kgf/cm²이다.

7 어떤 연료 3kg으로 2,070kg의 물을 가열시켰더니 온도가 10℃에서 20℃로 되었다. 이 연료의 발열량 [kcal/kg]은?(단, 물의 비율은 1.0kcal/kg·℃이고 가열장치의 열효율은 80%이다.)

① 6,900   ② 8,625   ③ 2,587   ④ 9,834

해 $HL=\dfrac{2,070\times1\times(20-10)}{3\times0.8}=8,625\text{kcal/kg}$

8 연소실 용적 V(m³), 연료의 시간당 연소량 G_f(kg/h), 연료의 저위발열량 H_l(kcal/kg)이라면, 연소실 열발생률 ρ(kcal/m³·h)는?

① $\rho=\dfrac{H_l\cdot V}{G_f}$ ② $\rho=\dfrac{G_f\cdot H_l}{V}$

③ $\rho=\dfrac{V}{G_f\cdot H_l}$ ④ $\rho=\dfrac{H_l}{G_f\cdot V}$

해 연소실 열발생률 $=\dfrac{G_f\cdot H_l}{V}$

9 차압식 유량계가 아닌 것은?

① 오벌기어 유량계

② 벤튜리관 유량계

③ 플로노즐 유량계

④ 오리피스 유량계

해설 오벌기어식 유량계 : 용적식 유량계

10 피드백 제어(Feedback Control)에서 기본 3대 구성요소에 해당되지 않는 것은?

① 조작부

② 조절부

③ 외란부

④ 검출부

해설 피드백 제어 3대 구성요소

㉠ 조작부

㉡ 조절부

㉢ 검출부

11 강철제 증기보일러의 급수장치 설명으로 틀린 것은?

① 최고사용압력이 0.2MPa 미만의 보일러에는 체크밸브를 생략할 수 있다.

② 전열면적 10m² 초과의 보일러에서는 급수밸브의 크기가 20A 이상이어야 한다.

③ 전열면적이 12m² 이하의 보일러에는 급수장치에는 보조 펌프를 생략할 수 있다.

④ 2개 이상의 보일러에 공동으로 사용하는 자동급수 조절기는 설치할 수 없다.

해설 최고사용압력이 0.1MPa 미만의 보일러에서는 체크밸브(역류방지밸브)가 생략된다.

12 보일러 분출장치의 설치 목적으로 가장 거리가 먼 것은?

① 슬러지분을 배출, 스케일 부착을 방지한다.

② 관수의 신진대사를 원활하게 하여 대류열을 향상시킨다.

③ 수면계 파손을 방지한다.

④ 관수의 불순물 농도를 한계치 이하로 유지한다.

해설 보일러 분출장치와 수면계 파손과는 관련성이 없다.

13 집진장치 중 집진효율이 가장 높은 것은?

① 세정식 집진장치

② 전기 집진장치

③ 여과식 집진장치

④ 원심력식 집진장치

해설 전기집진장치 : 코트렐식이 대표적이며 집진효율이 가장 높다.

14 난방부하가 3,000kcal/h이고, 증기난방으로 5주형 650mm의 방열기를 사용할 때, 필요한 방열기의 매수는?(단, 증기의 표준방열량은 650kcal/m² · h이고, 방열기의 1매당 방열면적은 0.26m²이다.)

① 18매

② 22매

③ 24매

④ 26매

해설 $EDR = \dfrac{H_R}{650 \times a} = \dfrac{3,000}{650 \times 0.26} = 17.75$

15 보일러의 증발계수에 대하여 옳게 설명한 것은?

① 실제증발량을 상당증발량으로 나눈 값이다.

② 상당증발량을 539로 나눈 값이다.

③ 상당증발량을 실제증발량으로 나눈 값이다.

④ 실제증발량을 539로 나눈 값이다.

해설 증발계수 $= \dfrac{상당증발량}{실제증발량}$

16 주형 방열기에 온수를 흐르게 할 경우, 방열량은 방열계수(K)와 방열기 내부 온도의 차(Δt)로 계산한다. 표준방열량을 설정하기 위한 K와 Δt의 값은?

① $K = 8.0$kcal/m²h℃, $\Delta t = 81$℃

② $K = 8.0$kcal/m²h℃, $\Delta t = 62$℃

③ $K = 7.2$kcal/m²h℃, $\Delta t = 62$℃

④ $K = 7.2$kcal/m²h℃, $\Delta t = 81$℃

해설 주철제방열기계수(온수난방)

$K = 7.2$kcal/m²h℃, $\Delta t = 62$℃

17 중력환수식 응축수 환수방법과 대비하여 진공환수식 응축수 환수방법에 대한 설명으로 틀린 것은?

① 순환이 빠르다.
② 배관 기울기(구배)에 큰 지장이 없다.
③ 방열량을 광범위하게 조절할 수 있다.
④ 환수관의 지름을 크게 해야 한다.

해설 진공환수식(진공압 100~250mmHg)은 환수관의 지름이 적어도 된다.(진공펌프의 사용)

18 증발량이 일정한 조건하에서 보일러 안전밸브의 시트 단면적은 고압일수록 저압일 때보다는 어떻게 되어야 하는가?

① 넓어야 한다.　　② 동일하게 한다.
③ 좁아야 한다.　　④ 무관하다.

해설 고압의 증기는 저압의 증기보다 안전밸브의 단면적이 적어도 된다.(비체적이 작기 때문이다.)

19 난방방식에 관한 설명이다. 빈칸에 들어갈 것으로 맞는 것은?

고압증기난방은 압력이 (A) 이상의 증기를 사용하여 난방하는 것을 의미하며, 고온수난방은 온도가 (B) 이상의 온수를 이용하는 것을 의미한다.

　　A　　　　B　　　　　　A　　　　B
① $1kgf/cm^2$　　100℃　　② $2kgf/cm^2$　　100℃
③ $1kgf/cm^2$　　70℃　　④ $2kgf/cm^2$　　70℃

해설 고압증기 난방
㉠ 압력 $1kgf/cm^2$ 이상
㉡ 온도 100℃ 이상

20 노통연관 보일러의 한 종류로 동체 외부에 연소실을 만들어 수관을 한 줄로 배치한 보일러로서 하나의 연소실로 각 노통에 공동으로 사용하여 구조가 간단한 보일러는?

① 패키지형 보일러　　② 스코치 보일러
③ 하우덴-존슨 보일러　　④ 코니시 보일러

해설 선박용 보일러
　　ⓐ 습식(스코치 보일러)
　　ⓑ 건식(하우덴-존슨 보일러, 부르동 카프스 보일러)

21 복사난방에 대한 설명으로 틀린 것은?

　　① 실내온도 분포가 균등하고 쾌적도가 좋다.
　　② 공기온도가 비교적 낮으므로 같은 방열량에 대해서도 손실열량이 비교적 적다.
　　③ 공기대류가 적으므로 바닥면 먼지 상승이 없다.
　　④ 외기온도 급변에 따른 방열량 조절이 용이하다.

해설 온수난방은 외기온도 급변에 따른 방열량 조절이 용이하다.

22 온수난방에서 각 방열기에 유량분배를 균등히 하여, 방열기의 온도차를 최소화시키는 방식으로 환수관의 길이가 길어지는 단점을 가지는 온수귀환방식은?

　　① 직접귀환방식　　　　　　　　② 간접귀환방식
　　③ 중력귀환방식　　　　　　　　④ 역귀환방식

해설 역귀환방식 : 방열기에 온수유량분배를 균등히 하기 위한 배관방법

23 다음 중 탄성식 압력계에 속하지 않는 것은?

　　① 피스톤식　　　　　　　　　　② 벨로스식
　　③ 부르동관식　　　　　　　　　④ 다이어프램식

해설 피스톤식 압력계는 일반 교정용 압력계로 사용할 수 있다.

24 보일러 이상증발의 원인과 가장 거리가 먼 것은?

　　① 보일러 용량에 비하여 연소장치가 작은 경우
　　② 증기압력을 급격히 강하시킨 경우
　　③ 보일러수가 농축된 경우
　　④ 증기의 소비량이 급격히 증가한 경우

해 보일러 용량에 비하여 연소장치가 작은 경우 이상증발이 방지된다.

25 세관할 때 규산염 등의 경질 스케일의 경우 사용되는 용해촉진제로 알맞은 것은?

① NH_3 ② Na_2CO_3

③ 히드라진   ④ 불화수소산(HF)

해 경질스케일 용해촉진제 : 불화수소산

26 보일러 급수에 있어 pH 농도에 따라 산성, 알칼리성으로 구분된다. 다음 중 산성, 알칼리성이 아닌 중성을 나타내는 농도를 표시한 값은?

① pH 9   ② pH 11   ③ pH 5   ④ pH 7

해 산성 : pH 7 미만
중성 : pH 7
알칼리 : pH 7 초과

27 선택적 캐리오버(Selective Carry Over)는 무엇이 증기에 포함되어 분출되는 현상을 의미하는가?

① 액적   ② 거품   ③ 탄산칼슘   ④ 실리카

해 실리카 : 선택적 캐리오버 발생

28 보일러 가스폭발을 방지하는 방법이 아닌 것은?

① 프리퍼지를 충분히 한다.

② 포스트퍼지를 충분히 한다.

③ 연료 속의 수분이나 슬러지 등은 충분히 배출한다.

④ 보일러 수위를 낮게 유지한다.

해 보일러 수위가 낮으면(이상 수위) 보일러의 과열 및 폭발이 발생된다.

29 보일러 저온부식의 주요 원인이 되는 것은?

① 과잉공기 중의 질소 성분   ② 연료 중의 바나듐 성분

③ 연료 중의 유황 성분   ④ 연료의 불완전 연소

Answer   25. ④   26. ④   27. ④   28. ④   29. ③   173

해 저온부식

황(S) + O_2 → SO_2(아황산가스)

$SO_2 + H_2O$ → H_2SO_3(무수황산)

$H_2SO_3 + \frac{1}{2}O_2$ → H_2SO_4(진한 황산)부식

30 보일러의 과열기 온도가 일반적으로 약 몇 도 이상이 되면 바나듐에 의한 고온부식이 발생하는가?

① 200℃ 이상

② 300℃ 이상

③ 400℃ 이상

④ 500℃ 이상

해 ㉠ 바나듐(V) 용융온도 : 500℃ 이상

㉡ 고온부식 발생처 : 과열기, 재열기

31 보일러 안전밸브의 증기누설 원인으로 가장 적합한 것은?

① 배관이 지나치게 길 때

② 압력이 지나치게 낮을 때

③ 밸브 디스크와 시트 사이에 이물질이 있을 때

④ 급수 펌프의 압력이 높을 때

해 ③항의 내용이 발생되면 안전밸브의 증기누설 원인이 된다.

32 가스를 연료로 사용하는 보일러에서 배기가스 중의 일산화탄소는 이산화탄소에 대한 비율이 얼마 이하여야 하는가?

① 0.2

② 0.02

③ 0.002

④ 0.0002

해 가스연료 = $\dfrac{CO}{CO_2}$ = 0.002

33 유체에 대한 베르누이정리에서 유체가 가지는 에너지와 관계가 먼 것은?

① 압력에너지

② 속도에너지

③ 위치에너지

④ 질량에너지

베르누이정리 유체에너지
ㄱ 압력에너지
ㄴ 속도에너지
ㄷ 위치에너지

34 밀폐된 용기 안에 비중이 0.8인 기름이 있고, 그 위에 압력이 0.5kgf/cm²인 공기가 있을 때 기름 표면으로부터 1m 깊이에 있는 한 점의 압력은 몇 kgf/cm²인가?

① 0.40　　　　　　　　　　　② 0.58

③ 0.60　　　　　　　　　　　④ 0.78

 $0.8 = 0.8$kgf/cm², 1m 깊이에서는 0.08kgf/cm²
∴ $0.5 + 0.08 = 0.58$kgf/cm²

35 배관 설비에 있어서 관경을 구할 때 사용하는 공식은?(단, V : 유속, Q : 유량, d : 관경)

① $d = \sqrt{\dfrac{\pi V}{4Q}}$ 　　　　　　　② $d = \sqrt{\dfrac{Q}{\pi V}}$

③ $d = \sqrt{\dfrac{4Q}{\pi V}}$ 　　　　　　　④ $d = \sqrt{\dfrac{VQ}{4\pi}}$

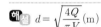 $d = \sqrt{\dfrac{4Q}{\pi V}}\ (\mathrm{m})$

36 스테판-볼츠만의 법칙에 따른 열복사(熱輻射)에너지는 절대온도의 몇 승에 비례하는가?

① 2　　　　　　　　　　　② 3

③ 4　　　　　　　　　　　④ 5

 열복사에너지 : 절대온도 4승에 비례한 에너지 방출

37 열량(熱量) 1kcal를 일로 환산하면 약 몇 J인가?

① 427　　　　　　　　　　② 4,187

③ 419　　　　　　　　　　④ 41

 1kcal = 4.187kJ = 4,187J

38 열전도율의 단위는 어는 것인가?(단, kcal : 열량, m : 길이, h : 시간, ℃ : 온도)

① $\dfrac{\text{kcal}}{\text{m}^2 \cdot \text{h} \cdot ℃}$

② $\dfrac{\text{m}^2 \cdot \text{h} \cdot ℃}{\text{kcal}}$

③ $\dfrac{\text{kcal}}{\text{m} \cdot \text{h} \cdot ℃}$

④ $\dfrac{\text{m} \cdot \text{h} \cdot ℃}{\text{kcal}}$

해설 열전도율 단위 : kcal/mh℃

열관류율 단위 : kcal/m²h℃

39 외부와 열의 출입이 없는 열역학적 변화는?

① 정압변화

② 정적변화

③ 단열변화

④ 등온변화

해설 단열변화 : 외부와 열의 출입이 없는 열역학적 변화

40 2MPa의 고압증기를 0.12MPa로 감압하여 사용하고자 한다. 감압밸브 입구에서의 건도가 0.9라고 할 때 감압 후의 건도는 약 얼마인가?(단, 감압과정을 교축과정으로 본다. 압력에 따른 비엔탈피는 다음과 같다.)

압력(MPa)	포화수의 비엔탈피(kJ/kg)	포화증기의 비엔탈피(kJ/kg)
0.12	439.362	2683.4
2	908.588	2797.2

① 0.85

② 0.89

③ 0.93

④ 0.97

해설 $908.588 + 0.9 \times (2797.2 - 908.588) = 2,608.3388 \text{kJ/kg}$

$2,608.3388 = 439.362 + x(2,683.4 - 439.362)$

$2,608.3388 = 439.362 + x(2,244.038)$

$2,244.038 \times x = 2,608.3388 - 439.362 = 2,168.9768$

$\therefore x = \dfrac{2,168.9768}{2,244.038} = 0.966 ≒ 0.97$

41 강관의 호칭법에서 스케줄 번호와 가장 관계가 가까운 것은?

① 관의 바깥지름

② 관의 길이

③ 관의 안지름

④ 관의 두께

해설 관의 두께$(Sch) = 10 \times \dfrac{P}{S}$

42 2개 이상의 엘보를 사용하여 신축을 흡수하는 이음은?

① 슬리브형 신축이음   ② 벨로스형 신축이음
③ 스위블형 신축이음   ④ 루프형 신축이음

해설 스위블형 신축이음
ㄱ 2개 이상 엘보 사용
ㄴ 저압증기나 온수난방용

43 다이헤드식 동력 나사절삭기로 할 수 없는 작업은?

① 관의 절단   ② 관의 접합
③ 나사절삭   ④ 거스러미 제거

해설 다이헤드식 동력 나사절삭기 작업
ㄱ 관의 절단
ㄴ 나사절삭
ㄷ 거스러미 제거

44 동관의 이음방법으로 적합하지 않은 것은?

① 용접 이음   ② 납땜 이음
③ 플라스턴 이음   ④ 압축 이음

해설 플라스턴 이음 : 연관의 이음

45 배관지지구인 리스트레인트(Restraint)의 종류가 아닌 것은?

① 브레이스   ② 앵커
③ 스토퍼   ④ 가이드

해설 리스트레인트 종류
ㄱ 앵커
ㄴ 스토퍼
ㄷ 가이드

46 급수배관 시공 중 수격작용 방지를 위한 시공으로 가장 적절한 것은?

① 공기실을 설치한다.

② 중력탱크를 사용한다.

③ 슬리브형 신축이음을 한다.

④ 배관구배를 1/200로 낮춘다.

해설 급수배관 시공 중 수격작용(워터해머) 방지법으로는 공기실을 설치한다.

47 연강용 피복 아크용접봉의 종류와 기호가 맞게 짝지어진 것은?

① 일미나이트계 : E4302

② 고셀룰로오스계 : E4310

③ 고산화티탄계 : E4311

④ 저수소계 : E4316

해설 ㉠ 일미나이트계 : E4301
　　 ㉡ 고셀룰로오스계 : E4311
　　 ㉢ 저수소계 : E4316
　　 ㉣ 고산화티탄계 : E4313

48 배관도에서 "EL-300TOP"로 표시된 것의 설명으로 옳은 것은?

① 파이프 윗면이 기준면보다 300mm 높게 있다.

② 파이프 윗면이 기준면보다 300mm 낮게 있다.

③ 파이프 밑면이 기준면보다 300mm 높게 있다.

④ 파이프 밑면이 기준면보다 300mm 낮게 있다.

해설 EL-300TOP : 파이프 윗면이 기준면보다 300mm 낮게 있다.

49 σ_u를 극한강도, σ_a를 허용응력, S를 안전계수라고 할 때 이들 사이의 옳은 관계식은?

① $\sigma_a = S \cdot \sigma_u$

② $\sigma_a \cdot \sigma_u = \dfrac{1}{S}$

③ $\sigma_u = S \cdot \sigma_a$

④ $\sigma_a \cdot \sigma_u = S$

해설 극한강도(σ_u)=안전계수×허용응력

50 주원료에 따른 내화벽돌의 종류가 아닌 것은?

① 납석질
② 마그네시아질
③ 반규석질
④ 벤토나이트질

해설 ⊙ 납석질, 반규석질 : 산성 벽돌
　　ⓛ 마그네시아 : 염기성 벽돌

51 다음 중 합성고무로 만든 패킹재는?

① 테프론
② 네오프렌
③ 펠트
④ 아스베스토스(Asbestos)

해설 네오프렌 : 합성고무 패킹재

52 에너지이용합리화법에서 목표에너지 원단위를 설명한 것으로 가장 적합한 것은?

① 에너지를 사용하여 만드는 제품의 단위당 에너지 사용목표량
② 연간 사용하는 에너지와 제품생산량의 비율
③ 연간 사용하는 에너지의 효율
④ 에너지절약을 위하여 제품의 생산조절과 비용을 계산하는 것

해설 목표에너지 원단위 : 에너지를 사용하여 만드는 제품의 단위당 에너지 사용목표량

53 에너지이용합리화법상 소형 온수보일러란 전열면적과 최고사용압력이 각각 얼마 이하의 보일러인가?

① 10m², 0.35MPa
② 14m², 0.55MPa
③ 15m², 0.45MPa
④ 14m², 0.35MPa

해설 소형 온수보일러
⊙ 전열면적 14m² 이하
ⓛ 최고사용압력 0.35MPa 이하

54 에너지이용합리화법에 의해 검사대상기기 검사를 받지 아니한 자에 대한 벌칙은?

① 2년 이하의 징역 또는 2천만 원 이하의 벌금

② 1년 이하의 징역 또는 1천만 원 이하의 벌금

③ 2천만 원 이하의 벌금

④ 6개월 이하의 징역

해설 검사대상기기의 검사를 받지 않으면 1년 이하의 징역 또는 1천만 원 이하의 벌금에 처한다.

55 공정에서 만성적으로 존재하는 것은 아니고 산발적으로 발생하며 품질의 변동에 크게 영향을 끼치는 요주의 원인으로 우발적 원인인 것을 무엇이라 하는가?

① 우연원인   ② 이상원인

③ 불가피 원인   ④ 억제할 수 없는 원인

해설 이상원인

공정에서 산발적으로 발생하며 품질의 변동에 크게 영향을 끼치는 요주의 원인(우발적 원인)

56 계수규준형 1회 샘플링 검사(KS A 3102)에 관한 설명 중 가장 거리가 먼 내용은?

① 검사에 제출된 로트의 제조공정에 관한 사전정보가 없어도 샘플링 검사를 적용할 수 있다.

② 생산자 측과 구매자 측이 요구하는 품질보호를 동시에 만족시키도록 샘플링 검사방식을 선정한다.

③ 파괴검사의 경우와 같이 전수검사가 불가능한 때에는 사용할 수 없다.

④ 1회만의 거래 시에도 사용할 수 있다.

해설 계수규준형 1회 샘플링 검사

로트로부터 1회만 시료를 채취하고 이것을 품질기준과 대조해서 양호품과 불량품으로 구분하고 시료 중에 발견된 불량품의 총 수가 합격판정 개수 이하이면 로트 합격

57 어떤 공장에서 작업을 하는 데 소요되는 기간과 비용이 다음 [표]와 같을 때 비용구배는 얼마인가?(단, 활동시간의 단위는 일(日)로 계산한다.)

정상작업		특급작업	
기간	비용	기간	비용
15일	150만 원	10일	200만 원

① 50,000원   ② 100,000원   ③ 200,000원   ④ 300,000원

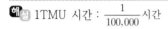 비용구배 $= \dfrac{200만원 - 150만원}{15일 - 10일} = 100,000원/일$

58 방법시간측정법(MTM ; Method Time Measurement)에서 사용되는 1TMU(Time Measurement Unit)는 몇 시간인가?

① $\dfrac{1}{100,000}$시간　　　　　　　② $\dfrac{1}{10,000}$시간

③ $\dfrac{6}{10,000}$시간　　　　　　　④ $\dfrac{36}{1,000}$시간

해설 1TMU 시간 : $\dfrac{1}{100,000}$시간

59 품질특성을 나타내는 데이터 중 계수치 데이터에 속하는 것은?

① 무게　　　　　　　　② 길이

③ 인장강도　　　　　　④ 부적합품의 수

해설 계수치 데이터 : 부적합품의 수

60 다음 중 품질관리시스템에 있어서 4M에 해당하지 않는 것은?

① Man　　　② Machine　　　③ Material　　　④ Money

해설 4M
　　㉠ Man(사람)
　　㉡ Method(방법)
　　㉢ Material(자재)
　　㉣ Machine(기계)
　　※ Money(자본)는 7M에 해당

Answer　　58. ①　　59. ④　　60. ④

1 보일러 급수펌프의 종류가 아닌 것은?

① 마찰펌프   ② 제트펌프

③ 원심펌프   ④ 실리콘펌프

해설 급수펌프
　㉠ 마찰펌프
　㉡ 제트펌프
　㉢ 원심펌프

2 어떤 보일러 통풍기의 풍량이 3,600m³/min, 통풍압력이 35mmAq, 효율이 0.62이면, 이 통풍기의 소요동력은 약 얼마인가?

① 33.2kW   ② 53.5kW

③ 63.4kW   ④ 87.6kW

해설 $P = \dfrac{Q \times Z}{102 \times 60 \times \eta}$

$= \dfrac{3,600 \times 35}{102 \times 60 \times 0.62} = 33.20 \text{kW}$

3 연료 및 연소장치에서 공기비(m)가 적을 때의 특징 설명으로 틀린 것은?

① 불완전연소가 되기 쉽다.

② 미연소가스에 의한 가스폭발과 매연이 발생한다.

③ 연소실 온도가 저하된다.

④ 미연소가스에 의한 열손실이 증가한다.

해설 공기비가 적으면 노내 온도가 상승

4 보일러에 설치하는 압력계의 검사기기가 맞지 않은 것은?

① 신설보일러의 경우 압력이 오른 후에 검사한다.

② 점화 전이나 교체 후에 검사한다.

③ 프라이밍이나 포밍이 일어날 때나 의심이 날 때 검사한다.

④ 부르동관이 높은 열에 접촉했을 때 검사한다.

해설 압력계는 장기간 휴지 후 검사, 신설보일러에는 수입검사 후 설치

5 피드백 자동제어의 중심부분으로 동작신호를 받아서 제어계가 정해진 동작을 하는 데 필요한 신호를 만들어 내보내는 부분은?

① 조절부   ② 조작부

③ 비교부   ④ 검출부

해설 피드백 자동제어에서 제어계가 정해진 동작을 하는 데 필요한 신호를 만들어서 내보내는 부분은 조절부이다.

6 증기 과열기에 설치된 안전밸브의 취출 압력은 어떻게 조정되어야 하는가?

① 보일러 본체의 안전밸브와 동시에 취출되도록 한다.

② 최고사용압력 이상에서 취출되도록 한다.

③ 보일러 본체의 안전밸브보다 늦게 취출되도록 한다.

④ 보일러 본체의 안전밸브보다 먼저 취출되도록 한다.

해설 과열기 안전밸브는 보일러 본체의 안전밸브보다 먼저 취출하도록 조절한다.

7 가압수식 세정장치 중에서 목(Throat)부의 처리가스 속도가 60~90m/s 정도이고 집진효율이 가장 높아서 그 사용범위가 넓은 것은?

① 사이클론 스크러버   ② 제트 스크러버

③ 전류형 스크러버   ④ 벤튜리 스크러버

해설 가압수식 벤튜리 스크러버는 처리가스 속도가 60~90m/s 정도이다.

8 방이나 거실의 바닥에 난방용 코일을 매설하여 열매를 통과시켜 난방하는 방식은?

① 직접난방   ② 간접난방

③ 개별난방   ④ 복사난방

해 복사난방 : 코일을 매설한 복사난방(온수코일)

9 중유의 연소 성상을 개선하기 위한 첨가제의 종류가 아닌 것은?

① 연소촉진제   ② 착화지연제

③ 슬러지분산제   ④ 회분개질제

해 첨가제 : 연소촉진제, 슬러지분산제, 회분개질제

10 보일러 설치 · 시공 기준에 따라 보일러를 옥내에 설치하는 경우의 설명으로 잘못된 것은?(단, 소형보일러가 아닌 경우임)

① 보일러를 불연성 물질의 격벽으로 구분된 장소에 설치해야 한다.

② 도시가스를 사용하는 경우는 환기구를 가능한 한 높이 설치한다.

③ 보일러에 설치된 계기들을 육안으로 관찰하는 데 지장이 없도록 충분한 조명시설이 있어야 한다.

④ 연료를 보일러실에 저장할 때는 보일러와 1m 이상의 거리를 두어야 한다.

해 보일러와 연료탱크는 2m 이상의 거리를 두어야 한다.

11 특수보일러인 열매체 보일러의 특징 중 틀린 것은?

① 관 내부의 열매체를 물 대신 다우삼, 수은 등을 사용한 보일러이다.

② 열매체 보일러는 동파의 우려가 없다.

③ 높은 압력하에서 고온을 얻는 것이 특징이다.

④ 타 보일러에 비해 부식의 정도가 적다.

해 열매체는 낮은 압력하에서 고온을 얻는 것이 특징이다.

12 연소가스의 여열(餘熱)을 이용하여 보일러에 급수되는 물을 예열하는 장치는?

① 과열기   ② 재열기

③ 응축기   ④ 절탄기

해 절탄기 : 연소가스의 여열을 이용한 급수가열기

13 보일러 연소 시 화염의 유무를 검출하는 연소 안전장치인 플레임아이에 사용되는 검출소자가 아닌 것은?

① cus셀   ② 광전관

③ cds셀   ④ pbs셀

해 플레임아이 : 광전관, cds셀, pbs셀, 자외선식

14 난방부하계산에 반드시 고려하여야 하는 것은?

① 인체로부터 발생하는 현열량
② 인체로부터 발생하는 잠열량
③ 형광등으로부터 발생하는 열량
④ 건축물의 벽체, 천장 등을 통해 외부로 방출되는 열량

해 건축물의 벽체, 천장 등을 통해 외부로 방출되는 열량은 난방부하에 해당된다.

15 실내의 온도 분포가 균등하고 쾌감도가 높은 난방은?

① 온수난방   ② 증기난방

③ 온풍난방   ④ 복사난방

해 복사온수패널난방 : 실내의 온도 분포가 균등하고 쾌감도가 높다.

16 개방식 팽창탱크의 높이는 온수난방의 최고 높은 부분보다 최소 몇 m 이상 높은 곳에 설치하여야 하는가?

① 0.5   ② 1   ③ 1.2   ④ 1.5

해 개방식 팽창탱크의 높이는 최고 높은 부분보다 1m 이상 높은 곳

Answer   12. ④   13. ①   14. ④   15. ④   16. ②

17 저압 증기난방 장치와 거리가 먼 것은?

① 공기밸브
② 스팀트랩
③ 응축수 펌프
④ 팽창밸브

해설 팽창밸브 : 온수난방용

18 보일러 열정산방법에서 출열 항목에 해당되는 것은?

① 공기의 현열
② 연료의 연소율
③ 연료의 현열
④ 발생증기 보유열

해설 입열
ㄱ 공기의 현열
ㄴ 연료의 현열
ㄷ 연료의 연소열

19 굴뚝 높이 100m, 배기가스의 평균온도 200℃, 외기온도 27℃, 굴뚝 내 가스의 외기에 대한 비중을 1.05라 할 때 통풍력은?

① 26.3mmAq
② 29.3mmAq
③ 36.3mmAq
④ 39.3mmAq

해설
$$Z = 273 \times H \times \left[\frac{r_a}{273 + t_a} - \frac{r_g}{273 + t_g} \right]$$
$$= 273 \times 100 \times \left[\frac{1}{273 + 27} - \frac{1.05}{273 + 200} \right] = 39.3 \text{mmAq}$$

20 보일러 난방기구인 방열기에 대한 설명 중 틀린 것은?

① 주형 방열기에는 2세주, 3세주, 4세주형의 3종류가 있다.
② E.D.R이란 상당방열면적으로 방열기의 크기를 나타낸다.
③ 벽걸이형 방열기는 벽면과 50~65mm 정도 간격을 두어 설치하는 것이 좋다.
④ 증기방열기의 표준상태에서 발생하는 표준방열량은 650[kcal/m²h]이다.

해설 EDR : 주형 방열기는 5세주, 3세주, Ⅱ, Ⅲ주형이 있다.

21 증기드럼 없이 초임계 압력 이상의 증기를 발생시키는 보일러는?

① 연관 보일러 　　　　　　　　② 관류 보일러

③ 특수 열매체 보일러 　　　　　④ 이중 증발 보일러

해 관류 보일러 : 증기드럼이 없고 초임계 압력 이상의 증기를 생산 가능

22 수관식 보일러에서 전열면의 증발률(Be_1)을 구하는 식은?

① $Be_1 = \dfrac{\text{총증기발생량}}{\text{전열면적}}$ 　　　　② $Be_1 = \dfrac{\text{매시실제증기발생량}}{\text{전열면적}}$

③ $Be_1 = \dfrac{\text{전연면적}}{\text{총증기발생량}}$ 　　　　④ $Be_1 = \dfrac{\text{전열면적}}{\text{매시실제증기발생량}}$

해 전열면의 증발률 : $= \dfrac{\text{매시실제증기발생량}}{\text{전열면적}} [\text{kg/m}^2\text{h}]$

23 저온수난방 배관에 주로 사용되는 개방식 팽창탱크에 부착되지 않는 것은?

① 배기관 　　　　　　　　　　② 팽창관

③ 안전밸브 　　　　　　　　　④ 급수관

해 안전밸브는 120℃ 초과 온수난방, 증기난방에 부착된다.

24 완전기체(Perfect Gas)가 일정한 압력하에서의 부피가 2배가 되려면 초기온도가 27℃인 기체는 몇 ℃가 되어야 하는가?

① 54℃ 　　　　② 108℃ 　　　　③ 300℃ 　　　　④ 327℃

해 $(27+273) \times \dfrac{2}{1} = 600\text{K}$

$600 - 273 = 327℃$

25 펌프에서 물이 압송하고 있을 때 정전 등으로 급히 펌프를 멈추거나 조절밸브를 급격히 개폐 시 유속이 급속히 변화하여 물에 의한 압력변화가 생기는 현상은?

① 맥동현상 　　　　　　　　　② 캐비테이션

③ 양정현상 　　　　　　　　　④ 수격작용

Answer　　21. ② 　22. ② 　23. ③ 　24. ④ 　25. ④

해 수격작용 : 물의 유속이 급격히 변화하여 물에 의한 압력변화가 생기는 현상

26 기체의 정압비열과 정적비열의 관계를 옳게 설명한 것은?

① 정압비열이 정적비열보다 항상 작다.
② 정압비열이 정적비열보다 항상 크다.
③ 정적비열과 정압비열은 항상 크다.
④ 정압비열과 정적비열은 거의 같다.

해 기체의 비열비 $= \dfrac{\text{정압비열}}{\text{정적비열}}$

(비열비는 항상 1보다 크다.)

27 보일러 내부 부식의 발생원인과 관계가 없는 것은?

① 급수 중에 불순물이 많을 때
② 보일러의 금속재료에서 전위차가 발생될 때
③ 라미네이션에 의한 팽출이 있을 때
④ 청관제 사용법이 옳지 못할 때

해 라미네이션은 보일러재료인 강재내부에 공기가 있을 때 화염을 집중받으면 층이 2장으로 갈라지는 현상

28 연소에 의해 일어나는 장해 중 고온부식 방지대책이 아닌 것은?

① 연료를 전처리하여 바나듐을 제거한다.
② 연료에 첨가제를 사용하여 바나듐의 융점을 높인다.
③ 전열면의 표면에 보호피막 형성 또는 내식성 재료를 사용한다.
④ 공기비를 항상 많게 하여 운전한다.

해 오산화바나듐(V_2O_5)은 과잉공기에 의해 과열기나 재열기에 500℃ 이상에서 고온부식 발생

29 보일러 보존법에 대한 설명으로 틀린 것은?

① 만수보존법은 단기간(2개월 이내)의 휴지 시에 주로 사용하는 보존법이다.
② 보일러수를 전부 배출하여 내, 외면을 청소한 후 장작을 가볍게 때서 건조시켜 보관한다.

③ 보일러의 휴지기간이 장기간인 경우에는 건조보존법이 적합하다.

④ 건조보존법을 사용할 경우 흡습제로 페인트 또는 콜타르 등을 사용한다.

해설 건조보존 시에는 질소가스로 봉입하고 건조재(생석회, 염화칼슘, 실리카겔)를 사용한다.

30 단위질량당의 엔트로피를 표시하는 비엔트로피의 단위로 맞는 것은?

① kcal/kgf · K

② kgf · m/kgf

③ kcal/K

④ kcal/kgf

해설 비엔트로피 단위 : kcal/kgf · K

31 보일러수 중에 포함된 실리카(SiO_2)에 대한 설명으로 잘못된 것은?

① 알루미늄과 결합해서 여러 가지 형의 스케일을 생성한다.

② 저압 보일러에서는 알칼리도를 높여 스케일화를 방지할 수 있다.

③ 실리카 함유량이 많은 스케일은 연질이므로 제거가 쉽다.

④ 보일러수에 실리카가 많으면 캐리오버에 의해 터빈날개 등에 부착하여 성능을 저하시킬 수 있다.

해설 실리카가 많은 스케일은 경질이라서 제거가 어렵다.

32 원형 직관에서 유체가 완전난류로 흐르고 있을 때 손실수두는?

① 속도의 3제곱에 비례한다.

② 관경에 비례한다.

③ 관길이에 반비례한다.

④ 관의 마찰계수에 비례한다.

해설 원형 직관에서 유체가 완전난류로 흐를 때 관의 마찰계수에 비례하여 손실수두가 생긴다.

33 포화증기의 온도가 485K일 때 과열도가 30℃라면, 이 과열증기의 실제온도는 몇 ℃인가?

① 182℃

② 212℃

③ 242℃

④ 272℃

해설 ℃ = 485 − 273 = 212℃

212 + 30 = 242℃

Answer 30. ① 31. ③ 32. ④ 33. ③

34 오르사트(Orsat) 가스분석기로 직접 분석할 수 없는 성분은?

① N_2　　　　② CO　　　　③ CO_2　　　　④ O_2

해설 질소(N_2) $= 100 - [CO_2 + O_2 + CO] = \%$

35 카르노사이클의 열효율 η, 공급열량 Q_1, 배출열량을 Q_2라 할 때 맞는 관계식은?

① $\eta = 1 + \dfrac{Q_2}{Q_1}$ 　　　　　　② $\eta = 1 - \dfrac{Q_2}{Q_1}$

③ $\eta = 1 - \dfrac{Q_1}{Q_2}$ 　　　　　　④ $\eta = \dfrac{Q_1 + Q_2}{Q_2}$

해설 $\eta = \dfrac{T_1 - T_2}{T_2} = 1 - \dfrac{Q_2}{Q_1}$

36 수중에서 받는 압력은 그 깊이에 무엇을 곱한 값인가?

① 체적　　　　② 면적　　　　③ 부피　　　　④ 비중량

해설 수중에서 받는 압력은 그 깊이에 비중량을 곱한 값

37 기성취화 현상을 가장 적절하게 설명한 것은?

① 물과 접촉하고 있는 강재의 표면에서 철이온이 용출하여 부식되는 현상이다.

② 보일러판의 리벳구멍 등에 농후한 알칼리 작용에 의해 강조직을 침범하여 균열이 생기는 현상이다.

③ 청관제인 탄산나트륨을 과다하게 공급하여 보일러수가 알칼리화되어 부식되는 현상이다.

④ 보일러 강판과 관이 화염의 접촉으로 화학작용을 일으켜 부식되는 현상이다.

해설 가성취화 : 가성소다, 탄산소다 등을 지나치게 많이 사용하여 알칼리화하여 보일러판의 리벳구멍 등에 농후한 알칼리 작용 균열

38 노통연관식 보일러에서 노통의 상부가 압궤되는 주된 요인은?

① 수처리불량　　　　　　　　② 저수위차단불량

③ 연소실폭발　　　　　　　　④ 과부하운전

해설 저수위차단 불량으로 보일러내부가 압력초과 되면 노통이 압궤된다.

39 보일러에서 슬러지 조정 목적의 청관제로 사용되는 약품이 아닌 것은?

① 탄닌   ② 리그닌   ③ 히드라진   ④ 전분

해설 슬러지 조정제
 ㉠ 탄닌
 ㉡ 리그닌
 ㉢ 전분

40 보일러에서 열의 전달방법 중 대류에 의한 열전달 설명으로 틀린 것은?

① 온도가 다른 고체와 유체가 서로 접촉하고 있을 때 유체의 유동이 생기면서 열이 이동하는 현상을 말한다.
② 대류 열전달을 나타내는 기본법칙은 뉴턴의 냉각법칙(Newton's Law of Cooling)이다.
③ 전자파의 형태로 한 물체에서 다른 물체로 열이 전달되는 현상을 말한다.
④ 대류 열전달계수의 단위는 $kcal/m^2h℃$이다.

해설 복사열 : 전자파의 형태로 한 물체에서 다른 물체로 열이 이동하는 현상이다.

41 피복 아크 용접에서 자기쏠림현상을 방지하는 방법으로 옳은 것은?

① 직류용접을 사용할 것
② 접지점을 될 수 있는 대로 용접부에서 멀리할 것
③ 용접봉 끝을 아크 쏠림과 동일 방향으로 기울일 것
④ 긴 아크를 사용할 것

해설 자기쏠림현상방지 : 접지점을 될 수 있는 대로 용접부에서 멀리할 것

42 다음 중 스폴링성의 종류가 아닌 것은?

① 열적 스폴링   ② 조직적 스폴링
③ 화학적 스폴링   ④ 기계적 스폴링

해설 스폴링 : ㉠ 열적
ㄴ 조직적
ㄷ 기계적

43 과열 증기관과 같이 사용온도가 350℃를 넘는 고온배관에 사용되는 관은?

① SPPH   ② SPPS   ③ SPHT   ④ SPLT

해설 ㉠ SPPH : 고압배관용   ㄴ SPPS : 압력배관용
ㄷ SPHT : 고온배관용   ㄹ SPLT : 저온배관용

44 에너지진단 결과 에너지다소비업자가 에너지관리기준을 지키지 아니하여 개선명령을 받은 경우에는 개선명령일로부터 며칠 이내에 개선계획을 수립·제출하여야 하는가?

① 60일   ② 45일   ③ 30일   ④ 15일

해설 개선명령 개선계획 수립 제출일 기간 : 60일 이내

45 열사용기자재관리규칙에서 정한 열사용기자재인 것은?

① 「전기용품안전관리법」 및 「약사법」의 적용을 받는 2종 압력용기
② 「철도사업법」에 따른 철도사업을 하기 위하여 설치하는 기관차 및 철도차량용 보일러
③ 「석탄산업법 시행령」 제2조 제2호에 따른 연탄을 연료로 사용하여 온수를 발생시키는 금속제 구멍탄용 온수보일러
④ 「선박안전법」에 따라 검사를 받는 선박용 보일러 및 압력용기

해설 구멍탄 온수보일러 : 열사용기자재

46 내열범위가 −30~130℃로서 증기, 기름, 약품 배관에 사용되는 나사용 패킹은?

① 페인트   ② 일산화연
③ 액상합성수지   ④ 고무

해설 액상합성수지 내열범위 : −30~130℃

47 탄소강에서 청열취성이 발생하는 온도범위로 가장 적절한 것은?

① 100~200℃

② 200~300℃

③ 400~500℃

④ 800~1,000℃

해설 탄소강 청열취성온도 : 200~300℃

48 관지지장치 중 빔에 턴버클을 연결한 장치로 수직 방향에 변위가 없는 곳에 사용하는 것은?

① 스프링 행거

② 리지드 행거

③ 콘스탄트 행거

④ 플랜지 행거

해설 리지드 행거란 지지장치에 턴버클을 연결하여 수직 방향에 변위가 없는 곳에 사용

49 파이프 렌치의 크기가 250mm라고 할 때 250mm의 의미를 가장 적절하게 설명한 것은?

① 최소 사용할 수 있는 관의 호칭규격이 250mm이다.

② 물림부를 제외한 자루의 길이가 250mm이다.

③ 조(Jaw)가 닫혀있는 상태에서 전 길이가 250mm이다.

④ 조(Jaw)를 최대로 벌린 전 길이가 250mm이다.

해설 파이프렌치 크기 250mm : 조를 최대로 벌린 전 길이가 250mm이다.

50 온수난방설비에서 배관방식에 따라 분류한 단관식과 복관식에 대한 특징 설명으로 틀린 것은?

① 단관식에서 연료탱크는 버너보다 위에 설치해 주어야 한다.

② 복관식은 인접 방열기에 영향을 주지 않으며 방열량의 조절이 쉽다.

③ 단관식은 인접 방열기의 개폐 시 온도차가 발생할 수 있다.

④ 복관식은 온수의 공급과 귀환을 동일관을 이용하여 행하는 방법이다.

해설 복관식 배관은 온수의 공급과 귀환을 다른 관으로 이용하여 난방효과를 가진다.

51 용접식 관이음쇠인 롱 엘보(Long Elbow)의 곡률반경은 강관 호칭지름의 몇 배인가?

① 1배

② 1.5배

③ 2배

④ 2.5배

해설 용접식 롱 엘보의 곡률반경은 강관 호칭지름의 1.5배이다.

52 가스절단에서 표준드래그(Drag) 길이는 보통 판 두께의 어느 정도인가?

① $\frac{1}{3}$

② $\frac{1}{4}$

③ $\frac{1}{5}$

④ $\frac{1}{6}$

해설 Drag : 드래그(용접 시 끌려가는 길이)

53 에너지이용합리화법상 검사대상기기 설치자가 검사대상기기 조종자를 선임하지 않았을 때의 벌칙에 해당되는 것은?

① 5백만 원 이하의 벌금

② 1천만 원 이하의 벌금

③ 1년 이하의 징역 또는 1천만 원 이하의 벌금

④ 2천만 원 이하의 벌금

해설 검사대상기기 설치자가 조종자를 선임하지 않으면 1천만 원 이하의 벌금에 처한다.

54 온수방열기에 부착되는 부속은?

① 유니언 캡

② 냉각 레그

③ 리프트 피팅

④ 공기빼기 밸브

해설 방열기에는 반드시 공기빼기 밸브를 설치해야 한다.

55 다음 검사의 종류 중 검사공정에 의한 분류에 해당되지 않는 것은?

① 수입검사

② 출하검사

③ 출장검사

④ 공정검사

해설 검사공정
  ㉠ 수입검사
  ㉡ 출하검사
  ㉢ 공정검사

56 품질관리 기능의 사이클을 표현한 것으로 옳은 것은?

① 품질개선 – 품질설계 – 품질보증 – 공정관리

② 품질설계 – 공정관리 – 품질보증 – 품질개선

③ 품질개선 – 품질보증 – 품질설계 – 공정관리

④ 품질설계 – 품질개선 – 공정관리 – 품질보증

 품질관리 기능 사이클

품질설계 – 공정관리 – 품질보증 – 품질개선

57 다음 [표]는 A 자동차 영업소의 월별 판매실적을 나타낸 것이다. 5개월 단순이동평균법으로 6월의 수요를 예측하면 몇 대인가?

(단위 : 대)

월	1	2	3	4	5
판매량	100	110	120	130	140

① 120 ② 130 ③ 140 ④ 150

 $\frac{100+110+120+130+140}{5} = 120$대

58 다음 중 계수치 관리도가 아닌 것은?

① c관리도 ② p관리도 ③ u관리도 ④ x관리도

 계수치 관리도

㉠ c관리도

㉡ p관리도

㉢ u관리도

59 부적합품률이 1%인 모집단에서 5개의 시료를 랜덤하게 샘플링할 때, 부적합품수가 1개일 확률은 약 얼마인가?(단, 이항분포를 이용하여 개선한다.)

① 0.048 ② 0.058 ③ 0.48 ④ 0.58

 이항분포$(P)X = nC_xP^x(1-P)^{N-x}$

불량률 $1\% = 0.01$, $(1-P) = 0.09$

$x = 0$

$\therefore 5 \times 1 \times 0.01^1 \times (1-0.01)^{5-1} = = 0.048$

---

60 다음 중 반즈(Ralph M. Barnes)가 제시한 동작경제의 원칙에 해당되지 않는 것은?

① 표준작업의 원칙

② 신체의 사용에 관한 원칙

③ 작업장의 배치에 관한 원칙

④ 공구 및 설비의 디자인에 관한 원칙

해절 반즈의 동작경제 원칙

㉠ 신체의 사용에 관한 원칙

㉡ 작업장 배치에 관한 원칙

㉢ 공구 및 설비의 디자인에 관한 원칙

1 강제 순환 보일러의 특징 설명으로 가장 거리가 먼 것은?

① 순환속도를 빠르게 설계할 수 없어 열전달률이 낮다.

② 기수 혼합물의 순환경로 저항을 감소시킬 필요가 없으므로 자유로운 구조의 선택이 가능하다.

③ 고압 보일러에 대하여서도 효율이 좋으며 증기발생이 양호하다.

④ 수관의 과열방지를 위해서 각 수관에 물이 균일하게 흘러야 한다.

해설 강제 순환 보일러는 순환속도를 빠르게 설계할 수 있어서 열전달률이 크다.

2 전열면적 50m², 증기발생량 3,000kg/h, 사용압력 0.7MPa인 보일러의 전열면 증발률은 몇 kg/m² · h인가?

① 7   ② 10   ③ 30   ④ 60

해설 전열면 증발률 $= \dfrac{증기발생량}{전열면적} = \dfrac{3,000}{50} = 60\text{kg/m}^2\text{h}$

3 일반적으로 보일러의 열손실 중 최대인 것은?

① 배기가스에 의한 열손실   ② 불완전 연소에 의한 열손실

③ 방열(放熱)에 의한 열손실   ④ 미연분에 의한 열손실

해설 배기가스 열손실

보일러 열손실 중 가장 크다.

4 열적 검출방식으로 화염의 발열 현상을 이용한 것으로 연소온도에 의해 화염의 유무를 검출하고 감온부는 바이메탈을 사용한 검출기는?

① 플레임 아이   ② 스택 스위치

③ 플레임 로드   ④ 광전관

해설 스택 스위치

열적 검출방식의 화염검출기로서 연도에 설치한다.

5 증기 보일러에서 증기압력 초과를 방지하기 위해 설치하는 밸브는?

① 개폐밸브   ② 역지밸브   ③ 정지밸브   ④ 안전밸브

해설 안전밸브
증기압력 초과방지 안전장치

6 보일러의 자동제어에서 증기압력제어는 어떤 양을 조작하는가?

① 노내 압력량과 기압량   ② 급수량과 연료공급량
③ 수위량과 전열량   ④ 연료공급량과 연소용 공기량

해설 증기압력제어
연료 및 연소용 공기량 조절

7 온수난방용 순환펌프 설치 시 시공 요령으로 틀린 것은?

① 순환펌프의 모터부분은 수평으로 설치해야 한다.
② 순환펌프 양측은 보수 정비를 위해 밸브를 설치한다.
③ 순환펌프는 보일러 동체, 연도 등에 의한 방열에 의해 영향을 받을 우려가 없을 곳에 설치해야 한다.
④ 순환펌프는 방출관 및 팽창관의 작용을 차단할 수 있어야 한다.

해설 순환펌프는 방출관이나 팽창관의 작용을 차단하여서는 아니된다.

8 방열기의 호칭에서 벽걸이 수직형을 나타내는 표시는?

① W-H   ② W-V   ③ W-Ⅲ   ④ Ⅲ-H

해설 W-V : 벽걸이 수직, W-H : 벽걸이 수평

9 일반적인 연소에 있어서 이론 공기량 A_o, 실제 공기량 A, 공기비 m이라 할 때 공기비를 구하는 식은?

① $m = \dfrac{A_o}{A-1}$ ② $m = \dfrac{A_o}{A+1}$ ③ $m = \dfrac{A_o}{A}$ ④ $m = \dfrac{A}{A_o}$

해설 공기비 = $\dfrac{\text{실제공기량}}{\text{이론공기량}}$

Answer 5. ④ 6. ④ 7. ④ 8. ② 9. ④

10 보일러 설치 시 만족시켜야 하는 조건으로 틀린 것은?

① 보일러의 사용압력은 특별한 경우에는 최고사용압력을 초과할 수 있도록 설치해도 된다.

② 기초가 약하여 내려앉거나 갈라지지 않아야 한다.

③ 수관식 보일러의 경우 전열면을 청소할 수 있는 구멍이 있어야 한다.(다만, 전열면의 청소가 용이한 구조의 경우에는 예외로 한다.)

④ 강구조물은 접지되어야 하고 빗물이나 증기에 의하여 부식이 되지 않도록 적절한 보호조치를 하여야 한다.

해설 보일러는 최고사용압력을 초과하지 않도록 운전하여야 한다.

11 증기난방과 비교한 온수난방의 특징 설명으로 틀린 것은?

① 난방부하의 변동에 따른 온도조절이 용이하다.

② 방열기의 표면온도가 낮아 화상의 위험이 적다.

③ 예열시간 및 냉각시간이 짧다.

④ 방열면적이 다소 많이 필요하다.

해설 온수난방은 예열시간이 길지만 냉각시간은 더딘 편이다.

12 수관식 보일러 중 기수드럼 2~3개와 수드럼 1~2개를 갖고 있으며, 곡관이므로 열팽창에 대한 신축이 자유롭고 기수드럼과 수드럼이 거의 수직으로 설치되는 보일러는?

① 야로우 보일러(Yarrow Boiler) ② 가르베 보일러(Garbe Boiler)

③ 다쿠마 보일러(Dakuma Boiler) ④ 스털링 보일러(Stirling Boiler)

해설 급경사 수직보일러

스털링 보일러(기수드럼이 2~3개, 수드럼이 1~2개이며 곡관식 수관보일러)

13 보일러용 연료로 사용되는 도시가스 중 LNG의 주성분은?

① C_3H_8 ② CH_4

③ C_4H_{10} ④ C_2H_2

해설 LNG(액화천연가스) 주성분 : CH_4(메탄)

Answer   10. ① 11. ③ 12. ④ 13. ②

14 수면계 중 1개를 다른 종류의 수면측정장치로 할 수 있는 경우는?

① 최고사용압력 5MPa 이하의 보일러로 동체의 안지름이 1,000mm 미만인 경우
② 최고사용압력 1MPa 이하의 보일러로 동체의 안지름이 1,000mm 미만인 경우
③ 최고사용압력 5MPa 이하의 보일러로 동체의 안지름이 750mm 미만인 경우
④ 최고사용압력 1MPa 이하의 보일러로 동체의 안지름이 750mm 미만인 경우

해설 최고사용압력 1MPa 이하 보일러 동체 안지름이 750mm 미만인 보일러는 유리제수면계 1개 외에 나머지는 다른 수면측정장치로 가름되어도 된다.

15 보일러 집진기 중 함진가스에 선회운동을 주어 분진 입자에 작용하는 원심력에 의하여 입자를 분리하는 집진방법은?

① 중력하강법　　② 관성법　　③ 사이클론법　　④ 원통여과법

해설 사이클론 집진장치
함진가스의 선회운동을 부여하여 매연발생 방지

16 보일러의 매연을 털어내는 매연분출장치가 아닌 것은?

① 롱레트랙터블형　　② 쇼트레트랙터블형
③ 정치 회전형　　④ 튜브형

해설 튜브형 매연분출기는 생산되지 않는다.

17 증기트랩에서 냉각래그의 길이는 몇 m 이상으로 설치하는 것이 가장 적절한가?

① 1.0　　② 1.2　　③ 1.5　　④ 0.5

해설 증기트랩에서 냉각래그의 길이는 1.5m 이상이어야 한다.(신속한 응축수 배출을 위해)

18 원심펌프 날개에 공동현상(Cavitation)이 발생하는 경우로 가장 적합한 것은?

① 압력수두가 높은 경우
② 회전속도가 극히 낮은 경우
③ 날개 면에서 작용하는 압력이 포화압력보다 낮은 경우
④ 날개 면에 압력이 과대하게 작용하는 경우

해설 공동현상(캐비테이션)은 임펠러에 작용하는 유체압력이 그 수온의 포화압력보다 낮은 경우 발생한다.

Answer　14. ④　15. ③　16. ④　17. ③　18. ③

19 통풍압 50mmAq, 풍량 500m³/min이고 통풍기의 효율을 0.5라고 하면 소요동력은 약 몇 kW인가?

① 7.5   ② 7.0

③ 8.2   ④ 9.4

해설 $P = \dfrac{Z \cdot Q}{102 \times 60 \times \eta} = \dfrac{50 \times 500}{102 \times 60 \times 0.5} = 8.17\text{kW}$

20 보일러에 댐퍼(Damper)를 설치하는 목적과 가장 거리가 먼 것은?

① 통풍력을 조절하여 연소효율을 상승시킨다.

② 가스의 흐름을 차단한다.

③ 주연도와 부연도가 있을 경우 가스 흐름을 전환한다.

④ 매연을 멀리 집중시켜 대기오염을 줄인다.

해설 매연을 멀리 집중시키려면 굴뚝(연돌)을 높인다. 또한 집진장치를 설치하면 매연을 방지할 수 있다.

21 복사난방의 분류 중 열매에 의한 분류에 속하지 않는 것은?

① 온수식   ② 증기식

③ 전기식   ④ 지열식

해설 (1) 복사난방
  ㉠ 증기식
  ㉡ 온수식
  ㉢ 전기식
(2) 지열식 : 히트펌프

22 난방부하에서 증기난방의 표준방열량(kcal/m²h)으로 맞는 것은?

① 750   ② 650

③ 550   ④ 450

해설 ㉠ 증기 : 650kcal/m²h
  ㉡ 온수 : 450kcal/m²h

23 과열기의 특징 설명으로 틀린 것은?

① 증기기관의 열효율을 증대시킨다.

② 증기관의 마찰 저항을 감소시킨다.

③ 보유열량이 많아 적은 증기량으로 많은 일을 할 수 있다.

④ 연소가스의 저항으로 압력손실이 직다.

해설 ㉠ 과열기는 연소가스의 저항으로 압력손실이 크다.
㉡ 과열기는 고온 부식 발생

24 보일러 건조보존 시 흡습제로 사용할 수 있는 물질은?

① 히드라진   ② 아황산소다

③ 생석회   ④ 탄산소다

해설 흡습제
생석회, 염화칼슘, 실리카겔 등

25 급수 중에 용존하고 있는 O_2 등의 용존기체를 분리 제거하는 진공탈기기의 감압장치로 이용되는 것은?

① 증류 펌프   ② 급수 펌프

③ 진공 펌프   ④ 노즐 펌프

해설 진공 펌프
급수 중 용존 산소나 가스체를 분리시키는 진공탈기기의 감압장치로 이용

26 보일러 스케일의 부착을 방지하기 위한 조치와 가장 관계가 없는 것은?

① 보일러 내에 도료를 칠한다.

② 보일러수에 청관제를 가한다.

③ 급수하기에 앞서 연화장치로 처리한다.

④ 보일러수 중의 용존가스를 남겨둔다.

해설 용존가스는 부식을 일으키는 인자이다.

27 보일러 내부부식이 발생하기 쉬운 부분과 거리가 먼 것은?

① 침전물이 퇴적하기 쉬운 부분
② 고온의 열 가스가 접촉되는 부분
③ 수면 부근의 산소접촉 부분
④ 금속면의 산화피막이 형성된 부분

해설 금속면의 산화피막이 형성되면 부식이 방지된다.

28 다음과 같은 베르누이 방정식에서 $\frac{P}{\gamma}$항은 무엇을 뜻하는가?

$$H=\frac{P}{\gamma}+\frac{V^2}{2g}+Z$$

(단, H : 전수두, P : 압력, γ : 비중량, V : 유속, g : 중력가속도, Z : 위치수두)

① 압력수두
② 속도수두
③ 공압수두
④ 유속수두

해설 ㉠ H : 전수두　　㉡ $\frac{V^2}{2g}$: 속도수두

㉢ $\frac{p}{\gamma}$: 압력수두　　㉣ Z : 위치수두

29 보일러 설비 중 감압밸브를 이용하여 고압의 증기를 저압의 증기로 감압하여 이용할 경우 이점으로 볼 수 없는 것은?

① 생산성 향상
② 에너지 절약
③ 증기의 건도 감소
④ 배관설비비 절감

해설 고압의 증기를 저압의 증기로 감압하면 증기의 건도가 향상된다.

30 보일러 전열면에 부착해서 스케일로 되는 작용을 억제시키기 위해 첨가하는 약제를 슬러지 조정제라 한다. 슬러지 조정제의 성분이 아닌 것은?

① 탄닌
② 인산
③ 리그닌
④ 전분

해설 슬러지 조정제
㉠ 탄닌
㉡ 리그닌
㉢ 전분

31 중유연소에서 안전점화를 할 때 제일 먼저 해야 할 사항은?

① 증기밸브를 연다.　　　　　　　② 불씨를 넣는다.

③ 연도댐퍼를 연다.　　　　　　　④ 기름을 넣는다.

해설 중유연소 시 역화를 방지하기 위해 연도댐퍼를 열고 프리퍼지를 실시한다.

32 1시간 동안에 온도차 1℃당 면적 1m²를 통과하는 열량으로 단위가 kcal/m²h℃로 표시되는 것은?

① 열복사율　　　　　　　　　　② 열관류율

③ 열전도율　　　　　　　　　　④ 열전열율

해설 ㉠ 열관류율 : kcal/m²h℃(w/m²k)

　　㉡ 열전도율 : kcal/mh℃(w/mk)

　　㉢ 열전달률 : kcal/m²h℃(w/m²k)

33 송기 시 배관에서 워터 해머작용이 일어나는 원인 중 틀린 것은?

① 프라이밍, 포밍이 발생하였을 때

② 증기관 내에 응축수가 고여 있을 때

③ 증기관의 보온이 원활하지 못하였을 때

④ 주증기 밸브를 천천히 열 때

해설 증기관의 보온이 원활하지 못하거나 프라이밍, 포밍발생, 관내 응축수 고임, 주증기밸브의 급한 개방에서 워터해머(수격작용)가 발생된다.

34 다음에 있는 내용을 인젝터의 기동순서로 올바르게 나열한 것은?

ⓐ 인젝터의 증기밸브를 연다.
ⓑ 증기관의 정지밸브를 연다.
ⓒ 물의 흡입밸브를 연다.

① ⓐ→ⓑ→ⓒ　　　　　　　② ⓒ→ⓑ→ⓐ

③ ⓒ→ⓐ→ⓑ　　　　　　　④ ⓑ→ⓐ→ⓒ

해설 인젝터 기동순서 : ⓒ→ⓑ→ⓐ

　　인젝터 정지순서 : ⓐ→ⓑ→ⓒ

Answer　31. ③　32. ②　33. ④　34. ②

35 보일러 사고의 원인 중 제작상의 원인이 아닌 것은?

① 재료불량   ② 구조 및 설계불량

③ 압력초과   ④ 용접불량

해설 압력초과, 부식, 역화, 가스폭발, 저수위사고, 매연발생 등은 취급상의 원인이다.

36 액체연료의 일반적인 특징 설명으로 틀린 것은?

① 석탄에 비하여 연소효율이 낮다.

② 석탄에 비하여 연소조절이 용이하다.

③ 석탄에 비하여 재와 그을음이 적다.

④ 석탄에 비하여 고온을 얻기가 쉽다.

해설 액체연료는 석탄에 비하여 연소효율이 높다.

37 보일러의 고온부식 방지대책 설명으로 틀린 것은?

① 연료 중의 바나듐 성분을 제거할 것

② 전열면의 표면온도가 높아지지 않도록 설계할 것

③ 공기비를 많게 하여 바나듐의 산화를 촉진할 것

④ 고온의 전열면에 내식재료를 사용할 것

해설 V_2O_5(오산화바나듐)

고온부식이란 바나지움이 550℃ 이상에서 오산화바나듐으로 산화하여 과열기에서 일으키기 때문에 공기비를 적게 하여 바나듐의 산화를 방지하여 고온부식을 방지한다.

38 보일(Boyle)의 법칙을 옳게 나타낸 것은?(단, T : 온도, P : 압력, V : 비체적, C : 비례상수)

① P=일정일 때, $\frac{T}{V}=C$(일정)   ② V=일정일 때, $\frac{T}{P}=C$(일정)

③ T=일정일 때, $P \cdot V=C$(일정)   ④ T=일정일 때, $\frac{P}{V}=C$(일정)

해설 보일의 법칙 : 온도가 일정할 때

$P \cdot V = C$

39 보일러사고의 원인을 크게 2가지로 분류할 때 가장 적합한 것은?

① 연료부족과 가스폭발

② 압력초과와 오일누설

③ 취급 부주의와 급수처리 철저

④ 피열 또는 이것에 준한 사고와 가스폭발

해설 보일러사고

㉠ 파열(압력초과, 저수위사고 등)

㉡ 가스폭발

40 대기압이 750mmHg일 때 어느 탱크의 압력계가 0.95MPa를 가리키고 있다면, 이 탱크의 절대압력은 약 몇 kPa인가?

① 850

② 1,050

③ 1,250

④ 1,550

해설 1atm＝760mmHg＝102kPa＝1.0332kg/cm²

1MPa＝10kg/cm², 0.95MPa＝9.5kg/cm²＝$102 \times \frac{750}{760}$＝101kPa(대기압)

$102 \times \frac{9.5}{1.0332}$＝938kPa

∴ abs＝101＋938≒1,039kPa

41 열사용기자재관리규칙에서 정한 특정열사용기자재 및 설치 시공범위에서 기관에 해당되지 않는 품목은?

① 용선로

② 강철제보일러

③ 태양열집열기

④ 축열식 전기보일러

해설 용선로 : 금속요로(기관은 제외)

42 증기와 응축수의 열역학적 특성으로 작동하는 트랩은?

① 디스크 트랩

② 하향 버킷 트랩

③ 벨로스 트랩

④ 플로트 트랩

해설 열역학 트랩 : 디스크, 오리피스 트랩

43 에너지사용량이 대통령령으로 정하는 기준량 이상이 되는 에너지다소비업자는 산업통상자원부령으로 정하는 바에 따라 신고를 하여야 한다. 이때 신고사항이 아닌 것은?

① 전년도의 에너지사용량 제품생산량

② 해당 연도의 에너지사용 예정량·제품생산 예정량

③ 에너지사용기자재의 현황

④ 내년도의 에너지이용 합리화 실적 및 다음 연도의 계획

해설 에너지다소비업자

연간 에너지사용량 2,000TOE 이상 사용자는 매년 1월 31일까지 시장, 또는 도지사에게 "①, ②, ③" 항을 신고한다.

44 보온재를 안전사용(최고)온도가 가장 높은 것부터 차례로 나열된 것은?

① 글라스울블랭킷＞규산칼슘보온판＞우모펠트＞석면판

② 규산칼슘보온판＞석면판＞글라스울블랭킷＞우모펠트

③ 우모펠트＞석면판＞규산칼슘보온판＞글라스울블랭킷

④ 석면판＞글라스울블랭킷＞우모펠트＞규산칼슘보온판

해설 보온재 안전사용온도가 높은 순서

규산칼슘＞석면＞글라스울＞우모＞폼종류

45 한지를 여러 겹 붙여서 일정한 두께로 하여 내유 가공한 오일시트 패킹이 주로 쓰이며 내유성이 있으나 내열도가 작은 플랜지 패킹은?

① 식물성 섬유제   ② 동물성 섬유제

③ 고무 패킹   ④ 광물성 섬유제

해설 식물성 섬유제 패킹

한지를 여러 겹 붙여서 내유가공한 오일시트 패킹

46 보일러 및 열 교환기용 탄소 강관의 KS 기호는?

① STS   ② STBH

③ NCF   ④ SCM

해설 STBH

보일러 및 열 교환기 탄소강관

Answer   43. ④   44. ②   45. ①   46. ②

47 구리의 기계적 성질에 관한 설명으로 틀린 것은?

① 구리는 연하고 가공성이 좋다.
② 냉간가공에 의하여 적당한 강도로 만들 수 있다.
③ 인장강도는 가공도에 따라 감소한다.
④ 폴링온도에 따라 인장강도, 연신율이 변한다.

해설 구리의 인장강도는 고온에 따라 감소한다.

48 동력 파이프 나사 절삭기의 종류 중 관의 절단, 나사절삭, 거스러미 제거 등의 일을 연속적으로
할 수 있는 것은?

① 다이헤드식　　　② 호브식　　　③ 오스터식　　　④ 리드식

해설 다이헤드식 나사 자동 절삭기
관의 절단, 관의 나사절삭, 거스러미 제거가 가능

49 온수 귀환 방식에서 각 방열기에 공급되는 유량 분배를 균등히 하여 전후방 방열기의 온도차를
최소화시키는 방식으로 환수배관의 길이가 길어지는 단점이 있는 방식은?

① 역귀환 방식　　　　　　② 강제귀환 방식
③ 중력귀환 방식　　　　　④ 팽창귀환 방식

해설 역귀환 방식(리버스리턴 방식)
방열기에 공급되는 온수유량분배는 균등하나 환수배관의 길이가 길어진다.

50 배관에 설치하는 신축 이음쇠의 종류가 아닌 것은?

① 루프형　　　② 벨로스형　　　③ 스위블형　　　④ 게이트형

해설 게이트 밸브
사절밸브(슬루스 밸브)

51 배관을 고정하는 받침쇠인 행거(Hanger)의 종류가 아닌 것은?

① 스프링 행거　　② 롤러 행거　　③ 콘스턴트 행거　　④ 리지드 행거

해설 롤러 : 서포트

52 보일러 용접부를 외관검사 방법으로 검사할 수 없는 것은?

① 강도　　　　　② 표면 균열　　　　　③ 언더 컷　　　　　④ 오버랩

해설 외관검사로 확인이 가능한 것

ⓐ 표면 균열, ⓑ 언더 컷, ⓒ 오버랩

53 관 장치의 설계, 제작, 시공, 운전, 조작, 공정 수정 등에 도움을 주기 위해 주계통의 라인, 계기, 제어기 및 장치기기 등에서 필요한 자료를 도시한 도면은?

① 계통도(Flow Diagram)　　　　　② 관 장치도
③ PID(Piping Instrument Diagram)　　④ 입면도

해설 PID 도면

관 장치의 설계, 제작, 시공, 운전, 조작, 공정 수정 등에 도움을 주기 위해 주계통의 라인, 계기, 제어기 및 장치기기 등에 필요한 자료를 도시한 복합 도면

54 에너지관리의 효율적인 수행과 특정열사용기자재의 안전관리를 위하여 에너지관리자, 시공업의 기술인력 및 검사 대상기기조종자에 대하여 교육을 실시하는 자는?

① 산업통상자원부장관　　　　　② 고용노동부장관
③ 국토교통부장관　　　　　　　④ 교육부장관

해설 검사대상기기 조종자 교육 실시권자 : 산업통상자원부장관

55 $\bar{x}$관리도에서 관리상한이 22.15, 관리하한이 6.85, $\bar{R}$ =7.5일 때 시료군의 크기(n)는 얼마인가? (단, n=2일 때 A_2 =1.88, n=3일 때 A_2 =1.02, n=4일 때 A_2 =0.73, n=5일 때 A_2 =0.58이다.)

① 2　　　　　　② 3　　　　　　③ 4　　　　　　④ 5

해설 $\bar{x}$: 시료군의 평균치, $\bar{R}$: 범위(시료군 범위)

관리상한 : 22.15, 관리하한 : 6.85(22.15+6.85=29)

표본평균 = $\frac{29}{2}$ =14.5, 14.5+ A_2 ×7.5=22.15

∴ A_2 = $\frac{22.15}{14.5+7.5}$ =1.0068(n =3에 가깝다.)

56 200개 들이 상자가 15개 있다. 각 상자로부터 제품을 랜덤하게 10개씩 샘플링할 경우, 이러한 샘플링 방법을 무엇이라 하는가?

① 계통 샘플링　　　　　② 취락 샘플링
③ 층별 샘플링　　　　　④ 2단계 샘플링

해설 층별 샘플링

모집단을 몇 개의 층으로 나누고 각 층으로부터 각각 랜덤하게 시료를 채취하는 방법의 샘플링

57 어떤 측정법으로 동일 시료를 무한횟수 측정하였을 때 데이터 분포의 평균치와 모집단 참값과의 차를 무엇이라 하는가?

① 편차   ② 신뢰성   ③ 정확성   ④ 정밀도

해설 정확성

어떤 측정법으로 동일 시료를 무한횟수로 측정 시 데이터 분포의 평균치와 모집단 참값과의 차이

58 다음 중 신제품에 대한 수요예측방법으로 가장 적절한 것은?

① 시장조사법   ② 이동평균법
③ 지수평활법   ④ 최소자승법

해설 시장조사법

신제품에 대한 수요예측방법으로 가장 적절한 조사법

59 ASME(American Society of Mechanical Engineers)에서 정의하고 있는 제품공정 분석표에 사용되는 기호 중 "저장(Storage)"을 표현한 것은?

① ○   ② D   ③ □   ④ ▽

해설 ㉠ ○ : 작업   ㉡ □ : 검사
㉢ ⇨ : 운반   ㉣ D : 대기   ㉤ ▽ : 보관

60 다음 중 사내표준을 작성할 때 갖추어야 할 요건으로 옳지 않은 것은?

① 내용이 구체적이고 주관적일 것
② 장기적 방침 및 체계하에서 추진할 것
③ 작업표준에는 수단 및 행동을 직접 제시할 것
④ 당사자에게 의견을 말하는 기회를 부여하는 절차로 정할 것

해설 사내표준작성 시 기록내용이 구체적이고 객관적이어야 한다.

Answer   57. ③ 58. ① 59. ④ 60. ①

과년도출제문제

2010. 3. 29.

1 수관보일러 중 자연순환식 보일러에 속하는 것은?

① 슐처보일러
② 벨록스보일러
③ 벤슨보일러
④ 다쿠마보일러

해설 ㉠ 관류보일러 : 벤슨, 슐처보일러
㉡ 강제순환식 : 라몽, 벨록스보일러
㉢ 자연순환식 : 다쿠마, 스네기찌, 야로보일러 등

2 압입통풍 방식의 설명으로 옳은 것은?

① 배기가스와 외기의 비중량 차를 이용한 통풍방식이다.
② 연도나 연돌 측에만 송풍기가 있는 방식이다.
③ 연소실 입구측과 연돌 쪽에 각각 송풍기가 설치된 방식이다.
④ 연소실 입구측에만 송풍기가 있는 방식이다.

해설 **압입통풍**
연소실 입구측에 있는 터보형 송풍기로서 정압이 유지된다.

3 보일러설치시 보일러의 압력계에 연결되는 증기관으로 황동관을 사용할 수 없는 증기온도는 몇 ℃ 이상일 때인가?

① 100℃
② 150℃
③ 210℃
④ 180℃

해설 **황동관 증기관**
210℃(483K) 이상에서는 사용불가

4 방열기의 상당방열면적이 300m²인 증기난방에 적합한 응축수 펌프의 양수량은 약 몇 ℓ/min인가?(단, 사용증기의 증발잠열은 533.2kcal/kg이고, 배관에서 생기는 응축수량은 방열기에서의 응축수량의 30% 정도로 본다.)

① 24 ℓ/min
② 28 ℓ/min
③ 30 ℓ/min
④ 34 ℓ/min

해설 증기난방 표준열량=650kcal/m²h $\dfrac{650}{533.2} \times (1+0.3) \times 300 \times \dfrac{1}{60} = 7.92\,kg$

(펌프용량=응축수량의 3배) ∴ 7.92×3=24 ℓ/min

5 보일러의 자동제어 장치인 인터록 제어에 대한 설명으로 맞는 것은?

① 증기의 압력, 연료량, 공기량을 조절하는 것
② 제어량과 목표치를 비교하여 동작시키는 것
③ 정해진 순서에 따라 차례로 진행하는 것
④ 구비조건에 맞지 않을 때 다음 동작이 정지되는 것

해설 인터록
보일러 운전 중 구비조건에 맞지 않을 때 다음 동작이 정지되는 것

6 복사난방에 사용되는 패널의 한 조당 길이로 가장 적당한 것은?

① 20~30m
② 40~60m
③ 70~80m
④ 90~100m

해설 복사난방 패널의 한 조당 적당한 길이는 40~60m 길이가 이상적이다.

7 강제순환식 수관보일러인 라몬트 보일러의 특징 설명으로 틀린 것은?

① 압력의 고저, 관배치, 경사 등에 제한이 없다.
② 보일러 높이를 낮게 설치할 수 있다.
③ 용량에 비해 소형으로 제작할 수 있다.
④ 수관 내 유속이 느리고 관석부착이 많다.

해설 라몬트 보일러
강제순환식 수관보일러로서 유속이 빠르고 관석의 부착은 자연순환식에 비해 적다.

8 다음 중 가압수식 집진장치가 아닌 것은?

① 벤튜리 스크러버
② 사이클론 스크러버
③ 제트 스크러버
④ 로터리 스크러버

해설 가압수식 집진장치(세정식)
벤튜리 스크러버, 사이클론 스크러버, 제트 스크러버, 충전탑

9 증기트랩의 선정시 최고사용압력을 고려하는 것은 중요하다. 기계식 트랩은 조기마모 및 손상을 방지하기 위하여 보통 최고사용압력의 몇 % 정도까지 적용하는 것이 좋은가?

① 100%   ② 90%
③ 80%   ④ 70%

해설 기계식 트랩(플로트형, 버킷형)은 최고사용압력의 70% 정도까지 적용하여 사용하여야 조기마모 및 손상을 방지한다.

10 증기난방과 비교한 온수난방의 특징을 설명한 것으로 가장 거리가 먼 것은?

① 난방부하의 변동에 따라 온도조절이 용이하다.
② 가열시간은 길지만 냉각시간이 짧다.
③ 방열기의 표면온도가 낮아서 화상의 염려가 없다.
④ 보일러 취급이 용이하고 실내의 쾌감도가 높다.

해설 온수난방은 증기난방에 비해 가열시간은 길지만 냉각시간도 또한 길다.

11 자동식 가스분석계 중 화학적 가스분석계에 속하는 것은?

① 연소열법   ② 밀도법
③ 열전도도법   ④ 자화율법

해설 화학적 가스분석계
연소열법, CO_2법, 미연탄소법, 오르자트법, 헴펠법 등

12 증기트랩 선정시에 있어 에너지절약을 위하여 응축수의 현열까지도 이용하고자 할 때 적절한 트랩은?

① 열역학식 증기트랩　　　　　　　② 기계식 증기트랩

③ 바이메탈식 증기트랩　　　　　　④ 볼플로트 증기트랩

해설 응축수의 현열이 필요한 스팀트랩은 온도차에 의한 바이메탈식, 벨로스식 등을 이용한다.

13 건물의 난방부하를 계산할 때 검토할 사항으로 가장 거리가 먼 것은?

① 건물의 위치와 주위환경 조건　　② 건축물의 구조

③ 마루 등의 공간　　　　　　　　④ 전열, 조명에 의한 열량취득

해설 전열, 조명에 의한 열량취득은 냉방부하에 해당된다.

14 온수보일러의 온수 순환펌프는 원칙적으로 어디에 설치되는가?

① 환수주관　　　　　　　　　　　② 급탕주관

③ 팽창관　　　　　　　　　　　　④ 송수주관

해설 온수보일러 온수순환펌프는 환수주관에 또한 방출밸브는 송수주관에 부착시킨다.

15 온수난방 방열기의 방열량 3,600kcal/h, 입구온수온도 70℃, 출구온수온도 60℃로 했을 경우, 1분당 유입온수유량은 몇 kg인가?

① 6　　　　　　② 10　　　　　　③ 12　　　　　　④ 40

해설 $3,600 = G_w \times 1 \times (70-60)$

$G_w = \dfrac{3,600}{1 \times (70-60) \times 60} = 6 \text{kg/min}$

※ 1시간은 60분, 물의 비열은 1kcal/kg℃

16 보일러 1마력이란 1시간에 몇 kg의 상당증발량을 나타낼 수 있는 능력을 말하는가?

① 10.65　　　　　　　　　　　　② 12.65

③ 15.65　　　　　　　　　　　　④ 17.65

해설 보일러 1마력＝상당증발량 15.65kg/h의 능력

17 기체연료의 연소시 공기비의 일반적인 값은?

① 0.8~1.0

② 1.1~1.3

③ 1.3~1.6

④ 1.8~2.0

해설 기체연료의 공기비 : 1.1~1.3

액체연료의 공기비 : 1.3~1.6

고체연료의 공기비 : 1.8~2.0

18 보일러 급수장치의 하나인 인젝터에 대한 설명이다. 이 중 틀린 것은?

① 인젝터는 벤튜리의 원리를 응용해서 증기를 분출하고, 그 부근의 압력강하로 생기는 진공을 이용하여 물을 빨아올린다.

② 응축작용에 의해 보유하는 열에너지를 물에 주어 고속의 수류를 만들고 이를 압력에너지로 바꾸어 보일러에 급수한다.

③ 인젝터는 일반적으로 급수압력 1MPa 미만이면 작동불량을 초래하기 때문에 주의해야 한다.

④ 증기속의 드레인이 많을 때는 인젝터의 성능이 저하하기 때문에 이러한 일이 없도록 한다.

해설 인젝터는 0.2~1MPa 이하에서 가장 작동이 원활하다.

19 보일러 연소 시 화염 유무를 검출하는 프레임 아이에 사용되는 화염검출 소자가 아닌 것은?

① pbs셀

② pus셀

③ cds셀

④ 광전관

해설 프레임 아이 화염검출소자

㉠ pbs셀(납)

㉡ cds셀(카드뮴)

㉢ 광전관(적외선, 자외선)

20 일정한 조건 아래에서 휘발성 물질의 증기가 다른 작은 불꽃에 의하여 불이 붙는 가장 낮은 온도를 무엇이라고 하는가?

① 인화점

② 착화점

③ 연소점

④ 유동점

해설 인화점

불꽃에 의하여 불이 붙는 가장 낮은 온도로서 인화점이 낮은 휘발유 등은 위험한 연료이다.

Answer 17. ② 18. ③ 19. ② 20. ①

21 안전밸브의 구조에 대한 일반사항으로 틀린 것은?

① 설정압력이 3MPa를 초과하는 증기에 사용하는 안전밸브에는 스프링이 분출하는 유체에 직접 노출되지 않도록 하여야 한다.

② 안전밸브는 그 일부가 파손하여도 충분한 분출량을 얻을 수 있는 구조로 하여야 한다.

③ 안전밸브는 누구나 조정할 수 있는 구조로 하여야 한다.

④ 안전밸브의 부착부는 배기에 의한 반동력에 대하여 충분한 강도가 있어야 한다.

해설 안전밸브는 안전밸브 조정자 및 시공자만이 조정 가능하다.

22 과열증기의 온도조절 방법에 대한 설명으로 틀린 것은?

① 과열증기를 통하는 열가스량을 댐퍼로 조절한다.

② 저온의 가스를 연소실 내로 재순환시킨다.

③ 과열증기에 찬 공기를 혼합한다.

④ 연소실 내에서 화염의 위치를 바꾼다.

해설 과열저감기를 사용한다.

23 어떤 보일러에서 측정한 배기가스 온도가 240℃, 배기가스량이 100Nm³/h이고, 외기온도가 20℃, 실내온도가 25℃인 경우 배출되는 배기가스의 손실열량은?(단, 배기가스 및 공기의 비열은 각각 0.33, 0.31kcal/kg℃이다.)

① 6,045kcal/h

② 6,820kcal/h

③ 7,095kcal/h

④ 7,260kcal/h

해설 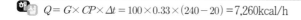 $Q = G \times CP \times \Delta t = 100 \times 0.33 \times (240 - 20) = 7{,}260 \text{kcal/h}$

24 증기트랩의 일반사항에 대한 설명으로 틀린 것은?

① 증기트랩은 증기와 응축수를 공학적 원리 및 내부구조에 의해 구별하여 자동적으로 밸브를 개폐 또는 조절함으로써 응축수만을 배출하는 일종의 자동밸브이다.

② 응축수가 배출되는 구멍인 오리피스, 조절기의 지시에 따라 오리피스를 개폐하여 응축수나 공기를 제거하고 증기의 누출을 방지하는 밸브, 증기와 응축수를 구분하여 밸브를 개폐시키는 조절기, 다른 부품을 내장하고 있는 몸체로 구성되어 있다.

③ 증기트랩 바로 직전에 응축수가 있으면 밸브가 닫히고 증기가 존재하면 밸브가 열리는 기능만을 갖고 있다.

④ 응축수가 원활하게 배출되지 못하면 증기공간 내에 응축수가 차오르게 되며 결국 유효한 가열면적이 감소된다.

해설 증기가 트랩에 존재하면 밸브는 닫혀야 한다.

25 보일러 가스폭발을 방지하는 방법이 아닌 것은?

① 점화할 때는 미리 충분한 프리퍼지를 한다.
② 포스트퍼지를 충분히 하고, 그 후에 댐퍼를 닫는다.
③ 연료 속의 수분이나 슬러지 등은 충분히 배출한다.
④ 보일러 수위를 낮게 유지한다.

해설 보일러 수위가 낮으면 저수위사고를 유발하고 보일러 안전운전이 방해된다.

26 보일러 청관제로서 슬러지 조정제로 사용되는 것은?

① 전분   ② 수산화나트륨   ③ 탄산나트륨   ④ 히드라진

해설 슬러지 조정제
전분, 탄닌, 리그린, 텍스트린

27 보일러 본체사고를 예방하기 위한 과열방지 대책으로 적당하지 않은 것은?

① 보일러의 수위가 안전저수면 이하가 되지 않도록 한다.
② 보일러수의 순환을 교란시키지 말아야 한다.
③ 보일러수에 유지류를 혼합시킨다.
④ 연소가스의 화염이 세차게 전열면에 닿지 않도록 하여야 한다.

해설 보일러수에 유지류가 혼합되면 보일러수의 과열 및 캐리오버(기수공발)의 원인이 된다.

28 보일러 소음측정에 대한 설명 중 맞는 것은?

① 보일러 정면, 측면의 1.5m 떨어진 곳에서 2.0m 높이에서 측정하며 95dB 이하이어야 한다.
② 보일러 정면, 측면의 1.5m 떨어진 곳에서 1.0m 높이에서 측정하며 90dB 이하이어야 한다.
③ 보일러 측면, 후면의 1.5m 떨어진 곳에서 1.2m 높이에서 측정하며 95dB 이하이어야 한다.
④ 보일러 측면, 후면의 1.5m 떨어진 곳에서 2.2m 높이에서 측정하며 90dB 이하이어야 한다.

해설 보일러실 소음 측정기준은 "㉰"항 기준에 의거하여 95데시벨 이하이어야 한다.

Answer   25. ④ 26. ① 27. ③ 28. ③

29 부력(浮力)은 그 물체가 배제한 유체의 중량과 같은 힘을 수직 상방으로 받는 것을 말하는데 이는 어떤 원리인가?

① 아르키메데스　　　② 파스칼　　　③ 뉴톤　　　④ 오일러

해설 **부력**
아르키메데스의 원리 적용

30 물중의 불순물 농도를 표시하는 단위인 ppb의 설명으로 옳은 것은?

① 만분의 1당량의 중량　　　② 백만분의 1량
③ 중량 10억분의 1량　　　④ 용액 1ℓ중 1g 해당량

해설 ㉠ ppm : 백만분의 1량
ⓒ ppb : 중량 10억분의 1량

31 열전도율의 단위로 맞는 것은?

① kcal/mh℃　　　② kcal/m²h℃　　　③ kcal℃/mh　　　④ m²h℃/kcal

해설 **열전도율 단위**
kcal/mh℃(kJ/m℃)

32 관로(管路)의 유체 마찰저항은 유체속도의 몇 제곱에 비례하는가?

① 4제곱　　　② 3제곱　　　③ 2제곱　　　④ 1제곱

해설 관로의 유체 마찰저항은 유체속도의 2제곱에 비례한다.

33 보일러 강판의 가성취화에 대한 설명으로 가장 거리가 먼 것은?

① 관체의 평면부에서 가장 많이 발생한다.
② 반드시 수면 이하에서 발생한다.
③ 관공 등의 응력이 집중하는 곳의 수면 아래 부분에 발생한다.
④ 리벳과 리벳 사이에 발생되기 쉽다.

해설 가성취화(가성소다 부식)는 반드시 관체의 수면 이하에서 발생

Answer　29. ①　30. ③　31. ①　32. ③　33. ①

34 중량유량이 230kg/sec인 물이 직경 30cm인 관속을 통과하고 있다. 속도는 약 몇 m/sec인가?
(단, 물의 비중량은 1,000kg/m³이다.)

① 4.3m/sec
② 7.6m/sec
③ 3.3m/sec
④ 2.5m/sec

해설 단면적 $= \frac{\pi}{4}d^2 = \frac{3.14}{4} \times (0.3)^2 = 0.07065\text{m}^2$

$230\text{kg/s} = 0.23\text{m}^3/\text{s}$

$0.23 = 0.07065 \times V,\ V = \frac{0.23}{0.07065} = 3.255\text{m/s} ≒ 3.3\text{m/sec}$

35 과열증기 온도와 포화증기 온도와의 차를 무엇이라고 하는가?

① 과열도
② 건도
③ 임계온도
④ 습도

해설 증기과열도＝과열증기온도－포화증기온도

36 보일러 산세관시 첨가하는 부식억제제의 구비조건에 대한 설명으로 틀린 것은?

① 점식이 발생되지 않을 것
② 부식 억제능력이 클 것
③ 물에 대해 용해도가 적을 것
④ 세관액의 온도, 농도에 대한 영향이 적을 것

해설 부식억제제는 물에 대해 용해도가 커야 한다.

37 몰리에르(Mollier)선도는 x축과 y축을 각각 어떤 양으로 하는가?

① x축 : 비체적, y축 : 온도
② x축 : 엔트로피, y축 : 엔탈피
③ x축 : 온도, y축 : 엔탈피
④ x축 : 엔트로피, y축 : 온도

해설 몰리에르선도
㉠ x축 : 엔트로피
㉡ y축 : 엔탈피

38 비중이 0.9인 액체가 나타내는 압력이 4기압(atm)일 때 이것을 압력수두로 환산하면 약 몇 m인가?

① 33.3

② 45.9

③ 35.6

④ 39.9

해설 $1atm = 10.33mAq$

$$\therefore H = \frac{P}{\gamma} = \frac{10.33 \times 4}{0.9} = 45.9m$$

39 열역학의 기본법칙으로 일종의 에너지보존법칙인 것은?

① 열역학 제2법칙

② 열역학 제1법칙

③ 열역학 제3법칙

④ 열역학 제0법칙

해설 열역학 제1법칙 : 에너지보존법칙

40 보일러 외부부식 발생 원인으로 틀린 것은?

① 빗물, 지하수 등에 의한 습기나 수분에 의한 작용

② 증기나 보일러수 등의 누출로 인한 습기나 수분에 의한 작용

③ 재나 회분 속에 함유된 부식성 물질에 의한 작용

④ 급수 중에 유지류, 산류, 염류 등의 불순물에 의한 함유작용

해설 유지류, 산류, 염류 등 : 내부부식 초래

41 에너지이용합리화법상 소형 온수보일러란 전열면적과 최고사용압력이 각각 얼마 이하인 보일러인가?

① 10m², 0.35MPa

② 14m², 0.55MPa

③ 15m², 0.45MPa

④ 14m², 0.35MPa

해설 소형 온수보일러

㉠ 최고사용압력 = 0.35MPa 이하

㉡ 전열면적 = 14m² 이하

42 전기전도도가 높고 고온에서의 수소취화현상도 없으며 가공성도 우수하여 주로 전자기기 제작에 사용되는 동(銅)은?

① 인탈산동
② 무산소동
③ 타프피치동
④ 황산동

해설 무산소동
전기전도도가 높고 고온에서 수소취화현상이 없으며 가공성도 우수하여 전자기기 제작에 사용된다.

43 에너지관리지도 결과, 에너지의 이용효율을 높이기 위하여 필요하다고 인정하면 에너지다소비업자에게 에너지손실요인의 개선을 명할 수 있는 자(者)로 맞는 것은?

① 환경부장관
② 산업통상자원부장관
③ 한국에너지공단이사장
④ 시·도지사

해설 에너지손실요인의 개선명령권자 : 산업통상자원부장관

44 관공작용 공구 중 접하려는 연관의 끝부분을 소정의 관경으로 넓히는 데 사용되는 공구는?

① 플레어링 툴
② 턴핀
③ 토치램프
④ 벤드벤

해설 턴핀
관공작용 공구 중 연관의 끝부분을 소정의 관경으로 넓히는 공구

45 가스절단에서 드래그라인을 가장 잘 설명한 것은?

① 예열온도가 낮아서 일정한 간격의 직선이 진행방향으로 나타나 있는 것
② 절단 토치가 이동한 경로에 따라 직선이 나타나는 것
③ 산소의 압력이 높아 나타나는 선
④ 절단시 절단면에 일정한 간격의 곡선이 진행방향으로 나타나 있는 것

해설 가스절단 드래그라인이란 절단시 절단면에 일정한 간격의 곡선이 진행방향으로 나타나 있는 것

46 증기난방에서 응축수 환수법의 종류에 해당되지 않는 것은?

① 중력 환수식

② 습식 환수식

③ 기계 환수식

④ 진공 환수식

해설 증기난방 응축수 환수법
　㉠ 중력 환수식
　㉡ 기계 환수식
　㉢ 진공 환수식

47 피복제 중에 석회석이나 형석이 주성분으로 되어 있는 피복아크 용접봉은?

① 저수소계

② 일미나이트계

③ 고셀룰로오스계

④ 고산화티탄계

해설 저수소계
피복제 중에 석회석이나 형석이 주성분으로 되어 있는 피복아크 용접봉이다.

48 벽면에 매설(埋設)하는 배수 수직관에 접속할 때 사용하는 관 트랩은?

① S트랩

② P트랩

③ U트랩

④ X트랩

해설 P배수트랩
벽면에 매설하는 배수 수직관에 접속할 때 사용하는 관 트랩이다.

49 검사대상기기 조종자를 해임하거나 조종자가 퇴직하는 경우 언제까지 다른 검사대상기기조종자를 선임해야 하는가?

① 해임 또는 퇴직 후 10일 이내

② 해임 또는 퇴직 후 20일 이내

③ 해임 또는 퇴직 이전

④ 해임 또는 퇴직 후 1개월 이내

해설 검사대상기기 조종자 선임은 현 조종자의 해임 또는 퇴직 이전에 한다.

50 보온재가 갖추어야 할 조건으로 틀린 것은?

① 흡수성이 적을 것

② 부피, 비중이 작을 것

③ 열전도율이 클 것

④ 물리적·화학적 강도가 클 것

해설 보온재는 열전도율이 적어야 한다.

51 동관의 이음방법으로 적합하지 않은 것은?

① 용접 이음　　　　　　　　　② 납땜 이음
③ 플라스턴 이음　　　　　　　④ 압축 이음

해설 플라스턴 이음 : 연관의 이음방법

52 보통 피스페놀 A와 에피크롤히드린을 결합해서 얻어지며 내열성, 내수성이 크고 전기절연도가 우수하여 도료접착제, 방식용으로 쓰이는 것은?

① 에폭시 수지　　　　　　　　② 고농도 아연 도료
③ 알루미늄 도료　　　　　　　④ 산화철 도료

해설 에폭시 수지
피스페놀 A와 에피크롤히드린을 결합해서 얻어지며 내열성, 내수성, 전기절연도가 우수한 방식용 도료접착제이다.

53 고압배관용 탄소강관의 KS기호는?

① SPPH　　　　② SPHT　　　　③ SPPS　　　　④ SPPW

해설 SPPH : 고압배관용 탄소강관
SPPS : 압력배관용 탄소강관

54 열팽창에 의한 배관의 이동을 구속하거나 제한하는 장치로 배관의 일정 방향의 이동과 회전만 구속하고 다른 방향은 자유롭게 이동하게 하는 것은?

① 파이프 슈(Pipe Shoe)　　　　② 앵커(Anchor)
③ 스토퍼(Stopper)　　　　　　　④ 브레이스(Brace)

해설 스토퍼
배관의 일정방향의 이동과 회전만 구속하고 다른 방향은 자유롭게 이동이 가능한 리스트 레인트

55 다음 중 통계량의 기호에 속하지 않는 것은?

① σ　　　　② R　　　　③ s　　　　④ $\bar{x}$

해설 σ : 로트의 표준편차

---

56 계수 규준형 샘플링 검사의 OC 곡선에서 좋은 로트를 합격시키는 확률을 뜻하는 것은?(단, α는 제1종과오, β는 제2종과오이다.)

① α

② β

③ $1-\alpha$

④ $1-\beta$

 $1-\alpha$

계수 규준형 샘플링 검사의 OC곡선 좋은 로트를 합격시키는 확률을 뜻하는 것

57 u관리도의 관리한계선을 구하는 식으로 옳은 것은?

① $\bar{u} \pm \sqrt{\bar{u}}$

② $\bar{u} \pm 3\sqrt{\bar{u}}$

③ $\bar{u} \pm 3\sqrt{n\bar{u}}$

④ $\bar{u} \pm 3\sqrt{\dfrac{\bar{u}}{n}}$

UCL&LCL $= \bar{u} \pm 3\sqrt{\dfrac{\bar{u}}{n}}$

관리도 : ㉠ 한 개의 중심선 CL
㉡ 두 개의 관리한계선 UCL, LCL

58 예방보전(Preventive Maintenance)의 효과로 보기에 가장 거리가 먼 것은?

① 기계의 수리비용이 감소한다.

② 생산시스템의 신뢰도가 향상된다.

③ 고장으로 인한 중단시간이 감소한다.

④ 예비기계를 보유해야 할 필요성이 증가한다.

예방보전은 예비기계를 보유해야 할 필요성이 감소한다.

59 다음 중 인위적 조절이 필요한 상황에 사용될 수 있는 워크팩터(Work Factor)의 기호가 아닌 것은?

① D

② K

③ P

④ S

㉠ D : 일정한 정지
㉡ S : 방향의 조절
㉢ P : 주의
㉣ u : 방향변경

60 어떤 회사의 매출액이 80,000원, 고정비가 15,000원, 변동비가 40,000원일 때 손익분기점 매출액은 얼마인가?

① 25,000원   ② 30,000원

③ 40,000원   ④ 55,000원

해설 손익분기점매출액 $= \dfrac{\text{고정비}}{\text{한계이익률}}$

$= \dfrac{\text{고정비}}{1-\left(\dfrac{\text{변동비}}{\text{매상고}}\right)} = \dfrac{15,000}{1-\dfrac{40,000}{80,000}} = 30,000$원

1 증발배수(Evaporation Ratio)에 대한 설명으로 옳은 것은?

① 보일러로부터 1시간당 발생되는 증기량

② 보일러 전열면 1m²당 1시간의 증발량

③ 보일러의 증발량과 그 증기를 발생시키기 위해 사용된 연료량과의 비

④ 연료의 발열량을 표시하는 방법의 하나로서 고위발열량에서 수증기의 잠열을 뺀 것

해설 증발배수

$$\frac{\text{보일러 증발량 (kg/h)}}{\text{사용 연료량 (kg/h)}} = kg/kg$$

2 보일러 연소조절의 주의사항으로 틀린 것은?

① 보일러를 무리하게 가동하지 않아야 한다.

② 연소량을 증가시킬 경우에는 먼저 연료량을 증가시켜야 하며 연소량을 감소시킬 경우에는 먼저 통풍량을 감소시켜야 한다.

③ 불필요한 공기의 연소실 내 침입을 방지하고 연소실 내를 고온으로 유지한다.

④ 항상 연소용 공기의 과부족에 주의하여 효율 높은 연소를 하지 않으면 안 된다.

해설 부하를 높일 때 : 공기량 증가 → 연료량 증가
부하를 낮출 때 : 연료량 감소 → 공기량 감소

3 보일러에 사용되는 자동제어계의 동작순서로 알맞은 것은?

① 검출 → 비교 → 판단 → 조작

② 조작 → 비교 → 판단 → 검출

③ 판단 → 비교 → 검출 → 조작

④ 검출 → 판단 → 비교 → 조작

해설 자동제어 동작순서
검출 → 비교 → 판단 → 조작

4 A중유와 C중유의 일반적인 특성을 비교한 것 중 옳은 것은?

① A중유와 C중유는 비중 및 발열량이 같다.

② A중유는 C중유에 비하여 비중 및 발열량이 크다.

③ A중유는 C중유와 비중은 같으나 발열량이 작다.

④ A중유는 C중유에 비하여 비중이 적고 발열량이 크다.

해설 A중유는 B, C중유에 비하여 비중이 적고 발열량이 크다.

5 보일러의 통풍장치 방식에서 흡입통풍 방식에 관한 설명으로 맞는 것은?

① 연도의 끝이나 연돌하부에 송풍기를 설치하여 연소 가스를 빨아내는 방식이다.

② 연도에서 연소가스와 외부공기와의 밀도차에 의해서 생기는 압력차를 이용한 방식이다.

③ 노앞과 연돌 하부에 송풍기를 설치하여 노내압을 대기압보다 약간 낮은 압력으로 유지시키는 방식이다.

④ 노입구에 압입송풍기를 설치하여 연소용 공기를 밀어 넣는 방식이다.

해설 흡입통풍 : 연도의 끝이나 연돌 하부에 송풍기를 설치하여 연소배기가스를 빨아내는 통풍

6 유량계 중 면적식 유량계에 속하는 것은?

① 벤튜리미터　　　　　　　　② 오리피스

③ 플로노즐　　　　　　　　　④ 로터미터

해설 로터미터 : 면적식 유량계(부자식)

7 난방부하에 관한 설명 중 틀린 것은?

① 온수난방 시 EDR이 50m²일 때의 난방부하는 22,500kcal/h이다.

② 증기난방 시 EDR이 50m²일 때의 난방부하는 32,500kcal/h이다.

③ 난방부하를 설계하기 위해서는 방열관 입구온도와 보일러 출구온도와의 차이를 필요로 한다.

④ 난방부하를 설계하는 데는 건축물의 방위와 높이, 면적, 조건 등을 필요로 한다.

해설 난방부하(kcal/h)
열관류율×방열면적×(실내온도－외기온도)×방위에 따른 부가계수

8 온도조절식 증기트랩의 종류가 아닌 것은?

① 벨로스식　　　　② 바이메탈식　　　　③ 다이어프램식　　　　④ 버킷식

해설 버킷식, 플로트식 : 기계식 트랩

9 노통 보일러와 비교한 연관 보일러의 특징을 설명한 것으로 틀린 것은?

① 전열면적이 커서 증발량이 많고 효율이 좋다.

② 비교적 빨리 증기를 얻을 수 있다.

③ 질이 좋은 보일러 수(水)가 필요하다.

④ 구조가 간단하여 설비비가 적게 든다.

해설 연관보일러는 외분식 보일러로서 노통보일러에 비해 전열면적이 크고 구조가 복잡하며 설비비가 많이 든다.

10 탄성식 압력계의 종류가 아닌 것은?

① 링 밸런스식 압력계　　　　　　　② 벨로스식 압력계

③ 다이어프램식 압력계　　　　　　④ 부르동관식 압력계

해설 링 밸런스식 압력계 : 액주식 저압측정용 압력계

11 집진장치의 종류 중 함진가스를 목면, 양모, 테프론, 비닐 등의 필터(Filter)에 통과시켜 분진입자를 분리·포집시키는 집진방법은?

① 중력식　　　　② 여과식　　　　③ 사이클론식　　　　④ 관성력식

해설 여과식 집진장치 : 필터사용 집진장치

12 온수난방에서 시동 전에 물의 평균밀도가 0.9957ton/m³이고, 난방 중 온수의 평균밀도가 0.9828ton/m³인 경우 시동 전에 비해 온수의 팽창량은 약 몇 ℓ인가?(단, 온수시스템 내의 가동 전 보유수량은 2.28m³이다.)

① 20　　　　② 30　　　　③ 40　　　　④ 50

해설 $2.28 \times 1,000 = 2,280L$

$$\left(\frac{1}{0.9828} - \frac{1}{0.9957}\right) \times 2,280 = 30.055L$$

13 과열기가 장착된 보일러에서 50분간의 증발량은 37,500kg이었고, LNG는 시간당 3,075kg 소비되었다. 이때 보일러의 열효율은 약 몇 %인가?(단, 급수온도는 120℃, 과열증기온도 290℃, 증기엔탈피 720kcal/kg, 연료의 저위발열량 9,540kcal/kg이다.)

① 76.7 　　　　　② 81.8 　　　　　③ 86.9 　　　　　④ 92.0

 $37,500 \times \dfrac{60}{50} = 45,000 \text{kg/h}$

$45,000 \times (720 - 120) = 27,000,000 \text{kcal/h}$

$3,075 \times 9,540 = 29,335,500 \text{kcal/h}$

$\therefore \dfrac{27,000,000}{29,335,500} \times 100 = 92.03\%$

14 환수관내 유속이 타 방식에 비해 빠르고 방열기 내의 공기도 배출이 가능하고 방열량을 광범위하게 조절이 가능하며 방열기의 설치 위치에 제한이 없는 방식은?

① 중력환수방식 　　　　　　　② 기계환수방식

③ 진공환수방식 　　　　　　　④ 건식환수방식

진공환수식 증기난방(100~250mmHg)은 응축수 환수가 빠르고 방열량을 광범위하게 조절이 가능한 대규모 난방에 사용한다.

15 안전밸브가 2개 이상 있는 경우, 1개의 안전밸브를 최고사용압력 이하로 작동하게 조정한다면 다른 안전밸브를 최고사용압력의 몇 배 이하로 작동할 수 있도록 조정하는가?

① 1.03 　　　　　② 1.05 　　　　　③ 1.07 　　　　　④ 1.09

㉠ 1개 : 최고 사용 압력 이하
㉡ 2개 : 최고 사용 압력의 1.03배 이하로 작동(2개가 설치된 경우)

16 과잉공기와 노내 연소온도 및 연소가스 중의 (CO_2)% 관계를 옳게 설명한 것은?

① 과잉공기가 증가하면 연소온도는 내려가고, 연소가스 중의 (CO_2)%는 증가한다.
② 과잉공기가 증가하면 연소온도는 높아지고, 연소가스 중의 (CO_2)%는 증가한다.
③ 과잉공기가 증가하면 연소온도는 내려가고, 연소가스 중의 (CO_2)%는 감소한다.
④ 과잉공기가 증가하면 연소온도는 높아지고, 연소가스 중의 (CO_2)%는 감소한다.

노내 과잉공기가 증가하면 노내온도 하강, 연소가스 중 CO_2 감소, 배기가스 열손실 증가

17 분출장치의 취급상의 주의사항으로 틀린 것은?

① 분출밸브, 콕을 조작하는 담당자가 수면계의 수위를 직접 볼 수 없는 경우에는 수면계의 감시자와 공동으로 신호하면서 분출을 한다.

② 분출하고 있는 사이에는 다른 작업을 해서는 안 된다.

③ 분출 작업을 마친 후에는 밸브 또는 콕이 확실히 열린 후에 분출관의 닫힌 끝을 점검하여 누설 여부를 확인한다.

④ 분출관이 굽은 부분이 많으면 분출시 물의 반동을 받을 염려가 있으므로, 요소요소에 적당한 고정을 한다.

해설 수저분출이 끝나면 분출밸브, 콕이 완전히 차단되었는지 확인한다.

18 화염검출기의 종류 중 화염의 이온화에 의한 전기 전도성을 이용한 것으로 가스 점화 버너에 주로 사용되는 것은?

① 플레임 로드   ② 플레임 아이

③ 스택 스위치   ④ 황화카드뮴 셀

해설 플레임 로드 : 전기 전도성 이용 화염 검출기

19 복사난방의 특징으로 적당하지 않은 것은?

① 실내의 온도분포가 균일하고 쾌감도가 높다.

② 시공 및 고장 수리가 쉽다.

③ 충분한 보온, 단열 시공이 필요하다.

④ 방열기의 설치가 불필요하므로 바닥면의 이용도가 높다.

해설 복사난방은 시공이 어렵고 고장시 수리가 매우 불편하다.

20 소형 및 주철제 보일러를 옥내에 설치하는 경우 보일러 동체 최상부로부터 천장, 배관 등 보일러 상부에 있는 구조물까지의 거리는 몇 m 이상으로 할 수 있는가?

① 0.3m   ② 0.6m   ③ 0.5m   ④ 0.4m

해설 소형 보일러, 주철제 보일러 옥내 설치 시 보일러 동체 최상부로부터 천장, 배관 등 보일러 상부에 있는 구조물까지는 0.6m 이상

21 복관중력식 증기난방에서 건식 환수관의 위치는 보일러 표준수위보다 몇 mm 높은 위치에 시공되어야 하는가?

① 350 　　　　② 650 　　　　③ 450 　　　　④ 200

해설 복관중력식 증기난방에서 건식 환수관의 위치는 보일러 표준수위보다 650mm 높은 위치에 시공된다.

22 급수 펌프로 보일러에 2kgf/cm² 압력으로 매분 0.18m³의 물을 공급할 때 펌프 축마력은?(단, 펌프 효율은 80%이다.)

① 1PS 　　　　② 1.25PS 　　　　③ 60PS 　　　　④ 75PS

해설 양정 : $2kg/cm^2 = 20mH_2O$

$$PS = \frac{1,000 \times Q \times H}{75 \times 60 \times \eta} = \frac{1,000 \times 0.18 \times 20}{75 \times 60 \times 0.8} = 1$$

23 대류 방열기인 컨벡터의 설치에 대한 설명으로 틀린 것은?

① 외벽에 접하고 있는 창 아래에 설치하면 창으로부터 냉기하강을 방지할 수 있다.
② 벽으로부터 50~65mm 정도 떨어진 상태로 설치하는 것이 좋다.
③ 커버 하부를 바닥에서 최소한 90~100mm 정도 이격시켜 공기가 원활하게 유입되도록 한다.
④ 방열기의 높이가 높고, 길이가 짧고, 폭이 넓은 것일수록 난방에 효과적이다.

해설 컨벡터 베이스보드 방열기는 높이가 낮다.

24 관 마찰계수가 일정할 때 배관 속을 흐르는 유체의 손실수두에 관한 설명으로 옳은 것은?

① 유속에 비례한다. 　　　　② 유속의 제곱에 비례한다.
③ 관 길이에 반비례한다. 　　　　④ 유속의 3승에 비례한다.

해설 유체의 손실수두는 유속의 제곱에 비례한다.

25 벤투리(Venturi)계로는 유체의 무엇을 측정하는가?

① 습도 　　　　② 유량 　　　　③ 온도 　　　　④ 마찰

해설 벤튜리 : 차압식 유량계

---

26 대류(對流)열전달방식을 2가지로 올바르게 구분한 것은?

① 자유대류와 복사대류　　　　　② 강제대류와 자연대류

③ 열판대류와 전도대류　　　　　④ 교환대류와 강제대류

해설 대류열전달 : ㉠ 자연대류, ㉡ 강제대류

27 외부와 열의 출입이 없는 열역학적 변화는?

① 정압변화　　　　　　　　　　② 정적변화

③ 단열변화　　　　　　　　　　④ 등온변화

해설 단열변화 : 외부와 열의 출입이 없는 열역학적 변화

28 "일정량의 기체의 부피는 압력에 반비례하고, 절대온도에 비례한다."는 법칙은?

① 아보가드로의 법칙　　　　　　② 보일-샤를의 법칙

③ 뉴톤의 법칙　　　　　　　　　④ 보일의 법칙

해설 보일-샤를의 법칙 : 일정량의 기체의 부피는 압력에 반비례하고 절대 온도에 비례한다.

29 직경이 각각 10cm와 20cm로 된 관이 서로 연결되어 있다. 20cm 관에서의 속도가 2m/s일 때 10cm 관에서의 속도는?

① 1m/s　　　　　　　　　　　② 2m/s

③ 6m/a　　　　　　　　　　　④ 8m/s

해설 $V_2 = V_1 \times \dfrac{A_2}{A_1} = \dfrac{\frac{3.14}{4} \times (0.2)^2}{\frac{3.14}{4} \times (0.1)^2} \times 2 = 8\text{m/s}$

30 보일러 청관제의 역할에 해당되지 않는 것은?

① 관수의 pH 조정　　　　　　　② 관수의 취출

③ 관수의 탈산소작용　　　　　　④ 관수의 경도성분 연화

해설 관수의 취출 : 보일러 분출 시 관수의 취출은 스케일 부착을 감소시킬 수 있다.

31 보일러가 과열되면 그 부분의 강도가 저하되는데 이것이 심한 경우에는 보일러의 압력에 못 견디어 안쪽으로 오므라드는 것을 압궤라 한다. 압궤를 일으킬 수 있는 부분이 아닌 것은?

① 수관　　　　　　　　　　　② 연소실

③ 노통　　　　　　　　　　　④ 연관

해설 수관, 연관식 보일러 동 저부 : 팽출발생

32 표준대기압에 상당하는 수은주 및 수주(水柱)는?

① 750mmHg, 9.52mAq　　　　② 760mmHg, 10.332mAq

③ 750mmHg, 10.332mAq　　　 ④ 760mmHg, 15.53mAq

해설 1atm=760mmHg=10.332mAq
　　　 =14.7PSi=101,325Pa=101,325N/m²

33 보일러에서 2차 연소의 발생 원인으로 틀린 것은?

① 연도 등에 가스가 쌓이거나 와류의 가스포켓이나 모가 난 경우

② 불완전 연소의 비율이 크거나 무리한 연소를 한 경우

③ 연도나 연소실벽 등의 틈이나 균열이 생긴 곳에서 찬공기가 스며드는 경우

④ 연도의 단면적이 급격히 변하는 경우나 곡부의 각도가 완만한 경우 또는 곡부의 수가 적은 경우

해설 연도의 곡부의 각도가 완만하거나 곡부의 수가 적으면 2차 연소가 방지된다.

34 보일러 캐리오버(Carry Over)에 대한 설명으로 가장 옳은 것은?

① 보일러수 속의 유지류, 용해 고형물, 부유물 등의 농도가 높아지면서 드럼 수면에 안정한 거품이 발생하는 현상이다.

② 수분과 증기가 비등하는 프라이밍(Priming) 현상이다.

③ 보일러수 중에 용해되어 있는 고형분이나 수분이 증기의 흐름에 따라 발생증기에 포함되어 분출되는 현상이다.

④ 보일러수에 용해된 유지분 등이 동 내면에 고착하는 현상이다.

해설 "③" 내용은 캐리오버(기수공발)의 원인이다.

35 보일러의 내부부식 주요원인으로 볼 수 없는 것은?

① 급수 중에 유지류, 산류, 탄산가스, 염류 등의 불순물을 함유하는 경우

② 일반 전기배선에서의 누전으로 인하여 전류가 장시간 흐르는 경우

③ 연소가스 속의 부식성 가스에 의한 경우

④ 강재의 수축 표면에 녹이 생겨서 국부적으로 전위차가 발생하여 전류가 흐르는 경우

해설 연소가스 속의 부식성 가스는 저온부식(외부부식)의 원인이 된다.

36 압력 10kgf/cm², 건도가 0.95인 수증기 1kg의 엔탈피는 약 몇 kcal/kg인가?(단, 10kgf/cm²에서 포화수의 엔탈피는 181.2kcal/kg, 포화증기의 엔탈피는 662.9kcal/kg이다.)

① 457.6　　　　　② 638.8　　　　　③ 810.9　　　　　④ 1,120.5

해설 잠열$(r) = 662.9 - 181.2 = 481.7$kcal/h

습증기 엔탈피$(h_2) = h_1 + rx = 181.2 + 481.7 \times 0.95 = 638.815$kcal/kg

37 습증기(h), 포화수(h') 포화증기(h″)의 엔탈피를 서로 비교한 값이 옳게 표시된 것은?

① h″>h>h'　　　　　　　　　② h>h″>h'

③ h'>h>h″　　　　　　　　　④ h>h'>h″

해설 엔탈피 값의 크기

포화증기>습증기>포화 수

38 보일러수의 용존산소를 화학적으로 제거하여 부식을 방지하는 데 사용하는 약제가 아닌 것은?

① 탄닌　　　　　　　　　　② 아황산나트륨

③ 히드라진　　　　　　　　④ 고급지방산폴리아민

해설 고급지방산폴리아민 : 용존고형물 응집제

39 보일러 급수의 외처리의 종류에 해당되지 않는 것은?

① 여과법　　　　　　　　　② 약품처리법

③ 기폭법　　　　　　　　　④ 페인트도장법

해 급수처리 외처리 : 여과법, 약품처리법, 기폭법, 침강법 등

40 보일러에서 그을음 불어내기(Soot Blow)를 할 때 주의사항으로 틀린 것은?

① 그을음을 제거하는 시기는 부하가 가벼운 시기를 선택한다.
② 그을음 제거는 흡출통풍을 감소시킨 후 실시한다.
③ 한 장소에서 장시간 불어대지 않도록 한다.
④ 증기분사식 수트블로어는 증기를 분사하기 전에 배관을 충분히 예열하면서 응축수를 배출한다.

해 수트블로어 작업시는 흡출통풍을 다소 증가시킨 후 실시한다.

41 에너지이용합리화법상 에너지의 최저소비효율기준에 미달하는 효율관리기자재의 생산 또는 판매금지 명령을 위반한 자에 대한 벌칙은?

① 1년 이하의 징역 또는 1천만원 이하의 벌금
② 1천만원 이하의 벌금
③ 2년 이하의 징역 또는 2천만원 이하의 벌금
④ 2천만원 이하의 벌금

해 판매금지 명령 위반자의 벌칙은 2천만원 이하의 벌금

42 다음 중 길이를 측정할 수 없는 것은?

① 버니어캘리퍼스
② 깊이마이크로미터
③ 다이얼게이지
④ 사인바

해 Sine Bar : 공작 물품의 정확한 각도를 알아내는 데 사용하는 측정구로서 블록게이지 등을 병용하고 3각 함수 사인을 이용하는 정밀 측정용

43 온수귀환방식 중 역귀환방식에 관한 설명으로 옳은 것은?

① 배관길이를 짧게 하여 온수공급거리에 따라 보일러에서 가까운 곳과 먼 곳의 방열기 온도차를 늘리는 방식이다.
② 방열기를 통과한 귀환온수가 순차적으로 보일러에 귀환하여 가까운 곳과 먼 곳의 방열기 온도차를 늘리는 방식이다.

③ 각 방열기에 공급되는 유량분배에 차등을 두어 가까운 곳과 먼 곳의 방열기 온도차를 줄이는 방식이다.

④ 각 방열기에 공급되는 유량분배를 균등하게 하여 가까운 곳과 먼 곳의 방열기 온도차를 줄이는 방식이다.

해설 "④"항은 온수난방에서 역귀환방식(리버스리턴 방식)에 대한 설명이다.

44 다음 중 배관의 신축이음쇠의 종류가 아닌 것은?

① 벨로스형 신축이음쇠   ② 스프링형 신축이음쇠

③ 루프형 신축이음쇠   ④ 슬리브형 신축이음쇠

해설 신축이음쇠 : ㉠ 벨로스형, ㉡ 루프형, ㉢ 슬리브형

45 관의 분해ㆍ수리ㆍ교체가 필요할 때 사용되는 배관 이음쇠는?

① 소켓   ② 티   ③ 유니언   ④ 엘보

해설 유니언 : 약 50mm 이하 배관의 분해, 수리, 교체가 필요할 때 사용되는 배관 이음쇠

46 에너지사용량이 대통령령으로 정하는 기준량 이상이 되는 에너지다소비사업자가 신고해야 하는 사항으로 틀린 것은?

① 전년도의 에너지 사용량ㆍ제품생산량

② 해당연도의 에너지사용예정량ㆍ제품생산예정량

③ 해당연도의 에너지이용합리화 실적 및 전년도의 계획

④ 에너지사용기자재의 현황

해설 에너지다소비사업자(연간 석유환산 2,000 티ㆍ오ㆍ이 이상)는 매년 1월 31일까지 시장 또는 도지사에게 ①ㆍ②ㆍ④항을 신고한다.)

47 유리섬유 보온재의 특성 설명으로 틀린 것은?

① 물 등에 의하여 화학작용을 일으키지 않으므로 단열ㆍ내열ㆍ내구성이 좋다.

② 섬유가 가늘고 섬세하게 밀집되어 다량의 공기를 포함하고 있으므로 보온효과가 좋다.

③ 순수한 유기질의 섬유제품으로서 불에 타지 않는다.

④ 가볍고 유연하여 작업성이 좋으며, 칼이나 가위 등으로 쉽게 절단되므로 작업이 용이하다.

해설 유리섬유 보온재(글라스 울)

소다 성분이 많은 저융점의 유리를 섬유상으로 뽑아내어 만든 것으로 내열성, 인장강도가 있고 뛰어난 전기적 성질을 지니고 있다.

48 스테인리스강관의 특성 설명으로 틀린 것은?

① 내식성이 우수하여 계속 사용 시 내경의 축소, 저항증대 현상이 없다.

② 위생적이어서 적수, 백수, 청수의 염려가 없다.

③ 강관에 비해 기계적 성질이 우수하다.

④ 고온 충격성이 크고 한랭지 배관이 불가능하다.

해설 STS×TP 강관은 저온배관용에 사용이 가능하다. 내식용, 내열용, 고온배관용 두께는 스케줄 번호로 나타낸다.

49 검사기관의 장은 검사대상기기인 보일러의 검사를 받는 자에게 그 검사의 종류에 따라 필요한 사항에 대한 조치를 하게 할 수 있다. 그 조치에 해당되지 않는 것은?

① 기계적 시험의 준비   ② 비파괴 검사의 준비

③ 조립식인 검사대상기기의 조립 해체   ④ 단열재의 열전도 시험의 준비

해설 검사대상기기 검사시 단열재 열전도 시험은 제외된다.

50 방청안료 중 색깔이 적등색이고 내산성이 양호하며, 내알칼리성, 내열성이 우수한 것은?

① 염산칼슘   ② 연단   ③ 이산화연   ④ 아연분말

해설 연단(광명단 도료)

㉠ 다른 착색도료의 초벽으로 우수하다.

㉡ 연단에 아마인유를 배합하고 녹스는 것을 방지한다.

㉢ 방청도료용이다.

51 연납용으로 사용되는 용제가 아닌 것은?

① 염산   ② 염화아연

③ 인산   ④ 붕산

해설 ㉠ 연납용 용제 : 붕사, 빙정석, 산화제일구리, 소금 등

㉡ 경납용 용제 : 염화리튬, 염화나트륨, 염화칼륨, 불화리듐

52 배관의 상부에서 관을 지지하는 것으로, 관의 상하방향 이동을 허용하면서 일정한 힘으로 관을 지지하는 것은?

① 콘스턴트 행거　　　　　　　　　② 리지드 행거

③ 리스트레인트　　　　　　　　　④ 롤러 서포트

해설 콘스턴트 행거 : 행거의 일종이며 관의 상하 방향의 이동에 대해 항상 일정한 하중으로 배관을 지지한다.

53 보기와 같은 배관라인의 정투영도(평면도)를 입체적인 등각도로 표시한 것으로 가장 적합한 것은?

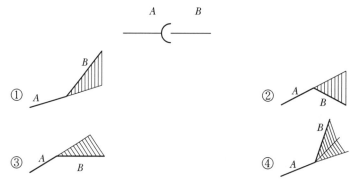

해설

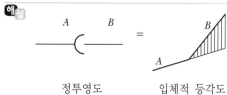

정투영도　　　　입체적 등각도

54 저온배관용 탄소강관의 KS 기호는?

① SPLT　　　　② STLT　　　　③ STLA　　　　④ SPHA

해설 SPLT : 빙점 이하 저온배관용 기호

55 관리도에서 점이 관리한계 내에 있으나 중심선 한쪽에 연속해서 나타나는 점의 배열현상을 무엇이라 하는가?

① 연　　　　② 경향　　　　③ 산포　　　　④ 주기

RUN(연) : 관리도에서 점이 관리한계 내에 있으나 중심선 한쪽에 연속해서 나타나는 점의 배열 현상

56 로트의 크기 30, 부적합품률이 10%인 로트에서 시료의 크기를 5로 하여 랜덤 샘플링할 때, 시료 중 부적합품수가 1개 이상일 확률은 약 얼마인가?(단, 초기하분포를 이용하여 계산한다.)

① 0.3695　　　　　　　　　　　② 0.4335

③ 0.5665　　　　　　　　　　　④ 0.6305

 랜덤 샘플링(Random Sampling) : 초기하분포이용

$$_5C_1 \times 0.1^1 \times (1-0.1)^{5-4} = 0.4335$$

$$P(\chi \geq 1) = P(1) + P(2) + P(3) + P(4) + P(5) = \frac{\binom{3}{1}\binom{27}{4}}{\binom{30}{5}} + \frac{\binom{3}{2}\binom{27}{3}}{\binom{30}{5}} + \frac{\binom{3}{3}\binom{27}{2}}{\binom{30}{5}}$$

$$= \frac{_3C_1 \times _{27}C_4}{_{30}C_5} + \frac{_3C_2 \times _{27}C_3}{_{30}C_5} + \frac{_3C_3 \times _{27}C_2}{_{30}C_5}$$

$$\doteqdot 0.4335$$

57 다음 중 브레인스토밍(Brainstorming)과 가장 관계가 깊은 것은?

① 파레토도　　　　　　　　　　② 히스토그램

③ 회귀분석　　　　　　　　　　④ 특성요인도

 Brainstorming : 회의에서 모두가 차례로 아이디어를 제출하여 그 중에서 최선책으로 결정하는 것

58 작업개선을 위한 공정분석에 포함되지 않는 것은?

① 제품공정분석　　　　　　　　② 사무공정분석

③ 직장공정분석　　　　　　　　④ 작업자공정분석

```
                                      ┌ 단일형
                   ┌ 단순공정분석   ┌ 제품공정분석 ─┤ 조립형
         공정분석 ─┤                ┤               └ 분해형
                   └ 세밀공정분석 ─┤ 작업자공정분석
                                    └ 연합공정분석
```

59 로트의 크기가 시료의 크기에 비해 10배 이상 클 때, 시료의 크기와 합격판정개수를 일정하게 하고 로트의 크기를 증가시키면 검사특성곡선의 모양 변화에 대한 설명으로 가장 적절한 것은?

① 무한대로 커진다.

② 거의 변화하지 않는다.

③ 검사특성곡선의 기울기가 완만해진다.

④ 검사특성곡선의 기울기 경사가 급해진다.

> 🔲 lot : 재료, 부품 또는 제품 등의 단위체 또는 단위량을 어떤 목적을 가지고 모은 것

60 과거의 자료를 수리적으로 분석하여 일정한 경향을 도출한 후 가까운 장래의 매출액, 생산량 등을 예측하는 방법을 무엇이라 하는가?

① 델파이법

② 전문가패널법

③ 시장조사법

④ 시계열분석법

> 🔲 시계열분석
> 과거의 자료를 수리적으로 분석하여 일정한 경향을 도출한 후 가까운 장래의 매출액, 생산량 등을 예측하는 방법

과년도출제문제

2011. 4. 17.

1 연돌의 높이가 20m이고, 0℃, 1atm에서 배기가스의 비중량이 1.2kg/Nm³이고, 배기가스 온도가 220℃, 외기비중량이 1.1kg/Nm³인 경우에 이론 통풍력은 약 몇 mmAq인가?

① 0.7

② 4.4

③ 8.7

④ 12.6

해설 $Z = 273H \left[\dfrac{\gamma_a}{273 + t_a} - \dfrac{\gamma_g}{273 + t_g} \right]$

$= 273 \times 20 \times \left[\dfrac{1.1}{273 + 0} - \dfrac{1.2}{273 + 220} \right] = 8.7 \text{mmAq(또는 mmH}_2\text{O)}$

2 1보일러 마력을 설명한 것으로 옳은 것은?

① 1시간에 0℃의 물 15.65kg을 같은 온도의 증기로 변화시킬 수 있는 능력

② 1시간에 100℃의 물 15.65kg을 같은 온도의 증기로 변화시킬 수 있는 능력

③ 1시간에 100℃의 수증기 15.65kg을 포화증기로 변화시킬 수 있는 능력

④ 1시간에 0℃의 물 15.65kg을 건포화증기로 변화시킬 수 있는 능력

해설 보일러 1마력

1시간에 100℃의 물 15.65kg을 같은 온도의 증기로 변화시킬 수 있는 능력

3 스프링식 안전밸브 중 동일분출 면적에서 분출량이 큰 순서로 된 것은?

① 전량식 > 전 양정식 > 고 양정식 > 저 양정식

② 전 양정식 > 전량식 > 고 양정식 > 저 양정식

③ 고 양정식 > 저 양정식 > 전 양정식 > 전량식

④ 고 양정식 > 전 양정식 > 전량식 > 저 양정식

해설 안전밸브 분출량(kgf/h)이 큰 순서

전량식 > 전 양정식 > 고 양정식 > 저 양정식

---

4 보일러 자동제어에서 연소제어의 조작량과 제어량에 해당되지 않는 것은?

① 증기압력   ② 노내압력

③ 연소가스량   ④ 증기온도

해설 자동 연소제어 ┬ 제어량(증기압력＝연료량, 공기량)
　　　　　　　　 └ 제어량(노내압력＝연소가스량)

5 전열면적이 12m²인 온수발생 보일러의 방출관의 안지름 크기는?

① 15mm 이상   ② 20mm 이상

③ 25mm 이상   ④ 30mm 이상

해설 ㉠ 10m² 미만 : 25mm 이상
　　 ㉡ 10~15m² 미만 : 30mm 이상
　　 ㉢ 15~20m² : 40mm 이상
　　 ㉣ 20m² : 50mm 이상

6 KS에서 규정한 열정산의 조건에 대한 설명 중 틀린 것은?

① 전기에너지는 1kW당 539kcal/h로 환산한다.

② 보일러의 효율산정방식은 입출열법과 열손실법으로 실시한다.

③ 증기의 건도는 98% 이상인 경우에 시험함을 원칙으로 한다.

④ 열정산의 기준온도는 시험시의 외기온도를 기준으로 한다.

해설 전기에너지 1kW－h

$$102kg \cdot m/s \times 3,600s/h \times 1h \times \frac{1}{427}kcal/kg \cdot m$$

$$= 860kcal$$

7 중유가 석탄에 비해서 우수한 점을 설명한 것으로 틀린 것은?

① 중유의 발열량은 석탄에 비해서 높다.

② 중유는 석탄보다 운반과 저장이 어렵다.

③ 중유는 석탄보다 완전연소하기 쉬워서 열효율이 높다.

④ 중유는 석탄보다 연소의 조절이 쉽다.

해설 중유는 석탄보다 운반이나 저장이 용이하다.

8 과열기에 대한 다음 설명 중 틀린 것은?

① 과열증기의 단점은 부하변화에 대한 온도조절이 곤란하고 열량 손실이 많다.

② 과열증기 사용 시 관내 부식방지 및 마찰저항을 감소시킬 수 있다.

③ 과열증기는 발생포화증기의 압력변화 없이 온도만 높인 증기이다.

④ 과열기의 종류는 전열방식에 따라 병류형, 향류형, 혼류형이 있다.

해 과열기
　㉠ 전열방식 : 복사형, 대류형, 복사대류형
　㉡ 열가스 흐름방식 : 병류형, 향류형, 혼류형

9 보일러에 설치하는 압력계의 검사시기가 맞지 않은 것은?

① 신설보일러의 경우 압력이 오른 후에 검사한다.

② 점화 전이나 교체 후에 검사한다.

③ 프라이밍이나 포밍이 일어날 때나 의심이 날 때 검사한다.

④ 부르동관이 높은 열에 접촉했을 때 검사한다.

해 압력이 오른 후에는 증기 압력에 의한 안전밸브를 검사한다.

10 보일러 분출장치의 설치목적으로 가장 거리가 먼 것은?

① 전열면에 스케일 생성을 방지한다.

② 관수의 신진대사를 원활하게 하여 대류열을 향상시킨다.

③ 수면계 파손을 방지한다.

④ 관수의 불순물 농도를 한계값 이하로 유지한다.

해 분출장치(수저분출, 수면분출)와 수면계 파손과는 관련성이 없다.

11 집진장치의 종류 중 습식 집진장치에 속하는 것은?

① 관성력식　　　　　　　　　② 중력식

③ 원심력식　　　　　　　　　④ 회전식

해 습식 집진장치
　유수식, 가압수식, 회전식

Answer　　8. ④　9. ①　10. ③　11. ④

12 방열관의 입구, 출구의 높이차가 500mm이고 입구의 온도 60℃, 출구의 온도 50℃일 때 방열관에서 순환수두는 약 얼마인가?(단, 50℃의 비중이 0.9784이고, 60℃의 비중은 0.9684이다.)

① 3mmH₂O

② 4mmH₂O

③ 5mmH₂O

④ 6mmH₂O

 순환수두$(H) = H[\rho_2 - \rho_1] \times 1,000$

$= 0.5 \times [0.9784 - 0.9684] \times 1,000$

$= 5mmH_2O$

※ 500mm = 0.5m

13 보일러제조기술규격에서 노통연관 보일러 및 수평노통보일러의 상용수위는 동체 중심선에서부터 동체 반지름의 몇 % 이하로 정하고 있는가?

① 70

② 80

③ 75

④ 65

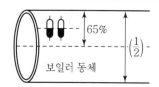

14 난방부하를 감소시키기 위한 방법으로 옳지 않은 것은?

① 창문을 복층유리로 시공한다.

② 열공급 보일러의 효율을 높이는 노력을 한다.

③ 난방장소의 공기누출 유입을 최소화시킨다.

④ 공급 열원과 사용처의 특성을 고려한 난방방식을 채택한다.

 보일러 효율과 난방부하 감소와는 관련성이 없다.

15 고압기류식 분무버너의 특성 설명으로 가장 옳은 것은?

① 연료유의 점도가 크면 비교적 무화가 곤란하다.

② 연소 시 소음의 발생이 적다.

③ 유량 조절범위가 1 : 3 정도로 좁다.

④ 공기 또는 증기를 분사시켜 기름을 무화하는 방식이다.

해설 고압기류식 버너 특징

㉠ 점도가 커도 비교적 무화가 용이하다.

㉡ 연소 시 증기나 공기에 의해 소음이 크다.

㉢ 유량 조절범위가 1 : 10이다.

16 터보형 송풍기가 장착된 보일러에서 풍량조절 방법이 아닌 것은?

① 댐퍼의 조절에 의한 방법

② 회전수 변화에 의한 방법

③ 송풍기 깃(Vane)의 수량조절에 의한 방법

④ 흡입베인의 개도에 의한 방법

해설 송풍기 풍량제어

①, ②, ④항 외에 날개바퀴에 부착된 날개의 각도 변화(가변피치제어) 등이 있다.

17 고체 및 액체연료 1kg에 대한 이론 공기량(Nm^3)의 체적을 구하는 식은?(단, C : 탄소, H : 수소, O : 산소, S : 황)

① $\frac{1}{0.21}(1.867C + 5.6H - 0.7O + 0.7S)$

② $\frac{1}{0.21}(1.687C + 5.6H - 0.7O + 0.7S)$

③ $\frac{1}{0.21}(1.867C + 6.5H - 5.6O + 0.7S)$

④ $\frac{1}{0.21}(1.767C + 8.5H - 0.7O + 0.7S)$

해설 이론공기량(원소분석에 의한) 계산

$(A_0) = \frac{1}{0.21}(1.867C + 5.6H - 0.7O + 0.7S)Nm^3/kg$

18 다음 매연농도율을 구하는 공식에서 ( )안에 적합한 값은?

매연농도율(%) = $\frac{\text{총 매연농도값} \times (\quad)}{\text{총 측정시간(분)}}$

① 5   ② 10   ③ 15   ④ 20

해설 매연농도 1도당 매연은 20%

19 강판이나 알루미늄 판에 강관이나 동관 등을 용접 또는 철물을 사용하여 부착하고 배면에는 단열재를 붙여 열손실을 방지하도록 하며 일정한 규격의 제품을 조합하여 복사면을 구성하도록 한 방식은?

① 파이프 매설식　　② 유닛패널식　　③ 덕트식　　④ 벽패널식

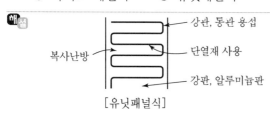

[유닛패널식]

20 증기난방에서 사용되는 장치 및 기기가 아닌 것은?

① 증기보일러　　② 응축수탱크　　③ 트랩　　④ 팽창탱크

해설　팽창탱크 ┌ 개방식 : 저온수난방용
　　　　　　　 └ 밀폐식 : 고온수난방용
　온수팽창량 흡수, 압력조절

21 보일러 난방기구인 방열기에 대한 설명 중 틀린 것은?

① 방열기의 호칭은 종별 − 형×절수(쪽수, 섹션수)로 표시한다.
② 주형 방열기에는 2세주, 3세주, 4세주형의 3종류가 있다.
③ 벽걸이형 방열기는 벽면과 50~60mm 정도 간격을 두어 설치하는 것이 좋다.
④ 증기방열기의 표준상태에서 발생하는 표준방열량은 650[kcal/m²h]이다.

해설
　　　　　　┌ 2주형
　주형방열기 ├ 3주형
　　　　　　├ 3세주형
　　　　　　└ 5세주형

22 다음 중 지역난방의 특징 설명으로 틀린 것은?

① 에너지를 효율적으로 이용할 수 있다.
② 연료비와 인건비를 줄일 수 있다.
③ 열효율이 낮아 비경제적이다.
④ 각 건물의 난방운전이 합리적으로 된다.

해설　지역난방은 열효율이 높아 경제성이 높다.

23 방출밸브를 밀폐식 구조로 하든가 보일러 밖의 안전한 장소에 방출시킬 수 있는 구조를 갖추어야 하는 보일러는?

① 라몬트 보일러   ② 열매체 보일러

③ 노통연관 보일러   ④ 벤슨 보일러

해설 **열매체 보일러**

열매체가 인화성이라 액상의 열매체 보일러는 방출밸브를 밀폐식 구조로 한다.

24 보일러 수중의 용존가스를 제거하는 장치는?

① 저면 분출장치   ② 표면 분출장치

③ 탈기기   ④ pH 조정장치

해설 **보일러 수 용존산소 제거**

㉠ 탈기법

㉡ 기폭법

25 보일러 전열면의 고온부식을 일으키는 연료의 주성분은?

① O_2(산소)   ② H_2(수소)

③ S(유황)   ④ V(바나듐)

해설 **전열면**

㉠ 고온부식인자(바나듐)

㉡ 저온부식인자(황)

26 일의 열당량(熱當量)의 값으로 옳은 것은?

① $\dfrac{1}{427}$ kcal/kg · m   ② $\dfrac{1}{427}$ kg · m/kcal

③ 427dyne/kg   ④ 427kcal/kg

해설 ① : 일의 열당량

② : 열의 일당량

---

27 보일러 안전밸브의 증기누설 원인으로 가장 적합한 것은?

① 배관이 지나치게 길 때

② 압력이 지나치게 낮을 때

③ 밸브디스크와 시트 사이에 이물질이 있을 때

④ 급수펌프의 압력이 높을 때

해설 밸브디스크와 시트 사이에 이물질이 있을 때 증기가 누설된다.

28 뉴턴(Newton)의 점성법칙과 관계가 있는 사항으로만 구성된 것은?

① 점성계수, 온도

② 동점성계수, 시간

③ 속도기울기, 점성계수

④ 압력, 점성계수

해설 전단응력$(\tau) = \mu \dfrac{du}{dy}$

μ(점성계수), $\dfrac{du}{dy}$(속도구배)

29 다음 중 온실가스가 아닌 것은?

① 이산화탄소(CO_2)

② 메탄(CH_4)

③ 수소불화탄소(HFCs)

④ 에탄(C_2H_6)

해설 온실가스란

①, ②, ③항 가스 외에도 아산화질소(N_2O), 과불화탄소(PFCs), 육불화황(SF_6) 등

30 증기의 건도가 0인 상태는?

① 포화수

② 포화증기

③ 습증기

④ 건증기

해설 건도

㉠ 포화수(0)

㉡ 건조포화증기(1)

㉢ 습포화증기(x)

31 직경 20cm인 원관 속을 속도 7.3m/s로 유체가 흐를 때 유량은 약 몇 m³/s인가?

① 0.23m³/s

② 13.76m³/s

③ 51.1m³/s

④ 3.67m³/s

해설 유량(Q) = 단면적(m³)×유속(m/s)

단면적 = $\frac{\pi}{4}D^2$

∴ $\frac{3.14}{4} \times (0.2)^2 \times 7.3 = 0.23$m³/s

32 스테판-볼츠만의 법칙을 올바르게 설명한 것은?

① 완전 흑체 표면에서의 복사열 전달열은 절대온도의 4승에 비례한다.

② 완전 흑체 표면에서의 복사열 전달열은 절대온도의 4승에 반비례한다.

③ 완전 흑체 표면에서의 복사열 전달열은 절대온도의 2승에 비례한다.

④ 완전 흑체 표면에서의 복사열 전달열은 절대온도에 반비례한다.

해설 스테판-볼츠만의 법칙

완전 흑체 표면에서 복사열 전달열은 절대온도의 4승에 비례한다.

33 절대온도(K)는 섭씨온도(℃)에 얼마를 더하는가?

① 32

② 273

③ 212

④ 460

해설 K = ℃+273(켈빈온도)

°R = °F+460(랭킨온도)

34 연소실에서 가마울림 현상(연소진동)이 발생하는 경우 그 방지대책으로 틀린 것은?

① 2차 공기의 가열통풍의 조절방식을 개선한다.

② 연소실 내에서 완전 연소시킨다.

③ 연소실과 연도의 구조를 개선한다.

④ 수분이 많은 연료를 사용한다.

해설 수분이 많은 연료는 연소실 내에서 가마울림(공명음=진동연소)이 발생된다.

35 신설 보일러의 청정화를 도모할 목적으로 행하는 소다 끓이기에서 사용하는 약품이 아닌 것은?

① 수산화나트륨　　② 아황산나트륨　　③ 탄산나트륨　　④ 탄산칼슘

해설 탄산칼슘($CaCO_3$), 탄산마그네슘($MGCO_3$)은 보일러 수의 경수를 만드는 인자이다. 보일러수는 연수가 좋다.

36 보일러에 나타나는 부식 중 연료 내의 황분이나 회분 등에 의해 발생하는 것은?

① 내부부식　　② 외부부식　　③ 전면부식　　④ 점식

해설 보일러 외부부식
고온부식(바나지움), 저온부식(황분)

37 열역학 제2법칙을 옳게 설명한 것은?

① 열은 그 자신만으로는 저온의 물체로부터 고온의 물체로 이동될 수 없다.
② 어떤 계 내에서 물체의 상태변화 없이 절대온도 0도에 이르게 할 수 없다.
③ 열을 전부 일로 바꿀 수 있고, 일은 열로 전부 변화시킬 수 없다.
④ 에너지는 소멸하지 않고 형태만 바뀐다.

해설 열역학 제2법칙 : 열은 저온물체에서 고온 물체로는 그 자신만으로는 이동할 수 없다.

38 보일러 수의 관내 처리를 위하여 투입하는 청관제의 사용목적과 무관한 것은?

① pH 조절　　　　　　② 탈산소
③ 가성취화 방지　　　④ 기포발생 촉진

해설 청관제 사용 시 기포 발생이 방지가 된다.

39 액체 속에 잠겨 있는 곡면에 작용하는 수평분력의 크기는?

① 곡면의 수직상방에 실려 있는 액체의 무게와 같다.
② 곡면에 의해 배제된 액체의 무게와 같다.
③ 곡면의 중심에서의 압력과 면적과의 곱과 같다.
④ 곡면의 수평투영 면적에 작용하는 전압력과 같다.

해설 액체 속에 잠겨 있는 곡면에 작용하는 수평분력의 크기는 수평투영 면적에 작용하는 전압력과 같다.

40 수격작용(Water Hammer)을 방지하기 위한 조치사항으로 틀린 것은?

① 비수방지관을 설치한다.

② 약품주입내관을 설치한다.

③ 증기트랩을 설치한다.

④ 증기배관의 보온처리를 철저히 한다.

해설 수격작용(워터해머)과 약품주입내관 설치와는 관련성이 없다.

41 에너지이용합리화법시행령에서 정하는 진단기관이 보유하여야 하는 장비와 기술인력의 지정 기준에 대한 설명이 틀린 것은?

① 적외선 열화상 카메라는 1종은 1대 이상 보유하며 2종은 해당되지 않는다.

② 초음파유량계는 1종은 2대 이상 보유하며 2종은 1대 이상 보유한다.

③ 기술인력은 해당 진단기관의 상근 임원이나 직원이어야 한다.

④ 1인이 2종류 이상의 자격증을 취득한 경우에는 2종류 모두 기술능력을 갖춘 것으로 본다.

해설 1인의 자격증이 아무리 많아도 에너지진단 기술인력은 한 가지 기술능력자로 인정한다.

42 배관의 지지장치에 대한 설명으로 맞는 것은?

① 배관의 중량을 지지하기 위하여 달아매는 것을 서포트(Support)라고 한다.

② 배관의 중량을 아래에서 위로 떠받치는 것을 가이드(Guide)라고 한다.

③ 관의 회전을 구속하기 위하여 사용하는 것을 브레이스(Brace)라고 한다.

④ 배관 지지점에서의 이동 및 회전을 방지하기 위해 지지점 위치에 완전히 고정할 때 사용하는 것을 앵커(Anchor)라고 한다.

해설 ㉠ ① : 행거

㉡ ② : 서포트

㉢ 브레이스 : 펌프, 압축기의 수격작용, 충격, 진동 완화기

43 담금질한 강에 강인성을 부여하기 위해 A_1 변태점 이하의 일정온도에서 가열하는 열처리 방법은?

① 표면경화법　　　② 풀림　　　③ 불림　　　④ 뜨임

해설 뜨임

담금질 강을 변태점(A_1) 이하의 적당한 온도로 가열하여 인성을 갖게 하는 열처리이다.(Tempering이다.)

44 관 공작용 공구 중 동관용 공구가 아닌 것은?

① 사이징 툴　　　　　　　　　② 턴핀

③ 익스팬더　　　　　　　　　④ 튜브커터

해설 턴핀

접합하려는 연관의 끝부분을 소정의 관경으로 넓힌다.

45 온수 귀환 방식애서 각 방열기에 공급되는 유량분배를 균등히 하여 전후방 방열기의 온도차를 최소화시키는 방식으로 환수배관의 길이가 길어지는 단점이 있는 방식은?

① 역귀환 방식　　　　　　　② 경제귀환 방식

③ 중력귀환 방식　　　　　　④ 팽창귀환 방식

해설 역귀환 방식

환수배관에서 리버스리턴 방식으로 유량균등분배를 위한 방식이나 단점으로는 환수배관이 길어지는 단점이 있다.

46 부정형 내화물에 해당되는 것은?

① 플라스틱 내화물

② 마그네시아 내화물

③ 규석질 내화물

④ 탄소 규소질 내화물

해설 부정형 내화물

㉠ 플라스틱 내화물

㉡ 케스터블 내화물

47 다음 중 증기트랩에 속하지 않는 것은?

① 기계식 트랩　　　　　　　② 박스 트랩

③ 온도조절식 트랩　　　　　④ 열역학적 트랩

해설 박스트랩 : 배수트랩용

48 저항용접 시 주의사항으로 틀린 것은?

① 모재 접합부에 불순물이 없을 것
② 냉각수의 순환이 충분할 것
③ 모재의 형상두께에 맞는 전극을 채택할 것
④ 전극부의 접촉저항이 클 것

해설 저항용접에서 전극부의 접촉저항을 줄인다.

49 증기용으로 사용하는 파일럿식 감압밸브의 최대 감압비는 어느 정도인가?

① 2 : 1　　　　② 5 : 1　　　　③ 10 : 1　　　　④ 15 : 1

해설 파일럿식 감압밸브 감압비는 10 : 1 정도이다.

50 보일러에서 발생한 증기는 주증기 헤더를 통해서 각 사용처에 공급된다. 증기헤더의 설치목적
으로 가장 적당한 것은?

① 각 사용처에 양질의 증기를 안정적으로 공급하기 위하여
② 보일러실 근무자가 스팀 사용량을 통제하여 보일러를 보호하기 위하여
③ 발생 증기의 1차 저장기능을 가지기 위하여
④ 증기의 압력을 자동으로 조정하여 일정하게 저장하기 위하여

해설

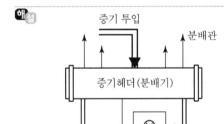

51 한지를 여러 겹 붙여서 일정한 두께로 하여 내유 가공한 오일시트 패킹이 주로 쓰이며 내유성이
있으나 내열도가 작은 플랜지 패킹은?

① 식물성 섬유제　　　　　　　　② 동물성 섬유제
③ 고무패킹　　　　　　　　　　④ 광물성 섬유제

해설 식물성 섬유제 패킹
한지를 여러 겹 붙인 패킹제이며 내유성은 있으나 내열도가 작다.

52 검사대상기기의 검사의 종류에 따른 검사유효기간이 잘못된 것은?

① 계속사용안전검사 : 압력용기 유효기간은 2년

② 계속사용운전성능검사 : 보일러 유효기간은 1년

③ 설치장소변경검사 : 보일러 유효기간은 2년

④ 개조검사 : 압력용기 및 철금속가열로 유효기간은 2년

해설 ㉠ 보일러 설치장소 변경검사 : 1년

㉡ 압력용기, 철금속가열로 설치장소 변경검사 : 2년

53 강관의 종류에 따른 KS규격 기호가 잘못된 것은?

① 압력배관용 탄소강관 : SPPS

② 고온배관용 탄소강관 : SPHT

③ 보일러 및 열교환기용 탄소강관 : STBH

④ 고압배관용 탄소강관 : SPTP

해설 고압배관용 탄소강 강관 : SPPH

54 연료·열 및 전력의 연간 사용량 합계가 몇 티오이 이상이면 에너지다소비사업자라고 하는가?

① 500

② 1,000

③ 1,500

④ 2,000

해설 에너지 다소비업자

연간 에너지 사용량이 석유환산 2,000티오이 이상 사용자

55 Ralph M. Barnes 교수가 제시한 동작경제의 원칙 중 작업장 배치에 관한 원칙(Arrangement of the Workplace)에 해당되지 않는 것은?

① 가급적이면 낙하식 운반방법을 이용한다.

② 모든 공구나 재료는 지정된 위치에 있도록 한다.

③ 충분한 조명을 하여 작업자가 잘 볼 수 있도록 한다.

④ 가급적 용이하고 자연스런 리듬을 타고 일할 수 있도록 작업을 구성하여야 한다.

해설 ①, ②, ③항은 Ralph M. Barnes 교수가 제시한 동작경제의 원칙 중 작업장 배치에 관한 원칙이다.

56 로트 크기 1,000, 부적합품률이 15%인 로트에서 5개의 랜덤 시료 중에서 발견된 부적합품수가 1개일 확률을 이항분포로 계산하면 약 얼마인가?

① 0.1648

② 0.3915

③ 0.6085

④ 0.835

로트크기 : 1,000, 부적합 품수(x)=1개 이상 나올 확률, (합격품수 : 5-1=4)

불량품의 개수(D)=1,000×15%=150개, (1,000-150=850)

$$P(x) = \frac{\binom{D}{x}\binom{N-D}{n-x}}{\binom{N}{n}}, \quad P(x \geq 1) = P_{(1)} + P_{(2)} + P_{(3)} + P_{(4)} + P_{(5)}$$

$$= \frac{150C_1 \times 850C_4}{1,000C_5} + \frac{150C_2 \times 850C_3}{1,000C_5} + \frac{150C_3 \times 850C_2}{1,000C_5} \fallingdotseq 0.3915$$

$$5C_1 \left(\frac{15}{100}\right) \times 1 \times \left(\frac{85}{100}\right) \times 4 = 5 \times \left(\frac{15}{100}\right) \times 1 \times \left(\frac{85}{100}\right) \times 4 = 0.3915$$

57 다음 검사의 종류 중 검사공정에 의한 분류에 해당되지 않는 것은?

① 수입검사

② 출하검사

③ 출장검사

④ 공정검사

검사의 분류

㉠ 수입검사(구입검사)　　㉡ 공정검사(중간검사)　　㉢ 최종검사

㉣ 출하검사　　㉤ 입고검사　　㉥ 출고검사

㉦ 인수인계 검사

58 품질코스트(Quality Cost)를 예방코스트, 실패코스트, 평가코스트로 분류할 때 다음 중 실패코스트(Failure Cost)에 속하는 것이 아닌 것은?

① 시험 코스트

② 불량대책 코스트

③ 재가공 코스트

④ 설계변경 코스트

실패코스트

㉠ 폐각코스트　　㉡ 재가공코스트　　㉢ 외주불량코스트

㉣ 설계변경코스트　　㉤ 현지서비스코스트　　㉥ 지참서비스코스트

㉦ 대품서비스코스트　　㉧ 불량대책코스트　　㉨ 재심코스트

59 다음 중 계량값 관리도에 해당되는 것은?

① c 관리도

② np 관리도

③ R 관리도

④ u 관리도

 계량치 ┌ $\bar{x}-R$ 관리도 : 평균치와 범위의 관리도
├ x 관리도 : 개개측징치의 관리도
└ $\tilde{x}-R$ 관리도 : 메디안과 범위의 관리도

60 그림과 같은 계획공정도(Network)에서 주공정은?(단, 화살표 아래의 숫자는 활동시간을 나타낸 것이다.)

① ⓐ-ⓒ-ⓕ

② ⓐ-ⓑ-ⓔ-ⓕ

③ ⓐ-ⓑ-ⓓ-ⓔ-ⓕ

④ ⓐ-ⓒ-ⓓ-ⓔ-ⓕ

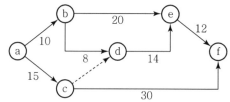

 주공정 : 가장 긴 작업시간이 예상되는 공정

㉠ 45주(15+30)

㉡ 42주(10+20+12)

㉢ 44주(10+8+14+12)

㉣ 41주(15+14+12)

과년도출제문제

2011. 8. 1.

1 중유의 연소성상을 개선하기 위한 첨가제의 종류가 아닌 것은?

① 연소촉진제   ② 착화지연제

③ 슬러지분산제   ④ 회분개질제

해설 착화는 지연이 아닌 촉진을 시켜야 한다.

2 다음 아래 그림은 몇 요소 수위제어 방식을 나타낸 것인가?

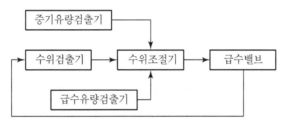

① 1요소 수위제어   ② 2요소 수위제어

③ 3요소 수위제어   ④ 4요소 수위제어

해설 3요소식 수위제어 : 수위, 증기량, 급수량 검출

3 탄소(C) 1kg을 완전 연소시키는 데 필요한 이론공기량은 약 얼마인가?

① 8.89Nm³   ② 3.33Nm³

③ 1.87Nm³   ④ 22.4Nm³

해설
$$C + O_2 \rightarrow CO_2$$
$$12kg \quad 22.4m^3 \rightarrow 22.4m^3$$

공기량 = 산소량 $\times \dfrac{1}{0.21}$

$\therefore \dfrac{22.4}{12} \times \dfrac{1}{0.21} = 8.89 Nm^3/kg$

4 진공환수식 증기난방의 설명 중 틀린 것은?

① 진공 펌프에 배큐엄 브레이커를 설치하여 진공도가 높아지면 밸브를 열어서 진공도를 낮춘다.
② 배관 및 방열기 내의 공기도 뽑아내므로 증기의 순환이 빠르다.
③ 환수파이프와 보일러 사이에 진공펌프를 설치하여 진공도를 유지시킨다.
④ 방열기 설치장소에 제한을 받고 방열량 조절이 좁다.

해설 진공환수식 증기난방은 방열기 설치장소에 제한을 받지 않는다.

5 창문 및 문을 포함한 벽체 면적이 48m²인 주택에 온수보일러를 설치하려고 한다. 외기온도가 −12℃, 실내온도가 20℃일 때 난방부하를 계산하면 약 얼마인가?(단, 이 주택의 벽체 열관류율은 6kcal/m²·h·℃, 방위계수는 1.05로 한다.)

① 2,419kcal/h
② 9,216kcal/h
③ 8,420kcal/h
④ 9,677kcal/h

해설 난방부하＝벽체면적×열관류율×온도차×방위계수
$$＝48×6×\{20-(-12)\}×1.05＝9,676.8kcal/h$$

6 고온가스의 처리가 가능하므로 굴뚝 또는 배관 내에 장착하고 지름이 $100\mu m$인 입자의 집진에 이용되며 집진효율이 50~70%인 장치로 구조가 간단한 집진장치는?

① 중력식 집진장치
② 원심력식 집진장치
③ 관성력식 집진장치
④ 여과식 집진장치

해설 관성식 집진장치
굴뚝 또는 배관 내에 설치하여 지름이 $100\mu m$의 입자 집진에 이용되는 효율 50~70% 집진장치

7 보일러의 급수장치 중 급수펌프의 구비조건에 대한 설명으로 틀린 것은?

① 조작이 간단하고 보수가 용이할 것
② 저부하에서도 효율이 좋을 것
③ 고온, 고압에 견딜 것
④ 병렬운전에 지장이 있을 것

해설 급수펌프는 병렬운전에 지장이 없어야 한다.

8 복사난방의 특징에 대한 설명으로 틀린 것은?

① 방열기가 불필요하므로 바닥면의 이용도가 높다.

② 외기온도의 변화에 따라 실내의 온도, 습도조절이 쉽다.

③ 복사열에 의한 난방이므로 쾌감도가 좋다.

④ 실내의 온도 분포가 균등하다.

해설 외기온도의 변화에 조절이 용이한 난방은 온수난방이다.

9 온수난방 분류에서 각층, 각실 간에 온수의 순환율이 동일하고 온도차를 최소화시키는 방식으로, 배관길이가 다소 길고 마찰저항이 커지는 단점이 있는 배관방법은?

① 직접귀환방식   ② 역귀환방식

③ 중력순환식   ④ 강제순환식

해설 역귀환방식(리버스리턴방식)은 온수난방에서 온수의 순환율을 같게 하는 온수순환방식이다.

10 보일러 연소실에서 발생한 연소가스가 굴뚝까지 이르는 통로는?

① 연돌   ② 연도

③ 화관   ④ 댐퍼

해설 보일러 연소실 → 연도 → 굴뚝

11 증기보일러에서 안전밸브 및 압력방출장치의 크기를 20A로 할 수 있는 경우는?

① 최고사용압력 1MPa 이하의 보일러

② 최고사용압력 0.5MPa 이하의 보일러로 전열면적 $2m^2$ 이하의 보일러

③ 최고사용압력 0.7MPa 이하의 보일러로 동체의 안지름이 500mm 이하이며 동체의 길이가 1,000mm 이하의 보일러

④ 최대증발량 7t/h 이하의 관류보일러

해설 ① : 0.1MPa 이하가 해당

③ : 0.5MPa 이하가 해당

④ : 5t/h 이하가 해당

12 회전식 버너의 특징을 설명한 것으로 틀린 것은?

① 기름은 보통 0.3kgf/cm² 정도 가압하여 공급한다.

② 분무각도는 유속 또는 안내 깃에 따라 40~80°의 범위로 할 수 있다.

③ 화염의 형상이 비교적 넓고 안정한 연소를 시킬 수 있다.

④ 유량의 조절범위는 1 : 5 정도로 좁고, 유량이 직을수록 무화가 잘 된다.

해설 회전분무식 버너(수평로터리버너)의 유량조절 범위는 1 : 5이며 유량이 많을수록 무화가 용이하다.(단, 유량조절범위 내에서는 유량에 관계없이 무화가 용이하다.)

13 부합변동에 따른 적응성이 좋으며, 응축수를 연속적으로 배출하고 자동공기배출이 이루어지나 수격작용에 약하고, 고압증기배관에는 사용할 수 없는 증기트랩은?

① 디스크트랩

② 바이메탈트랩

③ 버킷트랩

④ 플로트트랩

해설 플로트 스팀트랩

응축수 다량트랩(응축수 연속트랩)으로 고압증기배관에는 사용이 부적당하다.

14 증기보일러의 용량을 표시하는 방법이 아닌 것은?

① 보일러의 마력

② 상당증발량

③ 정격출력

④ 연소효율

해설 연소효율$=\dfrac{\text{실제연소열}}{\text{노내연료공급열}}\times100(\%)$

15 다음 중 절탄기에 대하여 설명한 것으로 옳은 것은?

① 증기를 이용하여 급수를 예열하는 장치

② 보일러의 여열을 이용하여 급수를 예열하는 장치

③ 보일러의 여열을 이용하여 공기를 예열하는 장치

④ 연도 내에서 고온의 증기를 만드는 장치

해설 절탄기(이코너마이저)

보일러 여열을 이용하여 급수를 예열하는 폐열회수장치

16 다음 중 안전장치의 종류가 아닌 것은?

① 방출밸브   ② 가용마개

③ 드레인 콕   ④ 수면고저경보기

해설 드레인 콕
응축수나 배수의 퇴출 콕

17 다음 중 가스연료 연소 시에 발생하는 현상이 아닌 것은?

① 역화(Back Fire)

② 리프팅(Lifting)

③ 옐로우 팁(Yellow Tip)

④ 증발(Vaporizing)

해설 증발
액체가 증기로 변화하는 현상
예) 물 → 수증기

18 분출장치의 설치목적이 아닌 것은?

① 관수의 농축 방지

② 관수의 pH 조절

③ 스케일 생성 방지

④ 저수위 방지

해설 저수위 방지 : 맥도널, 수면계 등

19 증기배관 내 공기를 제거하는 방법으로 틀린 것은?

① 탈기기 설치로 용존산소 등 불응축 가스를 제거한다.

② 응축수 회수율을 감소시킨다.

③ 수 처리제를 사용해 가스발생을 억제한다.

④ 에어벤트를 설치한다.

해설 증기배관 내 공기를 제거하면 응축수의 흐름이 원활하여 회수율을 증가시킨다.

20 증기보일러의 압력계 부착에 대한 설명 중 틀린 것은?

① 증기가 직접 압력계에 들어가지 않도록 안지름 6.5mm 이상의 사이폰관을 설치한다.

② 압력계와 연결된 증기관이 강관일 때 그 안지름은 12.7mm 이상이어야 한다.

③ 증기온도가 483K(210℃)를 초과할 때 압력계와 연결되는 증기관은 황동관 또는 동관으로 하여야 한다.

④ 압력계와 연결되는 증기관은 최고사용압력에 견디는 것으로 한다.

해설 증기온도가 210℃를 초과하면 압력계와 연결되는 증기관은 강관으로 제작하여야 한다.(황동관, 동관은 사용금물)

21 상당증발량 2,500kg/h, 매시 연료소비량 150kg인 보일러가 있다. 급수온도 28℃, 증기압력 10kgf/cm²일 때, 이 보일러의 효율은 약 몇 %인가?(단, 연료의 저위발열량은 9,800kcal/kg이다.)

① 65% ② 77%

③ 92% ④ 98%

해설 $\eta = \dfrac{G_w(h_2 - h_1)}{G_f \times HL} \times 100 = \dfrac{we \times 539}{G_f \times HL} \times 100$

$= \dfrac{2,500 \times 539}{150 \times 9,800} \times 100 = 91.67\%$

22 다음 중 보일러 스테이의 종류가 아닌 것은?

① 도그스테이 ② 관스테이

③ 거싯스테이 ④ 더블스테이

해설 보일러스테이(보강재)에 더블스테이는 존재하지 않는다.

23 지역난방에 대한 설명 중 틀린 것은?

① 고압의 증기 및 고온수를 사용하므로 관지름을 크게 하여야 한다.

② 각 건물마다 보일러 시설이 필요 없다.

③ 열 발생설비의 고효율화, 대기오염의 방지를 효과적으로 할 수 있다.

④ 연료비와 인건비를 줄일 수 있다.

해설 고압의 증기나 고온수는 비체적(m³/kg)이 작아서 관지름을 작게 하여도 된다.

24 액체연료의 일반적인 특징 설명으로 틀린 것은?

① 석탄에 비하여 연소효율이 낮다.

② 석탄에 비하여 연소조절이 용이하다.

③ 석탄에 비하여 재와 그을음이 적다.

④ 석탄에 비하여 고온을 얻기가 쉽다.

해설 액체연료의 일반적인 특징은 석탄에 비하여 연소효율이 높다.

25 보일러의 용수처리 중 현탁질 고형물의 처리 시 사용하는 방법이 아닌 것은?

① 침강법   ② 여과법

③ 이온교환법   ④ 응집법

해설 용해고형물 처리법

 ㉠ 증류법

 ㉡ 약품처리법

 ㉢ 이온교환법

26 냉동 사이클의 이상적인 사이클은 어느 것인가?

① 오토 사이클   ② 디젤 사이클

③ 스털링 사이클   ④ 역카르노 사이클

해설 냉동사이클의 이상적 사이클 : 역카르노 사이클

 (증발기 → 압축기 → 응축기 → 팽창밸브)

27 원형 직관 속을 흐르는 유체의 손실수두에 대한 설명으로 틀린 것은?

① 관의 길이에 비례한다.

② 속도수두에 반비례한다.

③ 관의 내경에 반비례한다.

④ 관 마찰계수에 비례한다.

해설 손실수두$(H_L) = f\dfrac{l}{d} \times \dfrac{V^2}{2g}$

$$= 마찰계수 \times \dfrac{관길이}{관지름} \times \dfrac{(유속)^2}{2 \times 9.8}\,(\mathrm{m})$$

Answer   24. ①   25. ③   26. ④   27. ②

28 자동측정기에 의한 아황산가스의 연속측정방법에 속하지 않는 것은?

① 적외선 흡수법

② 자외선 흡수법

③ 오르사트가스 분석법

④ 불꽃광도법

해설 오르사트가스 분석법 가스측정 순서

$CO_2 \rightarrow O_2 \rightarrow CO$

29 유체 속에 잠겨진 물체에 작용하는 부력에 대한 설명으로 옳은 것은?

① 그 물체에 의해서 배제된 유체의 무게와 같다.

② 물체의 중력보다 크다.

③ 유체의 밀도와는 관계가 없다.

④ 물체의 중력과 같다.

해설 부력

그 물체에 의해서 배제된 유체의 무게와 같다.

30 보일러 수중의 용존산소에 의한 국부전지가 구성되어 생기는 전기화학적 부식은?

① 고온부식   ② 점식

③ 구식   ④ 가성취화

해설 점식

보일러 수중의 용존산소에 의한 국부전지가 구성되어 생기는 전기화학적 부식

31 보일러 내면에 발생하는 점식(Pitting)의 방지법이 아닌 것은?

① 용존산소를 제거한다.

② 아연판을 매단다.

③ 내면에 도료를 칠한다.

④ 브리징 스페이스를 크게 한다.

해설 브리징 스페이스를 크게 하면 점식 방지 보다는 노통의 신축을 조절하기가 용이하다.

32 보일러 내 처리에 사용되는 약제의 종류 및 작용에서 탈산소제로 쓰이는 약품이 아닌 것은?

① 수산화나트륨 ② 탄닌

③ 히드라진 ④ 아황산나트륨

해설 수산화나트륨(가성소다)

경수연화제로 사용(또는 pH 조정제로 사용)

33 순수한 물 1 lb(파운드)를 표준대기압하에서 1°F 높이는 데 필요한 열량을 나타낼 때 쓰이는 단위는?

① Chu ② MPa ③ Btu ④ kcal

해설 Btu 열량

순수한 물 1파운드를 표준대기압하에서 1°F 높이는 데 필요한 열량 단위

34 이온교환처리장치의 운전공정에서 재생탑에 원수를 통과시켜 수중의 일부 또는 전부의 이온을 이온교환 또는 제거시키는 공정을 의미하는 것은?

① 통약 ② 압출

③ 부하 ④ 수세

해설 ㉠ 부하 : 수중의 일부 또는 전부의 이온을 이온교환 또는 제거시키는 공정

㉡ 역세 → 재생 → 압출 → 수세 → 통수

㉢ 수지 : N형, H형, Cl형, OH형

35 평판을 사이에 두고 고온유체와 저온유체가 접하고 있는 경우 열관류율에 영향을 미치지 않는 것은?

① 평판의 열전도율

② 평판의 면적

③ 평판의 두께

④ 고온 및 저온유체 열전달률

해설 ㉠ 평판의 면적은 손실열량 계산시 필요하다.

㉡ 열손실 = 면적 × 열관류율 × 온도차 × 방위계수

㉢ 열관류율 = $\dfrac{1}{\dfrac{1}{\text{내부열전달률}} + \dfrac{\text{벽의 두께}}{\text{벽의 열전도율}} + \dfrac{1}{\text{외부열전달률}}}$ (kcal/m²h℃)

---

36 보일러 수 분출에 대한 설명 중 틀린 것은?

① 분출장치는 스케일, 슬러지 등으로 막히는 일이 있으므로 1일 1회 이상 분출한다.

② 분출하고 있는 사이에는 다른 작업을 해서는 안 된다.

③ 분출작업을 마친 후에는 밸브 또는 콕이 확실하게 열려 있는지 확인한다.

④ 연속 사용하는 보일러는 부하가 가장 약할 때 분출한다.

해설 분출작업을 마친 후에는 급수한 후 밸브나 콕이 확실하게 닫혀 있는지 확인한다.(저수위 사고 방지)

37 분자량이 18인 수증기를 완전가스로 가정할 때, 표준상태하에서의 비체적은 약 몇 m^3/kg인가?

① 0.5　　　　　② 1.24　　　　　③ 2.0　　　　　④ 1.75

해설 비체적 $= (22.4/분자량) = \dfrac{22.4}{18}$

$\qquad\qquad = 1.24 m^3/kg$

38 "어떤 2개의 물체가 또 다른 제3의 물체와 서로 열평형을 이루고 있으면 그 2개의 물체도 서로 열평형 상태이다."라고 정의하는 열역학 법칙은?

① 열역학 제0법칙　　　　　　　② 열역학 제1법칙

③ 열역학 제2법칙　　　　　　　④ 열역학 제3법칙

해설 열역학 제0법칙 : 열평형의 법칙

39 유체의 흐름 층이 교란하지 않고 흐르는 흐름을 무엇이라고 하는가?

① 정상류　　　　　② 난류　　　　　③ 보통류　　　　　④ 층류

해설 층류

난류의 반대이며 유체의 흐름층이 교란하지 않고 흐르는 흐름

40 세관할 때 규산염, 황산염 등 경질 스케일의 경우 사용되는 용해촉진제로 맞는 것은?

① NH_3　　　　　　　　　　　② Na_2CO_3

③ 히드라진　　　　　　　　　　④ 불화수소산(HF)

해설 경질 스케일 용해촉진제 : 불화수소산(HF)

41 피복아크 용접에서 자기쏠림 현상을 방지하는 방법으로 옳은 것은?

① 직류용접을 사용할 것
② 접지점을 될 수 있는 대로 용접부에서 멀리할 것
③ 용접봉 끝을 아크 쏠림과 동일 방향으로 기울일 것
④ 긴 아크를 사용할 것

해설 피복아크 전기용접 중 자기쏠림 현상을 방지하려면 접지점을 될 수 있는 대로 용접부에서 멀리한다.

42 다음 중 동관의 이음방법이 아닌 것은?

① 몰코 이음   ② 플랜지 이음
③ 납땜 이음   ④ 압축 이음

해설 몰코 이음
스테인리스 배관의 이음

43 관 공작 시 강관용 또는 측정용 공구로 사용되는 것이 아닌 것은?

① 로프로스트
② 수준기
③ 파이프 커터
④ 파이프 리머

해설 관 공작용 및 측정용 공구
수준기, 파이프 커터, 파이프 리머, 버니어 캘리퍼스 등

44 스테인리스(Stainless)강의 내식성(耐蝕性)과 가장 관계가 깊은 것은?

① 철(Fe)   ② 크롬(Cr)
③ 알루미늄(Al)   ④ 구리(Cu)

해설 스테인리스강＝철강＋크롬

45 다음 중 증기난방 배관에 대한 설명으로 틀린 것은?

① 단관중력환수식은 방열기 밸브를 반드시 방열기의 아래쪽 태핑에 단다.

② 진공환수식은 응축수를 방열기보다 위쪽의 환수관으로 배출할 수 있다.

③ 기계환수식은 각 방열기마다 공기빼기 밸브를 설치할 필요가 없다.

④ 습식환수관의 주관은 보일러 수면보다 높은 곳에 배관한다.

해설 건식환수관의 주관은 보일러 수면보다 높은 곳에 배관한다.(습식은 그 반대이다.)

46 플랜지 종류 중 극히 기밀이 요구되는 경우와 16kgf/cm² 이상의 위험성이 있는 유체배관에 사용하는 것으로 채널형 시트라고도 하는 것은?

① 홈꼴형 시트

② 전면 시트

③ 소평면 시트

④ 대평면 시트

해설 ㉠ 홈꼴형 시트 : 위험성이 있는 유체배관, 매우 기밀을 요하는 배관용(16kg/cm² 이상용)

㉡ 대평면 시트 : 연질 패킹용(63kg/cm² 이하용)

㉢ 소평면 시트 : 경질 패킹용(16kg/cm² 이상용)

47 열사용기자재관리규칙에 따른 특정열사용 기자재 및 설치·시공범위에서 품목명에 해당되지 않는 것은?

① 태양열집열기

② 1종압력용기

③ 회전가마

④ 축열식증기보일러

해설 축열식 전기용 온수보일러 외 축열식(빙축열)은 공조냉동분야이다.

48 다음 보온재의 종류 중 최고안전사용온도(℃)가 가장 낮은 것은?

① 석면

② 글라스 울

③ 우모 펠트

④ 암면

해설 ㉠ 펠트류 : 우모, 양모(100℃ 이하)

㉡ 글라스 울 : 300℃ 이하

㉢ 석면 : 350~550℃

㉣ 암면 : 400℃ 이하

49 주로 350℃를 초과하는 온도에서 증기관 등 고온유체 수송관에 사용되는 고온 배관용 탄소강관의 기호는?

① SPPH   ② SPA   ③ SPHT   ④ SPLT

해설 ㉠ SPPH : 고압배관용(10MPa 이상용)
ㄴ SPA : 배관용 합금강(고온도용)
ㄷ SPLT : 저온배관용(빙점 이하용)

50 다음 중 배관의 지지장치에 대한 설명으로 옳은 것은?

① 행거(Hanger)는 아래에서 배관을 지지하는 장치이다.
② 서포트(Supporter)는 위에서 걸어 당김으로써 지지하는 장치이다.
③ 레스트레인트(Restraint)는 열팽창에 의한 자유로운 움직임을 구속 또는 제한하는 장치이다.
④ 브레이스(Brace)는 열팽창이나 부력에 의한 처짐을 제한하는 장치이다.

해설 ㉠ 행거 : 하중을 위에서 걸어 당겨 지지한다.
ㄴ 서포트 : 배관의 하중을 아래에서 위로 지지한다.
ㄷ 브레이스 : 방진기와 완충기가 있다.(진동 방지용)

51 배관도에서 "EL-300TOP"로 표시된 것의 설명으로 옳은 것은?

① 파이프 윗면이 기준면보다 300mm 높게 있다.
② 파이프 윗면이 기준면보다 300mm 낮게 있다.
③ 파이프 밑면이 기준면보다 300mm 높게 있다.
④ 파이프 밑면이 기준면보다 300mm 낮게 있다.

해설 ㉠ EL : CEL이라 하며 배관 높이를 표시할 때 기준선으로 기준선에 의해 높이를 표시하는 법을 표시한다.
ㄴ TOP : EL에서 관 외경의 윗면까지를 높이로 표시할 때 사용하는 기호
ㄷ EL-300TOP : 관의 윗면이 기준면보다 300mm 낮다.

52 에너지법에서 정한 "에너지기술개발계획"에 포함되지 않는 사항은?

① 에너지기술에 관련된 인력·정보·시설 등 기술개발 자원의 축소에 관한 사항
② 개발된 에너지기술의 실용화의 촉진에 관한 사항
③ 국제에너지기술협력의 촉진에 관한 사항
④ 온실가스 배출을 줄이기 위한 기술개발에 관한 사항

해설 에너지법 제11조에 의해 에너지기술개발계획에 포함된 내용은 ㉯, ㉰, ㉱항에 해당된다.

Answer   49. ③   50. ③   51. ②   52. ①

53 에너지저장시설의 보유 또는 저장의무의 부과 시 정당한 이유 없이 이를 거부하거나 이행하지 아니한 자에 대한 벌칙 기준은?

① 2년 이하의 징역 또는 2천만원 이하의 벌금

② 2천만원 이하의 벌금

③ 1년 이하 징역 또는 1천만원 이하의 벌금

④ 1천만원 이하의 벌금

해설 에너지저장시설의 보유 또는 저장의무의 부과시 이유 없이 거부하거나 이행하지 아니한 자에 대한 벌칙기준은 2년 이하의 징역 또는 2천만원 이하의 벌금에 처한다.

54 감압밸브를 작동방법에 따라 분류할 때 해당되지 않는 것은?

① 벨로스형(Bellows Type)

② 파일럿형(Pilot Type)

③ 피스톤형(Piston Type)

④ 다이어프램형(Diaphram Type)

해설 ㉠ 파일럿형은 정압기 등으로 많이 사용한다.
ⓛ 감압밸브(작동방법) : 피스톤형, 다이어프램식, 벨로스형
ⓒ 감압밸브(구조에 따라) : 스프링식, 추식

55 정상소요기간이 5일이고, 이때의 비용이 20,000원이며 특급소요기간이 3일이고, 이때의 비용이 30,000원이라면 비용구배는 얼마인가?

① 4,000원/일

② 5,000원/일

③ 7,000원/일

④ 10,000원/일

해설 추가비용＝30,000원－20,000원＝10,000원
단축시간＝5일－3일＝2일
∴ 비용구배＝$\dfrac{10,000원}{2일}$
＝5,000원/일

56 컨베이어 작업과 같이 단조로운 작업은 작업자에게 무력감과 구속감을 주고 생산량에 대한 책임감을 저하시키는 등 폐단이 있다. 다음 중 이러한 단조로운 작업의 결함을 제거하기 위해 채택되는 직무설계방법으로서 가장 거리가 먼 것은?

① 자율경영팀 활동을 권장한다.

② 하나의 연속작업시간을 길게 한다.

③ 작업자 스스로가 직무를 설계하도록 한다.

④ 직무화개, 직무충실화 등의 방법을 활용한다.

해설 하나의 연속작업시간을 길게 하면 작업자에게 무력감과 구속감을 주어 작업의 결함을 증가시키는 요인이 된다.

57 "무결점 운동"으로 불리는 것으로 미국의 항공사인 마틴사에서 시작된 품질개선을 위한 동기부여 프로그램은 무엇인가?

① ZD   ② 6 시그마   ③ TPM   ④ ISO 9001

해설 ZD : 무결점운동(품질개선을 위한 동기부여 프로그램)

58 관리도에서 측정한 값을 차례로 타점했을 때 점이 순차적으로 상승하거나 하강하는 것을 무엇이라 하는가?

① 연(Run)   ② 주기(Cycle)

③ 경향(Trend)   ④ 산포(Dispersion)

해설 경향

관리도에서 측정한 값을 차례로 타점했을 때 점이 순차적으로 상승하거나 하강하는 현상이다.

59 도수분포표를 작성하는 목적으로 볼 수 없는 것은?

① 로트의 분포를 알고 싶을 때

② 로트의 평균치와 표준편차를 알고 싶을 때

③ 규격과 비교하여 부적합품률을 알고 싶을 때

④ 주요 품질항목 중 개선의 우선순위를 알고 싶을 때

해설 Frequency Distribution(도수분포)의 목적은 ①, ②, ③항이다. 생산공장에서 모든 통계분포를 이해하는 기초가 도수분포이다.

Answer   56. ②   57. ①   58. ③   59. ④

60 어떤 측정법으로 동일 시료를 무한 회 측정하였을 때 데이터 분포의 평균치와 참값과의 차를 무엇이라 하는가?

① 재현성   ② 안정성

③ 반복성   ④ 정확성

해설 정확성 : 데이터 분포의 평균치와 참값과의 차이다.

과년도출제문제

2012. 4. 9.

1 기수공발(캐리오버)을 방지하기 위해서 보일러 내부에 설치되어 있는 장치는?

① 기수분리기　　　　　　　　　　② 증기축열기

③ 체크밸브　　　　　　　　　　　④ 수저분출장치

해설 기수분리기

수관식 관류보일러 등에서 캐리오버(물방울＋물거품) 발생시 방지하는 증기이송장치 중 하나이다.

2 유량측정 장치가 아닌 것은?

① 벤튜리관　　　　　　　　　　　② 피토관

③ 오리피스　　　　　　　　　　　④ 마노미터

해설 마노미터

유자관 압력계 등 액주식 저압력에 측정되는 압력계이다.

3 고압증기 난방의 장점이 아닌 것은?

① 배관 경을 작게 할 수 있다.　　　② 난방 이외의 시설에도 증기공급이 가능하다.

③ 배관의 기울기가 필요 없다.　　　④ 공급열량에 유연성이 있다

해설 고압증기, 저압증기 난방에서는 배관의 기울기(약 $\frac{1}{200}$ 정도)가 반드시 필요하다.(드레인 배출을 위하여)

4 보일러 과압 방지 안전장치의 설치에 대한 설명이다. 틀린 것은?

① 증기보일러에는 2개 이상의 안전밸브를 설치하여야 한다.

② 안전밸브는 쉽게 검사할 수 있는 위치에 설치해야 한다.

③ 안전밸브 축은 수평으로 설치하고 가능한 보일러의 동체에서 멀리 설치해야 한다.

④ 안전밸브는 보일러 최대증발량을 분출하도록 그 크기와 수를 결정하여야 한다.

해설 증기보일러 안전밸브 축은 수직으로 설치하고 가능한 보일러 본체에 부착을 원칙으로 한다.

Answer　　1. ①　2. ④　3. ③　4. ③

5 증기난방의 특징에 대한 설명으로 틀린 것은?

① 이용하는 열량은 증발 잠열로 매우 크다.

② 예열시간이 길고 응답속도가 느리다.

③ 증기공급방식에는 상향·하향공급식이 있다.

④ 증기를 공급하는 힘은 발생증기압으로 별도의 동력을 필요로 하지 않는다.

해설 온수난방은 열용량이 커서 예열시간이 길다. 단 온도하강은 느리다.(증기난방은 예열시간이 짧다.)

6 복사난방의 특징을 올바르게 설명한 것은?

① 방열기의 설치가 필요 없고 바닥면의 이용도가 낮다.

② 실내의 온도 분포가 균일하고 쾌감도가 낮다.

③ 실내공기의 대류가 크고 바닥 먼지의 상승이 적다.

④ 예열시간이 많이 걸리므로 일시적 난방에는 부적당하다.

해설 복사난방(패널난방)은 예열시간이 많이 걸리므로 장기적 연속난방에 적당하다.

7 보일러 연료의 연소형태 중 버너연소가 아닌 것은?

① 기름연소

② 수분식 연소

③ 가스연소

④ 미분탄연소

해설 석탄의 연소형태(화격자 연소)
  ㉠ 수분식 연소(나누기 연소)
  ㉡ 화격자 연소(연속식 연소)

8 난방부하를 계산할 때 반드시 포함시켜야 하는 것은?

① 형광등으로부터의 발열부하

② 재실자로부터 발생하는 인체부하

③ 틈새바람을 통한 열부하

④ 커피포트 등에 의한 기기부하

해설 틈새바람(극간풍)을 통한 열부하 : 난방부하에 포함된다.

9 원심력식(Cyclone) 집진장치에 대한 설명으로 틀린 것은?

① 처리 가스량이 많을 때는 소구경의 사이클론을 다수 병렬로 설치한 멀티론(Multilone)을 채택한다.

② 가스속도를 증가하면 압력 손실이 증가하므로 집진율이 떨어진다.

③ 접선 유입식보다 축류식이 동일압력에 대해 대량 집진이 가능하다.

④ 공기누입, 안내날개 마모 현상은 집진율을 저하시킨다.

해 원심력식(사이클론식) 집진장치는 가스속도를 증가시키면 집진효율이 증가한다.

10 연도에 바이메탈 온도스위치를 부착시켜 화염의 유무 또는 보일러의 과열 여부를 검출하는 것은?

① 프레임 아이   ② 스택 스위치

③ 전자 개폐기   ④ 프레임 로드

해 스택 스위치(소용량 보일러 화염검출기)
바이메탈(구리+인바) 온도스위치로 연소실 화염의 소멸 여부를 판단하는 안전장치

11 일정압력으로 과잉수압에 의한 배관설비의 손상이 방지되는 급수방식은?

① 수도직결식   ② 양수펌프식   ③ 압력탱크식   ④ 옥상탱크식

해 옥상탱크식 급수설비 : 일정압력으로 공급하는 급수방식이다.

12 온수 평균온도 80 ℃, 실내공기 온도 18 ℃, 온수의 방열계수를 7.2 kcal/m² · h · ℃라 할 때 방열량은?

① 446.4 kcal/m² · h   ② 480 kcal/m² · h

③ 580.3 kcal/m² · h   ④ 650 kcal/m² · h

해 소요방열량(Q) $Q = 계수 \times 온도차 = 7.2 \times (80-18) = 446.4 \ kcal/m^2h$

13 증기 보일러에서 전열면적이 몇 m² 이하일 경우 안전밸브를 1개 이상으로 설치할 수 있는가?

① 50 m²   ② 60 m²   ③ 80 m²   ④ 100 m²

해 증기보일러 전열면적 50 m² 이하에서는 안전밸브를 1개 이상 설치 가능(그 이상에서는 2개 이상 설치 가능)

Answer   9. ②   10. ②   11. ④   12. ①   13. ①

14 굴뚝 높이 140 m, 배기가스의 평균온도 200 ℃, 외기온도 27 ℃, 굴뚝내 가스의 외기에 대한 비중을 1.05라 할 때 통풍력은 약 얼마인가?

① 36.3 mmAq   ② 49.8 mmAq   ③ 51.3 mmAq   ④ 55.0 mmAq

해설 통풍력$(Z) = 273 \times h\left(\dfrac{ra}{273+ta} - \dfrac{rg}{273+tg}\right)$

$\qquad\qquad = 273 \times 140 \times \left(\dfrac{1.293}{273+27} - \dfrac{1.35765}{273+200}\right) ≒ 55.0$ mmAq

표준기압하에서 공기밀도 1.293kg/m³

배기가스공기밀도 $= 1.293 \times 1.05$

$\qquad\qquad\qquad = 1.357665$kg/m³

15 체적과 시간으로부터 직접 유량을 구하는 유량계는?

① 피토관   ② 벤튜리관   ③ 로터미터   ④ 노즐

해설 로터미터(면적식 유량계)

체적과 시간으로부터 직접유량(순간유량)을 구한다.

16 보일러의 성능을 표시하는 방법이 아닌 것은?

① 상당증발량(kgf/h)   ② 보일러마력

③ 보일러전열면적(m²)   ④ 보일러지름(mm)

해설 보일러 성능 표시 : ①, ②, ③ 외 상당방열면적(EDR) 및 정격출력(kcal)이 있다.

※ 60만 kcal/h = 1,000 kg/h의 증기용량

17 보일러의 부속장치에 대한 설명 중 틀린 것은?

① 방폭문 : 보일러 내 가스폭발이나 역화 시 폭발한 가스를 외부로 배기시키는 장치

② 압력계 : 보일러 내의 압력을 측정하기 위한 장치

③ 수위경보기 : 보일러 내의 수위가 안전저수위에 이르면 경보를 울리는 장치

④ 압력제한기 : ON/OFF 신호를 급수밸브에 보내 급수를 공급, 차단하는 장치

해설 ④항의 설명은 급수제어에 해당된다.

18 재생식 공기예열기의 설명으로 적당한 것은?

① 강판형과 관형의 2가지 형식이 있다.

② 일정시간 동안 공기와 열 가스가 교대로 금속판에 접촉 전열되어 열 교환하는 형식이다.

③ 운동부가 없으며 누설의 우려가 없고 통풍손실이 적으며 구조가 간단하다.

④ 증기로 연소용 공기를 예열하는 방식으로 저온부식이 방지된다.

해 ① : 전열식, ② : 재생식, ④ : 증기식

19 보일러의 자동제어 장치인 인터록 제어에 대한 설명으로 가장 적합한 것은?

① 조건이 충족되지 않을 때 다음 동작이 정지되는 것

② 제어량과 설정목표치를 비교하여 수정 동작시키는 것

③ 점화나 소화가 정해진 순서에 따라 차례로 진행하는 것

④ 증기의 압력, 연료량, 공기량을 조절하는 것

해 인터록 : 조건이 충족되지 않을 때 다음 동작이 정지되는 것

- 압력초과 인터록 • 불착화 인터록 • 저수위 인터록
- 저연소 인터록 • 프리퍼지인터록(송풍기 인터록)

20 온수 보일러에서 순환펌프 설치 시 유의사항으로 잘못된 것은?

① 순환펌프의 모터부분은 수평으로 설치함을 원칙으로 한다.

② 순환펌프의 흡입 측에는 여과기를 설치해야 한다.

③ 순환펌프와 전원 콘센트 간의 거리는 최소로 한다.

④ 하향식 구조인 경우 반드시 바이패스 회로를 설치해야 한다.

해 온수 보일러는 상향식, 하향식에 관계없이 강제순환식이라면 순환펌프가 필요하다. 순환펌프가 필요없는 자연순환식에서는 바이패스(우회배관)가 필요함

21 급수의 온도 25℃, 보일러 압력이 15 kgf/cm², 상당증발량이 2,500 kg/h일 때 매시간당 증발량은 약 얼마인가?(단, 발생증기 엔탈피는 639kcal/kg이다.)

① 2,195 kg/h ② 2,295 kg/h ③ 3,115 kg/h ④ 3,220 kg/h

해 상당증발량$(We) = \dfrac{Wa \ (h_2 - h_1)}{539} = \dfrac{x \ (639 - 25)}{539} = 2,500 \ \text{kg/h}$

$x = \dfrac{(2,500 \times 539)}{639 - 25} = 2,195 \ \text{kg/h}$

22 탄소 1 kg이 완전 연소했을 때의 열량은 몇 kcal인가?(단, $C + O_2 \rightarrow CO_2 + 97,200$kcal/kmol이다.)

① 6,075 kcal

② 8,100 kcal

③ 16,200 kcal

④ 18,400 kcal

해설 탄소 $1 \, kmol = 12 \, kg \, (22.4 \, m^3)$

$\therefore \dfrac{97,200}{12} = 8,100 \, kcal/kg$

23 보일러 연소 시 공기비가 적을 경우의 장해에 해당되지 않는 것은?

① 불완전연소가 되기 쉽다.

② 미연소에 의한 열손실이 증가한다.

③ 미연가스에 의한 역화 위험성이 있다.

④ 연소실 내의 온도가 내려간다.

해설 공기비가 적으면 배기가스 열손실이 감소하고 노내온도 하강이 방지되며 연소실 내 온도가 증가한다.

24 가스버너 사용 시 옐로우 팁(Yellow Tip) 현상이 발생하는 것은 어떤 이유 때문인가?

① 1차 공기가 부족한 경우

② 염공이 막혀 염공의 유효 면적이 적은 경우

③ 가스압이 너무 높은 경우

④ 연소실 배기불량으로 2차 공기가 과소한 경우

해설 가스버너 옐로우 팁이 발생하는 원인은 1차 공기가 부족하다.

25 다음 중 에너지의 단위가 아닌 것은?

① kwh

② kJ

③ kgf · m/s

④ kcal

해설 kgf · m/s : 동력의 단위

㉠ $75 \, kg \cdot m/s : 1 \, PS$

㉡ $76 \, kg \cdot m/s : 1 \, HP$

㉢ $102 \, kg \cdot m/s : 1 \, kW$

26 완전기체(Perfect Gas)가 일정한 압력하에서 부피가 2배가 되려면 초기온도가 27 ℃인 기체는 몇 ℃가 되어야 하는가?

① 54 ℃   ② 108 ℃   ③ 300 ℃   ④ 327 ℃

해 $V_2 = V_1 \times \dfrac{T_2}{T_1}$, $T_2 = T_1 \times \dfrac{V_2}{V_1}$ 절대온도(K) = ℃ + 273   ∴ $\{(273+27) \times 2\} - 273 = 327$ ℃

27 관속의 유체 흐름에서 일반적으로 레이놀드수가 얼마 이상이면 난류 흐름이 되는가?

① 2,000   ② 2,500   ③ 3,000   ④ 4,000

해 Re(레이놀드수)

Re : 2,100보다 작을 때(층류), Re : 4,000을 넘으면(난류), Re : 2,100~4,000 사이(과도적 현상)

28 보일러수에 함유되어 있는 물질 중 스케일 생성 성분이 아닌 것은?

① 황산칼슘   ② 규산칼슘   ③ 탄산마그네슘   ④ 탄산소다

해 인산소다, 탄산소다, 가성소다 : 청관제

29 과열증기 사용 시의 장점으로 틀린 것은?

① 증기소비량이 감소한다.   ② 가열면의 온도가 균일하다.
③ 습증기로 인한 부식을 방지한다.   ④ 증기의 마찰손실이 적다.

해 과열증기 사용 시 과열기 표면이나 가열면의 온도가 불균일하다.(단점)

30 보일러의 내부부식 주요 원인으로 볼 수 없는 것은?

① 급수 중에 유지류, 산류, 탄산가스, 염류 등의 불순물을 함유하는 경우
② 일반 전기배선에서의 누전으로 인하여 전류가 장시간 흐르는 경우
③ 연소가스 속의 부식성 가스에 의한 경우
④ 강재의 수축 표면에 녹이 생겨서 국부적으로 전위차가 발생하여 전류가 흐르는 경우

해 S(황) + O_2 → SO_2(아황산가스), SO_2 + H_2O → SO_3H_2(무수황산)

$SO_3H_2 + \dfrac{1}{2}O_2$ → H_2SO_4(진한황산 발생 : 저온부식의 외부부식 발생)

Answer   26. ④   27. ④   28. ④   29. ②   30. ③

31 외부와 열의 출입이 없는 열역학적 변화는?

① 정압변화

② 정적변화

③ 단열변화

④ 등온변화

해설 단열변화(외부와 열의 출입이 없는 열역학적 변화이다.)

32 다음 설명에 해당되는 보일러 손상 종류는?

> 고온 고압의 보일러에서 발생하나 저압 보일러에서도 열부하가 클 경우 발생되며, 발생하는 장소로는 용접부의 틈이 있는 경우나 관공 등 응력이 집중하는 틈이 많은 곳이다. 외관상으로는 부식성이 없고 극히 미세한 불규칙적인 방사형을 하고 있다.

① 가성취화

② 내부부식

③ 블리스터

④ 라미네이션

해설 가성취화 부식 발생장소

용접부의 틈, 관공 등 응력이 집중하는 틈

33 열관류율의 단위로 옳은 것은?

① kcal/kg · h

② kcal/kg · ℃

③ kcal/m · ℃ · h

④ kcal/m² · ℃ · h

해설 ㉠ 열관류율 단위 : kcal/m² · h · ℃

㉡ 비열의 단위 : kcal/kg · ℃

㉢ 열전도율 단위 : kcal/m · h · ℃

34 보일러 안전관리 수칙과 관련이 적은 것은?

① 안전밸브 및 저수위 연료차단장치는 정기적으로 작동 상태를 확인한다.

② 연소실 내 잔류가스 배출을 위해 댐퍼의 개방상태를 확인한다.

③ 보일러 연소상태를 수시 확인하고 적정 공기비를 유지한다.

④ 급수온도를 수시로 점검하여 온도를 80 ℃ 이상으로 유지한다.

해설 급수온도는 80 ℃ 이하를 유지하는 것이 좋다.(급수가 고온이 되면 증발의 염려가 크다.)

---

35 보일러의 부속장치에서 슈트 블로어(Soot Blower)는?

① 연도를 청소하는 것이다.

② 연돌을 청소하는 것이다.

③ 송풍기와 버너 사이에 있는 덕트(Duct)를 청소하는 것이다.

④ 보일러의 전열면에 부착된 불순물 등을 청소하는 것이다.

해설 슈트 블로어

보일러 전열면에 부착된 불순물을 청소하는 장치

36 당량농도라고도 하며, 용액 1 kg 중의 용질 1 mg 당량으로 표시되는 단위는?

① ppm   ② ppb   ③ epm   ④ 탁도

해설 epm(당량농도 단위)

당량농도이며 용액 1 kg 중의 용질 1 mg당량으로 표시하는 단위

37 10 m의 높이에 배관되어 있는 파이프에 압력 5 kgf/cm²인 물이 속도 3 m/s로 흐르고 있다면, 이 물이 가지고 있는 전수두는 약 얼마인가?

① 30.13 mAq   ② 40.24 mAq   ③ 50.35 mAq   ④ 60.46 mAq

해설 전수두 : 높이수두(위치수두) + 압력수두 + 속도수두

속도수두 : $\dfrac{V^2}{2g} = \dfrac{(3)^2}{2 \times 9.8}$, 압력수두 $1\,\text{kg/cm}^2 = 10\,\text{mH}_2\text{O}$

$\therefore 10 + (5 \times 10\,\text{mH}_2\text{O}) + \left(\dfrac{3^2}{2 \times 9.8}\right) = 60.46\,\text{mAq}$

38 보일러 화학적 세정법에 관하여 옳게 설명한 것은?

① 산세관법에 사용하는 약품은 수산화나트륨, 인산소다, 암모니아이다.

② 화학세정의 목적은 보일러 내면의 스케일을 제거하고 보일러의 효율과 성능을 유지하기 위해서다.

③ 세정액 배출 후 물의 pH가 3 이하가 될 때까지 충분히 물로 씻은 후 중화나 방청처리를 실시한다.

④ 산세정 후 중화, 방청제로 염산을 사용한다.

해설 ㉠ 산세관제 : 염산, 황산, 인산 등

㉡ 물의 pH : 7~9 사이

㉢ 산세정 후 중화 : 탄산소다, 가성소다, 인산소다, 히드라진, 암모니아 등

Answer   35. ④   36. ③   37. ④   38. ②

39 표준상태에서 프로판 가스 1 kmol의 체적은?

① 22.41 m³ ② 24.21 m³ ③ 20.41 m³ ④ 25.05 m³

해설 프로판 가스 1 kmol=22.41 m³(44 kg)

연소반응식 $= C_3H_8 + 5O_2 \rightarrow 3CO_2 + 4H_2O$

40 엑서지(Exergy)에 대한 설명으로 틀린 것은?

① 열에너지를 전부 기계적 에너지로 변환시킬 수 없다.
② 열에너지로부터 얼마만큼의 기계적 일을 내게 할 수 있는가를 나타낸다.
③ 열에너지는 엑서지와 에너지의 합이다.
④ 환경온도(열기관의 저열원)가 높을수록 엑서지는 크다.

해설 엑서지

열에너지로부터 얼마만큼의 기계적 일을 내게 할 수 있는가를 나타낸다.

41 전동밸브를 올바르게 설명한 것은?

① 온도조절기나 압력조정기 등에 의해 신호전류를 받아 전자코일의 전자력을 이용하여 밸브를 개폐한다.
② 주요밸브와 보조밸브가 있으며 적용유체의 자체압력을 이용한 것이다.
③ 회전운동을 링크기구에 의하여 왕복운동으로 바꾸어서 제어밸브를 개폐한다.
④ 화학약품을 차단하는 경우에 많이 쓰이며 유체의 흐름에 대한 저항이 적다.

해설 전동밸브

회전운동을 링크기구에 의하여 왕복운동으로 바꾸어서 제어밸브를 개폐한다.

42 파이프 이음 방식의 하나인 파이프 홈 조인트로 파이프와 파이프를 체결하기 위해 파이프 끝을 가공하는 기계는?

① 베벨 조인트 머신 ② 로터리식 조인트 머신
③ 그루빙 조인트 머신 ④ 스웨징 조인트 머신

해설 그루빙 조인트 머신

파이프 이음 방식의 하나인 파이프 홈 조인트로 파이프와 파이프를 체결하기 위해 파이프 끝을 가공하는 기계이다.

43 에너지법에서 정한 에너지 위원회의 구성 및 운영에 관한 설명으로 옳은 것은?

① 위촉위원의 임기는 2년으로 하고, 연임할 수 있다.
② 위촉위원의 임기는 1년으로 하고, 연임할 수 있다.
③ 위촉위원의 임기는 2년으로 하고, 연임할 수 없다.
④ 위촉위원의 임기는 3년으로 하고, 연임할 수 있다.

해설 위촉위원의 임기는 2년으로 하고 연임할 수 있다.(에너지 이용합리화법 제9조)

44 보일러에 사용되는 강재의 전단강도는 일반적으로 인장강도의 몇 %를 택하여 계산하는가?

① 50　　　　　② 65　　　　　③ 70　　　　　④ 85

해설 보일러용 강재 전단강도 : 일반적으로 인장강도의 85 % 정도

45 증기트랩에 대한 설명으로 옳은 것은?

① 증기를 열원으로 하는 열교환기 등 증기사용기기로부터 외부에 생긴 드레인과 증기의 누설을 막아주는 밸브를 말한다.
② 증기를 열원으로 하는 열교환기 등 증기사용기기로부터 내부에 생긴 드레인만을 배제하고 증기의 누설을 막아 주는 밸브를 말한다.
③ 증기를 열원으로 하는 열교환기 등 증기사용기기로부터 내부에 생긴 드레인만을 배제하고 증기의 누설을 통과시키는 밸브를 말한다.
④ 증기를 열원으로 하는 열교환기 등 증기사용기기로부터 외부에 생긴 드레인만을 배제하고 증기의 누설을 막아주는 밸브를 말한다.

해설 증기트랩
증기를 열원으로 하는 열교환기 등 증기사용기기로부터 내부에 생긴 드레인만을 배제하고 증기의 누설을 막아주는 밸브이다.
㉠ 기계적 트랩, ㉡ 온도차에 의한 트랩, ㉢ 열역학적 트랩

46 에너지이용 합리화법에서 정한 시공업자단체의 설립, 정관의 기재사항과 감독에 관하여 필요한 사항은 어느 령으로 정하는가?

① 대통령령　　　② 산업통상자원부령　　③ 환경부령　　　　④ 고용노동부령

해설 시공업자 단체의 설립은 에너지이용합리화법 제41조에 의해 대통령령으로 정한다.

47 배관의 상부에서 관을 지지하는 것으로, 관의 상하방향 이동을 허용하면서 일정한 힘으로 관을 지지하는 것은?

① 콘스턴트 행거   ② 리지드 행거

③ 파이프 슈   ④ 롤러 서포트

해설 콘스턴트 행거

배관의 상부에서 관을 지지하며 관의 상하방향이동을 허용한다.(일정한 힘으로 관을 지지하는 것)

48 내화물은 (분쇄) → (혼련) → (성형) → (　) → (소성) 등의 기본 공정을 거쳐서 제조한다. (　)에 들어갈 용어로 맞는 것은?

① 건조   ② 숙성

③ 함습   ④ 스폴링

해설 공정 : 분쇄 → 혼련 → 성형 → 건조 → 소성(숙성)

49 저탄소 녹색성장 기본법에서 정한 녹색성장위원회의 구성 및 운영에 관한 설명으로 틀린 것은?

① 위원회는 위원장 2명을 포함한 50명 이내의 위원으로 구성한다.

② 위원회의 사무를 처리하게 하기 위하여 위원회에 간사위원 1명을 두며, 간사위원의 지명에 관한 사항은 산업통상자원부령으로 정한다.

③ 대통령이 위촉하는 위원의 임기는 1년으로 하되, 연임할 수 있다.

④ 위원장이 부득이한 사유로 직무를 수행할 수 없을 때에는 국무총리인 위원장이 미리 정한 위원이 위원장의 직무를 대행한다.

해설 저탄소 녹색정상 기본법 제14조에 의해 간사위원 1명을 두고 간사위원의 지명에 관한 사항은 대통령령으로 정한다.(위원의 임기는 1년이다.)

50 배관에 설치하는 신축 이음쇠의 종류가 아닌 것은?

① 루프형   ② 벨로스형

③ 스위블형   ④ 게이트형

해설 게이트형 밸브(사절밸브)

액체 배관용이며 유량조절이 불가능하다.

51 알루미늄 도료에 관한 설명 중 틀린 것은?

① 400~500 ℃의 내열성을 지니고 있어 난방용 방열기 등의 외면에 도장한다.
② 알루미늄 도막은 금속광택이 있고 열을 잘 반사한다.
③ 은분이라고도 하며 방청효과가 크고 습기가 통하기 어렵기 때문에 내구성이 풍부한 도막이 형성된다.
④ 알루미늄 분말에 아마인유와 혼합하여 만든다.

해 알루미늄 도료(은분)

알루미늄(Al) 분말＋유성바니스로 만든다.

52 기기 장치의 모양을 배관 기호로 도시하고 주요밸브, 온도, 유량, 압력 등을 기입한 대표적인 배관 도면은?

① URS　　　　　② PID　　　　　③ 관장치도　　　　　④ 계통도

해 계통도

기기장치의 모양을 배관 기호로 표시하고 주요밸브, 온도, 유량, 압력 등을 기입한 대표적인 배관 도면

53 연강용 피복 아크 용접봉 심선의 6가지 화학성분 원소로 맞는 것은?

① C, Si, Mn, P, S, Cu
② C, Si, Fe, N, H, Mn
③ C, Si, Ca, N, H, Al
④ C, Si, Pb, N, H, Cu

해 연강용 피복 아크 용접봉 심선의 화학성분

탄소(C), 규소(Si), 망간(Mn). 인(P), 황(S), 구리(Cu)

54 배관작업용 공구에 대한 설명 중 맞는 것은?

① 플레어링 툴 : 소구경 동관의 끝을 교정하는 데 사용한다.
② 리머 : 관 절단 후 외부의 거스러미를 제거하는 데 사용한다.
③ 사이징 툴 : 동관을 압축이음으로 하는 데 사용된다.
④ 튜브벤더 : 동관을 필요한 각도로 구부리기 위해 사용한다.

해 ㉠ 플레어링 툴 : 동관을 나팔관 모양으로 성형
　　㉡ 리머 : 관의 내부 거스러미 제거
　　㉢ 사이징 툴 : 동관의 끝을 원형으로 교정

Answer　　51. ④　52. ④　53. ①　54. ④

55 다음 중 계량값 관리도만으로 짝지어진 것은?

① C 관리도, U 관리도

② $x-R_s$ 관리도, P 관리도

③ $\bar{x}-R$ 관리도, nP 관리도

④ $Me-R$ 관리도, $\bar{x}-R$ 관리도

해설 ㉠ 계량치 관리도 : $(\bar{x})-R$, $x-R$, x, $x-R_s$, $\tilde{x}-R$

㉡ 계수치 관리도 : P, Pn, u, C

※ 계량치 관리도 = $\tilde{x}-R$: $Me-R$(계량치 메디안 관리도), $\bar{x}-R$(평균치 관리도)

56 로트에서 랜덤하게 시료를 추출하여 검사한 후 그 결과에 따라 로트의 합격, 불합격을 판정하는 검사방법을 무엇이라 하는가?

① 자주검사   ② 간접검사

③ 전수검사   ④ 샘플링검사

해설 샘플링검사

로트에서 랜덤하게 시료를 추출하여 검사한 후 그 결과에 따라 로트의 (합격, 불합격) 판정을 하는 검사

57 여유시간이 5분, 정미시간이 40분일 경우 내경법으로 여유율을 구하면 약 몇 %인가?

① 6.38 %   ② 9.05 %

③ 11.11 %   ④ 12.50 %

해설 ㉠ 외경법 $= \dfrac{\text{여유시간}}{\text{정미시간}} \times 100 = \dfrac{5}{40} \times 100 = 12.5\,\%$

㉡ 내경법 $= \dfrac{\text{여유시간}}{\text{정미시간}+\text{여유시간}} \times 100 = \dfrac{5}{40+5} \times 100 = 11.11\,\%$

58 관리사이클의 순서를 가장 적절하게 표시한 것은?(단, A는 조치(Act), C는 체크(Check), D는 실시(Do), P는 계획(Plan)이다.)

① P→D→C→A   ② A→D→C→P

③ P→A→C→D   ④ P→C→A→D

해설 관리사이클 순서 = 계획 → 실시 → 체크 → 조치(P→D→C→A)

59 다음과 같은 [데이터]에서 5개월 이동평균법에 의하여 8월의 수요를 예측한 값은 얼마인가?

월	1	2	3	4	5	6	7
판매실적	100	90	110	100	115	110	100

① 103   ② 105   ③ 107   ④ 109

해설 3월~7월까지(5개월) $110+100+115+110+100=535$개

8월 예측값 $= \dfrac{535}{5} = 107$개

60 다음 중 모집단의 중심적 경향을 나타낸 측도에 해당하는 것은?

① 범위(Range)   ② 최빈값(Mode)

③ 분산(Variance)   ④ 변동계수(Coefficient of variation)

해설 ⊙ 최빈값 : 모집단의 중심적 경향을 나타낸다.

ⓒ 모집단 : 몇 개의 시료(샘플)를 뽑아 공정이나 로트를 실시하는 것을 모집단이라 한다.

과년도출제문제

2012. 7. 23.

1 증기 보일러의 용량 표시방법으로 사용되지 않는 것은?

① 환산증발량
② 전열면적
③ 최고사용압력
④ 보일러의 마력

해설 보일러 용량표시
㉠ 환산증발량
㉡ 전열면적
㉢ 보일러 마력
㉣ 상당방열면적
㉤ 정격출력

2 보일러의 자동제어에서 증기압력제어는 어떤 양을 조작하는가?

① 노 내 압력량과 기압량
② 급수량과 연료공급량
③ 수위량과 전열량
④ 연료공급량과 연소용 공기량

해설 증기압력제어 조작량
㉠ 연료공급량
㉡ 연소용 공기량

3 급수펌프의 구비조건에 대한 설명으로 틀린 것은?

① 고온, 고압에도 충분히 견디어야 한다.
② 부하변동에 대한 대응이 좋아야 한다.
③ 고·저부하 시에는 펌프가 정지하여야 한다.
④ 작동이 확실하고 조작이 간편하여야 한다.

해설 급수펌프가 고부하, 저부하 시 펌프는 계속 작동되어야 한다.

4 다음 중 난방부하의 정의로 가장 옳은 것은?

① 난방을 위하여 열을 공급하는 보일러에 걸리는 부하를 말한다.
② 난방 장소에는 사람이 없고 공기 흐름이 없는 완벽한 공간에서의 열 공급량을 말한다.
③ 난방을 하고자 하는 장소의 열 손실을 말한다.
④ 난방 기구의 크기에 따른 열 발생 능력을 말한다.

해설 ㉠ 난방부하 : 난방을 하고자 하는 장소의 열손실을 말한다.
　　㉡ 보일러부하 : 난방부하, 급탕부하, 배관부하, 시동(예열)부하

5 보일러의 그을음 취출장치인 슈트 블로워(Soot Blower)에 대한 내용으로 잘못된 것은?

① 슈트 블로워의 설치목적은 전열면에 부착된 그을음을 제거하여 전열효율을 좋게 하기 위해서다.
② 종류에는 장발형, 정치회전형, 단발형 및 건타입 슈트 블로워 등이 있다.
③ 슈트 블로워 분출(취출)시에는 통풍력을 크게 한다.
④ 슈트 블로워 분출 전에는 저온부식방지를 위해 취출기 내부에 드레인 배출을 삼가 한다.

해설 슈트 블로워
압축공기, 증기를 이용하여 전열면의 그을음을 제거한다.(사용시에는 저온부식 방지를 위해 응결수를 반드시 드레인 시켜야 한다.)

6 다음 내용의 (　) 안에 들어갈 알맞은 용어는?

사이클론 집진기는 연소가스가 회전운동을 일으켜 이 원심력으로 분진을 분리하는 것으로 $30\sim60\mu m$ 정도의 분진에 유효하다. 이 사이클론은 연소가스의 유입방법에 따라 접선유입식과 (　　)식이 있다.

① 축류　　　　　　② 원심　　　　　　③ 사류　　　　　　④ 와류

해설 원심식(사이클론) 집진기 : 접선유입식, 축류식

7 기체연료의 특징으로 옳은 것은?

① 점화나 소화가 용이하다.　　　　　② 연소의 제어가 어렵고 곤란하다.
③ 과잉공기가 많아야만 완전연소된다.　④ 누출 시 폭발 위험성이 적다.

해설 기체연료
㉠ 연소제어가 용이하다.
㉡ 과잉공기가 적어도 완전연소가 가능하다.
㉢ 가스누출 시 폭발 위험성이 크다.
㉣ 40℃ 이하에서 사용한다.

---

8 보일러 설치검사 기준상 가스용 보일러의 운전성능 검사 시에 배기가스 중 일산화탄소(CO)의 이산화탄소(CO_2)에 대한 비는 얼마 이하이어야 하는가?

① 0.002　　　　　② 0.004　　　　　③ 0.005　　　　　④ 0.007

해설 $\dfrac{CO}{CO_2} = \dfrac{일산화탄소}{이산화탄소} = 비 (0.002)$ 이하

9 복사난방에 대한 설명 중 맞는 것은?

① 복사난방이란 표면에서 복사열을 방출하는 장치를 이용하여 난방하는 것을 말한다.

② 바닥에 코일을 매설하는 온돌방식은 복사난방이 아니고 대류난방이다.

③ 스테인리스강으로 복사패널을 만드는 것은 복사열을 가장 적게 방출하기 때문이다.

④ 복사패널의 표면온도가 150℃가 넘는 것은 복사난방이라고 하지 않고 온풍난방이라고 한다.

해설 복사난방

코일매설난방, 스테인리스강은 복사열을 가장 많이 방출하며 100℃ 이하의 코일온수 난방이다. 즉 코일표면에서 구조체를 통하여 복사열을 방출한다.

10 인젝터 급수불능 원인에 대한 설명으로 틀린 것은?

① 급수의 온도가 22℃ 정도일 때　　　② 증기 압력이 2kgf/cm² 이하일 때

③ 흡입 관로에서 공기가 누입될 때　　　④ 인젝터 자체가 과열되었을 때

해설 인젝터 급수설비(증기이용 급수설비)는 50℃ 이하의 급수를 보일러에 송출한다. 22℃의 급수는 급수가 양호한 온도이다.

11 연소장치에 대한 설명으로 틀린 것은?

① 윈드박스는 공기흐름을 적절히 유지하며 동압을 정압상태로 바꾸어 착화나 화염을 안정시키는 장치이다.

② 콤버스터는 저온의 노에서도 연소를 안정시켜 분출흐름의 모양을 안정시킨 장치이다.

③ 유류버너에서 고압기류식 버너는 연료 자체의 압력에 의해 노즐에서 고속으로 분출시켜 미립화시키는 버너이다.

④ 유류버너에서 비환류형 버너는 연소량이 감소하는 경우에는 와류실의 선회력이 감소하여 분무특성이 나빠지는 결점이 있다.

해설 연료 자체의 압력에 의해 노즐에서 고속으로 분출미립시키는 버너는 유압분사식 버너이다.

12 태양열 난방설비의 구성요소 중 틀린 것은?

① 냉각기　　　　　　　　　　② 집열기

③ 축열기　　　　　　　　　　④ 열교환기

해설 태양열 난방설비 구성요소 : 집열기, 축열기, 열교환기 등

13 보일러의 중심에서 최상층 방열기의 중심까지의 높이가 20m이고 송수온도의 비중량이 962kgf/m³, 환수온도의 비중량이 975kgf/m³일 때 자연 순환수두는 얼마인가?

① 225mmAq　　　　　　　　② 252mmAq

③ 260mmAq　　　　　　　　④ 273mmAq

해설 자연순환수두 $= H(r_2 - r_1)$
$$= 20 \times (975 - 962) = 260\text{mmAq}$$

14 보일러의 통풍장치 방식에서 흡입통풍 방식에 관한 설명으로 맞는 것은?

① 노앞과 연돌 하부에 송풍기를 설치하여 노내압을 대기압보다 약간 낮은 압력으로 유지시키는 방법이다.

② 연도에서 연소가스와 외부공기와의 밀도차에 의해서 생기는 압력차를 이용한 방식이다.

③ 연도의 끝이나 연돌하부에 송풍기를 설치하여 연소가스를 빨아내는 방식이다.

④ 노입구에 압입송풍기를 설치하여 연소용 공기를 밀어넣는 방식이다.

해설 ① : 평형통풍, ② : 자연통풍, ③ : 흡입통풍, ④ : 압입통풍

15 증기난방의 환수관에서 냉각래그(Cooling Leg)는 몇 m 이상으로 설치하는 것이 가장 적절한가?

① 1.0　　　　　② 1.2　　　　　③ 1.5　　　　　④ 0.5

해설 증기주관 관말트랩 배관

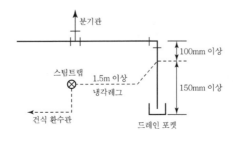

16 온수난방 방열기의 방열량을 3,600kcal/h, 입구 온수온도를 75℃, 출구 온도를 65℃로 했을 경우, 1분당 유입온수유량은 몇 kg인가?

① 6 ② 19

③ 12 ④ 40

해설 $\frac{3,600}{60분} = 60\text{kcal/min}$

온수량 $= \frac{60}{1 \times (75 - 65)} = 6\text{kg/min}$

17 보일러의 보수유지관리에서 압력계의 정비 시 주의사항으로 틀린 것은?

① 압력계 등은 양손으로 잡고 회전시켜 분리해서는 안 된다.
② 압력계와 미터콕은 나사삽입 연결의 가스켓으로 적정한 것을 사용한다.
③ 압력계는 적어도 1년에 한번은 기준압력계와 비교검사를 한다.
④ 사이폰관에는 부착 전에 반드시 물이 없도록 한다.

해설 압력계 사이폰관(6.5mm 이상)에는 반드시 물을 채워 넣는다.(물의 온도 : 80℃ 이하 사용)

18 보일러 설치기술 규격에서 감압밸브의 설치에 대한 내용 중 잘못된 것은?

① 감압밸브 앞에 사용되는 레듀서(Reducer)는 동심레듀서를 사용한다.
② 바이패스(Bypass)관 및 바이패스밸브를 나란히 설치한다.
③ 감압밸브 앞에는 기수분리기 또는 스팀트랩에 의해 응축수가 제거되어야 한다.
④ 감압밸브에는 반드시 여과기를 설치한다.

해설 감압밸브 앞의 레듀서 : 편심레듀서 사용

19 연료 및 연소장치에서 공기비(m)가 적을 때의 특징으로 틀린 것은?

① 불완전연소가 되기 쉽다.
② 미연소 가스에 의한 가스폭발과 매연이 발생한다.
③ 연소실 온도가 저하된다.
④ 미연소 가스에 의한 열손실이 증가한다.

해설 공기비(실제공기량/이론공기량)가 크면 과잉공기량이 많아서 연소실 온도가 저하되고 배기가스 열손실이 증가한다.(석탄, 중유 등의 연소 시 공기비가 크다.)

20 방열기에 대한 설명 중 맞는 것은?

① 방열기에서 표준방열량을 구하는 평균온도기준은 온수가 80℃이고 증기는 102℃이다.

② 주철제 방열기는 응축수가 가진 현열도 이용하므로 증기사용량이 감소한다.

③ 방열기는 증기와 실내공기의 온도차에 의한 복사열에 의해서만 난방을 한다.

④ 방열기의 표준방열량은 증기는 650W/m²이고 온수는 450W/m²이다.

해설 방열기 표준방열량 구할 때

온수 공급온도 : 80℃(방열기 출구 62℃)

증기 공급온도 : 102℃(방열기 출구 81℃)

21 연소가스의 여열을 이용하여 보일러의 효율을 향상시키는 장치가 아닌 것은?

① 통풍기   ② 공기예열기   ③ 과열기   ④ 절탄기

해설 ㉠ 통풍기 : 송풍기로서 통풍장치이다.

㉡ 보일러용 : 터보형, 시로코형, 플레이트형 통풍기 사용

22 과압방지 안전장치에 대한 설명 중 올바른 것은?

① 안전밸브의 부착 시 반드시 용접접합을 한다.

② 전열면적이 55m²인 증기 보일러에는 1개 이상의 안전밸브를 설치한다.

③ 안전밸브의 부착 시 가능한 보일러 동체에 직접부착하지 않는다.

④ 최고사용압력이 0.1MPa 이하의 보일러에 설치하는 안전밸브의 크기는 호칭지름 20mm 이상으로 하여야 한다.

해설 안전밸브

㉠ 해체가 가능하게 부착

㉡ 전열면적 50m² 이하 보일러는 안전밸브가 1개 이상

㉢ 안전밸브는 보일러 동체에 직접 부착

23 어떤 보일러에서 측정한 배기가스 온도가 240℃, 배기가스량이 100Nm³/h이고, 외기온도가 20℃, 실내온도가 25℃인 경우 배출되는 배기가스의 손실열량은 얼마인가?(단, 배기가스 및 공기의 비열은 각각 0.33, 0.31kcal/kg℃이다.)

① 6,045kcal/h   ② 6,820kcal/h   ③ 7,095kcal/h   ④ 7,260kcal/h

해설 배기가스 현열(Q)

$Q = G \times C_p \times \Delta t = 100 \times 0.33 \times (240 - 20) = 7,260$kcal/h

---

Answer   20. ①   21. ①   22. ④   23. ④

24 산업안전보건에 관한 규칙에서 정한 보일러 부속품 중 압력방출장치(안전밸브)의 검사에 대한 내용으로 맞는 것은?

① 매년 1회 이상 국가교정업무 전담기관에서 검사 후 사용

② 매년 2회 이상 국가교정업무 전담기관에서 검사 후 사용

③ 2년에 1회 이상 국가교정업무 전담기관에서 검사 후 사용

④ 3년에 2회 이상 국가교정업무 전담기관에서 검사 후 사용

해설 안전밸브는 산업안전보건법에 의해 매년 1회 이상 국가교정업무 전담기관에서 검사 후 사용한다.

25 물속에 포함되어 있는 불순물 중에서 용해고형물이 아닌 것은?

① 칼슘, 마그네슘의 탄산수소염류 ② 칼슘, 마그네슘의 산염류

③ 규산염 ④ 콜로이드의 규산염

해설 콜로이드의 규산염 : 용해물질(고형물에서 용해된 물질)

26 보일러 가스폭발을 방지하는 방법이 아닌 것은?

① 보일러 수위를 낮게 유지한다.

② 급격한 부하변동(연소량의 증감)은 피한다.

③ 연료속의 수분이나 슬러지 등은 충분히 배출한다.

④ 점화할 때는 미리 충분한 프리퍼지를 한다.

해설 보일러 수위가 낮으면 저수위사고 발생

27 0℃일 때 2.5m인 강철제 레일이 온도가 40℃가 되면 늘어나는 길이는 약 얼마인가?(단, 강철의 선팽창계수는 $1.1 \times 10^{-5}/℃$이다.)

① 0.011cm ② 0.11cm

③ 1.1cm ④ 1.75cm

해설 관의 팽창길이=배관길이×강의 선팽창계수×온도차

$\qquad = 2.5 \times 1.1 \times 10^{-5} \times (40-0)$

$\qquad = 0.001m = 0.11cm = 1.1mm$

28 다음 물질 중 상온에서 열의 전도도가 가장 낮은 것은?

① 구리(동)　　　　　　　② 철

③ 알루미늄　　　　　　　④ 납

해설 금속의 열전도율(kcal/mh℃) : 20℃에서

ⓐ 구리 : 340, ⓑ 철 : 62, ⓒ 알루미늄 : 196, ⓓ 납 : 30

29 과열증기의 설명으로 가장 적합한 것은?

① 습포화증기의 압력을 높인 것

② 습포화증기에 열을 가한 것

③ 포화증기에 열을 가하여 포화온도보다 온도를 높인 것

④ 포화증기에 압을 가하여 증기압력을 높인 것

해설 포화수 → 습포화증기 → 과열증기

(압력은 불변, 온도만 상승시킨 증기)

30 보일러의 고온부식 방지대책에 대한 설명으로 틀린 것은?

① 연료 중의 바나듐 성분을 제거할 것

② 전열면의 온도가 높아지지 않도록 설계할 것

③ 공기비를 많게 하여 바나듐의 산화를 촉진할 것

④ 고온의 전열면에 내식재료를 사용할 것

해설 고온부식인자 : 오산화바나지움(V_2O_5)이며 용융점이 500℃ 이상

ⓐ 발생장소 : 과열기, 재열기

ⓑ 방지법 : 용융온도를 방지하려면 배기가스 온도를 낮추고 공기비를 적게 하여 산화를 방지한다.

31 기온, 습도, 풍속의 3요소가 체감에 미치는 효과를 단일지표로 나타낸 온도는?

① 평균복사온도　　　　　② 유효온도

③ 수정유효온도　　　　　④ 신유효온도

해설 유효온도

기온, 습도, 풍속의 3요소가 체감에 미치는 효과를 단일지표로 나타낸 온도

32 1마력(PS)으로 1시간 동안 한 일의 양을 열량으로 환산하면 약 몇 kcal인가?

① 75kcal ② 102kcal ③ 632kcal ④ 860kcal

해설 ㉠ 1PS-h=632kcal
ㄴ 1HP-h=641kcal
ㄷ 1KW-h=860kcal

33 관로(管路)의 유체 마찰저항은 유체속도의 몇 제곱에 비례하는가?

① 4제곱 ② 3제곱 ③ 2제곱 ④ 1제곱

해설 배관 중의 유체의 마찰저항은 유체속도의 2제곱에 비례한다.

34 유체에 대한 베르누이 정리에서 유체가 가지는 에너지와 관계가 먼 것은?

① 압력에너지 ② 속도에너지 ③ 위치에너지 ④ 질량에너지

해설 베르누이 정리의 유체에너지 분류
㉠ 압력에너지
ㄴ 위치에너지
ㄷ 속도에너지

35 두 물체가 서로 접촉하고 있으면 열적 평형상태에 도달하는 것과 관계가 있는 법칙은?

① 열역학 제0법칙 ② 열역학 제1법칙
③ 열역학 제2법칙 ④ 열역학 제3법칙

해설 열역학 제0법칙
두 물체가 서로 접촉하고 있으면 열의 이동에 따라 온도가 같아지는 열적 평형상태에 도달한다는 법칙

36 보일러 부식의 원인을 설명한 것 중 틀린 것은?

① 수중에 함유된 산소에 의하여 ② 수중에 함유된 암모니아에 의하여
③ 수중에 함유된 탄산가스에 의하여 ④ 보일러수의 pH가 저하되어

해설 수중에 함유한 암모니아는 부식을 억제시킨다.(만수 보존 시 암모니아 소량 첨가)

37 밀폐된 용기 안에 비중이 0.8인 기름이 있고, 그 위에 압력이 0.5kgf/cm²인 공기가 있을 때 기름 표면으로부터 1m 깊이에 있는 한 점의 압력은 몇 kgf/cm²인가?(단, 물의 비중량은 1,000kgf/m³이다.)

① 0.40   ② 0.58   ③ 0.60   ④ 0.78

해설 물 10m＝1kg/cm²

$1 \times \dfrac{1m}{10m} \times 0.8 = 0.08 kg/cm^2$

∴ $0.5 + 0.08 = 0.58 kg/cm^2$

38 청관제의 작용 중 해당되지 않는 것은?

① 관수의 탈산작용   ② 기포발생 촉진
③ 경도성분 연화   ④ 관수의 PH 조정

해설 청관제 기포방지제
고급지방산 에스테르, 폴리아미드, 고급지방산 알코올, 프탈산아미드

39 다음 보기는 보일러의 산세정 공정의 일부를 나열한 것이다. 순서대로 바르게 된 것은?

〈보기〉
1. 산세정   2. 중화방청 처리   3. 연화 처리   4. 예열

① 1→4→2→3   ② 1→2→4→3
③ 4→1→3→2   ④ 4→3→1→2

해설 산세공정
예열 → 연화 처리 → 산세정(염산) → 중화방청 처리

40 급수 중에 용존하고 있는 O_2 등의 용존기체를 분리 제거하는 진공탈기기의 감압장치로 이용되는 것은?

① 증류 펌프   ② 급수 펌프
③ 진공 펌프   ④ 노즐 펌프

해설 진공 펌프
급수 중 용존산소 등 용존기체 분리(진공탈기기 감압장치)

---

41 열사용기자재관리규칙에서 정한 특정열사용기자재 및 설치·시공범위의 구분에서 금속요로에 해당되지 않는 품목은?

① 용선로　　　　② 금속균열로　　　　③ 터널가마　　　　④ 금속소둔로

🔑 터널가마 : 요업요로이다.(예열대, 소성대, 냉각대가 있으며 연속가마이다.)

42 신·재생에너지 설비 성능검사기관을 신청하려는 자는 누구에게 신청서류를 제출하는가?

① 산업통상자원부장관　　　　　　② 기술표준원장
③ 한국에너지공단 이사장　　　　　④ 시·도지사

🔑 신재생에너지의 설비 인증에서 설비인증기관으로부터 설비인증을 받을 수 있는 신·재생에너지 설비는 산업통상자원부장관이 정하여 고시하고 성능검사기관으로 지정받으려면 그 서류를 기술표준원장에게 제출하여야 한다.

43 열팽창이나 진동으로 관의 이동과 회전을 방지하기 위하여 지지점을 완전히 고정시키는 장치는?

① 인서트(Insert)　　② 앵커(Anchor)　　③ 스토퍼(Stopper)　　④ 브레이스(Brace)

🔑 ㉠ 리스트레인트 : 앵커, 스톱, 가이드
　　㉡ 앵커 : 관의 이동과 회전을 방지하기 위해 지지저을 완전히 고정한다.

44 지방자치단체의 저탄소 녹색성장과 관련된 주요정책 및 계획과 그 이행에 관한 사항을 심의하기 위한 지방녹색성장위원회의 구성, 운영 및 기능에 필요한 사항을 정하는 령은?

① 대통령령　　② 국무총리령　　③ 산업통상자원부령　　④ 지방자치단체령

🔑 지방녹색성장위원회 구성, 운영 및 기능 등에 필요한 사항은 대통령령으로 정한다.

45 캐스터블 내화물에 대한 설명 중 틀린 것은?

① 플라스틱 내화물보다 고온에 적합하며 규산소다로 만든다.
② 경화제로서 알루미나 시멘트를 10~20% 정도 배합한다.
③ 시공 후 24시간 전후로 경화된다.
④ 접합부 없이 노체(爐體)를 구축할 수 있다.

🔑 캐스터블 내화물 : 점토질, 샤모트질 골재에 수경성 알루미나를(일종의 시멘트) 배합한 분말이다.
　　① 플라스틱 내화물보다 낮은 온도에 사용된다.

46 보일러 열교환기용 관으로 가장 적합한 것은?

① SPP　　　　② STHA　　　　③ STWW　　　　④ SPHT

해 ㉠ 보일러 열교환기용 탄소강 강관 : STBH
　　㉡ 보일러 열교환기용 합금강 강관 : STHA
　　㉢ 보일러 열교환기용 스테인리스 강관 : STS×TB

47 피복금속 아크용접에서 교류용접기와 비교한 직류용접기의 장점이 아닌 것은?

① 극성의 변화가 쉽다.　　　　② 전격 위험이 적다.
③ 역률이 양호하다.　　　　④ 자기쏠림 방지가 가능하다.

해 직류용접기는 자기쏠림 방지가 불가능하나 교류용접기는 가능하다.

48 저탄소 녹색성장 기본법에서 정의하는 온실가스에 해당되지 않는 것은?

① 이산화탄소(CO_2)　　　　② 메탄(CH_4)
③ 육불화황(SF_6)　　　　④ 수소(H)

해 온실가스
적외선 복사열을 흡수하거나 재방출하여 온실효과를 유발하여 대기중의 가스상태로 존재하는 CO_2, CH_4, N_2O, 수소불화탄소(HFC_S), 과불화탄소(PFC_S), 육불화황(SF_6) 등

49 밀폐식 팽창탱크에 설치하지 않아도 되는 것은?

① 안전밸브　　　② 수위계　　　③ 압력계　　　④ 온도계

해 온수 온도계는 보일러 본체 출구에 설치하면 된다.

50 관말단의 표시 중 나사박음식 캡의 표시기호는?

① ─┐　　　　② ─┤
③ ─┤│　　　　④ ─□

해 ㉠ 나사박음식 캡 : ─┐　　　㉡ 용접식 캡 : ─┤

ⓒ 블라인더 플랜지 : ─────┤│

ⓔ 첵 조인트 : ─────□

ⓜ 핀치오프 : ─────╳

51 다음 중 기계식 트랩에 속하는 것은?

① 바이메탈식 트랩

② 디스크식 트랩

③ 플로트식 트랩

④ 벨로즈식 트랩

해설 ① : 온도차 이용 트랩

② : 열역학 이용 트랩

④ : 온도차 트랩

52 연관용 공구 중 분기와 따내기 작업 시 주관에 구멍을 뚫는 공구는?

① 봄볼

② 드레서

③ 벤드벤

④ 턴핀

해설 봄볼

연관용 공구로서 분기와 따내기 작업 시 주관에 구멍을 뚫는다.

53 동관이 이음방법으로 적합하지 않은 것은?

① 용접 이음

② 플라스턴 이음

③ 납땜 이음

④ 플랜지 이음

해설 플라스턴 이음 : 연관의 이음

54 보통 피스페놀 A와 에피크롤히드린을 결합해서 얻어지며 내열성, 내수성이 크고 전기절연도 우수하여 도료접착제, 방식용으로 쓰이는 것은?

① 에폭시 수지

② 고농도 아연 도료

③ 알루미늄 도료

④ 산화철 도료

해설 에폭시 수지

피스페놀 A+에피크롤히드린을 결합해서 얻어진다. 내열성, 내수성이 크고 전기절연도 우수하다. 도료접착제, 방식용이다.

55 축의 완성지름, 철사의 인장가도, 아스피린의 순도와 같은 데이터를 관리하는 가장 대표적인 관리도는?

① c 관리도

② nP 관리도

③ u 관리도

④ $\bar{x}-R$ 관리도

$\textcircled{\small 해}\textcircled{\small 설}$ ㉠ $\bar{x}-R$(평균치와 범위의) 관리도

ㄴ $\tilde{x}-R$(메디안과 범위의) 관리도

ㄷ c 관리도(결점수의) 관리도

ㄹ u 관리도(단위당 결점수) 관리도

$\bar{x}-R$ 관리도 : 관리 항목이 축의 완성된 지름 철사의 인장강도, 아스피린의 순도, 바이트의 소입온도, 전구의 소비전력 등과 같이 공정에서 채취한 시료의 길이, 무게, 시간, 강도, 성분, 수확률 등 계량치의 데이터 관리도

56 로트의 크기가 시료의 크기에 비해 10배 이상 클 때, 시료의 크기와 합격판정개수를 일정하게 하고 로트의 크기를 증가시킬 경우 검사특성곡선의 모양 변화에 대한 설명으로 가장 적절한 것은?

① 무한대로 커진다.

② 별로 영향을 미치지 않는다.

③ 샘플링 검사의 판별 능력이 매우 좋아진다.

④ 검사특성곡선의 기울기 경사가 급해진다.

$\textcircled{\small 해}\textcircled{\small 설}$ 로트의 크기 : $\dfrac{\text{예정생산목표량}}{\text{로트 수(Lot Nmber)}}$(개)

시료(샘플) : 어떤 목적을 가지고 샘플링한 것

57 작업시간 측정방법 중 직접측정법은?

① PTS법

② 경험견적법

③ 표준자료법

④ 스톱워치법

$\textcircled{\small 해}\textcircled{\small 설}$ ㉠ 스톱워치에 의한 표준시간 결정단계

측정시간 → 평준화 → 정상시간 → 여유시간 → 표준시간

ㄴ 스톱워치(Stop Watch) : 직접 작업시간을 측정한다.

$1DM = \dfrac{1}{100분}$ 값이다.

58 준비작업시간 100분, 개당 정미작업시간 15분, 로트 크기 20일 때 1개당 소요작업시간은 얼마인가?

① 15분

② 20분

③ 35분

④ 45분

해설 15분×로트 크기 20=300분, 총시간=300+100=400분

∴ 1개당 소요작업시간=$\dfrac{400}{20}$=20분/개

59 소비자가 요구하는 품질로서 설계와 판매정책에 반영되는 품질을 의미하는 것은?

① 시장품질

② 설계품질

③ 제조품질

④ 규격품질

해설 시장품질

소비자가 요구하는 품질로서 설계와 판매정책에 반영되는 품질이다.

60 다음 중 샘플링 검사보다 전부검사를 실시하는 것이 유리한 경우는?

① 검사항목이 많은 경우

② 파괴검사를 해야 하는 경우

③ 품질특성치가 치명적인 결점을 포함하는 경우

④ 다수 다량의 것으로 어느 정도 부적합품이 섞여도 괜찮을 경우

해설 품질특성치가 치명적인 결점을 포함하는 경우에는 샘플링 검사보다 전체를 전수검사 하는 것이 유리하다.

과년도출제문제

2013. 4. 14.

1 안전밸브의 설치 및 관리에 대한 설명 중 올바른 것은?

① 안전밸브가 누설하여 증기가 새는 경우 스프링을 더 조여 누설을 막는다.

② 설정압력에 도달하여도 안전밸브가 동작하지 않을 때 밸브 몸체를 두드려 동작이 되는지 확인한다.

③ 안전밸브의 분해 수리를 위하여 안전밸브 입구 측에 스톱밸브를 설치한다.

④ 안전밸브의 작동은 확실하고 안정되어 있어야 한다.

해 안전밸브에서 증기가 누설되면 즉시 보일러 운전을 중지시키고 문제점을 개선해야 하며 설정 압력에 도달하여도 동작하지 않으면 분해수리, 정비가 필요하다.(분해수리시 안전밸브 입구·출구에 스톱밸브는 설치하지 않는다.)

2 강제순환식 수관보일러인 라몬트 보일러의 특징 설명으로 틀린 것은?

① 압력의 고저, 관 배치, 경사 등에 제한이 없다.

② 수관 내 유속이 느리고 관석부착이 많다.

③ 관경이 작고 두께를 가늘게 할 수 있다.

④ 보일러 높이를 낮게 설치할 수 있다.

해 강제순환식 수관식 보일러(라몬트, 베록스)는 수관 내 유속이 매우 빠르고 관석의 부착이 적은 보일러이다.

3 수관식 보일러에서 그을음을 불어내는 장치인 슈트 블로어(Soot Blower)의 분무 매체로 사용되지 않는 것은?

① 기름   ② 증기

③ 물   ④ 공기

해 슈트 블로어(그을음 불어내기 장치)의 분무매체
증기, 물, 공기

4 보일러의 압력계 부착 방법을 잘못 설명한 것은?

① 증기온도가 210℃가 넘을 때는 동관을 사용하여야 한다.

② 압력계에 연결되는 증기관은 동관일 경우 안지름 6.5mm 이상이어야 한다.

③ 압력계의 콕크 대신에 밸브를 사용할 경우에는 한 눈에 개폐 여부를 알 수 있는 구조로 하여야 한다.

④ 압력계에 연결되는 관은 사이폰관을 부착하여 증기가 직접 압력계에 들어가지 않도록 하여야 한다.

해설 증기온도가 210℃가 넘을 때에는 압력계 연결관은 강관이 이상적이다.

5 노통 보일러에서 노통을 편심으로 설치하는 주된 이유는?

① 노통의 설치가 간단하므로   ② 노통의 설치에 제한을 받으므로

③ 물의 순환을 좋게 하기 위하여   ④ 공작이 쉬우므로

해설

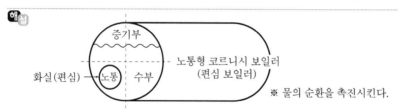

※ 물의 순환을 촉진시킨다.

6 다음 기체 중 가연성인 것은?

① CO_2 ② N_2 ③ CO ④ He

해설 ㉠ 불연성가스 : CO_2, N_2, He

㉡ 불활성가스 : He(헬륨)

$C + \dfrac{1}{2}O_2 \rightarrow CO$(불완전연소 : 가연성가스)

7 송기장치 배관에 대한 설명으로 맞는 것은?

① 증기 헤더의 직경은 주증기관의 관경보다 작아도 된다.

② 벨로즈형 신축이음쇠는 일명 신축곡관이라고 하며, 고압배관에 적당하다.

③ 트랩의 구비조건은 마찰저항이 크고 응축수를 단속적으로 배출할 수 있어야 한다.

④ 감압밸브는 고압측 압력의 변동에 관계없이 저압측 압력을 항상 일정하게 유지한다.

해 ㉠ $\boxed{R}$ 강압밸브는 고압 측의 압력 변동에 관계없이 저압 측 압력을 항상 일정하게 유지한다.

㉡ 증기히터와 주증기관 직경은 같다.
㉢ 고압배관용 신축이음은 루프형을 사용한다.

8 실내의 온도 분포가 균등하고 쾌감도가 높은 난방법은?

① 온수난방　　　　　　　　② 증기난방
③ 온풍난방　　　　　　　　④ 복사난방

해 복사난방
패널 내에 온수를 공급하는 매입난방이며 실내의 온도분포가 균등하고 쾌감도가 높다.

9 전기작업 안전사항으로 잘못된 것은?

① 물에 젖은 몸과 복장을 피한다.
② 드라이버 등 공구는 절연된 것을 사용한다.
③ 전기배선은 피복물이 벗겨진 후에만 수리한다.
④ 전선의 접속부는 절연물로서 완전히 피복해 둔다.

해 전기배선은 피복물이 벗겨진 상태에서 수리를 피한다.

10 중력환수식 응축수 환수방법과 비교한 진공환수식 응축수 환수방법에 대한 설명으로 틀린 것은?

① 순환이 빠르다.
② 배관 기울기(구배)에 큰 지장이 없다.
③ 방열량을 광범위하게 조절할 수 있다.
④ 환수관의 지름을 크게 해야 한다.

해 진공환수식 증기난방(진공도 100~250mmHg)에서는 환수관의 지름을 작게 해도 된다.(진공펌프 사용)

11 보일러의 열정산 조건에 대한 설명 중 맞는 것은?

① 전기에너지는 1kW당 600kcal/h로 환산한다.

② 열정산을 하는 경우 보일러 자체만 해당하며 급수 예열기, 공기 예열기는 대상에서 제외한다.

③ 열정산 시험시의 기준온도는 15℃로 하고, 증기의 건도는 70% 이상인 경우에 시험함을 원칙으로 한다.

④ 열정산을 하는 경우 액체 연료의 경우 1kg, 가스연료의 경우 1Nm³을 기준으로 한다.

해설 (1) 열정산(열수지)에서 연료사용량 및 조건

ㄱ 고체 : kg

ㄴ 액체 : kg

ㄷ 기체 : Nm³(표준상태)

(2) 건도 98% 이상

(3) 기준온도 : 기준시 외기온도

(4) 1kW당 : 860kcal/h

(5) 열정산에서는 급수예열기, 공기예열기, 과열기, 재열기도 포함한다.

12 연소안전장치에서 플레임 로드의 설명으로 옳은 것은?

① 열적 검출 방식으로 화염의 발열을 이용한 것이다.

② 화염의 전기 전도성을 이용한 것이다.

③ 화염의 방사선을 전기 신호로 바꾸어 이용한 것이다.

④ 화염의 자외선 광전관을 사용한 것이다.

해설 ㄱ 화염 검출기(플레임 로드) : 화염의 전기전도성을 이용한 안전장치

ㄴ ①은 스택스위치 ③, ④는 플레임아이 화염검출기

13 경유 1kg을 완전 연소시키는 데 필요한 이론공기량은 약 얼마인가?(단, 경유 1kg에 대하여 C = 0.85kg, H = 0.13kg, O = 0.01kg, S = 0.01kg이다.)

① 14.3kg ② 15.3kg ③ 24.3kg ④ 25.3kg

해설 이론공기량$(A_0) = 8.89C + 26.67(H - \frac{O}{8})3.33S$

$$= 8.89 \times 0.85 + 26.67(0.13 - \frac{0.01}{8}) + 3.33 \times 0.01$$

$$= 7.5565 + 3.4337625 + 0.0333 = 11.025 \text{Nm}^3/\text{kg}$$

질량당$(A_0) = \frac{32}{12} \times 0.85 + \frac{18}{2}(0.13 - \frac{0.01}{8}) + \frac{32}{32} \times 0.01 = (2.27 + 1.16 + 0.01) \times \frac{1}{0.232} = 14 \text{kg/kg}$

14 보일러 급수펌프의 종류가 아닌 것은?

① 마찰펌프 ② 제트펌프
③ 원심펌프 ④ 실리콘펌프

해설 보일러 급수 펌프
㉠ 마찰펌프
㉡ 제트펌프
㉢ 원심펌프

15 난방부하가 50,000kcal/h인 건물에 주철제 증기방영열기로 난방하려고 한다. 방열기 입구의 증기온도가 112℃, 출구온도가 106℃, 실내온도가 21℃일 때 필요한 방열기 쪽수는 얼마인가? (단, 방열기의 쪽당 방열면적은 0.26m²이며 방열계수는 8.0이다.)

① 86쪽 ② 162쪽
③ 274쪽 ④ 304쪽

해설 증기난방방열기 쪽수$=\dfrac{난방부하}{소요방열량\times sb}=\dfrac{50,000}{704\times0.26}=274$ EA

※ 소요방열량$=8\times\left(\dfrac{112+106}{2}-21\right)=704$kcal/m²h

16 콘백터 또는 캐비넷 히터라고도 하며, 강판제 케이싱 속에 판 튜브 등의 가열기를 설치한 방열기는?

① 대류형 방열기 ② 알루미늄 방열기
③ 강판 방열기 ④ 주형 방열기

해설 대류형 방열기
콘백터 또는 캐비넷 히터(강판제 케이싱 속에 핀 튜브 등의 가열기를 설치한) 방열기

17 긴 수관으로만 구성된 보일러로 초임계압력 이상의 고압증기를 얻을 수 있는 관류 보일러는?

① 슈미트 보일러 ② 벨록스 보일러
③ 라몬트 보일러 ④ 슐처 보일러

해설 ㉠ 슐처 보일러 : 관류보일러(초임계압력 225.65kg/cm²)로서 고압의 증기를 얻는 보일러
㉡ ①은 간접가열식 보일러, ②, ③은 강제순환식 보일러

18 피드백 자동제어의 중심부분으로 동작신호를 받아서 제어계가 정해진 동작을 하는 데 필요한 신호를 만들어 내보내는 부분은?

① 조절부   ② 조작부   ③ 비교부   ④ 검출부

 조절부

피드백 자동제어의 중심부분으로 동작신호를 받아서 제어계가 정해진 동작을 하는 데 필요한 신호를 만들어 보내는 부분(조절부 → 조작부)

19 기수분리기의 종류가 아닌 것은?

① 백필터식   ② 스크린식

③ 배플식   ④ 사이클론식

해설 ㉠ 백필터식 : 건식 집진장치(매연처리장치)

㉡ 기수분리기 : 습증기 중 수분을 제거하여 증기의 건도를 높여 증기의 질을 좋게 한다.

20 실제 증발량 1,300kg/h, 급수온도 35℃, 전열면적 50m²인 연관식 보일러의 전열면 환산 증발률은 약 얼마인가?(단, 발생 증기 엔탈피는 659.7kca/kg이다.)

① 68kg/m²h   ② 56kg/m²h

③ 47kg/m²h   ④ 30kg/m²h

해설 (1) 전열면의 증발률 $= \dfrac{\text{실제증기증발량}}{\text{전열면적}} = \dfrac{1,300}{50} = 26\text{kg/m}^2$

(2) 전열면의 환산증발량 $= \dfrac{\text{환산증발량}}{\text{전열면적}} (\text{kg/m}^2)$

(3) 환산증발량 $= \dfrac{1,300 \times (659.7 - 35)}{539} = 1,507(\text{kg/h})$

∴ 환산증발률 $= \dfrac{1,507}{50} = 30\text{kg/m}^2\text{h}$

21 보일러의 안전장치에 사용되는 요소이다. 용도가 다른 것은?

① 노내압 측정구   ② 흡출기

③ 연료조절밸브   ④ 댐퍼

해설 연료조절밸브

보일러부하량 조절, 노내압 조절

22 복사난방의 특징에 대한 설명으로 틀린 것은?

① 배관이 건물 구조체에 매설되므로 시공 및 고장 수리가 비교적 어렵다.

② 증기, 온수난방에 비해 설비비가 다소 비싸다.

③ 대류난방에 비해 쾌감도가 떨어지며, 환기에 의한 손실 열량이 비교적 많다.

④ 충분한 보온, 단열 시공이 필요하다.

해설 복사난방

대류난방(방열기 난방)에 비해 쾌감도가 좋고 환기에 의한 손실열량이 비교적 적다.

23 보일러설치규격(KBI)에서 규정하고 있는 가스계량기의 설치에 대한 설명으로 틀린 것은?

① 가스계량기는 전기계량기 및 전기개폐기와의 거리를 30cm 이상 유지하여야 한다.

② 가스계량기는 당해 도시가스 사용에 적합한 것이어야 한다.

③ 가스계량기는 화기와 2m 이상의 우회거리를 유지하는 곳으로서 수시로 환기 가능한 장소에 설치하여야 한다.

④ 가스의 전체 사용량을 측정할 수 있는 가스계량기가 설치되었을 경우는 각각의 보일러마다 설치된 것으로 본다.

해설 가스계량기

전기계량기 및 전기개폐기와의 거리는 60cm 이상이어야 한다.

24 열에너지를 일에너지로 변환할 수 있고 또 그 역(逆)도 가능하다. 열과 일의 공동성을 표현한 에너지 보존법칙은?

① 열역학 제2법칙　　　　② 열역학 제1법칙

③ 열역학 제3법칙　　　　④ 열역학 제0법칙

해설 열역학 제1법칙(에너지보존의 법칙)

㉠ 열에너지를 일에너지로 변환이 가능하다.

㉡ 일에너지를 열에너지로 변환이 가능하다.

㉢ 열과 일의 공동성을 표현한다.

25 가스연료 연소 시 역화의 원인으로 볼 수 없는 것은?

① 가스공급압이 낮아지거나 노즐이나 팁이 막힌 경우

② 1차 공기의 흡인이 너무 적은 경우

Answer　　22. ③　23. ①　24. ②　25. ②

③ 버너가 과열된 경우

④ 버너 부식에 의해 염공이 크게 된 경우

해설 1차 공기의 흡인이 너무 크면 역화가 발생한다.

26 보일러 사고 중 제작상의 원인인 용접불량의 원인과 거리가 먼 것은?

① 용접기술의 미숙

② 용접설계의 부적당

③ 용접재료 선택의 부적당

④ 금속 면에서 부식이 발생

해설 금속면의 부식발생과 용접불량과는 관련성이 없다.(금속면의 부식은 운전자의 사고원인)

27 보일러 청소에 대하여 설명한 것이다. 청소하는 위치에서 볼 때 성질이 다른 것은?

① 보일러 효율저하를 방지하기 위하여 스케일 침전물을 제거하였다.

② 통풍장애를 막기 위하여 재를 제거하였다.

③ 열효율 개선을 위하여 그을음을 제거하였다.

④ 공기예열기 전열면에 붙어있는 그을음을 제거하였다.

해설 ① : 열손실 제거작업(내부 청소)

② , ③ , ④ : 열손실 제거작업(외부 청소)

28 다음 T – S선도는 어떤 사이클인가?

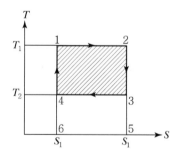

① 랭킨 사이클

② 카르노 사이클

③ 디젤 사이클

④ 가솔린 사이클

해설 카르노 사이클(이상적인 열효율이 가장 높은 사이클)

•1→2 : 등온팽창과정

•2→3 : 단열팽창과정

•3→4 : 등온압축과정

•4→1 : 단열압축과정

29 보일러 설비 중 감압밸브를 이용하여 고압의 증기를 저압의 증기로 감압하여 이용할 경우 이점으로 볼 수 없는 것은?

① 생산성 향상   ② 에너지 절약

③ 증기의 건도감소   ④ 배관설비비 절감

해설 증기압력 감소 : 증기의 건조도 향상

30 어떤 벽체의 면적이 25m², 열관류율 10kcal/m²·h·℃이고, 벽 내측의 온도가 10℃일 때 손실되는 열량은 얼마인가?(단, 내측온도는 25℃, 방위계수는 무시한다.)

① 37,500kcal/h   ② 3,750kcal/h

③ 25,000kcal/h   ④ 2,500kcal/h

해설 열관류(k)에 의한 손실열량(Q)

$Q = A \times K \times \Delta tm$
$= 25 \times 10 \times (25 - 10)$
$= 3,750 kal/h$

31 보일러용 급수를 정수하는 방법에서 현탁고형물(불순물), 철분 등의 제거방법으로 적당하지 않은 것은?

① 탈기법   ② 침전법

③ 응집법   ④ 여과법

해설 ㉠ 탈기법, 기폭법 급수처리 : 용존산소, CO_2, 망간 제거(급수처리 외처리법)
㉡ 용해 고형물 처리법 : 증류법, 약품첨가법, 이온교환법

32 용기에 담겨져 정지상태에 있는 물과 용기벽과의 압력관계에 대한 설명으로 맞는 것은?

① 물이 접촉면에 미치는 압력은 반드시 그 면에 수직이다.

② 물 내부의 임의의 한점에서 압력은 아래방향으로 작용한다.

③ 동일한 수평면상에 놓인 각 점에서의 압력이라도 다를 수 있다.

④ 압력의 중심은 깊이를 h라고 할 때 수면에서 $\frac{1}{2}$H인 곳에 있다.

급수탱크 ← 물이 접촉면에 미치는
압력은 반드시 그 면에 수직이다.

33 보일러의 수격작용 발생 방지조치로 적당한 것은?

① 송기 시 주 증기밸브를 천천히 연다.

② 가능한 한 찬물로 급수를 한다.

③ 급수내관이 보일러 수면 위로 노출되게 하여 급수한다.

④ 연소실에 기름의 공급량을 줄인다.

해설 ㉠ 보일러 수격작용(워터해머)을 방지하려면 최초 증기 송기작업 시 주 증기밸브를 조금씩 천천히 연다.
㉡ 가능한 급수는 온수로 하는 것이 좋다.
㉢ 급수내관은 수변 아래로 급수한다.
㉣ 기름 공급과 배관 내 수격작용과는 관련이 없다.

34 보일러에 2차 연소 발생 원인으로 틀린 것은?

① 연도 등에 가스가 쌓이거나 와류의 가스포켓이나 모가 난 경우

② 불완전 연소의 비율이 작은 경우

③ 연도나 연소실벽 등의 틈이나 균열이 생긴 곳에서 찬공기가 스며드는 경우

④ 연도의 단면적이 급격히 변하는 경우나 곡부의 각도가 급한 경우

해설 불완전 연소의 비율이 커서 CO가스가 발생하면 연도 내 2차 연소폭발이 발생한다.

35 선택적 캐리 오버(Selective Carry Over)는 무엇이 증기에 포함되어 분출되는 현상을 의미하는가?

① 액적   ② 거품

③ 탄산칼슘   ④ 실리카

해설 ㉠ 실리카 : 선택적 캐리오버가 발생(증기에 SiO_2 실리카가 포함된다.)
㉡ 거품 : 포밍 발생
㉢ 탄산칼슘, 탄산마그네슘, 스케일 성분

36 부력(浮力)은 그 물체가 배제한 유체의 중량과 같은 힘을 수직 상방으로 받는 것을 말하는데 이는 어떤 원리인가?

① 아르키메데스 ② 파스칼

③ 뉴튼 ④ 오일러

해설 **아르키메데스 원리**

부력은 그 물체가 배제한 유체의 중량과 같은 힘을 수직상방으로 받는다는 원리

37 보일러수의 pH 및 알칼리도를 조절하고 스케일 부착 시 보일러 부식을 방지하는 데 사용하는 약제가 아닌 것은?

① 수산화나트륨 ② 고급지방산 폴리아민

③ 인산 ④ 탄산나트륨

해설 고급지방산 폴리아민 : 급수처리 청관제(기포방지제)

38 LPG 가스가 증발 시에 흡수하는 열로 맞는 것은?

① 현열 ② 증발잠열

③ 융해열 ④ 화학반응열

해설 LPG 가스 증발잠열 : 92~102kcal/kg

39 안지름 100mm인 관속을 비중 0.7인 유체가 2m/s로 흐르고 있다. 이 유체의 중량은 약 몇 kgf/s인가?(단, 물의 비중량은 1,000kgf/m³이다.)

① 11kfg/s ② 15kfg/s

③ 22kfg/s ④ 25kfg/s

해설 단면적$(A) = \frac{\pi}{4}d^2 = \frac{3.14}{4} \times (0.1)^2 = 0.00785m^2$

유량$= 0.00785 \times 2 = 0.0157m^3$

∴ 중량유량$= 0.0157 \times (1,000 \times 0.7) = 11kg_f/s$

40 링겔만(Ringelman) 농도표시법에 대한 설명이다. 잘못된 것은?

① 농도표는 14×21cm의 백색 바탕에 1cm 간격으로 검은 선을 그은 바둑판 모양의 표이다.

② 농도는 1도(No.1)에서 7도(No.7)까지 7종으로 구분되어 있다.

③ 매연농도의 측정은 연돌 – 농도표 – 관측자의 순서로, 일정한 거리를 두어 위치시키고, 연돌 상단의 언기의 색을 비교하여 측정한다.

④ 농도가 높을수록 연소상태가 나쁘고, 1도나 2도 이하로 유지하면 연소상태가 좋다는 것을 의미한다.

해설 링겔만의 농도표시

㉠ 0~5도까지 6종으로 구분

㉡ 농도 1도당 매연 : 20%값

41 폴리에틸렌 관의 이음법 중, 관의 암·수부를 동시에 가열 응용하여 접합하는 방법으로 이음부의 접합강도가 가장 확실하고 안전한 이음은?

① 용착 슬리브(Sleeve) 이음 ② 테이퍼(Taper) 조인트 이음

③ 인서트(Insert) 이음 ④ 콤포(Compo) 이음

해설 용착 슬리브 이음 : 폴리에틸렌관(PE관) 이음법이며 가열 용용접합, 접합강도가 가장 확실하다.

42 관 이음쇠의 용도와 종류가 잘못 조합된 것은?

① 배관의 끝을 막을 때 : 플러그, 티

② 배관의 방향을 바꿀 때 : 밴드, 엘보

③ 관의 분해, 수리가 필요할 때 : 유니언, 플랜지

④ 직경이 다른 관을 이음할 때 : 리듀서, 부싱

해설 배관의 끝을 막을 때 관의 이음쇠

플러그, 캡

43 펌프 등에서 발생하는 진동을 억제하는 데 필요한 배관 지지구는?

① 행거 ② 레스트레인트

③ 브레이스 ④ 서포트

해설 브레이스(방진기)

펌프 등에서 발생하는 진동을 억제하는 데 필요하다.

44 서브머지드 아크 용접에서 이면 비드에 언더컷의 결함이 발생하였다. 그 원인으로 맞는 것은?

① 용접 전류의 과대 ② 용접 전류의 과소

③ 용제 산포량 과대 ④ 용제 산포량 과소

해 서브머지드 아크 용접에서 이면 비드에 언더컷의 결함발생원인
용접전류의 과대

45 철관의 용도로 적당하지 않은 것은?

① 급수관용 ② 통기관용

③ 배수관용 ④ 난방코일용

해 난방코일용
강관, 동관, X－L파이프 등을 사용한다.

46 증기난방에서 응축수 환수법의 종류에 해당되지 않는 것은?

① 중력 환수식 ② 기계 환수식

③ 건식 환수식 ④ 진공 환수식

해 증기난방 환수관의 배관방법
㉠ 건식 환수관 : 환수주관을 보일러 수면보다 높게 배관
㉡ 습식 환수관 : 환수주관을 보일러 수면보다 낮게 배관

47 가스절단에서 드래그라인을 가장 잘 설명한 것은?

① 예열 온도가 낮아서 일정한 간격의 직선이 진행방향으로 나타나 있는 것
② 절단 토치가 이동한 경로에 따라 직선이 나타나는 것
③ 산소의 압력이 높아 나타나는 선
④ 절단시 절단면에 일정한 간격의 곡선이 진행방향으로 나타나 있는 것

해 가스절단 드래그라인
절단시 절단면에 일정한 간격의 곡선이 진행방향으로 나타나 있는 것

48 내열온도가 400~500℃이고, 열을 잘 반사하여 방열기 등의 외면에 도장하는 도료로 적당한 것은?

① 산화철 도료
② 콜타르 도료
③ 알루미늄 도료
④ 합성수지 도료

해설 알루미늄 도료

내열온도가 400~500℃이고, 열을 잘 반사하여 방열기 등의 외면에 도장하는 도료이다.

49 캐스타블(Castable) 내화물에 대한 설명 중 틀린 것은?

① 현장에서 필요한 형상이나 치수로 성형이 가능하다.
② 건조 및 소성 시 수축이 매우 적다.
③ 시공 후 24시간 만에 작업온도까지 올릴 수 있다.
④ 열팽창 및 열전도율이 크고, 스폴링(Spalling)성이 크다.

해설 캐스타블 부정형 내화물

가열 후의 탈수로 인한 기포성은 열전도율을 작게 한다.

50 에너지이용합리화법에서 정한 소형 온수보일러란 전열면적과 최고사용압력이 각각 얼마 이하인 보일러인가?

① 10m², 0.35MPa
② 14m², 0.55MPa
③ 15m², 0.45MPa
④ 14m², 0.35MPa

해설 소형 온수보일러 조건

㉠ 전열면적 : 14m² 이하
㉡ 최고사용 압력 : 0.35MPa 이하

51 다음의 인장시험 곡선에서 하중을 제거하였을 경우 처음 상태로 되돌아가는 탄성변형의 구간은?

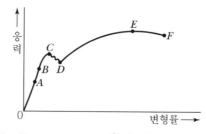

① 0~F
② 0~B
③ 0~D
④ 0~E

해설 응력−변형률 선도
- ㉠ A : 비례한계
- ㉡ B : 탄성한계
- ㉢ C : 상항복점
- ㉣ D : 하항복점
- ㉤ E : 인장강도
- ㉥ F : 파괴점

52 다음은 에너지이용합리화법 제1조 목적에 관한 내용이다. (   ) 안의 빈칸에 알맞은 말은?

> 이 법은 에너지의 수급을 안정시키고 에너지의 합리적이고 효율적인 이용을 증진하며 에너지 소비로 인한 환경피해를 줄임으로써 국민경제의 건전한 발전 및 국민복지의 증진과 (   )의 최소화에 이바지함을 목적으로 한다.

① 지구온난화   ② 에너지 낭비
③ 오존피해   ④ 환경피폐

해설 지구온난화

53 파이프에 수동으로 나사를 절삭할 때 사용되는 오스터형의 번호와 사용관경이 올바르게 짝지어 진 것은?

① 112R − (8A~32A)   ② 114R − (15A~65A)
③ 115R − (50A~80A)   ④ 117R − (50A~100A)

해설
- ㉠ 112R : 8A~32A
- ㉡ 114R : 15A~50A
- ㉢ 115R : 40A~80A
- ㉣ 117R : 65A~100A

54 에너지이용합리화법 제75조에 의거 위반 시 1천만 원 이하의 벌금에 해당되는 내용으로 맞는 것은?

① 검사대상기기조종자 미선임
② 에너지 사용의 제한, 금지, 조정, 명령위반
③ 에너지 사용 개선 명령 불이행
④ 보고, 검사규정 위반 또는 허위보고

해설 검사대상기기조종자(보일러운전 조종자) 미선임 벌칙 1천만 원 이하의 벌금

Answer   52. ①   53. ①   54. ①

55 테일러(F.W. Taylor)에 의해 처음 도입된 방법으로 작업시간을 직접 관측하여 표준시간을 설정하는 표준시간 설정기법은?

① PTS법
② 실적자료법
③ 표준자료법
④ 스톱워치법

해설 스톱워치법

테일러에 의해 처음 도입된 방법(작업시간을 직접 관측하여 표준시간을 설정하는 표준시간 설정기법)

56 다음 중 브레인스토밍(Brainstorming)과 가장 관계가 깊은 것은?

① 파레토도
② 히스토그램
③ 회귀분석
④ 특성요인도

해설 특성요인도

결과에 요인이 어떻게 관련되어 있는가를 규명하기 위하여 작성하는 그림(브레인스토밍과 관계가 깊다.)

57 공정 중에 발생하는 모든 작업, 검사, 운반, 저장, 정체 등이 도식화된 것이며 또한 분석에 필요하다고 생각되는 소요시간, 운반거리 등의 정보가 기재된 것은?

① 작업분석요인도(Operation Analysis)
② 다중활동분석표(Multiple Activity Chart)
③ 사무공정분석(Form Process Chart)
④ 유통공정도(Flow Process Chart)

해설 유통공정도

공정 중에 발생하는 모든 작업, 검사, 운반, 저장, 정체 등이 도식화된 것(분석에 필요하다고 생각되는 소요시간, 운반거리 등의 정보가 기재된 것)

58 단계여유(Slack)의 표시로 옳은 것은?(단, TE는 가장 이른 예정일, TL은 가장 늦은 예정일, TF는 총 여유시간, FF는 자유여유시간이다.)

① TE−TL
② TL−TE
③ FF−TF
④ TE−TF

해설 단계여유=가장 늦은 예정일−가장 이른 예정일(TL−TE)

59 C관리도에서 k=20인 군의 총 부적합수 합계는 58이었다. 이 관리도의 UCL, LCL을 계산하면 약 얼마인가?

① UCL=2.90, LCL=고려하지 않음
② UCL=5.90, LCL=고려하지 않음
③ UCL=6.92, LCL=고려하지 않음
④ UCL=8.01, LCL=고려하지 않음

해설 C관리도

계수형 부적합수 관리도

㉠ UCL=$\overline{C}+3\sqrt{c}$
㉡ LCL=$\overline{C}-3\sqrt{c}$

$$UCL=\frac{58}{20}+3\sqrt{\frac{58}{20}}=8.01$$

$$LCL=\frac{58}{20}-3\sqrt{\frac{58}{20}}=-2.208\,(음의\ 값이므로\ C관리도에서는\ 고려하지\ 않음)$$

60 검사의 분류방법 중 검사가 행해지는 공정에 의한 분류에 속하는 것은?

① 관리 샘플링검사
② 로트별 샘플링검사
③ 전수검사
④ 출하검사

해설 출하검사

검사의 분류방법 중 검사가 행해지는 공정에 의한 분류검사

과년도출제문제

2013. 7. 21.

1 수관식 보일러 중 강제순환식 보일러에 해당되는 것은?

① 라몬트(Lamont) 보일러
② 벤슨(Benson) 보일러
③ 다쿠마(Dakuma) 보일러
④ 랭카셔(Lancashire) 보일러

해설 강제순환식 보일러
㉠ 라몬트 보일러
㉡ 베록스 보일러

2 고체 및 액체연료 1kg에 대한 이론 공기량(Nm³)의 체적을 구하는 식은?(단, C : 탄소, H : 수소, O : 산소, S : 황)

① $\dfrac{1}{0.21}(1.867C + 5.6H - 0.7O + 0.7S)$

② $\dfrac{1}{0.21}(1.687C + 5.6H - 0.7O + 0.7S)$

③ $\dfrac{1}{0.21}(1.867C + 6.5H - 5.6O + 0.7S)$

④ $\dfrac{1}{0.21}(1.767C + 8.5H - 0.7O + 0.7S)$

해설 고체, 액체연료의 이론공기량 계산(A_o)

$A_o = \dfrac{1}{0.21}(1.867C + 5.6H - 0.7O + 0.7S)$

3 원심 송풍기의 종류에 해당되지 않는 것은?

① 다익형 송풍기
② 터보형 송풍기
③ 프로펠러형 송풍기
④ 플레이트형 송풍기

해설 축류형 송풍기
㉠ 프로펠러형
㉡ 디스크형

---

4 프라이밍이나 포밍이 일어난 경우 적절한 조치가 아닌 것은?

① 증기밸브를 열고 수위를 안정시킨다.
② 수면계 및 압력계의 연결관을 점검하여 기능저하를 방지한다.
③ 수위 판단이 어려우므로 수면계를 점검한다.
④ 보일러수의 일부를 분출하여 관수의 농축을 방지한다.

해설 프라이밍(비수), 포밍(물거품)이 발생하면 보일러 증기밸브를 닫고 수위를 안정시킨다.

5 보일러의 부속장치에 대한 설명으로 틀린 것은?

① 과열기는 포화증기를 일정압력에서 재가열하여 과열증기로 만드는 장치이다.
② 절탄기는 여열을 이용하여 급수되는 물을 예열하는 장치이다.
③ 제어장치에는 점화나 소화가 정해진 순서로 진행하는 인터록 제어, 조건에 맞지 않을 때 작동정지시키는 피드백 제어가 있다.
④ 공기·연료제어장치는 부하변동에 따라 발생된 증기압력 변화를 압력조절기에서 감지하여 비례설정기의 신호에 의해 연료조절밸브와 댐퍼를 동작시켜 비례조절로 제어가 이루어진다.

해설 ㉠ 시퀀스 제어 : 점화, 소화가 정해진 순서로 진행되는 제어
ㄴ 인터록 : 조건에 맞지 않을 때 작동정지시킨다.

6 열효율을 높이는 부속장치에 대한 설명 중 잘못된 것은?

① 과열기 사용 시에는 같은 압력의 포화증기에 비하여 엔탈피가 적어지나, 증기의 마찰저항이 증가된다.
② 과열기의 설치형식에는 공기의 흐름방향에 의해 분류하였을 때 병행류, 대향류, 혼류식으로 나눌 수 있다.
③ 절탄기의 사용 시에는 급수와 관수의 온도차가 적어서 본체의 응력을 감소시킨다.
④ 공기예열기 종류로는 전도식과 재생식이 있다.

해설 과열기 사용 시 발생되는 과열증기는 같은 압력의 포화증기에 비하여 엔탈피가 많고 수분이 없어서 증기의 마찰저항이 감소한다.

7 보일러의 증발량이 100ton/h이고 본체의 전열면적이 500m²일 때 증발률은 얼마인가?

① 50kg/m²h
② 100kg/m²h
③ 200kg/m²h
④ 300kg/m²h

해설 전열면의 증발률 $= \dfrac{\text{시간당 증기 발생량}}{\text{전열면적}} = \dfrac{100 \times 1,000 (\text{kg}/\text{톤})}{500}$

$\qquad\qquad\qquad = 200\text{kg}/\text{m}^2\text{h}$

※ 1톤 = 1,000kg

8 통풍장치에서 통풍압이 180mmAq, 통풍량 100m³/min, 통풍기 효율이 0.6일 때, 통풍기의 소요동력(kW)은 약 얼마인가?(단, 공기의 비중량은 1.29kgf/m³이다.)

① 3.8　　　　　② 4.9　　　　　③ 14.9　　　　　④ 29.4

해설 소요동력 $= \dfrac{\text{풍압} \times \text{풍량}}{102 \times 60 \times \eta}$, $1\text{kW} = 102\text{kg} \cdot \text{m}/\text{sec}$

동력$(\text{kW}) = \dfrac{180 \times 100}{102 \times 60 \times 0.6} = 4.9\text{kW}$

9 보일러 수저분출(간헐분출)의 목적으로 틀린 것은?

① 보일러 관수의 농축방지　　　　　② 유지분이나 부유물 제거
③ 동저부의 스케일 부착 방지　　　　④ 관수의 pH 조절 및 슬러지 제거

해설 유지분이나 부유물 제거는 수면분출, 소다보링 또는 청관제 사용(급수처리)으로 가능하고 수저분출 목적은
①, ③, ④항 내용이다.

10 매연의 발생 원인이 아닌 것은?

① 연소실 온도가 높을 경우　　　　　② 통풍력이 부족할 경우
③ 연소실 용적이 작을 경우　　　　　④ 연소장치가 불량일 경우

해설 연소실 온도가 높으면 완전연소가 용이하여 매연발생이 감소한다.

11 강판이나 알루미늄 판에 강관이나 동관 등을 용접 또는 철물을 사용하여 부착하고 배면에는
단열재를 붙여 열손실을 방지하도록 하며 일정한 규격의 제품을 조합하여 복사면을 구성하도록
한 방식은?

① 파이프매설식　　　　　　　　　② 유닛패널식
③ 덕트식　　　　　　　　　　　　④ 벽패널식

해설 유닛패널식

강판이나 알루미늄 판에 강관이나 동관 등을 용접 또는 철물을 사용하여 부착하고 배면에는 단열재를 붙여 열손실을 방지하는 복사면

12 보일러의 자동제어장치에 해당되지 않은 것은?

① 안전밸브
② 노내압 조절장치
③ 압력조절기
④ 저수위차단장치

해설 안전밸브

스프링의 자력에 의한 증기압력 조절 안전장치(스프링식, 추식, 지렛대식이 있다.)

13 불필요한 증기 드럼을 없애고 초 임계압력 이상의 고압 증기를 발생할 수 있는 관류보일러로 옳은 것은?

① 슐처(Sulzer) 보일러
② 뢰플러(Loeffler) 보일러
③ 스코치(Scotch) 보일러
④ 스털링(Stirling) 보일러

해설 슐처 보일러, 벤슨 보일러

초임계 압력 이상의 고압증기 수관식 관류형 보일러

14 증기난방 시공에서 리프트 피팅에 대한 설명으로 잘못된 것은?

① 환수관이 진공펌프의 출입구보다 낮은 위치에 있을 때 설치한다.
② 리프트 피팅의 사용 개수는 가능한 적게, 펌프 가까이에서는 1개소만 설치한다.
③ 1단의 흡상높이는 1.5 m 이내로 한다.
④ 입상관은 환수주관보다 지름이 한 단계 정도 큰 치수를 사용한다.

해설 진공환수식 증기난방에서 리프트 피팅은 입상관의 지름을 환수주관보다 한 단계 작게 사용한다.

15 밀폐식 창고를 신설하고 실내의 온도를 $60\,^{\circ}\text{C}$로 유지하려고 한다. 동절기 외기평균 온도를 $5\,^{\circ}\text{C}$라고 할 때 보온재를 시공하였을 때와 보온재를 시공하지 않았을 때의 난방부하 차이는 약 몇 kJ/h인가?(단, 문을 포함한 벽과 지붕 전체면적 20m^2, 콘크리트 두께 30cm, 실내표면 열전달계수 $32\text{kJ/m}^2 \cdot \text{h} \cdot \text{K}$, 외부표면 열전달계수 $120\text{kJ/m}^2 \cdot \text{h} \cdot \text{K}$이며, 내부에 30mm 두께의 보온재를 시공하였다. 콘크리트의 열전달계수 5kJ/mhK, 보온재의 열전달계수 0.25kJ/mhK이다.)

① 5,010
② 6,030
③ 8,050
④ 1,100

해설 ㉠ 보온 전 열손실 $= 20 \times \dfrac{(60-5)}{\dfrac{1}{32} + \dfrac{0.3}{5} + \dfrac{1}{120}} = \dfrac{20 \times 55}{0.03125 + 0.06 + 0.00833} = \dfrac{1,100}{0.09958} = 11,046 \, (\text{kcal/h})$

㉡ 보온 후 열손실 $= 20 \times \dfrac{(60-5)}{\dfrac{1}{32} + \dfrac{0.3}{5} + + \dfrac{0.03}{0.25} + \dfrac{1}{120}} = \dfrac{20 \times 55}{0.03125 + 0.06 + 0.12 + 0.00833}$

$= \dfrac{1,100}{0.21958} = 5,009 \, (\text{kcal/h})$

∴ 난방부하 차이(Q) $= 11,046 - 5,009 = 6,037 \, (\text{kcal/h})$

16 리프팅(Lifting)이 발생하는 경우가 아닌 것은?

① 가스압이 너무 높은 경우

② 1차 공기 과다로 분출속도가 높은 경우

③ 연소실의 배기 과다로 인해 2차공기가 과대한 경우

④ 염공이 막혀 염공의 유효면적이 작은 경우

해설 가스 연소 시 리프팅 현상(선화현상)은 연소속도가 너무 빨라서 화구를 벗어나서 연소한다. 그 외 발생현상 원인은 ①, ②, ④ 현상이다.

17 일정한 조건 아래에서 휘발성 물질의 증기가 다른 작은 불꽃에 의하여 불이 붙는 가장 낮은 온도를 무엇이라고 하는가?

① 인화점　　　　② 착화점　　　　③ 연소점　　　　④ 유동점

해설 인화점

일정한 조건에서 휘발성 물질의 증기가 다른 불꽃에 의하여 불이 붙는 가장 낮은 온도

18 보일러 수면계 설치 개수에 대한 설명으로 틀린 것은?

① 증기 보일러(단관식 관류보일러는 제외)에는 2개 이상의 유리 수면계를 부착하여야 한다.

② 소용량 및 소형 관류 보일러에는 1개 이상의 유리 수면계를 부착하여야 한다.

③ 2개 이상의 원격지시 수면계를 시설하는 경우에 한하여 유리수면계를 1개 이상으로 할 수 있다.

④ 최고 사용압력이 1MPa(10kgf/cm²) 이하로서 동체 지름이 1,000mm 미만인 경우는 수면계 중 1개는 다른 수면 측정장치로 할 수 있다.

최고사용압력 1MPa 이하에서는 동체 안지름은 구경이 750mm 미만의 경우 수면계 중 1개는 다른 수면장치로 수면 가능하다.

19 소형 보일러가 옥내에 설치되어 있는 보일러실에 연료를 저장할 경우 보일러 외측으로부터 몇 m 이상 거리를 두어야 하는가?(단, 반격벽이 설치되어 있지 않은 경우임)

① 1m ② 2m ③ 3m ④ 4m

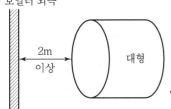,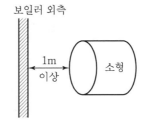

20 방열기의 도면 표시방법에서 벽걸이 수직형을 나타낸 기호는?

① W-H ② W-V ③ W-Ⅲ ④ Ⅲ-H

 벽걸이 방열기(W)
  ㉠ 수평형 : W-H(Horizontal)
  ㉡ 수직형 : W-V(Vertical)

21 안전밸브를 부착하지 않는 곳은?

① 보일러 본체　　　　　② 절탄기 출구
③ 과열기 출구　　　　　④ 재열기 입구

㉠ 절탄기에는 온도계가 부착된다.(입구·출구에)
㉡ 절탄기(이코너마이저 : 폐열회수장치로서 보일러용 급수가열기)

22 강제순환식 온수난방에서 온수 순환펌프는 일반적으로 어디에 설치되는가?

① 환수주관　　② 급탕주관　　③ 팽창관　　④ 송수주관

온수순환펌프 부착위치 : 보일러 환수주관

Answer　19. ①　20. ②　21. ②　22. ①

23 온수난방의 온수귀환방식에서 각 방열기에 공급되는 유체 분배를 균등히 하여 각 방열기의 온도차를 최소화시키는 방식은?

① 단관식 ② 복관식
③ 리버스리턴방식 ④ 강제순환식

해설 리버스리턴방식(역귀환방식)
각 방열기에 공급되는 온수 유체 분배를 균등히 하여 각 방열기의 온도차를 최소화시키는 방식

24 폐열회수(廢熱回收) 사이클은 어떤 사이클에 속하는가?

① 단열 재생 ② 복합
③ 재열 ④ 재생

해설 폐열회수 사이클은 복합 사이클에 속한다.

25 보일러 관석을 크게 나눌 때 해당되지 않는 것은?

① 황산칼슘($CaSO_4$)을 주성분으로 하는 스케일
② 규산칼슘($CaSiO_2$)을 주성분으로 하는 스케일
③ 탄산칼슘($CaCO_3$)을 주성분으로 하는 스케일
④ 염화칼슘($CaCl_2$)을 주성분으로 하는 스케일

해설 염화칼슘
흡수제로 사용(보일러 건조, 장기보존에서 수분 제거용)

26 건도(x)가 0보다 크고 1보다 작으면 어떤 상태인가?

① 습증기 ② 포화수
③ 건포화 증기 ④ 과열 증기

해설 건조도(x)
㉠ $x=1$(건포화 증기)
㉡ $x=1$ 이하(습포화 증기)
㉢ $x=0$(포화수)

27 보일러 전열면에 부착해서 스케일로 되는 작용을 억제시키기 위해 첨가하는 슬러지 조정제의 성분이 아닌 것은?

① 탄닌　　　　　　　　　　　　② 인산

③ 리그닌　　　　　　　　　　　④ 전분

> **해설** ㉠ 슬러지(오니) 조정제 : 탄닌, 리그닌, 전분
> ㉡ 슬러지 성분 : 염화마그네슘, 탄산마그네슘

28 보온관의 열관류율이 5.0kcal/m² · h · ℃, 관 1m당 표면적이 0.1m², 관의 길이가 50m, 내부 유체온도 120℃, 외부공기온도 20℃, 보온효율 80%일 때 보온관의 열손실은 얼마인가?

① 350kcal/h　　　　　　　　　② 480kcal/h

③ 500kcal/h　　　　　　　　　④ 530kcal/h

> **해설** 보온관 열손실(Q)＝총면적×열관류율×(온도차)×(1-보온효율)
> ＝(1×0.1)×50×5.0×(120-20)×(1-0.8)＝500kcal/h

29 레이놀즈(Reynolds) 수에 대한 설명 중 틀린 것은?

① 유체의 유동상태를 나타내는 지표가 되는 무차원 그룹이다.

② 관로에서의 유체의 흐름을 층류와 난류로 구분하는 척도이다.

③ 유체의 흐름이 층류에서 난류로 바뀌어 가는 중간지점을 천이구역이라 한다.

④ 점도가 높은 유체는 같은 속도에서 높은 레이놀즈수를 가지게 된다.

> **해설** 점도가 높은 유체는 같은 속도에서 점성 때문에 레이놀즈수(Re)가 감소한다.

30 유체가 원추 확대관에서 생기는 손실수두는?

① 속도에 비례한다.　　　　　　② 속도의 자승에 비례한다.

③ 속도의 3승에 비례한다.　　　④ 속도의 4승에 비례한다.

> **해설**
>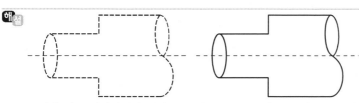
> 유체가 원추 확대관에서 생기는 손실수두는 속도의 자승에 비례한다.

31 보일러 연료의 연소 시에 발생하는 가마울림의 방지대책에 해당되지 않는 것은?

① 수분이 적은 연료를 사용한다.

② 연소속도를 너무 느리게 하지 않는다.

③ 연소실과 연도를 개선한다.

④ 노내 압력을 높인다.

해 노내 압력을 올리면 가마울림(노내 공명음)의 발생률이 높아질 수 있다.

32 보일러의 안전운전을 위한 일상 점검사항이 아닌 것은?

① 안전밸브의 작동에 이상이 없는지 확인한다.

② 보일러 동체의 외관에 이상한 오염이나 변색은 없는지 확인한다.

③ 수위 변동이 지나치게 심하지 않은지 확인한다.

④ 여과기의 누설이나 막힘은 없는지 확인한다.

해 여과기 누설, 막힘 검사는 일상점검이 아닌 수시 또는 정기검사 시에 행한다.

33 보일 · 샤를의 법칙을 설명한 것은?(단, T : 온도, P : 압력, V : 체적이다.)

① $\dfrac{PT}{V} = C$

② $\dfrac{P}{TV} = C$

③ $\dfrac{TV}{P} = C$

④ $\dfrac{PV}{T} = C$

해 보일 · 샤를 법칙 $= \dfrac{PV}{T} = C$(일정)

변화 후 용적$(V_2) = V_1 \times \dfrac{T_2}{T_1} \times \dfrac{P_1}{P_2}$ (m³)

34 보일러에 나타나는 부식 중 연료 내의 황분이나 회분 등에 의해 발생하는 것은?

① 내부부식

② 외부부식

③ 전면부식

④ 점식

해 보일러 연도 내 외부부식

㉠ 고온부식 인자 : 바나지움, 나트륨

㉡ 저온부식 인자 : 황(진한 황산)

Answer   31. ④ 32. ④ 33. ④ 34. ②

35 보일러 사고의 원인을 크게 2가지로 분류할 때 가장 적합한 것은?

① 연료 부족과 보일러 과열

② 압력초과와 연료누설 차단

③ 취급 부주의와 철저한 급수처리

④ 파열 또는 이에 준한 사고와 가스폭발

보일러 사고 분류

㉠ 취급자 사고(보일러 파열 및 과열, 가스폭발, 압력초과 등)

㉡ 제조상 사고(부속장치 미비, 용접불량, 재질불량)

36 비중이 0.9인 액체가 나타내는 압력이 5기압(atm)일 때 이것을 압력수두로 환산하면 약 몇 m인가?

① 23.0　　　　　　　　　　　② 34.4

③ 45.9　　　　　　　　　　　④ 57.4

1 atm = $10.33\,\mathrm{mH_2O}$(물의 비중 = 1)

$$\frac{5 \times 10.33}{0.9} = 57.4\mathrm{mAq}$$

37 안전장치 중 화염 검출기라고 볼 수 없는 것은?

① 보염기(Stabilizer)　　　　　② 스택 스위치(Slack Switch)

③ 플레임 아이(Flame Eye)　　④ 플레임 로드(Flame Rod)

보염기(화염 소멸 저지 보호장치)

스태빌라이저 일명 에어레지스터라 하고 노 내 점화 시 불꽃이 소멸되지 않게 하기 위한 화염보호장치이다.

38 몰리에르(Mollier) 선도의 편리한 점은?

① 면적 계산　　　　　　　　　② 사이클에서 압축비 계산

③ 열량계산　　　　　　　　　④ 증발 시의 체적증가량 계산

㉠ 증기 몰리에르선도(P-V선도, T-S선도)

㉡ 증기 냉동기 몰리에르선도(P-h선도, T-S선도)

㉢ 몰리에르선도(Mollier) : 열량계산이 편리하다.

39 신설 보일러의 소다 끓임 조작 시 사용하는 약품의 종류가 아닌 것은?

① 탄산나트륨　　　　　　　　② 수산화나트륨

③ 질산나트륨　　　　　　　　④ 제3인산나트륨

해설 신설보일러 소다 끓임 조작 시 사용약품(유지분 제거용)
 ㉠ 탄산나트륨
 ㉡ 수산화나트륨
 ㉢ 제3인산나트륨

40 보일러 용수의 처리방법 중 보일러 외처리 방법이 아닌 것은?

① 여과법　　　　② 폭기법　　　　③ 청관제 사용법　　　④ 증류법

해설 보일러 용수처리 내처리법
[청관제 사용법]
• 경수연화제
• pH 조정제
• 기포방지제
• 탈산소제

41 배관 도면의 치수기입법에 대한 설명 중 틀린 것은?

① GL : 지면의 높이를 기준으로 할 때 사용한다.
② FL : 건물의 바닥면을 기준하여 높이를 표시할 때 기입한다.
③ TOP : EL에서 관 외경의 윗면까지를 높이로 표시할 때 기입한다.
④ BOP : EL에서 관 중심까지의 높이를 표시할 때 기입한다.

해설 BOP(Bottom of Pipe)
지름이 다른 관의 높이를 나타낼 때 적용되며 관 외경의 아래면을 기준으로 하여 표시한다.

42 에너지법 시행규칙에 의거 에너지열량환산기준은 몇 년마다 작성하는가?

① 1년　　　　　② 3년　　　　　③ 4년　　　　　④ 5년

해설 에너지법 시행규칙 제15조(에너지열량 환산기준)
5년마다 작성(산업통상자원부장관이 필요하다고 인정하는 때에는 수시로 작성이 가능하다.)
 ㉠ 원유의 총발열량 기준 : 10,750 kcal/kg
 ㉡ 원유의 순발열량 기준 : 10,100 kcal/kg

43 부정형 내화물을 사용하여 공사할 때 보강재로서 쓰이는 것이 아닌 것은?

① 앵커(Anchor) ② 서포트(Support)

③ 브레이스(Brace) ④ 메탈라스(Metal lath)

해설 브레이스(Brace)

펌프류, 압축기 등의 진동, 밸브류의 급개폐에 따른 수격작용, 충격, 지진, 진동현상을 제한하는 지지쇠로서 방진기, 완충기가 있다.

㉠ 진동방지용 : 방진기

㉡ 충격완화용 : 완충기

44 최고 안전 사용온도가 가장 높은 보온재는?

① 유리면 보온재 ② 규조토 보온재

③ 탄산마그네슘 보온재 ④ 세라믹 파이버 보온재

해설 보온재 사용온도

㉠ 유리면 : 300℃ 이하 ㉡ 규조토 : 250~500℃

㉢ 탄산마그네슘 : 250℃ 이하 ㉣ 세라믹 파이버 : 1,300℃

45 연단을 아마인유와 혼합하여 만들며 녹을 방지하기 위해 페인트 밑칠 및 다른 착색 도료의 초벽으로 우수하여 기계류의 도장 밑칠에 널리 사용되는 것은?

① 수성 페인트 ② 광명단 도료

③ 합성수지 도료 ④ 알루미늄 페인트

해설 광명단 도료

연단을 아마인유와 혼합하여 만들며 녹을 방지하기 위해 페인트 밑칠 및 다른 착색도료의 초벽용으로 기계류 도장 밑칠에 사용하는 도료이다.

46 배관용 강관이음의 종류가 아닌 것은?

① 플랜지 이음 ② 콤포 이음

③ 나사 이음 ④ 슬리브 용접 이음

해설 콘크리트관 이음

㉠ 콤포 이음(Compo Joint)

㉡ 모르타르 접합

Answer 43. ③ 44. ④ 45. ② 46. ②

47 동관과 강관의 이음에 사용되는 것으로 분해, 조립이 비교적 자유로운 이음방식은?

① 플라스턴 이음   ② MR 이음

③ 용접 이음   ④ 플랜지 이음

해설 플랜지 이음

동관과 강관의 이음에 사용되는 것으로 분해·조립이 비교적 자유롭다.(일반적으로 50 mm 이상 배관용이다.)

48 에너지이용합리화법에 의거 검사대상기기조종자를 해임하거나 조종자가 퇴직하는 경우 언제까지 다른 검사대상기기조종자를 선임해야 하는가?

① 해임 또는 퇴직 후 10일 이내

② 해임 또는 퇴직 후 20일 이내

③ 해임 또는 퇴직 이전

④ 해임 또는 퇴직 후 1개월 이내

해설 검사대상기기(산업용 보일러, 압력용기 등) 조종자 해임 또는 퇴직 시 다른 조종자는 선임자의 해임이나 퇴직 이전에 채용 선임하고, 사유발생일로부터 30일 이내에 신고한다.

49 연납용으로 사용되는 용제가 아닌 것은?

① 염산   ② 염화아연

③ 인산   ④ 붕산

해설 경납용 용제(450℃ 이상 용접)

㉠ 붕사   ㉡ 붕산

㉢ 불화물   ㉣ 염화물

50 증기 난방배관의 증기트랩 설치 시공법을 설명한 것으로 잘못된 것은?

① 응축 수량이 많이 발생하는 증기관에는 다량 트랩이 적합하다.

② 관말부의 최종 분기부에서 트랩에 이르는 배관은 충분히 보온해 준다.

③ 증기 트랩의 주변은 점검이나 고장 시 수리 교체가 가능하도록 공간을 두어야 한다.

④ 트랩 전방에 스트레이너를 설치하여 이물질을 제거한다.

해설 증기트랩 설치 시 관말부의 최종 분기부에서 트랩에 이르는 배관에서는 보온이 불필요하다.

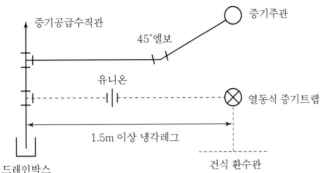

51 저탄소 녹색성장기본법에 의거 국가의 저탄소 녹색성장과 관련된 주요정책 및 계획과 그 이행에 관한 사항을 심의하기 위한 녹색성장위원회의 위원구성으로 맞는 것은?

① 위원장 2명을 포함한 20명 이내
② 위원장 2명을 포함한 30명 이내
③ 위원장 2명을 포함한 40명 이내
④ 위원장 2명을 포함한 50명 이내

해설 저탄소 녹색성장 기본법 제14조
위원회 : ㉠ 위원장(2명)
　　　　 ㉡ 위원(50명 이내)

52 게이트 밸브에 관한 설명으로 틀린 것은?

① 리프트가 커서 개폐에 시간이 걸린다.
② 밸브를 중간 정도만 열어도 마찰저항이 없으므로 유량 조절용으로 적합하다.
③ 사질변이라고도 하며 유체의 흐름을 단속하는 대표적인 밸브이다.
④ 증기배관의 횡주관에서 드레인이 괴는 것을 피하여야 할 개소에 대하여는 게이트밸브가 적당하다.

해설 글로브 밸브
밸브를 중간 정도만 열어도 마찰저항이 없으므로 유량조절용으로 적합하다.

53 금속재료를 일정온도로 가열 후 급랭시켜 경화하는 것은?

① 뜨임
② 담금질
③ 풀림
④ 불림

해설 ㉠ 담금질 : 금속재료를 일정온도로 가열 후 급랭시켜 재료를 경화시킨다.
㉡ ①, ②, ③, ④는 금속의 열처리로서 금속의 성질을 개선시킨다.

54 땜납에서 저온 용접의 특징으로 틀린 것은?

① 용접되는 재료의 변질이 없다.
② 용접 시 열 변형이 적다.
③ 용접 시 균열 발생이 적다.
④ 공정조직에서는 이음강도가 떨어진다.

해설 땜납[연납(저온용접), 경납(고온용접)]
㉠ 저온 연납은 인장강도 및 경도가 낮고 용융점이 낮아서 납땜이 쉽다.(연납용접은 450℃ 이하)
㉡ 주석 : 납의 공정비율이 50 : 50에서는 용융온도가 낮고 납땜작업이 수월하다.

55 모집단으로부터 공간적 · 시간적으로 간격을 일정하게 하여 샘플링하는 방법은?

① 단순랜덤샘플링(Simple Random Sampling)
② 2단계 샘플링(Two-Stage Sampling)
③ 취락샘플링(Cluster Sampling)
④ 계통샘플링(Systematic Sampling)

해설 (1) 랜덤 샘플링
㉠ 단순랜덤 샘플링
㉡ 2단계 샘플링
㉢ 집락 샘플링
㉣ 층별 샘플링
㉤ 계통 샘플링
(2) 계통 샘플링 : 모집단으로부터 공간적 · 시간적으로 일정하게 하여 샘플링하는 방식

56 예방보전(Preventive Maintenance)의 효과가 아닌 것은?

① 기계의 수리비용이 감소한다.
② 생산시스템의 신뢰도가 향상된다.
③ 고장으로 인한 중단시간이 감소한다.
④ 잦은 정비로 인해 제조원단위가 증가한다.

해설 (1) 설비보전
　　ㄱ 보전예방(MP)
　　ㄴ 예방보전(PM)
　　ㄷ 계량보전(CM)
　　ㄹ 사후보전(BM)
　(2) 예방보전의 효과는 ①, ②, ③항이다.

57 제품공정도를 작성할 때 사용되는 요소(명칭)가 아닌 것은?

① 가공　　　　　　　　　② 검사
③ 정체　　　　　　　　　④ 여유

해설 작업관리 공정분석 공정기호
　　ㄱ 가공 : ○　　　　ㄴ 운반 : →　　　　ㄷ 정체 : D
　　ㄹ 저장 : ▽　　　　ㅁ 검사 : □　　　　ㅂ 흐름선 : |
　　ㅅ 구분 : ʊʊʊʊʊ　　ㅇ 생략 : ÷　　　　ㅈ 질 중심의 양 검사 : ◇
　　ㅊ 가공하면서 양검사 : ⊡　　　　　　　ㅋ 가공하면서 운반 : ⊖

58 부적합수 관리도를 작성하기 위해 $\Sigma c = 559$, $\Sigma n = 222$를 구하였다. 시료의 크기가 부분군마다 일정하지 않기 때문에 u 관리도를 사용하기로 하였다. $n = 10$일 경우 u 관리도의 UCL 값은 약 얼마인가?

① 4.023　　　　　　　　② 2.518
③ 0.502　　　　　　　　④ 0.252

해설 u관리도

$$UCL = \bar{u} + 3\sqrt{\frac{\bar{u}}{n}}$$

$$CL(중심선)\, \bar{u} = \frac{\Sigma c}{\Sigma n} = \frac{559}{222} = 2.52$$

$$\therefore UCL = 2.52 + 3\sqrt{\frac{2.52}{10}} = 4.023$$

59 작업방법 개선의 기본 4원칙을 표현한 것은?

① 층별 – 랜덤 – 재배열 – 표준화

② 배제 – 결합 – 랜덤 – 표준화

③ 층별 – 랜덤 – 표준화 – 단순화

④ 배제 – 결합 – 새배열 – 단순화

해설 작업방법 개선 기본4원칙

   ⊙ 배제   ⓛ 결합

   ⓒ 재배열   ⓔ 단순화

60 이항분포(Binomial Distribution)의 특징에 대한 설명으로 옳은 것은?

① P=0.01일 때는 평균치에 대하여 좌우 대칭이다.

② P≤0.1이고, nP=0.1~10일 때는 푸아송 분포에 근사한다.

③ 부적합품의 출현 개수에 대한 표준편차는 D(x)=nP이다.

④ P≤0.5이고, nP≤5일 때는 정규 분포에 근사한다.

해설 모집단

(1) 정규분포(연속변량)

(2) 이항분포(이산변량)

   ⊙ 이항분포 B(n.P)로 나타내면 평균값은 m, m=nP

   ⓛ n(시행횟수), P(성공확률), 1−P)>5일 때는 정규분포에 가깝다. n은 클수록 정규분포에 근사한다.

   ⓒ 푸아송 분포의 특징은 람다(λ)가 커질수록 분포의 모양이 오른쪽으로 이동하며 정규분포와 같은 형태
      가 되며 평균과 분산은 동일하다. 또한 푸아송 분포는 이산확률분포이다.

   ⓔ 이항분포에서 시행횟수 n이 매우 크고 성공확률 P가 아주 작은 경우 푸아송 분포로 근사할 수 있다.

∴ 이항분포의 특징

   P≤0.1이고, n.P=0.1~10 : 푸아송분포에 근사한다.

과년도출제문제

2014. 4. 6.

1 계장제어의 측정 시스템 중 액면계의 종류에 해당하지 않는 것은?

① 면적식　　　　② 플로트식　　　　③ 차압식　　　　④ 평형반사식

해설 (1) 면적식 : 유량계로 많이 사용한다.
　　(2) 면적식 유량계 : ㉠ 로터미터, ㉡ 게이트식

2 연돌에 관한 설명으로 옳지 않은 것은?

① 연돌은 강판제 또는 철근콘크리트로 제작한다.
② 연돌 설계 시에는 풍압, 지진력, 열응력 등을 고려한다.
③ 연돌 내 가스와 대기의 온도차가 작을수록 통풍이 좋다.
④ 가스의 속도는 자연통풍인 경우 3~4m/s, 강제통풍인 경우 6~10m/s가 적절하다.

해설 연돌(굴뚝)내 배기가스와 대기(외기)의 온도차가 클수록 자연통풍력이 커진다.

3 링겔만 농도표의 도표 번호가 NO.2일 때 매연농도는 얼마인가?

① 10%　　　　② 20%　　　　③ 40%　　　　④ 80%

해설 링겔만 농도(0도~5도) 1도의 매연농도 20%
　　∴ 매연농도율=20×2=40%

4 보일러 출력 계산에 사용하는 난방부하의 계산방법이 아닌 것은?

① 열손실 열량으로부터 계산　　　　② 간이식으로부터 열손실 계산
③ 예열부하로부터 열손실 계산　　　　④ 상당 방열면적(EDR)으로부터 계산

해설 ㉠ 보일러 정격출력(kcal/h)
　　　난방부하＋급탕부하＋배관부하＋예열부하(시동부하)
　　㉡ 난방부하＝①, ②, ④ 외 단위면적당 열손실지수(kcal/m²h)로 계산

5 온수난방에 관한 설명으로 옳지 않은 것은?

① 대류난방법에 속한다.

② 방열량을 조절할 수 없다.

③ 팽창관에는 밸브를 사용할 수 없다.

④ 온수순환방법에는 중력순환식과 강제순환식이 있다.

해설 ㉠ 온수난방은 부하 변동 시 방열량 조절이 가능하다.
㉡ 대류난방(직접난방)＝증기난방, 온수난방

6 과열기에 대한 설명으로 옳지 않은 것은?

① 보일러 전열면 중 가장 온도가 높은 부분이다.

② 과열기를 사용하면 보일러의 증발능력이 증대한다.

③ 연소가스의 흐름에 따라 병류형, 향류형, 혼류형이 있다.

④ 보일러 본체에서 발생된 증기를 연소실이나 연도에서 다시 가열하여 과열증기를 만드는 장치이다.

해설 ㉠ 과열기 사용 : 이론상의 열효율 증가 및 적은 증기로 많은 일을 할 수 있다.
㉡ 과열도＝과열증기온도 − 포화증기온도
㉢ 과열증기 엔탈피＝포화증기 엔탈피 + 증기비열(과열증기온도 − 포화증기온도)

7 다음 중 유량조절 범위가 가장 넓은 오일(Oil) 연소용 버너는?

① 유압식 버너

② 저압공기식 버너

③ 회전식 버너

④ 고압기류식 버너

해설 유량조절 범위(액체 오일버너 중질유 버너)
• 유압식 버너 : 1 : 2 정도
• 저압공기식 버너 · 회전식 버너 : 1 : 5
• 고압기류식 버너 : 1 : 10

8 다음 열전대 온도계 중 가장 높은 온도를 측정할 수 있는 것은?

① IC(철 − 콘스탄탄) : J형

② CC(구리 − 콘스탄탄) : T형

③ CA(크로멜 − 알루멜) : K형

④ PR(백금 − 백금로듐) : R형

해설 열전대 온도계

　　㉠ J형 : -20~800℃　　　　　　　㉡ T형 : -200~350℃

　　㉢ K형 : -20~1,200℃　　　　　　㉣ R형 : 0~1,600℃

9 보일러의 수위를 시각적으로 판독하기 위해 설치하는 수면계의 종류가 아닌 것은?

① 2색식 수면계　　　　　　　　② 사각식 수면계

③ 유리관 수면계　　　　　　　　④ 평형반사식 수면계

해설 보일러 수면계 종류

　　①, ③, ④ 외 평형투시식, 멀티포트식(고압보일러용)이 있다.

10 어떤 원심펌프가 회전수 600rpm에서 양정 20m이고, 송출량이 매분 0.5m³이다. 이 펌프의 회전수를 900rpm으로 바꾸면 양정은 얼마가 되는가?

① 25m　　　　② 30m　　　　③ 45m　　　　④ 60m

해설 펌프 양정(회전수 변화 시)

$$펌프\ 양정 \times \left(\frac{N_2}{N_1}\right)^2 = 20 \times \left(\frac{900}{600}\right)^2 = 45\text{m}$$

11 방출밸브의 방출압력은 최고사용압력의 몇 % 범위 이내를 초과한 압력인가?

① 5%　　　　　　　　　　　　② 10%

③ 15%　　　　　　　　　　　　④ 20%

해설 온수보일러 방출밸브(릴리프밸브)의 방출압력 : 최고사용압력의 10% 범위 이내를 초과한 압력으로 정한다.

12 자동제어에서 목표값이 의미하는 것은?

① 잔류 편차값　　　　　　　　② 조절부의 조절값

③ 동작 신호값　　　　　　　　④ 제어량에 대한 희망값

해설 자동제어 목표값 : 제어량에 대한 희망값을 의미한다.

13 탄소 12kg을 완전연소시키기 위하여 필요한 산소량은?

① 16kg   ② 24kg   ③ 32kg   ④ 36kg

해
$$\underline{C} + \underline{O_2} \rightarrow \underline{CO_2}$$
$$12kg + 32kg \quad 44kg$$
(탄소분자량)(산소분자량)(탄산가스 분자량)

14 보일러의 성능을 나타내는 용어에 관한 설명으로 옳지 않은 것은?

① 증발계수는 환산증발량을 실제증발량으로 나눈 값이다.

② 증발률은 증발량을 보일러 본체의 전열면적으로 나눈 값이다.

③ 연소율은 화격자 단위면적당 단위시간에 연소할 수 있는 연료의 양이다.

④ 환산증발량은 실제증발량을 상용압력하에서 발생되는 증기량으로 환산한 값이다.

해 ㉠ 환산증발량(상당증발량) = 실제증발량×증발계수(kg/h) = (환산증발량/실제증발량)

    ㉡ 환산증발량= $\dfrac{\text{실제 증기발생량(발생증기 엔탈피 - 급수 엔탈피)}}{539}$ (kg/h)

15 난방부하에 관한 설명으로 옳은 것은?

① 틈새바람의 양을 예측하는 방법으로 환기횟수법이 있다.

② 건축물 구조체에서의 열전달은 열전달계수와 관련이 있다.

③ 표면열전달계수는 풍속과는 관련이 없고 재질에 영향을 받는다.

④ 위험율 2.5%의 온도는 최대부하에 근거한 외기온도보다 2.5% 낮은 온도를 기준한다.

해 난방부하(H_1) 계산

    ㉠ 상당 방열면적으로 구한다.(EDR×450 = 온수난방)

    ㉡ 난방면적×단위면적당 열손실 지수

    ㉢ 환기횟수법(틈새바람 양의 예측)

    ㉣ 열관류율×(실내온도 - 외기온도)×난방면적×방위에 따른 부가계수(kcal/h)

16 복사난방의 특징에 관한 설명으로 옳지 않은 것은?

① 동일 방열량의 경우 열손실이 비교적 작다.

② 예열시간이 걸리므로 일시적 난방에는 부적당하다.

③ 증기, 온수난방에 비해 설비비용이 다소 많이 든다.

④ 실내 공기의 대류가 많으므로 바닥 먼지의 상승이 많다.

해 복사난방은 실내 공기의 대류가 적어서 바닥 먼지의 상승이 적다(일명 : 패널난방). 즉, 구조체에 의한 난방이다.

17 강철제 증기보일러의 안전밸브 및 압력방출장치의 크기는 호칭지름이 25A 이상이어야 하지만, 20A 이상으로 할 수 있는 경우는?

① 최대증발량이 4t/h인 관류보일러

② 최고사용압력이 0.2MPa(2kg/cm²)인 보일러

③ 최고사용압력이 1MPa(10kg/cm²)이고, 전열면적이 3m²인 보일러

④ 최고사용압력이 1MPa(10kg/cm²)이고, 동체 안지름이 600mm, 길이가 1,000mm인 보일러

해 관류보일러 안전밸브의 크기
5t/h 이하 보일러는 20A 이상이 가능하다.

18 보일러 난방기구인 방열기에 관한 설명으로 옳지 않은 것은?

① 주형 방열기에는 2세주, 3세주, 4세주형의 3종류가 있다.

② 방열기의 호칭은 종별 – 형×절수(쪽수, 섹션수)로 표시한다.

③ 방열기는 벽면과 50~65mm 정도 간격을 두어 설치하는 것이 좋다.

④ 증기방열기의 표준상태에서 발생하는 표준방열량은 650kcal/m² · h이다.

해 주형 방열기의 종류
㉠ 2주형, ㉡ 3주형, ㉢ 3세주형, ㉣ 5세주형

19 방열관의 입구, 출구의 높이차가 500mm이고 입구의 온도 60℃, 출구의 온도 50℃일 때, 방열관에서 순환수두는 약 몇 mmH₂O인가?(단, 50℃의 비중 0.9784, 60℃의 비중은 0.9684이다.)

① 3   ② 4   ③ 5   ④ 6

해 자연순환수두(온수보일러) 계산식
$1,000 \times H(\rho' - \rho) = 1,000 \times 0.5 \times (0.9784 - 0.9684) = 5\text{mmH}_2\text{O}$
※ 물 1m³=1,000L, H(500)mm=0.5m

20 기체연료에 관한 설명으로 옳지 않은 것은?

① 고부하 연소가 가능하다.   ② 누설 시 화재 · 폭발의 위험이 없다.

③ 다른 연료에 비해 매연 발생이 적다.   ④ 적은 과잉공기비로 완전연소가 가능하다.

해설 기체연료

ㄱ 저장·취급이 불편하다.

ㄴ 누설 시 화재나 폭발의 위험이 크다.

ㄷ 기타 ①, ③, ④항의 특징이 있다.

21 증기난방법의 종류 중 응축수 환수방식에 의한 분류에 해당되지 않는 것은?

① 저압 환수식　　　② 중력 환수식　　　③ 진공 환수식　　　④ 기계 환수식

해설 증기난방 응축수 회수법

ㄱ 중력 환수식, ㄴ 기계 환수식, ㄷ 진공 환수식(대규모 난방용)

22 상당증발량 2,500kg/h, 매시 연료소비량 150kg인 보일러가 있다. 급수온도 28℃, 증기압력 10kgf/cm²일 때, 이 보일러의 효율은 약 몇 %인가?(단, 연료의 저위발열량은 9,800kcal/kg이다.)

① 65%　　　　② 77%　　　　③ 92%　　　　④ 98%

해설 보일러 효율 $= \dfrac{\text{상당증발량} \times 539}{\text{연료소비량} \times \text{연료의 방열량}} \times 100(\%)$

$$= \frac{2{,}500 \times 539}{150 \times 9{,}800} \times 100 = 92\%$$

23 사이클론(Cyclone) 집진장치의 주 원리는?

① 압력차에 의한 집진　　　　　　② 물에 의한 입자의 여과

③ 망(Screen)에 의한 여과　　　　④ 입자의 원심력에 의한 집진

해설 원심력 집진장치

ㄱ 사이클론식, ㄴ 멀티사이클론식(대규모용)

24 일의 열당량의 값은?

① 427kcal/kg　　② 427dyne/kg　　③ $\dfrac{1}{427}$ kcal/kg·m　　④ $\dfrac{1}{427}$ kg·m/kcal

해설 ㄱ 일의 열당량(A) : $\dfrac{1}{427}$ kcal/kg·m

ㄴ 열의 일당량(J) : 427kg·m/kcal

25 직경 20cm인 원관 속을 속도 7.3m/s로 유체가 흐를 때 유량은 약 몇 m³/s인가?

① 0.23   ② 3.67   ③ 13.76   ④ 51.1

해설 유량＝유속×단면적(m³/s)   단면적＝$\frac{\pi}{4}d^2$(m²)

∴ 유량＝$\frac{3.14}{4}×(0.2)^2×7.3=0.23$m³/s

26 보일러 증기압력이 상승할 때의 상태변화에 관한 설명으로 옳지 않은 것은?

① 현열이 증가한다.   ② 증발잠열이 증가한다.

③ 포화온도가 상승한다.   ④ 포화수의 비중이 작아진다.

해설 보일러 증기압력이 오르면 물의 증발잠열(kcal/kg)이 감소하나 현열증가, 포화수 비중 감소, 포화증기 온도는 상승한다.

27 가성취화현상을 가장 적절하게 설명한 것은?

① 물과 접촉하고 있는 강재의 표면에서 철이온이 용출하여 부식되는 현상이다.

② 보일러 강판과 관이 화염에 접촉하여 화학작용을 일으켜 부식되는 현상이다.

③ 청관제인 탄산나트륨을 과다하게 공급하여 보일러수가 알칼리화되어 부식되는 현상이다.

④ 보일러판의 리벳 구멍 등에 농후한 알칼리 작용에 의해 강 조직을 침범하여 균열이 생기는 현상이다.

해설 가성취화 현상

보일러판의 리벳 구멍 등에 농후한 알칼리 작용에 의해 강 조직을 침범하여 균열이 발생하는 현상

28 액체 중질유 B – C에 기준 이상의 수분이 함유되어 있을 때 안전적인 측면에서 어떠한 위험이 있는가?

① 수분입자가 순간폭발로 연료의 미립화를 돕는다.

② 수분이 버너, 컵 등에 녹을 만들어 연료 미립화를 방해하므로 폭발사고를 유발한다.

③ 연료 예열로 관 내에서 수분이 증발하여 연료 Pumping을 끊어 맥동연소·폭발 가능성이 있다.

④ 연료 내의 수분이 노 내에서 열에 급격히 팽창하여 공간면적이 커지므로 폭발사고를 유발한다.

해설 중질유 B – C유에 기준 이상 수분(H_2O)이 함유되면 연료 예열 시 관 내 수분이 기화 증발하여 연료 펌핑을 끊어서 맥동연소나 노 내 폭발 가능성이 유발된다.(B – C유 : 벙커 중유 C급용)

29 22℃의 물 10톤에 90℃의 고온수 3톤을 섞으면 혼합 후의 물의 온도는 약 얼마인가?(단, 물의 비중량은 1kg/L, 비열은 1kcal/kg·℃이다.)

① 28.8℃ ② 35.2℃ ③ 37.7℃ ④ 40.3℃

해설 ㉠ 22℃의 현열 : $10 \times 10^3 \times 1 \times (22-0) = 220,000$kcal

㉡ 90℃의 현열 : $3 \times 10^3 \times 1 \times (90-0) = 270,000$kcal

∴ 혼합 후 온도$(t) = \dfrac{220,000 + 270,000}{10 \times 10^3 + 3 \times 10^3} = 37.7$℃

30 보일러 연소생성물 중 질소산화물을 억제하는 대책으로 옳지 않은 것은?

① 저질소 연료를 사용한다.
② 2단 연소를 시켜 적은 공기로 빠르게 연소시킨다.
③ 고온 연소범위에서의 연소가스 체류시간을 짧게 한다.
④ 연소온도를 높게 하고, 국부과열부가 생기지 않게 한다.

해설 질소산화물(N_2O)

대기오염물질(환경규제물질)이며 독성가스이다. 질소는 불활성 기체이나 연소온도가 높으면 고온에서는 산소와 화합, 질소산화물을 생성한다.

31 KS B 6205(육상용 보일러의 열정산 방식)에서 열정산을 하는 보일러의 표준적인 범위에 해당되는 것은?

① 급수펌프 ② 흡출 송풍기 ③ 미분탄기 ④ 연료유 가열기

해설 미분탄기

KS B 6205 육상용 보일러의 열정산에서 보일러 표준적인 범위에 해당된다.
미분탄기는 석탄을 분쇄화하는 기기로서 온도절용 공기가 부착된다.(절탄기, 공기예열기도 표준범위에 속한다.)

32 보일러수 중에 포함된 실리카(SiO_2)에 관한 설명으로 옳지 않은 것은?

① 알루미늄과 결합해서 여러 가지 형의 스케일을 생성한다.
② 실리카 함유량이 많은 스케일은 연질이므로 제거가 쉽다.
③ 저압 보일러에서는 알칼리도를 높여 스케일화를 방지할 수 있다.
④ 보일러수에 실리카가 많으면 캐리오버에 의해 터빈날개 등에 부착하여 성능을 저하시킬 수 있다.

해 급수처리에서 실리카는 경질스케일이므로 제거가 어려워서 용해촉진제인 불화수소산(HF)이 첨가된다.

33 다음 중 안전보호구에 해당되지 않는 것은?

① 공구상자   ② 차광안경   ③ 방진안경   ④ 방독마스크

해 공구상자는 공구 등의 정리정돈에 필요한 상자이다.

34 보일러를 6개월 이상 장기간 사용하지 않고 보존하는 경우 가장 적절한 보존방법은?

① 습식 보존법   ② 건조 밀폐 보존법
③ 소다 만수 보존법   ④ 보통 만수 보존법

해 보일러 보존법 중 건조 밀폐 보존법이나 건조 질소 보존법은 장기보존(6개월 이상 보존)에 필요한 보존법이다.

35 증기 원동소의 기본 사이클인 랭킨 사이클은 어떠한 상태로 구성되어 있는가?

① 등온변화와 단열변화가 둘이다.
② 단열변화, 정적 변화가 각각 둘이다.
③ 정압변화가 둘, 단열변화가 둘이다.
④ 단열, 정압, 정적, 폴리트로프 변화가 각각 하나이다.

해 1854년 영국의 Rankine에 의해서 제안된 증기동력사이클(정압과정 2개, 단열과정 2개의 실현사이클)

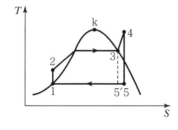

T-S 선도
㉠ 1→2(단열압축)
㉡ 2→3→4(정압가열)
㉢ 4→5(단열팽창)
㉣ 5→1(정압냉각)

36 물체의 온도변화 없이 상(Phase)의 변화를 일으키는 데 필요한 것을 잠열이라고 하는데, 다음 중 잠열로 볼 수 없는 것은?

① 반응열   ② 증발열   ③ 승화열   ④ 융해열

해설 잠열(상 변화시 소요되는 열)
　　㉠ 증발열(액체 → 기체)
　　㉡ 승화열(고체 → 기체, 기체 → 고체)
　　㉢ 융해열(고체 → 액체)

37 1시간 동안에 온도차 1℃당 면적 1m²를 통과하는 열량으로 단위가 kcal/m²·h·℃로 표시되는 것은?

① 열복사율　　　② 열관류율　　　③ 열전도율　　　④ 열전열률

해설 ㉠ 열관류율(열전달률) 단위 : kcal/m²·h·℃
　　㉡ 열전도율 단위 : kcal/m·h·℃

38 액체 속에 잠겨 있는 곡면에 작용하는 수직분력에 관한 설명으로 옳은 것은?

① 곡면에 의해서 배제된 액체의 무게와 같다.
② 곡면의 수직 투영면에 비중량을 곱한 값이다.
③ 곡면 수직부분 위에 있는 액체의 무게와 같다.
④ 중심에서 비중량, 압력, 면적을 곱한 값과 같다.

해설 액체 속에 잠겨 있는 곡면에 작용하는 수직분력은 곡면 수직부분 위에 있는 액체의 무게와 같다.

39 가는 관으로 액체가 올라가는 현상은 무엇인가?

① 부착성 현상　　　　　　② 모세관 현상
③ 팽창성 현상　　　　　　④ 압축성 현상

해설 ② 모세관 현상 : 가는 관으로 액체가 올라가는 현상

40 보일러 청관제로서 슬러지 조정제로 사용되는 것은?

① 전분　　　② 탄산나트륨　　　③ 히드라진　　　④ 수산화나트륨

해설 (1) 슬러지 조정제 : ㉠ 전분, ㉡ 타닌, ㉢ 리그린
　　(2) pH 알칼리도 조정제 : 탄산나트륨, 수산화나트륨, 제3인산나트륨
　　(3) 탈산소제 : 히드라진, 황산나트륨

41 에너지법에서 정한 지역에너지계획의 수립에 포함되어야 할 사항으로 틀린 것은?

① 에너지 수급의 추이와 전망에 관한 사항
② 에너지의 안정적 공급을 위한 대책에 관한 사항
③ 에너지 사용의 합리화와 이를 통한 온실가스의 배출 감소를 위한 대책에 관한 사항
④ 활용 에너지원의 개발·사용을 위한 대책에 관한 사항

해설 지역에너지계획 수립 : 활용이 아닌 미활용 에너지원의 개발·사용을 위한 대책에 관한 사항이 포함되어야 한다.

42 금속의 희생전극의 원리를 이용하여 방청하는 도료는?

① 알루미늄 도료　　　　　　② 에폭시수지 도료
③ 산화철 도료　　　　　　　④ 고농도 아연 도료

해설 고농도 아연 도료
금속의 희생전극의 원리를 이용한 방청도료이다.

43 관지지 장치 중 빔에 턴버클을 연결한 장치로 수직방향에 변위가 없는 곳에 사용하는 것은?

① 스프링 행거　　② 리지드 행거　　③ 콘스턴트 행거　　④ 플랜지 행거

해설 리지드 행거
관지지 장치 중 빔에 턴버클을 연결한 장치로 수직방향에 변위가 없는 곳에 사용이 가능하다.

44 연강용 피복 아크 용접봉 종류 중 피복제 중에 석회석이나 형석을 주성분으로 사용한 것은?

① 알루미나이트계　　　　　② 라임티타니아계
③ 고셀룰로오스계　　　　　④ 저수소계

해설 저수소계 용접봉(E4316)
연강용 피복 아크 용접봉 중 피복제 중에 석회석이나 형석을 주성분으로 한 용접봉
용접봉 기호 : ㉠ E4301, ㉡ E4303, ㉢ E4311

45 냉간가공과 열간가공을 구분하는 온도는?

① 풀림온도　　② 재결정온도　　③ 변태온도　　④ 절대온도

해설 금속의 냉간가공, 열간가공 구분은 금속의 재결정온도로 한다.

---

46 주로 방로 피복에 사용하는 보온재로서, 아스팔트로 피복한 것은 −60℃ 정도까지 유지할 수 있으므로 보냉용으로 많이 사용하는 보온재는?

① 펠트   ② 코르크   ③ 기포성 수지   ④ 암면

해설 아스팔트 피복 펠트
　−60℃까지 사용하는 보냉용 유기질 보온재

---

47 관 A가 화면에 직각으로 반대쪽으로 내려가 있는 경우는 어느 것인가?

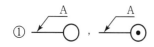 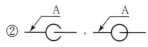

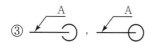 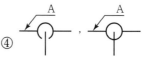

해설 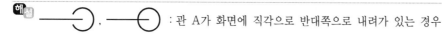 : 관 A가 화면에 직각으로 반대쪽으로 내려가 있는 경우

---

48 동관용 공구에 대한 설명 중 틀린 것은?

① 티뽑기 : 직관에서 분기관을 성형 시 사용하는 공구이다.
② 튜브벤더 : 동관의 벤딩용 공구이다.
③ 익스팬더 : 동관 끝의 확관용 공구이다.
④ 플레어링 툴 세트 : 동관의 끝 부분을 원형으로 정형하는 공구이다.

해설 ④항은 동관용 공구로서 사이징 툴 공구에 대한 설명이다.

---

49 설비 배관에 있어서 유속을 V, 유량을 Q라 할 때 관경 d를 구하는 식은?

① $d = \sqrt{\dfrac{4Q}{\pi V}}$ ② $d = \sqrt{\dfrac{\pi V}{Q}}$ ③ $d = \sqrt{\dfrac{\pi V}{4Q}}$ ④ $d = \sqrt{\dfrac{Q}{\pi V}}$

해 관경$(d) = \sqrt{\dfrac{4Q}{\pi V}}$ (m)

　　여기서, Q(유량) : m³/s, V(유속) : m/s, π(3.14)

50 에너지이용합리화법에 의해 검사대상기기의 검사를 받지 아니한 자에 대한 벌칙은?

① 2년 이하의 징역 또는 2천만 원 이하의 벌금
② 1년 이하의 징역 또는 1천만 원 이하의 벌금
③ 2천만 원 이하의 벌금
④ 6개월 이하의 징역

해 (1) 검사대상기기(보일러강철제, 주철제, 가스용 소형 온수보일러, 1, 2종 압력용기 0.58MW 초과 금속가열로)의 검사를 에너지공단 이사장에게 받지 않으면 1년 이하의 징역 또는 1천만원 이하의 벌금에 처한다.
(2) 검사의 종류 : 제조검사(용접, 구조), 개조검사, 설치장소변경검사, 설치검사, 재사용검사, 계속사용검사(안전, 성능)

51 벨로즈(Bellows) 트랩의 특징을 설명한 것 중 틀린 것은?

① 과열증기에도 사용할 수 있다.
② 초기의 가동 시 공기의 배출 능력이 있다.
③ 부식성 물질이나 수격작용에 의해 파손되기 쉽다.
④ 소형으로 다량의 응축수를 배출시킬 수 있다.

해 ㉠ 벨로즈는 온도가 과열되면 기능이 상실되므로 과열증기 사용에는 부적당하다.
㉡ 바이메탈 증기트랩 : 과열증기 사용 가능

52 급수배관에서 수격작용을 예방하기 위한 시공으로 가장 적절한 것은?

① 관경을 작게 하고 배관구배를 1/200로 낮춘다.
② 굴곡배관 및 중력탱크를 사용한다.
③ 슬리브형 신축이음을 한다.
④ 배관부의 높은 곳에 공기빼기 밸브를 설치한다.

해 ㉠ 급수배관에서 수격작용을 예방하기 위해서 배관부의 높은 곳에 공기빼기 밸브를 설치한다.
　　(단, 배관구배는 $\dfrac{1}{200}$ 이상으로 한다.)
㉡ 수격작용을 예방하려면 굴곡배관은 피한다.

53 바이패스(By-pass) 배관을 설치하기에 가장 부적절한 것은?

① 온도조절밸브 ② 슬레노이드밸브(전자밸브)

③ 감압밸브 ④ 증기트랩

해설 (1) 바이패스(우회배관)가 필요한 부품
ㄱ 온도조절밸브
ㄴ 감압밸브
ㄷ 증기트랩
ㄹ 유량계
ㅁ 순환펌프

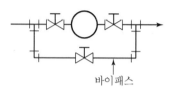
바이패스

(2) 전자밸브(유체의 개폐작용으로 사고를 방지한다.)

54 신에너지 및 재생에너지의 개발 및 이용·보급촉진법에서 정의한 신에너지 및 재생에너지에 해당되지 않는 것은?

① 태양에너지 ② 연료전지

③ 수소에너지 ④ 원자력

해설 원자력은 에너지이용합리화법에서 제외되는 연료이다.(핵연료 등)

55 다음 중 반즈(Ralph M. Barnes)가 제시한 동작경제원칙에 해당되지 않는 것은?

① 표준작업의 원칙
② 신체의 사용에 관한 원칙
③ 작업장의 배치에 관한 원칙
④ 공구 및 설비의 디자인에 관한 원칙

해설 표준작업의 원칙은 반즈의 동작경제원칙에 포함되지 않는다.

56 전수검사와 샘플링 검사에 관한 설명으로 가장 올바른 것은?

① 파괴검사의 경우에는 전수검사를 적용한다.
② 전수검사가 일반적으로 샘플링 검사보다 품질 향상에 자극을 더 준다.
③ 검사항목이 많을 경우 전수검사보다 샘플링 검사가 유리하다.
④ 샘플링 검사는 부적합품이 섞여 들어가서는 안 되는 경우에 적용한다.

해 (1) 검사 항목이 많으면 전수검사보다 샘플링 검사가 유리하다.
   (2) 검사 항목
       ㉠ 구입검사
       ㉡ 공정검사 및 중간검사
       ㉢ 최종검사
       ㉣ 출하검사
       ㉤ 입고, 출고, 인수인계검사
   (3) 판정대상 : 전수검사, 로트별 샘플링 검사, 관리샘플링 검사, 무검사, 자주검사

57 도수분포표에서 도수가 최대인 계급의 대표값을 정확히 표현한 통계량은?

① 중위수
② 시료평균
③ 최빈수
④ 미드 – 레인지(Mid – Range)

해 ③ 최빈수 : 도수분포표에서 도수가 최대인 계급의 대표값을 정확히 표현한 통계량

58 다음 [표]를 참조하여 5개월 단순이동평균법으로 7월의 수요를 예측하면 몇 개인가?

(단위 : 개)

월	1	2	3	4	5	6
실적	48	50	53	60	64	68

① 55개
② 57개
③ 58개
④ 59개

해 5개월 실적＝50＋53＋60＋64＋68＝295개
단순이동평균법에 의해 7월의 수요 예측 : $\frac{295개}{5개월}=59개$

59 근래 인간공학이 여러 분야에서 크게 기여하고 있다. 다음 중 어느 단계에서 인간공학적 지식이 고려됨으로써 기업에 가장 큰 이익을 줄 수 있는가?

① 제품의 개발단계
② 제품의 구매단계
③ 제품의 사용단계
④ 작업자의 채용단계

해 제품의 개발단계에서는 인간공학적 지식이 고려됨으로써 기업에 가장 큰 이익을 줄 수 있다.

60 다음 중 두 관리도가 모두 포아송 분포를 따르는 것은?

① $\bar{x}$ 관리도, R 관리도

② c 관리도, u 관리도

③ np 관리도, p 관리도

④ c 관리도, p 관리도

해설 관리도

(1) 계량치 : ㉠ $\bar{x}-R$(평균치와 범위의) 관리도

㉡ x(개개 측정치의) 관리도

㉢ $\tilde{x}-R$(메디안과 범위의) 관리도

(2) 계수치 : ㉠ P_n(불량개수의) 관리도

㉡ P(불량률의) 관리도

㉢ C(결점 수의) 관리도

㉣ u(단위당 결점 수) 관리도

※ C, u 관리도 : 포아송 분포를 따른다.

(3) 포아송비 = $\dfrac{횡스트레인}{종스트레인}$ (한 방향의 수직응력을 받는 경우)

(4) 포아송 분포 : 많은 사건 중에서 특정한 사건이 발생할 가능성이 매우 적은 확률변수가 갖는 분포이다.

과년도출제문제

2014. 7. 20.

1 보일러의 압력계 부착방법에 대한 설명으로 틀린 것은?

① 압력계와 연결된 증기관은 동관일 경우 안지름 6.5mm 이상이어야 한다.

② 증기온도가 210℃를 넘을 때에는 황동관 또는 동관을 사용하여서는 안 된다.

③ 압력계에 연결되는 관은 물을 넣은 사이폰관을 설치하며, 그 안지름은 12.7mm 이상이어야 한다.

④ 압력계의 콕 대신에 밸브를 사용할 경우에는 한눈으로 개폐 여부를 알 수 있는 구조로 하여야 한다.

해설 압력계 사이폰관의 안지름 : 6.5mm 이상(증기연락관의 경우 강관 : 12.7mm 이상)

2 보일러 배기가스 분석결과 O_2 농도가 3.5%일 때 공기비는?(단, 완전연소로 가정한다.)

① 1.1　　　　　　② 1.2　　　　　　③ 1.3　　　　　　④ 1.5

해설 공기비$(m) = \dfrac{21}{21-(O_2)} = \dfrac{21}{21-3.5} = 1.2$(공기비는 1보다 작아서는 안 되고 너무 크면 저질연로이다.)

3 액화천연가스의 주 구성 물질은?

① C_3H_8　　　　② C_4H_{10}　　　　③ CH_4　　　　④ C_2H_6

해설 ㉠ 액화천연가스(LNG) : 메탄(CH_4)
　　㉡ 액화석유가스(LPG) : C_3H_8, C_4H_{10} 등

4 증발량이 일정한 경우 분출압력이 저압에서 고압으로 상승 시 보일러 안전밸브의 시트 단면적은?

① 넓어야 한다.　　② 동일하게 한다.　　③ 좁아야 한다.　　④ 무관하다.

해설 저압에서 고압으로 변화하면 비체적(m^3/kg)이 감소하므로 안전밸브 시트(변좌)의 단면적은 좁아야 한다.

5 보일러 자동제어에 대하여 '제어량－조작량'의 관계를 짝지은 것 중 틀린 것은?

① 증기압력－연료량, 공기량
② 증기온도－전열량
③ 보일러 수위－연료량, 증기량
④ 노 내 압력－연소가스량

해설 ㉠ 보일러 수위 : 급수량(조작량)
　　　㉡ 증기량 : 연료공급 및 공기량(조작량)

6 보일러의 급수량이 2,000L/h, 관수 중의 허용 고형분이 1,100ppm, 급수 중의 고형분이 200ppm일 때 분출률은?

① 약 2.2%
② 약 22.2%
③ 약 5.5%
④ 약 55%

해설 분출률 $= \dfrac{d}{\gamma - d} \times 100 = \dfrac{200}{1,100 - 200} \times 100 = 22.2\%$

7 과열기의 특징으로 틀린 것은?

① 증기기관의 열효율을 증대시킨다.
② 증기관 내의 마찰저항을 감소시킨다.
③ 적은 증기량으로 많은 일을 할 수 있다.
④ 연소가스의 저항으로 압력손실이 적다.

해설 과열기 등을 노 내, 연도 내 설치하면 배기가스의 온도강하로 밀도가 증가하고 압력손실이 커진다.

8 가스와 공기를 강제혼합하는 방식으로 급속연소가 가능하며 고부하 연소에 적합하고 화염의 크기도 작은 가스버너는?

① 유도 혼합식 버너
② 내부 혼합식 버너
③ 부분 혼합식 버너
④ 외부 혼합식 버너

해설 내부 혼합식 가스 버너
가스와 공기를 강제혼합하는 방식의 버너로 고부하연소가 가능하고, 화염의 크기도 작다.

9 천장이나 벽, 바닥 등에 코일을 매설하여 온수 등 열매체를 이용하여 복사열에 의해 실내를 난방하는 것은?

① 대류난방　　　② 패널난방　　　③ 간접난방　　　④ 전도난방

해설 패널난방(복사난방)
천장이나 벽, 바닥 등에 코일을 매설하고 온수 등 열매체를 이용하여 복사열에 의해 실내를 난방한다.
다만 누설 시 발견이 어렵고 구조체가 필요하며 시공비가 비싸다.

10 보일러의 연소량을 일정하게 하고 과잉열량을 물에 저장하여 과부하 시 증기를 방출함으로써 증기 부족을 보충시키는 장치는?

① 공기예열기　　　② 축열기　　　③ 절탄기　　　④ 과열기

해설 보일러용 축열기(어큐뮬레이터) : 증기이송장치
보일러 연소량을 일정하게 하고 과잉열량을 물에 저장하여 과부하 발생 시 증기를 방출하여 증기 부족분을 보충한다.

11 증기난방방식에서 응축수 환수방식에 의한 분류 중 진공환수방식에 대한 설명으로 틀린 것은?

① 환수주관의 말단에 진공펌프를 설치한다.
② 환수관에서의 진공도는 50~100mmHg이다.
③ 방열량을 광범위하게 조절할 수 있어서 대규모 난방에 적합하다.
④ 방열기 설치 위치에 제한을 받지 않는다.

해설 진공환수식 증기난방 : 응축수 대규모 환수방식
환수관에서 진공도는 100~250mmHg 정도이다.(진공상태유지로 응축수 회수가 빠르다.)

12 보일러 관리 중 사고의 직접원인과 간접원인 중 간접원인으로 거리가 먼 것은?

① 불안전한 행동　　　　　② 기술적 원인
③ 교육적 원인　　　　　　④ 정신적 원인

해설 산업재해의 직접원인
㉠ 불안전한 행동
㉡ 불안전한 상태

Answer　9. ② 　10. ② 　11. ② 　12. ①

13 난방부하가 4,500kcal/h인 방의 온수방열기의 방열면적은 몇 m²로 하면 되는가?(단, 방열기 방열량은 표준방열량으로 한다.)

① 약 6m² ② 약 7m²

③ 약 9m² ④ 약 10m²

해설 온수소요 표준난방 방열면적 = $\dfrac{난방부하}{450} = \dfrac{4,500}{450} = 10\text{m}^2$

14 장치 내부의 압력이 설정압력 이상으로 상승 시 압력을 외부로 방출시켜 장치의 파손을 방지하기 위해 설치하는 밸브는?

① 플로트밸브 ② 체크밸브

③ 안전밸브 ④ 온도조절밸브

해설 안전밸브(스프링식, 중추식, 지렛대식, 복합식)
장치 내부 증기 압력이 설정압력 이상으로 상승 시 증기를 외부로 방출시켜 장치의 파손을 방지한다.

15 최고사용압력이 1.4MPa인 강철제 증기보일러의 안전밸브 호칭지름은 얼마 이상으로 해야 하는가?

① 15mm ② 20mm

③ 25mm ④ 32mm

해설 최고사용 압력이 0.1MPa(1kgf/cm²)를 초과하는 보일러의 안전밸브 크기는 25mm 이상으로 해야 한다.

16 보일러 주 증기 밸브로 가장 많이 사용되며 유체의 흐름을 90°로 바꾸어 흐르게 하는 것은?

① 글로브밸브 ② 앵글밸브

③ 체크밸브 ④ 게이트밸브

해설 ㉠ 앵글밸브 : 보일러 주 증기 밸브로 많이 사용하며 유체의 흐름을 90°로 바꾼다.
㉡ 글로브 밸브(증기유량 조절밸브)
㉢ 게이트 밸브(스루스 밸브 : 액체용 밸브, 증기용)
㉣ 체크밸브(스윙식, 리프트식) : 유체의 역류방지

17 보일러의 열정산 방식의 설명 중 틀린 것은?

① 열정산 시 시험부하는 원칙적으로 정격부하로 한다.

② 열정산의 기준온도는 시험 시의 외기온도로 한다.

③ 열정산에서는 보일러 효율의 정산방식으로는 입출열법 또는 열손실법으로 효율을 정산한다.

④ 열정산 시 외기온도는 보일러실 외기 주위의 입구나 공기예열기가 설치된 경우 그 출구에서 측정한다.

해설 보일러열정산 시 외기온도는 기준온도가 되며 필요에 따라 주위온도, 또는 압입송풍기 입구 등의 공기온도로 할 수 있다.(열정산 : 입열과 출열의 효율적 이용 파악)

18 보일러 연소장치인 공기조절장치와 거리가 먼 것은?

① 윈드박스　　　② 보염기　　　③ 버너타일　　　④ 플레임 아이

해설 화실 내 화염검출기(안전장치) 종류

㉠ 플레임 아이, ㉡ 플레임 로드, ㉢ 스택 스위치

19 연소온도에 대한 설명으로 틀린 것은?

① 연소용 공기 중 산소농도가 높아지면 이론 연소온도가 높아진다.

② 공기비가 커지면 연소가스량이 증가하므로 이론연소온도에는 별로 차이가 생기지 않는다.

③ 발열량이 커지면 연소가스량도 많아지므로 이론연소온도에는 별로 차이가 생기지 않는다.

④ 실제의 연소온도는 완전연소가 곤란하고 발생한 열이 노 벽 등에 흡수되므로 이론연소온도 보다 낮아지는 것이 보통이다.

해설 공기비가 커지면 연소가스량이 증가하고 노 내 온도가 하강한다. 이하 이론연소온도가 감소한다.(공기비＝실제 공기량/이론공기량) 또한 산소농도가 높아지면 완전연소가 가능하다.

20 집진장치 중 가압한 물을 분사시켜 충돌 또는 확산에 의한 포집을 하는 가압수식에 속하지 않는 것은?

① 벤튜리 스크루버　　　　　② 사이클론 스크루버

③ 세정탑　　　　　　　　　④ 백 필터

해설 ㉠ 백 필터(여과식) 집진장치 : 건식 집진장치

㉡ 가압수식 집진장치 : 습식 집진장치

21 입형 보일러의 특징에 대한 설명으로 틀린 것은?

① 설비비가 많이 들지만 보일러 효율이 높다.

② 좁은 장소에 설치가 용이하다.

③ 전열면적이 작아 부하능력이 적다.

④ 구조상 증기부가 좁아 습증기가 발생할 수 있다.

해설 입형 수직 보일러(원통형 버티컬 보일러)

㉠ 보일러가 소용량이다.

㉡ 설비비가 적게 소요된다.

㉢ 보일러 효율이 낮다.

22 펌프의 공동현상(Cavitation)에 의하여 발생하는 현상으로 틀린 것은?

① 부식 또는 침식이 발생한다.　　② 운전불능이 될 수도 있다.

③ 소음 및 진동이 발생한다.　　　④ 양정 및 효율이 상승한다.

해설 펌프의 공동현상(캐비테이션)이 발생하면 양정 및 효율이 감소한다.

※ 캐비테이션 : 펌프의 압력저하로 유체가 기화하는 현상(양정＝급수의 높이 표시)

23 포화수와 포화증기 혼합물의 밀도차를 이용하여 순환하는 방식을 이용하는 보일러가 아닌 것은?

① 벤슨(Benson) 보일러　　　　② 야로우(Yarrow) 보일러

③ 스털링(Stirling) 보일러　　　④ 다쿠마(Dakuma) 보일러

해설 벤슨 보일러, 슐처 보일러 : 관류 보일러(강제순환식 보일러)

24 대류(對流)열전달 방식의 분류 중 옳은 것은?

① 자유대류와 복사대류　　　　② 강제대류와 자연대류

③ 열판대류와 전도대류　　　　④ 교환대류와 강제대류

해설 대류 : 유체가 이동하면서 열이 이동한다.(밀도차 이용)

㉠ 자연대류

㉡ 강제대류

25 다음 보일러 청관제의 역할 중 거리가 가장 먼 것은?

① 관수의 pH 조정　　　　　　　② 관수의 취출
③ 관수의 탈산소작용　　　　　　④ 관수의 경도성분 연화

해 보일러 관수 취출(슬러지 발생 및 스케일 생성 방지)
　ㄱ 수면 취출(연속분출)
　ㄴ 수저 취출(간헐분출)

26 보일러 내부 청소 시 화학약품을 이용한 세관 중 산 세관에 이용되는 일반적인 염산의 농도는?

① 5~10%　　　② 11~15%　　　③ 16~20%　　　④ 21~25%

해 보일러 산 세관제 : 염산(농도는 5~10% 정도 사용)을 사용하여 스케일 제거

27 보일러의 내면부식 발생 원인으로 틀린 것은?

① 급수의 수질처리가 잘 되어 있지 않을 때
② 보일러수의 순환불량으로 국부적 과열을 일으킬 때
③ 연료에 유황성분이 많이 포함되어 있을 때
④ 보일러 휴지 중 보존법이 좋지 않을 때

해 유황$(S) + O_2 \rightarrow SO_2$(아황산가스)

$SO_2 + \dfrac{1}{2}O_2 \rightarrow SO_3$(무수황산)

$SO_3 + H_2O = H_2SO_4$(진한황산) = 보일러 연도 등 폐열회수장치의 외부 저온부식 발생

28 안지름 0.1m, 길이 100m인 파이프에 물이 흐르고 있다. 파이프의 마찰손실계수 0.015, 물의 평균속도가 10m/s일 때 나타나는 압력손실은?(단, 물의 비중량은 1,000kg/m³, 중력가속도는 9.8m/s²이다.)

① 약 5.65kg/cm²　② 약 6.65kg/cm²　③ 약 7.65kg/cm²　④ 약 8.65kg/cm²

해 압력손실 $= \rho \times \dfrac{L}{d} \times \dfrac{V^2}{2g}$

$$= 0.015 \times \frac{100}{0.1} \times \frac{(10)^2}{2 \times 9.8} \times 1,000 = 76,530 kg/m^2 = \frac{76,530 kg/m^2}{10,000 cm^2} = 7.65 kg/cm^2$$

※ 물1m³=1,000kg, 1m²=10,000cm²

29 보일러 내처리제로 사용되는 약제 중 주로 슬러지 조정에 이용되는 것은?

① 리그닌   ② 암모니아   ③ 수산화나트륨   ④ 탄산나트륨

해 슬러지 조정제(저압보일러용)

㉠ 리그린, ㉡ 전분, ㉢ 탄닌

30 열역학 제2법칙과 관계가 없는 것은?

① 열이동의 방향성   ② 제2종 영구기관
③ 엔트로피 증가   ④ 일과 에너지의 변환

해 (1) 열역학 제1법칙

㉠ 일의 열당량 : $\dfrac{1}{427}$ kcal/kg · m

㉡ 열의 일당량 : 427kg · m/kcal

열은 일로, 일은 열로 전환이 가능하다.

(2) 제2종 영구기관 : 열역학 제2법칙에 위배되는 법칙(입력과 출력이 같은 기관, 즉 열효율이 100%인 기관으로 제2법칙에 위배된다.)

31 다음의 베르누이 방정식에서 P/γ항은 무엇을 뜻하는가?(단, H : 전수두, P : 압력, γ : 비중량, V : 유속, g : 중력가속도, Z : 위치수두)

$$H = (P/\gamma) + (V^2/2g) + (Z)$$

① 압력수두   ② 속도수두   ③ 공압수두   ④ 유속수두

해 ㉠ P/γ : 압력수두, ㉡ $\dfrac{V^2}{2g}$: 속도수두, ㉢ Z : 위치수두

32 증기에 관한 기본적 성질을 설명한 것으로 옳은 것은?

① 순수한 물질은 한 개의 포화온도와 포화압력이 존재한다.
② 습증기 영역에서 건도는 항상 1보다 크다.
③ 증기가 갖는 열량은 10℃의 순수한 물을 기준하여 정해진다.
④ 대기압 상태에서 엔탈피의 변화량과 주고받은 열량의 변화량은 같다.

해 ㉠ 순수물질은 상태에 따라 포화온도와 포화압력이 달라진다.

㉡ 습증기구역 건도는 항상 1보다 작다.

㉢ 증기가 갖는 열량은 0℃의 물을 기준하여 정해진다.

33 표준대기압에 해당되지 않는 것은?

① 760mmHg　　　② 101,325N/m²　　　③ 10.3323mAq　　　④ 12.7psi

해설　표준대기압(1atm)
　　760mmHg, 101,325N/m² = 1.03323kg/cm² = 10.3323mAq = 14.7psi = 101.325kPa = 101,325Pa

34 플랜지 패킹에 대한 설명 중 틀린 것은?

① 플랜지에 패킹시트가 있는 경우에는 그 크기만큼 패킹을 사용한다.
② 플랜지에 패킹시트가 없는 경우에는 죔 볼트 구멍의 안쪽에 접하는 크기로 사용한다.
③ 소구경 플랜지는 죔 볼트 구멍의 피치원 지름에 접하는 크기로 사용한다.
④ 제조사에서 제공한 플랜지용 패킹재가 있는 경우에는 그대로 사용한다.

해설　①, ②, ④항은 플랜지 패킹(관의 해체, 교환용)의 구별이나 특징에 대한 설명이다.

35 내경 100mm의 파이프를 통해 10m/sec의 속도로 흐르는 물의 유량(m³/min)은 약 얼마인가?

① 2.6　　　② 3.5　　　③ 4.7　　　④ 5.4

해설　유량(Q) = 단면적×유속

단면적$(A) = \dfrac{\pi}{4}d^2 = \dfrac{3.14}{4}\times(0.1)^2 = $m²

$\therefore\ Q = \left\{\dfrac{3.14}{4}\times(0.1)^2\right\}\times 10 = 0.0785\text{m}^3/\text{s}$

1분당 유량값$(Q) = 0.0785\times60$초 $= 4.71\text{m}^3/\text{min}$

36 신설보일러의 플러싱(Flushing)이 끝난 후 유지의 제거를 주목적으로 행하는 것은?

① 산 세관　　　② 유기산 세관　　　③ 알칼리 세관　　　④ 워싱(Washing)

해설　㉠ 알칼리 세관은 플러싱(세정작업) 작업이 끝난 후 보일러수의 유지분 제거를 위해 실시하는 과정이다.
　　㉡ 알칼리 세관 약제 : 탄산소다, 가성소다, 인산소다, 암모니아 등

37 단위중량당 엔탈피(Enthalpy)가 가장 큰 것은?

① 과냉각액　　　② 과열증기　　　③ 포화증기　　　④ 습포화증기

해설 단위중량당 엔탈피 크기(kcal/kg)
과열증기 > 포화증기 > 습포화증기 > 과냉각액

38 보일러에서 연소 배기가스의 CO_2 성분을 측정하는 주된 이유는?

① 연소부하를 계산하기 위하여   ② 연료소비량을 알기 위하여

③ 연료의 구성 성분을 알기 위하여   ④ 공기비를 알기 위하여

해설 ㉠ 배기가스의 CO_2 성분측정은 공기비를 파악하기 위함이다.(공기비가 크면 배기가스 열손실 증가)

㉡ 공기비 = $\dfrac{실제공기량}{이론공기량}$ (1보다 크다.)

39 여러 가지 물리량에 대한 설명으로 틀린 것은?

① 밀도는 단위체적당의 중량이다.

② 비체적은 단위중량당의 체적이다.

③ 비중은 표준대기압에서 4℃ 물의 비중량에 대한 유체의 비중량의 비(比)이다.

④ 유체의 압축률은 압력 변화에 대한 체적 변화의 비(比)이다.

해설 ㉠ ①항은 비중량(kg/m^3)

㉡ 밀도는 단위체적당 질량(kg/m^3)

40 지구온난화 방지를 위해 발효된 교토의정서에서 배출을 제한하는 온실가스의 종류가 아닌 것은?

① NH_3 ② CO_2 ③ N_2O ④ CH_4

해설 ㉠ 암모니아(NH_3) : 냉매로서 냉동효과가 가장 크다.(독성이면서 가연성 가스이다.)

㉡ 온실가스 : CO_2, CH_4, 아산화질소(N_2O), 수소불화탄소(HFC_S), 과불화탄소(PFC_S), 육불화황(SF_6) 등

41 패킹재의 종류 중 합성수지제품으로 내열범위가 −260~260℃인 것은?

① 테프론   ② 아마존 패킹   ③ 네오프렌   ④ 몰드 패킹

해설 테프론 패킹재(플랜지 패킹)의 내열범위 : −260~260℃

42 가스용접 시 변형 방지를 목적으로 하는 조치로 적절하지 않은 것은?

① 가접을 한다.   ② 예열과 후열을 한다.

③ 구속을 한다.   ④ 전진법으로 용접한다.

해 ①, ②, ③항은 가스용접 시 변형방지법에 대한 설명이다.(전진법, 후진법은 용접방법이다.)

43 강관 벤더기에 관한 설명으로 틀린 것은?

① 램(Ram)식은 현장용으로 많이 쓰인다.

② 램(Ram)식은 관 속에 모래를 채우는 대신 심봉을 넣고 벤딩을 한다.

③ 공장에서 동일한 모양의 벤딩 제품을 다량 생산할 때 적합한 것은 로터리(Rotary)식이다.

④ 로터리(Rotary)식 사용 시에는 관의 단면 변형이 없고 강관, 스테인리스관, 동관도 벤딩 가능하다.

해 ㉠ 심봉이 필요한 강관 벤더기는 로터리식이다.(고정용)
㉡ 램식은 현장용(기계 벤딩)

44 스트레이너의 형상에 따른 3가지 분류에 해당되지 않는 것은?

① P형   ② U형

③ Y형   ④ V형

해 (1) 스트레이너(여과기)의 종류
    ㉠ Y형, ㉡ U형, ㉢ V형
(2) 배수트랩
    ㉠ S트랩, ㉡ P트랩, ㉢ U트랩

45 펌프, 압축기 등에서 발생하는 배관계 진동을 억제하는 데 사용하는 지지구는?

① 행거   ② 브레이스

③ 턴 버클   ④ 리스트레인트

해 브레이스(Brace) : 진동, 수격작용, 충격, 지진에서 진동현상을 제한하는 지지쇠
㉠ 방진기 : 진동방지용
㉡ 완충기 : 충격완화용

46 설치검사와 계속사용검사를 받는 검사대상기기는?

① 전열면적 30m²의 진공보일러

② 전열면적 9m²의 가스연소 관류보일러

③ 전열면적 9m²의 기름연소 관류보일러

④ 전열면적 30m²의 대기개방형보일러(무압보일러)

해 관류보일러

전열면적 5m² 초과용 가스사용보일러의 경우에는 제1종 관류보일러(검사대상기기)

47 가스절단장치에 관한 설명으로 가장 거리가 먼 것은?

① 독일식 절단 토치의 팁은 이심형이다.

② 프랑스식 절단 토치의 팁은 동심형이다.

③ 중압식 절단 토치는 아세틸렌가스 압력이 보통 0.07kgf/cm² 이하에서 사용된다.

④ 산소나 아세틸렌 용기 내의 압력이 고압이므로 그 조정을 위해 압력조정기가 필요하다.

해 중압식 토치(가스절단용)

압력 0.07~0.4kg/cm²의 것이 있다.(팁혼합식, 토치혼합식이 있다.)

48 파이프에 관한 설명으로 틀린 것은?

① 호칭경은 일정한 등분으로 나뉘어 있다.

② 관이음의 부품들도 호칭경으로 표시된다.

③ 호칭경이 없이 외경으로 관경을 표시한다.

④ 관이음의 부품들은 국제적으로 표준화되어 있다.

해 ㉠ 동관만 호칭 외경으로 관경 표시, ㉡ 강관은 호칭 내경으로 관경 표시

49 일정규모 이상의 에너지를 사용하는 에너지다소비업자는 에너지사용기자재 현황을 누구에게 신고해야 하는가?

① 대통령

② 산업통상자원부장관

③ 에너지사용시설지역 관할 시·도지사

④ 한국에너지공단 이사장

해 ㉠ 에너지다소비사업자의 에너지사용기자재 현황 : 매년 1월 31일까지 관할 시·도지사에게 신고하여야 한다.
(다만, 에너지다소비사업자의 신고접수권자는 한국에너지공단 이사장이다.)
㉡ 일정규모이상 : 연간 석유환산 2,000 티오이 이상 사용

50 다음 배관 중 스위블형 신축이음으로 가장 거리가 먼 것은?

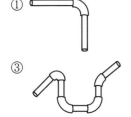

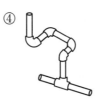

해설 ㉠ ①항은 관에 90° 엘보부속 사용

㉡ 스위블형 신축이음쇠는 엘보가 2개 이상 필요한 저압증기난방, 온수난방용으로 사용한다.

51 제조방법으로 수직법과 원심력법이 있으며, 내식성, 내구성이 좋아 수도용 급수관, 가스 공급관, 통신용 지하매설관 등에 사용되는 관은?

① 주철관   ② 고압배관용 탄소강관

③ 배관용 탄소강관   ④ 압력배관용 탄소강관

해설 주철관

제조는 수직법, 원심력법으로 하며 내식성, 내구성이 좋아 수도관, 가스공급관, 통신지하 매설관에 사용한다.

52 무기질 보온재 중 암면을 가공한 것으로 빌딩의 덕트, 천장, 마루 등의 단열재로 한쪽 면은 은박지 등을 부착하였으며, 사용온도가 600℃ 정도인 것은?

① 로코트(Rocoat)   ② 홈 매트(Home Met)

③ 블랭킷(Blanket)   ④ 하이울(High Wool)

해설 블랭킷

암면을 가공한 것으로 빌딩의 덕트, 천장, 마루 등의 단열재로 한쪽 면은 은박지 등을 부착하였으며 사용온도가 600℃ 정도

53 증기트랩의 점검방법으로 틀린 것은?

① 배출상태로 확인   ② 수작업으로 감지 확인

③ 초음파 탐지기를 이용하여 점검   ④ 사이트 글라스를 이용하여 점검

해설 증기트랩 점검은 증기트랩의 냉각, 가열상태로 파악하여야 하며 점검방법은 ①, ③, ④ 외 작동음의 판단점검용 청진기 오디폰으로도 가능하다.

54 산업통상자원부장관 또는 시·도지사가 소속 공무원 또는 한국에너지공단으로 하여금 검사하게 할 수 있는 사항이 아닌 것은?

① 에너지절약 전문기업이 수행한 사업에 관한 사항

② 효율관리시험기관의 지정을 위한 시험능력 확보 여부에 관한 사항

③ 에너지 다소비사업자의 에너지 사용량의 신고 이행 여부에 관한 사항

④ 에너지절약 전문기업의 경우 영업실적(연도별 계약 실적을 포함한다.)

해 (1) ①, ②, ③항은 공무원 또는 한국에너지공단으로 하여금 검사할 수 있게 하는 내용이다.

(2) 에너지절약 전문기업(ESCO) 등록 : 한국에너지공단 이사장에게 등록한다.

55 np관리도에서 시료군마다 시료 수(n)는 100이고, 시료군의 수(k)는 20, $\Sigma np = 77$이다. 이때 np관리도의 관리상한선(UCL)을 구하면 약 얼마인가?

① 8.94　　　　② 3.85　　　　③ 5.77　　　　④ 9.62

해 $UCL = \overline{C} 3\sqrt{\overline{C}}$

중심선$(\overline{C}) = \dfrac{\Sigma_C}{K} = \dfrac{77}{20} = 3.85$

$\therefore UCL = 3.85 + 3\sqrt{3.85} = 9.62$

56 그림의 OC곡선을 보고 가장 올바른 내용을 나타낸 것은?

① α : 소비자 위험

② L(P) : 로트가 합격할 확률

③ β : 생산자 위험

④ 부적합품률 : 0.03

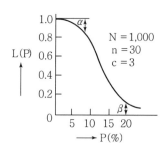

해 샘플링검사에서 불량률 P(%)인 로트가 검사에서 합격되는 확률을 L(P)라고 한다. 여기서 L(P)는 엘오브피(L of P)라고 읽는다.

㉠ N : 크기 N의 로트

㉡ n : 크기 n의 시료

㉢ 시료 중에 포함된 불량품의 수(x)가 합격판정 개수 C 이하이면 로트가 합격

57 미국의 마틴 마리에타사(Martin Marietta Corp.)에서 시작된 품질개선을 위한 동기부여 프로그램으로, 모든 작업자가 무결점을 목표로 설정하고, 처음부터 작업을 올바르게 수행함으로써 품질비용을 줄이기 위한 프로그램은 무엇인가?

① TPM 활동　　② 6시그마운동　　③ ZD운동　　④ ISO 9001 인증

해설 ZD운동

품질개선을 위한 동기부여 프로그램으로, 작업자가 무결점을 목표로 설정한다.(처음부터 작업을 올바르게 수행하여 품질비용을 줄이기 위한 프로그램)

58 다음 중 단속생산시스템과 비교한 연속생산시스템의 특징으로 옳은 것은?

① 단위당 생산원가가 낮다.　　② 다품종 소량생산에 적합하다.
③ 생산방식은 주문생산방식이다.　　④ 생산설비는 범용설비를 사용한다.

해설 단속생산이 아닌 연속생산시스템의 특징은 단위당 생산원가가 낮게 책정된다는 것이다.

59 일정 통제를 할 때 1일당 그 작업을 단축하는 데 소요되는 비용의 증가를 의미하는 것은?

① 정상소요시간(Normal Duration Time)
② 비용견적(Cost Estimation)
③ 비용구배(Cost Slope)
④ 총비용(Total Cost)

해설 비용구배

일정 통제를 할 때 1일당 그 작업을 단축하는 데 소요되는 비용의 증가를 의미한다.

60 MTM(Method Time Measurement)법에서 사용되는 1TMU(Time Measurement Unit)는 몇 시간인가?

① $\frac{1}{100,000}$ 시간　　② $\frac{1}{10,000}$ 시간

③ $\frac{6}{10,000}$ 시간　　④ $\frac{36}{1,000}$ 시간

해설 MTM법의 1TMU 시간= $\frac{1}{100,000}$ 시간을 의미한다.

1 자동제어의 종류 중 주어진 목표값과 조작된 결과의 제어량을 비교하여 그 차를 제거하기 위하여 출력 측의 신호를 입력 측으로 되돌려 제어하는 것은?

① 피드백 제어

② 시퀀스 제어

③ 인터록 제어

④ 캐스케이드 제어

해설 피드백 제어

목표값과 제어량을 비교하여 그 차를 제거하기 위하여 출력 측의 신호를 입력 측으로 되돌려 수정 동작이 가능한 제어

2 증기난방의 설명 중 틀린 것은?

① 단관중력환수식은 환수관이 별도로 없어서 방열기 상부에 공기빼기장치가 필요하다.

② 기계환수식은 응축수를 일단 급수탱크에 모아서 펌프를 사용하여 보일러로 급수한다.

③ 진공환수식은 방열기마다 공기빼기 장치가 필요하다.

④ 진공환수식은 대규모 설비에서 사용되며 방열량이 광범위하게 조절된다.

해설 진공환수식 증기난방은 진공도가 100~250mmHg라서 방열기 공기빼기는 필요 없고(방열기 공기빼기는 중력 환수식에 사용) 진공펌프를 이용하여 응축수를 환수시킨다.

3 관성력 집진장치의 형식 분류에 속하지 않는 것은?

① 포켓형

② 직관형

③ 곡관형

④ 루버형

해설 관성식 집진장치

포켓형, 곡관형, 루버형, 1단형(중력식), 멀티버플형 등

4 유압분무식 버너의 특성에 대한 설명으로 틀린 것은?

　① 유압펌프로 기름에 고압력(5~20kgf/cm²)을 주어서 버너팁에서 노 내로 분출하여 무화시킨다.

　② 분무각도는 설계에 따라 40~90° 정도의 넓은 각도로 할 수 있다.

　③ 유량은 유압의 평방근에 반비례한다.

　④ 무화매체인 공기나 증기가 필요 없다.

해 유압분무식 버너

유량은 유압(오일압력)의 평방근에 비례하여 분사된다.(구조는 간편하나 분무가 순조롭지 못하다.)

5 보일러의 연소실이나 연료에 따라 연소가스 폭발을 대비하여 설치하는 안전장치는?

　① 파괴판　　　　② 안전밸브　　　　③ 방폭문　　　　④ 가용전

해 노통보일러

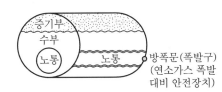

방폭문(폭발구)
(연소가스 폭발
대비 안전장치)

6 감압밸브의 설치 시 이점에 대한 설명으로 틀린 것은?

　① 증기를 감압시키면 잠열이 증가되므로 최대한의 열을 이용할 수 있다.

　② 포화증기는 일정한 온도를 가지므로 특정온도를 유지할 수 있다.

　③ 고압증기를 저압증기로 변화시키면 증기의 건도를 향상시킬 수 있다.

　④ 고압증기보다 저압증기를 공급하면 배관 관경을 작게 할 수 있으며 경제적이다.

해 저압증기의 경우 비체적(m^3/kg)이 커서 배관의 관경이 커야 한다.

7 어떤 보일러의 원심식 급수펌프가 2,500rpm으로 회전하여 200m³/h의 유량을 공급한다고 한다. 이 펌프를 1,500rpm으로 회전시키면 공급되는 유량은?

　① 100m³/h　　　② 120m³/h　　　③ 140m³/h　　　④ 160m³/h

해 유량은 회전수 증가에 비례한다.

$$\therefore\ 200 \times \left(\frac{1,500}{2,500}\right) = 120 m^3/h$$

8 보일러의 자연통풍력에 대한 설명으로 틀린 것은?

① 외기온도가 높으면 통풍력은 증가한다.

② 연돌의 높이가 높으면 통풍력은 증가한다.

③ 배기가스 온도가 높으면 통풍력은 증가한다.

④ 연돌의 단면적이 클수록 증가한다.

해 굴뚝에 의존한 자연통풍력은 외기온도가 낮을 때 증가한다.

9 증기보일러의 사용 전 준비사항으로 적절하지 않은 것은?

① 보일러 가동 전 압력계의 지침은 0점에 있어야 한다.

② 주 증기 밸브를 열어 놓은 후 보일러를 가동한다.

③ 원심식 펌프는 수동으로 회전시켜 이상 유무를 살펴본다.

④ 자동급수장치의 전원을 넣을 때 전류흐름의 지침이나 표시전등의 정상 유무를 확인한다.

해 보일러 사용 전에는 항상 주 증기 밸브는 닫고 운전 시 가동한다.
(증기가 설정 압력이 되면 주 증기 밸브를 개방시킨다.)

10 지역난방의 특징에 대한 설명으로 틀린 것은?

① 각 건물에 보일러를 설치하는 경우에 비해 건물의 유효면적이 증대된다.

② 각 건물에 보일러를 설치하는 경우에 비해 열효율이 좋아진다.

③ 설비의 고도화에 따라 도시매연이 감소된다.

④ 열매체로 증기보다 온수를 사용하는 것이 관 내 저항손실이 적으므로 주로 온수를 사용한다.

해 지역난방은 전기 생산에 의해 증기열매체를 사용한 후 온수로 만들어 난방수로 공급한다.(증기가 온수보다 관 내 저항손실이 적다.)

11 교축열량계는 무엇을 측정하는 것인가?

① 증기의 압력

② 증기의 온도

③ 증기의 건도

④ 증기의 유량

해 교축열량계
습포화증기의 증기건조도 측정계

Answer   8. ①   9. ②   10. ④   11. ③

12 액상식 열매체 보일러 및 온도 120℃ 이하의 온수 발생 보일러에 설치하는 방출밸브 지름은 몇 mm 이상으로 하는가?

① 5mm   ② 10mm   ③ 15mm   ④ 20mm

해설 액상식 열매체 보일러, 120℃ 이하 온수보일러의 방출밸브(릴리프 밸브) 안지름은 20mm 이상으로 한다.

13 개방식과 밀폐식 팽창탱크에 공통적으로 필요한 것은?

① 통기관   ② 압력계   ③ 팽창관   ④ 안전밸브

해설 개방식, 밀폐식 팽창탱크에 다같이 공통으로 팽창탱크 및 팽창관이 필요하다.
  • 통기관 : 개방식 팽창탱크용
  • 압력계·안전밸브 : 밀폐식 팽창탱크용

14 과열기(Super Heater)에 대한 설명으로 옳은 것은?

① 포화증기의 온도를 높이기 위한 장치이다.
② 포화증기의 압력과 온도를 높이기 위한 장치이다.
③ 급수를 가열하기 위한 장치이다.
④ 연소용 공기를 가열하기 위한 장치이다.

해설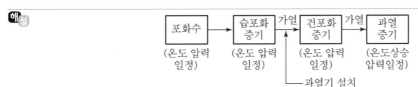

15 보일러 연료로서 중유가 석탄보다 좋은 점을 설명한 것으로 틀린 것은?

① 연소장치가 필요 없다.
② 단위중량당 발열량이 크다.
③ 운반과 저장이 편리하다.
④ 그을음이 적고 재의 처리가 간단하다.

해설 오일 중유, 석탄, 가스 모두 버너나 화실 등 연소장치가 필요하다.

16 보일러의 부속장치에서 수트블로어(Soot Blower)의 사용 시 주의사항으로 가장 거리가 먼 것은?

① 보일러의 부하가 60% 이상인 때는 사용하지 않는다.

② 소화 후에는 수트블로어 사용을 금지한다.

③ 분출 시에는 유인 통풍을 증가시킨다.

④ 분출 선에는 분출기 내부에 드레인을 제거시킨다.

해설 수트블로어(그을음 제거기)는 보일러 부하가 60% 이상일 때 사용한다.

17 다음 중 복사난방에서 방열관의 열전도율이 큰 순서대로 나열된 것은?

① 강관 > 폴리에틸렌관 > 동관

② 동관 > 폴리에틸렌관 > 강관

③ 동관 > 강관 > 폴리에틸렌관

④ 폴리에틸렌관 > 동관 > 강관

해설 열전도율이 큰 순서
동관 > 강관 > 폴리에틸렌관(PE관 : XL 파이프)

18 관류보일러(단관식)의 특징을 설명한 것으로 틀린 것은?

① 관로만으로 구성되어 기수드럼을 필요로 하지 않고 관을 자유로이 배치할 수 있다.

② 전열면적에 비해 보유수량이 많아 기동에서 소요증기 발생까지의 시간이 길다.

③ 부하변동에 의해 압력변동이 생기기 때문에 응답이 빠르고 급수량 및 연료량의 자동제어 장치가 필요하다.

④ 작고 가느다란 관 내에서 급수의 전부 또는 거의가 증발되기 때문에 제대로 처리된 급수를 사용해야 한다.

해설 관류보일러(수관식 보일러 일종)
전열면적은 크고 보유수량이 적어서 증기소요발생시간이 매우 짧고 급수처리가 매우 까다롭다.

19 집진장치의 종류 중 집진효율이 가장 높고, 0.05~20μm 정도의 미립자까지 집진이 가능한 장치는?

① 전기 집진장치

② 관성력 집진장치

③ 세정 집진장치

④ 원심력 집진장치

해설 전기식 집진장치(매연처리장치)
효율이 99.5% 정도로 매우 높고 미립자(0.05~20μm)까지 집진하여 처리가 가능하다.

20 복사난방의 특징에 대한 설명으로 틀린 것은?

① 방열기의 설치가 불필요하며 바닥 면의 이용도가 높다.

② 실내 평균온도가 높아 손실열량이 크다.

③ 건물 구조체에 매입배관을 하므로 시공 및 고장수리가 어렵다.

④ 예열시간이 많이 걸려 일시적 난방에는 부적당하다.

해설 복사난방은 실내평균온도가 균일하고 열 손실열량이 적다.(구조체 내부에 온수배관을 매설하여 난방한다.)

21 2장의 전열판을 일정한 간격을 둔 상태에서 시계의 태엽 모양으로 감아 나간 것으로 저유량에서 심한 난기류 등이 유발되는 곳에 사용하는 열교환기의 형식은?

① 플레이트식 열교환기   ② 2중관식 열교환기

③ 스파이럴형 열교환기   ④ 셸 앤 튜브식 열교환기

해설 스파이럴형 열교환기

2장의 전열판을 일정한 간격을 둔 상태로 시계의 태엽 모양으로 감아 나간 것으로 저유량에서 심한 난기류 등이 유발되는 곳에 사용하여 전열이 매우 효과적이다.

22 실제 증발량 4ton/h인 보일러의 효율이 85%이고, 급수 온도가 40℃, 발생증기 엔탈피가 650 kcal/kg이다. 이 보일러의 연료소비량은?(단, 연료의 저위발열량은 9,800kcal/kg이다.)

① 361kg/h   ② 293kg/h   ③ 250kg/h   ④ 395kg/h

해설 $85\% = \dfrac{4 \times 10^3 \times (650 - 40)}{G_f \times 9,800} \times 100(\%)$

연료소비량$(G_f) = \dfrac{4,000(650 - 40)}{0.85 \times 9,800} = 293$kg/h

23 건조공기 성분 중 산소와 질소의 용적비율로 가장 적절한 것은?(단, 공기는 산소와 질소로만 이루어진 것으로 가정한다.)

① 산소 21%, 질소 79%   ② 산소 30%, 질소 70%

③ 산소 11%, 질소 89%   ④ 산소 35%, 질소 65%

해설 건조공기 용적비

㉠ 산소 21%(중량비 : 23.2%)

㉡ 질소 79%(중량비 : 76.8%)

24 보일러의 연소실 내부에서 전열면으로 열이 전달되는 형태 중 가장 크게 작용하는 열전달 방식은?

① 전도   ② 대류

③ 복사   ④ 비등

해설 열전달

전도, 대류, 복사 중 복사열전달이 60% 이상이다.

25 다음 중 물때(Scale)가 부착됨으로써 보일러에 미치는 영향으로 가장 거리가 먼 것은?

① 포밍을 일으킨다.   ② 연료 손실을 일으킨다.

③ 관의 부식을 일으킨다.   ④ 국부 과열로 보일러의 동판을 손상시킨다.

해설 물때, 스케일, 그을음은 열의 전달을 방해하여 열손실을 일으키고 관의 부식, 국부과열 초래, 보일러 동판의 강도 저하를 유발한다.(포밍 : 유지분 등에 의한 거품현상)

26 보일러 급수 중의 용존 고형물을 처리하는 방법이 아닌 것은?

① 가성소다법   ② 석회소다법

③ 응집침강법   ④ 이온교환법

해설 모래, 자갈, 철분(고체협잡물) 처리는 응집법, 침강법, 여과법을 이용한다.

27 스테판-볼츠만의 법칙에 대한 설명으로 옳은 것은?

① 완전흑체 표면에서의 복사열 전달열은 절대온도의 4승에 비례한다.

② 완전흑체 표면에서의 복사열 전달열은 절대온도의 4승에 반비례한다.

③ 완전흑체 표면에서의 복사열 전달열은 절대온도의 2승에 비례한다.

④ 완전흑체 표면에서의 복사열 전달열은 절대온도에 반비례한다.

해설 스테판-볼츠만의 복사열전달(Q) (열의 전열)

$$Q = \varepsilon \cdot C_b \left[\left(\frac{\pi}{100} \right)^4 - \left(\frac{T_2}{100} \right)^4 \right] \text{kcal/h}$$

28 응축수 회수기는 고온의 응축수를 온도강하 없이 보일러에 급수할 수 있는 장치로서 압력계가 상승하며 동시에 배출구에서도 가압기체가 계속 나오는 이상 발생의 원인으로 틀린 것은?

① 디스크 밸브 내에 먼지가 끼어 기밀이 잘 되지 않는다.

② 장치 내부의 배기밸브에 먼지나 이물질이 끼어 있다.

③ 디스크 밸브가 불량이다.

④ 가압기체가 공급되지 않는다.

 응축수 회수기에서 가압기체가 계속 배출되고, 압력이 상승하는 등의 이상이 발생하는 원인은 ①, ②, ③항과 같다.

29 높이가 2m 되는 뚜껑이 없는 용기 안에 비중이 0.8인 기름이 가득 차 있다면 밑면의 압력은?(단, 물의 비중량은 1,000kgf/m³이다.)

① 1,600kgf/cm²   ② 16kgf/cm²   ③ 1.6kgf/cm²   ④ 0.16kgf/cm²

 물의 비중량은 1,000kg/m³, 비중 0.8=800kg/m³, H_2O 10m=1kg/cm²

$$\therefore \text{밑면의 압력}(P) = \frac{2}{10} \times \frac{800}{1,000} \times 1 = 0.16 \text{kg}_f/\text{cm}^2$$

30 보일러의 건조보존법에서 질소가스를 사용할 때 질소의 보존 압력은?

① 0.03MPa   ② 0.06MPa   ③ 0.12MPa   ④ 0.15MPa

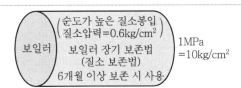

31 유체 속에 잠겨진 경사 평면벽에 작용하는 전압력에 대한 설명으로 옳은 것은?

① 경사진 각도에만 관계된다.

② 유체의 비중량과 단면적을 곱한 것과 같다.

③ 잠겨진 깊이와는 무관하다.

④ 벽면의 도심에서의 압력에 평면의 면적을 곱한 것과 같다.

 유체 속에 잠겨진 경사 평면벽의 전압력
벽면의 도심에서의 압력에 평면의 면적을 곱한 것과 같다.

32 고압 보일러에 사용되는 청관제 중 탈산소제로 사용되는 것은?

① 하이드라진
② 수산화나트륨
③ 탄산나트륨
④ 암모니아

해설 급수처리 탈산소재(용존(O_2) 산소 제거용)

아황산소다(저압 보일러용), 하이드라진(고압 보일러용)

33 배관 설비에 있어서 관경을 구할 때 사용하는 공식은?(단, V : 유속, Q : 유량, d : 관경)

① $d = \sqrt{\dfrac{\pi V}{4Q}}$

② $d = \sqrt{\dfrac{Q}{\pi V}}$

③ $d = \sqrt{\dfrac{4Q}{\pi V}}$

④ $d = \sqrt{\dfrac{VQ}{4\pi}}$

해설 배관의 구경(d) $= \sqrt{\dfrac{4 \times 유량}{3.14 \times 유속}}$

34 노통연관식 보일러에서 노통의 상부가 압궤되는 주된 요인은?

① 수처리불량
② 저수위차단불량
③ 연소실폭발
④ 과부하운전

해설

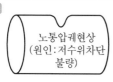

노통압궤현상
(원인 : 저수위차단
불량)

수관의 팽출현상
(고압의 차단
불량)

35 청관제의 작용에 해당되지 않는 것은?

① 관수의 탈산작용
② 기포 발생 촉진
③ 경도성분 연화
④ 관수의 pH 조정

해설 기포방지제(기포 발생 방지제)
㉠ 고급지방산 에스테르
㉡ 폴리아미드
㉢ 고급지방산 알코올
㉣ 프탈산 아미드

36 카르노사이클의 열효율 η, 공급열량 Q_1, 배출 열량을 Q_2라 할 때 옳은 관계식은?

① $\eta = 1 + \dfrac{Q_2}{Q_1}$ ② $\eta = 1 - \dfrac{Q_2}{Q_1}$ ③ $\eta = 1 - \dfrac{Q_1}{Q_2}$ ④ $\eta = \dfrac{Q_1 + Q_2}{Q_2}$

해설 ㉠ 카르노사이클 열효율$(\eta) = 1 - \dfrac{Q_2}{Q_1}$

     ㉡ 카르노사이클 : 등온팽창 → 단열팽창 → 등온압축 → 단열압축

     ㉢ 열효율이 가장 높은 이상 사이클이 카르노 사이클이다.

37 기체의 정압비열과 정적비열의 관계를 설명한 것으로 옳은 것은?

① 정압비열이 정적비열보다 항상 작다.

② 정압비열이 정적비열보다 항상 크다.

③ 정압비열과 정적비열은 항상 같다.

④ 비열비는 정압비열과 정적비열의 차를 나타낸다.

해설 ㉠ 기체의 비열비$(k) = \left(\dfrac{\text{정압비열}}{\text{정적비열}}\right) =$항상 1보다 크다.

     ㉡ 정압비열 > 정적비열

38 열관류의 단위로 옳은 것은?

① kcal/kg · h   ② kcal/kg · ℃   ③ kcal/m · ℃ · h   ④ kcal/m² · ℃ · h

해설 ㉠ 열관류율(k) 단위=kcal/m²h℃ = W/m² · ℃

     ㉡ ②항 : 비열의 단위

     ㉢ ③항 : 열전도율 단위

39 2MPa의 고압증기를 0.12MPa로 감압하여 사용하고자 한다. 감압밸브 입구에서의 건도가 0.9라고 할 때 감압 후의 건도는?(단, 감압과정을 교축과정으로 본다. 압력에 따른 비엔탈피는 다음과 같다.)

압력(MPa)	포화수의 비엔탈피(kJ/kg)	포화증기의 비엔탈피(kJ/kg)
0.12	439.362	2,683.4
2	908.588	2,797.2

① 0.65   ② 0.79   ③ 0.83   ④ 0.97

Answer   36. ②   37. ②   38. ④   39. ④

해설 ㉠ 0.12MPa 잠열 = 2,683.4 - 439.362 = 2,244.038kJ/kg

㉡ 2MPa 잠열 = 2,797.2 - 908.588 = 1,888.612kJ/kg

㉢ 2MPa의 증기 습포화엔탈피 = 908.588 + 1,888.612 × 0.9 = 2,608.3388kJ/kg당,

잠열 = 2,608.3388 - 439.362 = 2,168.9768kJ/kg

∴ 감압 후의 건도 = $\frac{2,168.9768}{2,244.038}$ = 0.97

40 보일러 내부 부식의 주요 원인으로 볼 수 없는 것은?

① 급수 중에 유지류, 산류, 탄산가스, 염류 등의 불순물을 함유하는 경우

② 일반 전기배선에서의 누전으로 인하여 전류가 장시간 흐르는 경우

③ 연소가스 속의 부식성 가스에 의한 경우

④ 강재의 수축 표면에 녹이 생겨서 국부적으로 전위차가 발생하여 전류가 흐르는 경우

해설 연소가스는 절탄기, 공기예열기 등을 거쳐서 배기되므로(온도가 높은 쪽인 과열기, 재열기에서는 고온부식) 배기 온도가 낮아져서 저온부식, 즉 외부부식을 초래한다.

41 강관 이음 시 사용하는 패킹에 대한 설명으로 틀린 것은?

① 나사용 패킹으로 광명단을 섞은 페인트를 사용하기도 한다.

② 플랜지 패킹으로 석면 조인트 시트는 내열성이 나쁘다.

③ 테프론 테이프는 탄성이 부족하다.

④ 액화합성수지는 화학약품에 강하며 내유성이 크다.

해설 석면조인트(플랜지 패킹)

섬유가 가늘고 강한 광물질로 된 패킹이다. 450℃까지 사용이 가능한 고온용이다. 증기·온수, 고온의 기름배관에 적합하다. 내열온도가 크며 광물성 섬유류이다.

42 응축수의 부력을 이용해 밸브를 개폐하여 간헐적으로 응축수를 배출하는 증기트랩은?

① 벨로스 트랩　　　　　　　② 디스크 트랩

③ 오리피스 트랩　　　　　　④ 버킷 트랩

해설 버킷 트랩(기계식)

응축수의 부력을 이용해 밸브를 개폐하여 간헐적으로 응축수를 배출한다.(프리플로트식과 레버식이 있다.)

43 전기저항 용접의 종류가 아닌 것은?

① 스폿 용접   ② 버트 심 용접

③ 심(Seam) 용접   ④ 서브머지드 용접

해설 서브머지드 용접

특수용접이며 일명 잠호용접이라고 한다. 용접봉보다 먼저 용제를 용접부에 쌓고 그 속에서 아크를 발생시켜 용접하는 방법으로, 주로 일반용접, 선박, 강관, 압력탱크, 차량에 이용한다.

44 스테인리스강의 내식성과 가장 관계가 깊은 것은?

① 철(Fe)   ② 크롬(Cr)   ③ 알루미늄(Al)   ④ 구리(Cu)

해설 스테인리스강은 철과 크롬이 결합된 합금강으로 보일러 열교환기용 스테인리스강관(STS×TB)으로 사용하기도 한다.(크롬이 12~20% 함유)

㉠ 이음새 없는 관, 용접관이 있다.

㉡ 고도의 내식성, 내열성이 있다.

㉢ 화학공장, 실험실, 연구실 등 다방면에 사용된다.

45 부정형 내화물이 아닌 것은?

① 캐스터블 내화물   ② 포스테라이트 내화물

③ 플라스틱 내화물   ④ 래밍 내화물

해설 포스테라이트 내화물(염기성 내화물)

㉠ 내화도, SK 36 이상(1,790℃ 이상)

㉡ 용도 : 제강로, 비철금속 용해도

㉢ 소화성이 없다.

㉣ 열전도율이 낮다.

㉤ 내스폴링성이 있다.

46 배관설계도의 치수 기입법에 대한 설명 중 옳은 것은?

① TOP, BOP 표시와 같은 목적으로 사용되면 관의 아랫면을 기준으로 표시한다.

② BOP 표시는 지름이 다른 관의 높이를 나타내며 관 외경의 중심까지를 기준으로 표시한다.

③ GL 표시는 포장이 안 된 바닥을 기준으로 하여 배관장치의 높이를 표시한다.

④ EL 표시는 배관의 높이를 관의 중심을 기준으로 표시한다.

해설 ㉠ BOP : 지름이 다른 관의 높이를 나타낼 때 적용, 관 외경의 아랫면 기준
ㄴ TOP : 관의 윗면을 기준으로 한다.
ㄷ GL : 포장된 지표면을 기준으로 한다.

47 배관의 중량을 밑에서 받쳐 주는 장치로서 배관의 축 방향이 이동을 자유롭게 하기 위해 배관을 지지하는 것은?

① 리지드 행거(Rigid Hanger)
② 콘스탄트 행거(Constant Hanger)
③ 앵커(Anchor)
④ 롤러 서포트(Roller Support)

해설 롤러 서포트
배관의 중량을 아래에서 위로 받쳐 주는 배관 지지쇠이다. 관을 지지하면서 신축을 자유롭게 하는 것으로 롤러가 관을 받치고 있다.

48 사용하는 재료의 안전율에 대하여 고려해야 할 요소로 가장 거리가 먼 것은?

① 사용하는 장소
② 가공의 정확성
③ 사용자의 연령
④ 발생하는 응력의 종류

해설 사용자의 연령은 사용하는 재료의 안전성과 관련이 없다.

49 동관용 공구에 대한 설명 중 틀린 것은?

① 튜브 벤더(Tube Bender) : 관을 구부리는 공구
② 사이징 툴(Sizing Tool) : 관경을 원형으로 정형하는 공구
③ 플레어링 툴 세트(Flaring Tool Sets) : 동관의 관 끝을 오무림하는 압축접합 공구
④ 익스팬더(Expander) : 동관 끝의 확관용 공구

해설 플레어링 툴 세트
20mm 이하의 동관의 압축, 접합에 사용하는 공구

50 동관의 분류 중 사용된 소재에 따른 분류가 아닌 것은?

① 인 탈산 동관
② 타프피치 동관
③ 무산소 동관
④ 반경질 동관

해 (1) 동관의 두께별 분류

　　㉠ K타입 > ㉡ L타입 > ㉢ M타입 > ㉣ N타입

(2) 동관의 질별 분류

　　㉠ 연질(O)　　　　㉡ 반경질$\left(\frac{1}{2}H\right)$

　　㉢ 반연질(OL)　　㉣ 경질(H)

51 증기와 응축수의 열역학적 특성값에 의해 작동하는 트랩은?

① 플로트 트랩　　② 버킷 트랩　　③ 디스크 트랩　　④ 바이메탈 트랩

해 (1) 열역학적 특성값에 의한 증기트랩(스팀 몇)

　　㉠ 디스크식

　　㉡ 오리피스식

(2) ①, ②항 트랩(기계적 트랩), ④항 트랩(온도조절식 트랩)

52 에너지사용량이 기준량 이상인 에너지다소비 사업자가 시·도지사에 신고해야 하는 사항으로 틀린 것은?

① 전년도의 분기별 에너지 사용량·제품생산량

② 해당 연도의 분기별 에너지사용예정량·제품생산예정량

③ 해당 연도의 에너지이용합리화 실적 및 전년도의 계획

④ 에너지다소비 사업자 신고사항(연간 석유환산 2000티오이 이상 사용자) 중 에너지사용기자재의 현황

해 ③항에서는 전년도의 에너지이용합리화 실적 및 해당 연도의 계획을 신고하여야 한다.

53 에너지이용합리화법의 에너지저장시설의 보유 또는 저장의무의 부과 시 정당한 이유 없이 이를 거부하거나 이행하지 아니한 자에 대한 벌칙은?

① 1년 이하의 징역 또는 1천만 원 이하의 벌금에 처한다.

② 2년 이하의 징역 또는 2천만 원 이하의 벌금에 처한다.

③ 3년 이하의 징역 또는 3천만 원 이하의 벌금에 처한다.

④ 500만 원 이하의 벌금에 처한다.

해 에너지저장시설 보유, 저장의무 부과 거부 시는 에너지이용합리화법규 제72조 제1항에 의거하여 2년 이하의 징역 또는 2천만 원 이하의 벌금에 처한다.

54 저압 증기보일러에서 보일러수가 환수관으로 역류하거나 누출하는 것을 방지하기 위하여 설치하는 배관방식은?

① 리프트 피팅법 ② 하트포드 접속법
③ 에어 루프 배관 ④ 바이패스 배관

해설 주철제 저압 증기보일러에서 보일러수가 환수관으로 역류 또는 누출하는 것을 방지하기 위하여 하드포드 접속법(균형관 접속법)을 취한다.

55 200개 들이 상자가 15개 있을 때 각 상자로부터 제품을 랜덤하게 10개씩 샘플링할 경우, 이러한 샘플링 방법을 무엇이라 하는가?

① 층별 샘플링 ② 계통 샘플링
③ 취락 샘플링 ④ 2단계 샘플링

해설 층별 샘플링
모집단을 몇 개의 층으로 나누고 각 층으로부터 각각 랜덤(무작위)하게 시료를 뽑는 샘플링 방법이다.

56 생산보전(PM ; Productive Maintenance)의 내용에 속하지 않는 것은?

① 보전예방 ② 안전보전 ③ 예방보전 ④ 개량보전

해설 생산보전
㉠ 보전예방(MP)
㉡ 예방보전(PM)
㉢ 개량보전(CM)
㉣ 사후보전(BM)

57 모든 작업을 기본동작으로 분해하고, 각 기본동작에 대하여 성질과 조건에 따라 미리 정해놓은 시간치를 적용하여 정미시간을 산정하는 방법은?

① PTS법 ② Work Sampling법
③ 스톱워치법 ④ 실적자료법

해설 작업측정(PTS)법
㉠ MTM(작업을 몇 개의 기본동작으로 분석하여 기본동작 간의 관계나 그것에 필요로 하는 시간치를 밝히는 것)
㉡ WF(표준시간 설정을 위해 정밀계측시계를 이용하여 극소동작에 대한 상세데이터를 분석한 결과를 기초적인 동작시간 공식을 작성하여 분석하는 것)

58 품질 특성을 나타내는 데이터 중 계수치 데이터에 속하는 것은?

① 무게   ② 길이   ③ 인장강도   ④ 부적합품률

 계수치 관리도

㉠ nP(불량개수)

㉡ P(불량률)

㉢ C(결점수)

㉣ V(단위당 결점수)

59 관리도에서 측정한 값을 차례로 타점했을 때 점이 순차적으로 상승하거나 하강하는 것을 무엇이라 하는가?

① 연(Run)   ② 주기(Cycle)   ③ 경향(Trend)   ④ 산포(Dispersion)

㉠ 경향 : 관리도에서 측정한 값을 차례로 타점하였을 때 점이 순차적으로 상승 또는 하강하는 것

㉡ 관리도

ⓐ 계량치 관리도($\widetilde{X}$-R, X, X-R, R)

ⓑ 계수치 관리도(nP, P, C, U)

60 어떤 공장에서 작업을 하는 데 있어서 소요되는 기간과 비용이 다음 표와 같을 때 비용구배는?
(단, 활동시간의 단위는 일(日)로 계산한다.)

정상작업		특급작업	
기간	비용	기간	비용
15일	150만 원	10일	200만 원

① 50,000원   ② 100,000원   ③ 200,000원   ④ 500,000원

비용구배 $= \dfrac{특급비용-정상비용}{정상시간-특급시간} = \dfrac{200-150}{15-10} = 10만원$

∴ 100,000원/일일당

과년도출제문제

2015. 7. 19.

1 연소장치에 대한 설명으로 틀린 것은?

① 윈드박스는 공기흐름을 적절히 유지하며 동압을 정압상태로 바꾸어 착화나 화염을 안정시키는 장치이다.

② 컴버스터(Combustor)는 저온의 노에서도 연소를 안정시켜 분출흐름의 모양을 안정시킨 장치이다.

③ 유류버너의 고압기류식 버너는 연료 자체의 압력에 의해 노즐에서 고속으로 분출시켜 미립화시키는 버너이다.

④ 유류버너에서 비환류형 버너는 연소량이 감소하는 경우에는 와류실의 선회력이 감소하여 분무특성이 나빠지는 결점이 있다.

해설 ③ 고압기류식(공기, 증기압력 이용)이 아닌 유압분사식버너의 설명이다.(압력분무식 버너)

2 보일러 연료의 연소형태 중 버너연소가 아닌 것은?

① 기름연소   ② 수분식 연소

③ 가스연소   ④ 미분탄연소

해설 수분식, 기계식(스토커식) 연소장치
석탄 등 고체연료의 화격자 연소형태이다.

3 화염의 전기전도성을 이용한 검출기로 화염 중 가스는 고온이고, 도전식과 정류식이 있는 화염검출기는?

① 플레임 로드   ② 스택 스위치

③ 플레임 아이   ④ 센터 파이어

해설 플레임 로드(화염검출기)
화염의 전기전도성을 이용한 검출기이다.(종류 : 도전식, 정류식)

4 지역난방 서브 – 스테이션(Sub – Station) 시스템의 중계 방식으로 가장 거리가 먼 것은?

① 직접방식   ② 간접방식

③ 브리드 인 방식   ④ 열 교환기 방식

해설 지역난방 서브 – 스테이션(지역난방 분류방식)은 ①, ③, ④항을 선택한다.

5 기수분리기를 설치하는 목적으로 가장 적절한 것은?

① 폐증기를 회수, 재사용하기 위해서

② 발생된 증기 속에 남은 물방울을 제거하기 위해서

③ 보일러에 녹아 있는 불순물을 제거하기 위해서

④ 과열증기의 순환을 되도록 빨리 하기 위해서

해설 기수분리기(수관식용)
발생된 증기 속에 혼입된 물방울을 제거하여 건조증기를 공급한다.

6 보일러의 증기난방시공에 대한 설명으로 틀린 것은?

① 온수의 온도 상승으로 인한 체적 팽창에 의한 보일러의 파손을 방지하기 위한 팽창 탱크를 설치한다.

② 진공 환수방식에서 방열기의 설치위치가 보일러보다 아래쪽에 설치된 경우 적용되는 이음방식을 리프트 피팅이라 한다.

③ 증기관과 환수관을 연결한 밸런스 관을 설치하며 안전 저수위면 위쪽으로 환수관을 설치하는 배관방식은 하트포드 접속법이다.

④ 증기 공급관의 관말부의 최종 분기 이후에서 트랩에 이르는 배관은 여분의 증기가 충분히 냉각되어 응축수가 될 수 있도록 보온 피복을 하지 않은 나관 상태로 1.5m 이상의 냉각래그를 설치한다.

해설 ①항은 온수난방시공에 필요한 설비이다.

7 중유 연소장치에서 급유펌프로 가장 적당한 것은?

① 워싱톤 펌프   ② 기어 펌프   ③ 플런저 펌프   ④ 웨어 펌프

해설 오일중유펌프(회전식 펌프 사용)
기어식 펌프

8 분젠버너의 가스유속을 빠르게 했을 때 불꽃이 짧아지는 이유로 옳은 것은?

① 유속이 빨라서 연소하지 못하기 때문이다.
② 층류현상이 생기기 때문이다.
③ 난류현상으로 연소가 빨라지기 때문이다.
④ 가스와 공기의 혼합이 잘 안 되기 때문이다.

해설 분젠버너의 가스유속이 빨라지면 난류현상으로 불꽃이 짧아지고 연소속도가 증가한다.

9 스팀트랩 중 기계식 트랩으로서 증기와 응축수 사이의 부력 차이에 의해 작동되는 타입으로 에어벤트가 내장되어 불필요한 공기를 제거하도록 되어 있으며 응축수가 생성되는 것과 거의 동시에 배출시키는 트랩은?

① 플로트식 증기트랩
② 서모다이내믹 증기트랩
③ 온도조절식 증기트랩
④ 버켓트식 증기트랩

해설 기계식 스팀트랩
　㉠ 바이메탈식(상향식, 하향식)
　㉡ 플로트식 부자형(프리식, 레버식)

10 실제 증발량 1,400kg/h, 급수온도 40℃, 전열면적 50m²인 연관식 보일러의 전열면 환산 증발률은?(단, 발생 증기 엔탈피는 659.7kcal/kg이다.)

① 68kg/m²·h
② 56kg/m²·h
③ 47kg/m²·h
④ 32kg/m²·h

해설 전열면의 환산증발률(상당증발률)$= \dfrac{\text{환산증발량}}{\text{전열면적}} = \dfrac{(659.7-40)1,400}{539\times 50} = 32\text{kg/m}^2\text{h}$

11 보일러의 매연을 털어내는 매연분출장치가 아닌 것은?

① 롱레트랙터블형
② 쇼트레트랙터블형
③ 정치 회전형
④ 튜브형

해설 그을음 매연분출집진장치는 ①, ②, ③항을 채택한다.

12 보일러의 자동제어에서 제어동작과 관계가 없는 것은?

① 비례동작
② 적분동작
③ 연결동작
④ 온·오프동작

 자동 제어동작

㉠ 불연속 동작(④항)
㉡ 연속 동작(①, ②항 외 미분동작, PID 동작 등)

13 보일러 용량 표시방법으로 틀린 것은?

① 정격출력
② 상당 증발량
③ 보일러 마력
④ 과열기 면적

 보일러 용량 표시 종류

㉠ 상당 증발량(kg/h)
㉡ 정격출력(kcal/h)
㉢ 상당 방열면적(EDR)
㉣ 전열면적(m^2)
㉤ 보일러 마력

14 온도조절식 증기트랩의 종류가 아닌 것은?

① 벨로스식
② 바이메탈식
③ 다이어프램식
④ 버켓식

 기계식 증기트랩(비중차 이용)

㉠ 버켓식
㉡ 플로트식

15 일반적인 연소에 있어서 이론공기량이 A_0, 실제공기량이 A일 때, 공기비 m을 구하는 식은?

① $m = (A_0/A) - 1$
② $m = (A_0/A) + 1$
③ $m = A_0/A$
④ $m = A/A_0$

 ㉠ 공기비$(m) = \dfrac{\text{실제공기량}(A)}{\text{이론공기량}(A_0)}$ ㉡ 실제공기량 = 이론공기량 × 공기비

㉢ 과잉공기량 = 실제공기량 - 이론공기량 ㉣ 이론공기량(최소의 공기량) = $\dfrac{\text{실제공기량}}{\text{공기비}}$

16 복사난방에 대한 설명으로 틀린 것은?

① 환기에 의한 손실열량이 비교적 많다.

② 실내 평균온도가 낮기 때문에 같은 방열량에 대해서 손실열량이 적다.

③ 실내공기의 대류가 적기 때문에 공기 유동에 의한 먼지가 적다.

④ 난방배관의 시공이나 수리가 어렵고 설치비가 비싸다.

해설 복사난방(거실이나 방바닥 속 온수 패널난방)은 실내 평균온도가 양호하고 환기에 의한 손실열이 비교적 적다.

17 기수분리기의 종류가 아닌 것은?

① 백 필터식   ② 스크린식

③ 배플식   ④ 사이클론식

해설 ㉠ 백 필터식, 전기식, 중력식, 습식 등은 매연 집진장치이다.
㉡ 기수분리기, 비수방지관 : 물방울 제거, 증기의 건도 증가

18 어떤 원심 펌프가 1,800rpm에 전양정 100m, 0.2m³/s의 유량을 방출할 때 축동력은 300ps이다. 이 펌프와 상사로서 치수가 2배이고 회전수는 1,500rpm으로 운전할 때 축동력을 구하면?

① 16,589ps   ② 17,589ps   ③ 18,589ps   ④ 19,589ps

19 과열기를 전열방식에 의한 분류와 열 가스 흐름 방향에 의한 분류로 나눌 때 열 가스 흐름 방향에 의한 분류에 따른 종류가 아닌 것은?

① 병류형   ② 향류형   ③ 복사접촉형   ④ 혼류형

해설 수관식보일러(2동 D형) 대용량 보일러

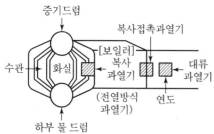

※ 과열기 종류
㉠ 복사과열기
㉡ 복사접촉형과열기
㉢ 접촉(대류)형과열기

20 아래의 식을 이용하여 보일러 용량 계산 시 다음 중 옳은 것은?(단, H_1은 난방부하를 나타낸다.)

$$K = (H_1 + H_2)(1 + \partial)\beta / R$$

① ∂ : 발열량　　　　　　　　　② H_2 : 예열부하

③ β : 여력계수　　　　　　　　　④ R : 출력상승계수

해설 ∂ : 배관부하

H_2 : 급탕온수부하

R : 출력저하계수

K : 보일러용량(kcal/h)

β : 여력계수(보일러예열부하)

21 증기난방에 대한 설명으로 옳은 것은?

① 증기를 공급하여 증기의 전열을 이용하여 가열하므로 에너지비용이 적게 든다.

② 증기난방에서는 응축수의 열도 이용하므로 응축수를 회수하지 않아도 된다.

③ 중력환수식 증기난방에서 응축수를 회수할 때는 응축수 탱크가 방열기보다 높은 위치에 있다.

④ 응축수환수법에는 중력환수식, 기계환수식 및 진공환수식 등이 있다.

해설 ㉠ 증기 열 : 잠열을 이용한다.

㉡ 응축수 회수 : 열효율 증가(수격작용방지)

㉢ 중력환수식 : 응축수 탱크 설치위치가 방열기보다 낮게 한다.

22 보일러의 통풍장치 방식에서 흡입통풍 방식에 관한 설명으로 옳은 것은?

① 노 앞과 연돌 하부에 송풍기를 설치하여 노 내압을 대기압보다 약간 낮은 압력으로 유지시키는 방식이다.

② 연도에서 연소가스와 외부공기와의 밀도 차에 의해서 생기는 압력차를 이용한 방식이다.

③ 연도의 끝이나 연돌하부에 송풍기를 설치하여 연소가스를 빨아내는 방식이다.

④ 노 입구에 압입송풍기를 설치하여 연소용 공기를 밀어 넣는 방식이다.

해설 ①항 평형통풍

②항 자연통풍

④항 압입통풍

23 보일러 집진방법 중 함진가스에 선회운동을 주어 분진입자에 작용하는 원심력에 의하여 입자를 분리하는 것은?

① 중력하강법
② 관성법
③ 사이클론법
④ 원통여과법

해 사이클론식 집진장치(원심력식)
함진가스에 선회운동을 주어서 분진을 제거시킨다.

24 신설 보일러에서 소다 끓이기(Soda Boiling)는 주로 어떤 성분을 제거하기 위하여 하는가?

① 스케일
② 고형물
③ 소석회
④ 유지

해 소다 끓이기(소다 보링) 목적
신설 보일러 내부의 유지분 제거(수산화나트륨($NaOH$) 사용)

25 50℃의 물 2kg을 대기압 하에서 100℃ 증기 2kg으로 만들려면 필요한 열량은?(단, 전열효율은 100%이다.)

① 약 100kcal
② 약 579kcal
③ 약 1,178kcal
④ 약 1,567kcal

해 ㉠ 물의 현열$=2kg \times 1kcal/kg℃ \times (100-50)℃ = 100kcal$
㉡ 물의 증발열(539kcal/kg)
  $2 \times 539 = 1,078kcal$
  소요열량$(Q) = 100 + 1,078 = 1,178kcal$

26 관류보일러의 발생증기압력 측정위치로 적절한 곳은?

① 증기헤더 입구
② 기수분리기 최종출구
③ 기수분리기 입구
④ 증기헤더 최종출구

해 관류보일러(수관식 보일러) 발생증기압력 측정위치
기수분리기(건조증기취출용 송기장치) 최종출구 지점

27 대기압이 750mmHg일 때, 탱크 내의 압력게이지가 9.5kgf/cm²를 지침하였다면, 탱크 내의 절대 압력은?

① 9.52kgf/cm²
② 13.02kgf/cm²
③ 10.52kgf/cm²
④ 11.58kgf/cm²

해 절대압력(abs) = 게이지압력 + 대기압력

대기압력(atm) $= 1.033 \times \dfrac{750}{760} = 1.019 \text{kgf/cm}^2$

∴ abs $= 9.5 + 1.019 = 10.52 \text{kgf/cm}^2$

28 가역 단열변화에서 단열방정식으로 옳은 것은?(단, T=온도, P=압력, V=체적, k=비열비 이다.)

① $T \cdot V^k = C$
② $P \cdot V^k = C$
③ $P \cdot V^{k-1} = C$
④ $P \cdot V = C$

해 $K(\text{비열비}) = \dfrac{\text{정압비열}}{\text{정적비열}}$ (항상 1보다 크다.)

가역 단열변화 $PV^k = C$

$\dfrac{T_2}{T_1} = \left(\dfrac{V_1}{V_2}\right)^{k-1} = \left(\dfrac{P_2}{P_1}\right)^{\frac{k-1}{k}}$

※ $PV = C$(등온변화)

29 뉴턴(Newton)의 점성법칙과 가장 밀접한 관계가 있는 것은?

① 전단응력, 점성계수
② 압력, 점성계수
③ 전단응력, 압력
④ 동점성계수, 온도

해 뉴턴의 점성법칙
유체 내에서 발생하는 전단응력은 점성계수(μ)와 유체의 속도구배(각 변형속도)에 비례한다.

전단응력(τ) $= \mu \cdot \left(\dfrac{du}{dy}\right) = $ 점성계수×속도구배

포이즈$(1P) = 100C_P$

30 보일러에서 열의 전달방법 중 대류에 의한 열전달에 관한 설명으로 틀린 것은?

    ① 온도가 다른 고체와 유체가 서로 접촉하고 있을 때 유체의 유동이 생기면서 열이 이동하는 현상을 말한다.

    ② 대류 열전달을 나타내는 기본법칙은 뉴턴의 냉각법칙이다.

    ③ 전자파의 형태로 한 물체에서 다른 물체로 열이 전달되는 현상을 말한디.

    ④ 대류 열전달계수의 단위는 $kcal/m^2 \cdot h \cdot \mathrm{℃}$이다.

> **해설** ③항은 복사열의 전달이다.
>
> $$복사열(Q) = \varepsilon \cdot C_b \left[\left(\frac{T_1}{100} \right)^4 - \left(\frac{T_2}{100} \right)^4 \right] F \, kcal/h$$

31 보일러 동체 내부에 점식을 일으키는 주요 요인은?

    ① 급수 중에 포함된 탄산칼슘   ② 급수 중에 포함된 인산칼슘

    ③ 급수 중에 포함된 황산칼슘   ④ 급수 중에 포함된 용존산소

> **해설** 점식발생원인
>
> 급수 중의 용존산소가 원인(Pitting 부식)이 되며 Fe^{2+} + OH^-와 결합 = $Fe(OH)_2$ 침전으로 점식이 진행된다.
> ㉠ 방지법 : 용존산소 제거, 아연판 매달기, 보호피막(그래파이트), 약한 전류 통전 등

32 상온에서 중성인 물의 pH 값은?

    ① pH>7   ② pH<7   ③ pH=7   ④ pH<5

> **해설** ①항 알칼리
> ②항 약산성
> ④항 강산성

33 연도에서 폭발이 발생했을 때 그 원인을 조사하기 위해서 가장 먼저 조치할 사항으로 적절한 것은?

    ① 급수펌프를 중지한다.   ② 주 증기밸브를 차단한다.

    ③ 연료밸브를 차단한다.   ④ 송풍기 가동을 중지한다.

> **해설** ㉠ 연도의 가스폭발 응급처치 : 연료밸브 차단(보일러운전중지)
> ㉡ 순서 : ③ → ④ → ① → ②

34 물의 임계온도는?

① 374.15℃   ② 225.56℃   ③ 157.5℃   ④ 132.4℃

해설 물의 임계점
　　㉠ 임계온도 : 374.15℃(647.15K)
　　㉡ 임계압력 : 225.65kgf/cm²a

35 관로 속 물의 흐름에 관한 설명으로 틀린 것은?(단, 정상흐름으로 가정한다.)

① 관경이 작은 관에서 큰 관으로 물이 흐를 때 유량은 많아진다.

② 마찰손실을 무시할 때 물이 가지는 위치수두, 압력수두, 속도수두를 합한 값은 어느 곳에서나 일정하다.

③ 관내 유수를 급히 정지시키거나 탱크 내에 정지하고 있던 물을 갑자기 흐르게 하면 수격작용이 발생한다.

④ 관내 유수는 레이놀즈수에 따라 층류와 난류로 구분된다.

해설 ㉠ 관경이 작으면 압력감소, 유속증가
　　㉡ 유량 = 유속(m/s) × 단면적(m²) = m³/s
　　㉢ 관경이 크면 압력증가, 유속감소

36 보일러 가성취화 현상의 특징으로 틀린 것은?

① 극히 미세한 불규칙적인 방사상 형태를 하고 있다.

② 고압보일러에서 보일러수의 알칼리 농도가 높은 경우에도 발생한다.

③ 수면 아래의 리벳부에서도 발생한다.

④ 관 구멍 등 응력이 분산하는 곳의 틈이 적은 곳에서 발생한다.

해설 가성취화
농알칼리가 원인이다.
　　㉠ 반드시 수면 이하에서 발생
　　㉡ 리벳과 리벳 사이에서 발생
　　㉢ 인장응력을 받는 이음부에서 발생

37 보일러 관수의 탈산소제가 아닌 것은?

① 아황산나트륨   ② 암모니아   ③ 탄닌   ④ 하이드라진

Answer　　34. ①　35. ①　36. ④　37. ②

해설 탈산소제(점식방지용)는 ①, ③, ④항이다.
　　㉠ 아황산나트륨(Na_2SO_3) : 저압보일러용
　　㉡ 하이드라진(N_2H_4) : 고압보일러용

38 액체 속에 잠겨 있는 곡면에 작용하는 수직분력의 크기는?

　① 물체 끝에서의 압력과 면적을 곱한 것과 같다.
　② 곡면 윗부분에 있는 액체의 무게와 같다.
　③ 곡면의 수직 투영면에 작용하는 힘과 같다.
　④ 곡면의 면적에 유체의 비중을 곱한 것과 같다.

해설 액체 속에 잠겨 있는 곡면에 작용하는 수직분력의 크기는 곡면 윗부분에 있는 액체의 무게와 같다.

39 보일러 점화 전 가장 우선적으로 점검해야 할 사항은?

　① 과열기 점검 　　　　　　　② 증기압 점검
　③ 매연농도 점검 　　　　　　④ 수위 확인 및 급수계통 점검

해설 점화 전 수위가 상용 수위 부근인지, 급수계통 점검(저수위 사고 방지를 위함)

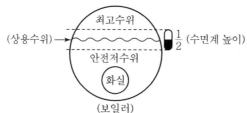

40 불완전연소의 원인과 가장 거리가 먼 것은?

　① 연료유의 분무 입자가 크다. 　　② 연료유와 연소용 공기의 혼합이 불량하다.
　③ 연소용 공기량이 부족하다. 　　④ 연소용 공기를 예열하였다.

해설 연소용 공기를 예열하면 노 내 온도 상승, 연소 촉진, 미연가스 발생 감소 등으로 불완전연소(CO가스 발생)가 방지된다.

41 파이프 이음 방식의 하나인 파이프 홈 조인트로 파이프와 파이프를 홈 조인트로 체결하기
위한 파이프 끝을 가공하는 기계는?

① 베벨 조인트 머신

② 로터리식 조인트 머신

③ 그루빙 조인트 머신

④ 스웨징 조인트 머신

해설 그루빙 조인트 머신 용도

파이프 이음에서 파이프 홈 조인트로 파이프와 파이프를 홈 조인트로 체결하기 위해 파이프 끝을 가공하는
기계

42 배관의 지지 장치에 대한 설명으로 옳은 것은?

① 배관의 중량을 지지하기 위하여 달아매는 것을 서포트(Support)라고 한다.

② 배관의 중량을 아래에서 위로 떠받치는 것을 가이드(Guide)라고 한다.

③ 관의 회전을 구속하기 위하여 사용하는 것을 브레이스(Brace)라고 한다.

④ 배관 지지점에서의 이동 및 회전을 방지하기 위해 지지점 위치에 완전히 고정할 때 사용하는
것을 앵커(Anchor)라고 한다.

해설 ① 행거에 대한 설명이다.

② 스토퍼에 대한 설명이다.

③ 브레이스는 압축기, 펌프 등의 진동방지를 위해 사용하는 것이다.

④ 리스트레인트(스톱, 가이드, 앵커)에 대한 설명이다.

43 다음 그림과 관계가 있는 경도시험은?

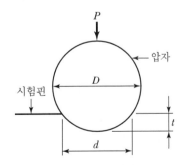

① 로크웰(H_R)　　② 쇼어(H_S)　　③ 비커스(H_V)　　④ 브리넬(H_B)

Answer　41. ③　42. ④　43. ④

해설 브리넬 경도시험

고탄소강 강구에 일정한 하중을 걸어서 시험편의 시험면을 30초 동안 눌러주어 이때에 시험면에 생긴 오목부분의 표면적(mm^2)으로 하중을 나눈 값

$$H_B = \frac{W}{A} = \frac{W(하중)}{\pi Dh}$$

여기서, D : 강구의 지름
d : 오목부분의 지름
t : 오목부분의 깊이

44 탄산마그네슘 보온재에 관한 설명으로 틀린 것은?

① 400~450℃에서 열분해를 일으킨다.

② 무기질보온재에 해당한다.

③ 습기가 많은 옥외 배관에 알맞다.

④ 탄산마그네슘 85%에 석면 10~15%를 첨가한 것이다.

해설 탄산마그네슘(무기질 보온재)

석면 혼합비율에 따라 열전도율이 좌우된다. 300℃ 정도에서 탄산분, 결정수가 없어진다.

45 연강용 피복 아크 용접봉의 종류와 기호가 바르게 짝지어진 것은?

① 일미나이트계 : E4302

② 고셀룰로오스계 : E4310

③ 고산화티탄계 : E4311

④ 저수소계 : E4316

해설 용접봉

㉠ 라인티탄계(E4303)

㉡ 저수소계(E4316)

㉢ 일미나이트계(E4301)

㉣ 고셀룰로오스계(E4311)

㉤ 고산화티탄계(E4313)

㉥ 철분산화티탄계(E4324)

㉦ 철분저수소계(E4326)

㉧ 철분산화철계(E4327)

46 다음 중 1년 이하의 징역 또는 1천만 원 이하의 벌금에 처하는 경우는?

① 직무상 알게 된 비밀을 누설하거나 도용한 경우

② 효율관리기자재에 대한 에너지사용량의 측정결과를 신고하지 아니한 경우

③ 검사대상기기의 검사를 받지 않은 경우

④ 최저 소비효율 기준에 미달하는 효율관리기자재의 생산 또는 판매금지 명령을 위반한 경우

산업용 보일러(압력용기 등 포함)는 검사대상기기로서 검사 미필자의 벌칙은 1년 이하의 징역 또는 1천만 원 이하의 벌금에 처한다.(제조검사, 개조검사, 장소설치변경검사, 계속사용검사, 재사용검사)

47 가스절단에서 표준 드래그(Drag) 길이는 보통 판 두께의 어느 정도인가?

① 1/3　　　　　② 1/4　　　　　③ 1/5　　　　　④ 1/6

 드래그 길이

가스절단면에서 절단 기류의 입구점과 출구점과의 수평거리이다.(판두께 $\frac{1}{5}$ 정도)

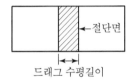

드래그 수평길이

48 증기주관에는 증기주관을 통과하는 공기 중에 떠다니는 물방울 외에도 관 내벽에 수막이 존재 한다. 이를 제거하기 위하여 트랩장치 외에 추가로 부착하는 장치는?

① 스팀 세퍼레이터　　　　　　　② 에어벤트

③ 바이패스　　　　　　　　　　　④ U형 스트레이너

 증기주관 관 내벽의 수막 제거 기구
스팀 세퍼레이터

49 저탄소녹색성장기본법의 관리업체 지정기준에 대한 내용으로 틀린 것은?

① 최근 3년간 업체의 모든 사업장에서 배출한 온실가스와 소비한 에너지의 연평균 총량을 기준으로 한다.

② 부문별 관장기관은 업체를 관리업체의 대상으로 선정하여 매년 4월 30일까지 환경부장관에 게 통보하여야 한다.

③ 환경부장관은 매년 9월 30일까지 관리업체를 지정하여 관보에 고시한다.

④ 관리업체는 지정에 이의가 있을 경우 고시된 날로부터 30일 이내에 이의를 신청할 수 있다.

 시행령 제29조에 의거 환경부장관은 6월 30일까지 관리업체를 지정하여 고시한다.

50 다른 착색도료의 초벽으로 우수하며, 강관의 용접이음 시공 후 용접부에 사용되는 도료는?

① 산화철 도료　　　　　　　　　② 알루미늄 도료

③ 광명단 도료　　　　　　　　　④ 합성수지 도료

해설 광명단 도료

다른 착색도료의 초벽으로 사용히는 도료이다.

51 관의 분해 · 수리 · 교체가 필요할 때 사용되는 배관 이음쇠는?

① 소켓　　　　② 티　　　　③ 유니언　　　　④ 엘보

해설 관의 분해 · 수리 · 교체 시 필요한 부품

　　: 유니언,　　　　: 플랜지

52 동력 파이프 나사 절삭기의 종류 중 관의 절단, 나사 절삭, 거스러미 제거 등의 일을 연속적으로 할 수 있는 것은?

① 다이헤드식　　　② 호브식　　　③ 오스터식　　　④ 리드식

해설 (1) 다이헤드식 동력 나사 절삭기 용도

　　㉠ 관의 절단

　　㉡ 거스러미 제거

　　㉢ 나사 절삭

(2) 동력 나사 절삭기 : 오스터식, 호브식, 다이헤드식

53 관 지지장치의 필요조건이 아닌 것은?

① 외부로부터의 충격과 진동에 견딜 수 있어야 한다.

② 적당한 지지간격으로 설치하여야 한다.

③ 피복제를 제외한 배관의 자중과 유체의 중량에 견딜 수 있어야 한다.

④ 관의 신축에 적절하게 대응할 수 있는 구조여야 한다.

해설 관 지지장치(행거, 서포트, 리스트레인트)는 피복제를 포함하여 배관의 자중과 유체의 중량에 견딜 수 있어야 한다.

54 온수난방 시공 시 각 방열기에 공급되는 유량분배를 균등하게 하여 전후방 방열기의 온도차를 최소화하는 방식은?

① 역귀환 방식

② 직접귀환 방식

③ 단관식 방식

④ 중력순환식 방식

해설 리버스 리턴 방식(역귀환 방식)

온수난방에서 각 방열기에 공급되는 유량분배를 균등하게 하여 전후방 방열기의 온도차를 최소화하는 방식

55 로트에서 랜덤하게 시료를 추출하여 검사한 후 그 결과에 따라 로트의 합격, 불합격을 판정하는 검사방법을 무엇이라 하는가?

① 자주검사　　　② 간접검사　　　③ 전수검사　　　④ 샘플링검사

해설 샘플링검사

로트에서 랜덤(무작위 시료 추출)하게 시료를 추출하여 검사한 후 그 결과에 따라 로트의 합격, 불합격을 판정하는 검사방법(로트 : 1회의 준비로서 만드는 물품의 집단)

56 미리 정해진 일정단위 중에 포함된 부적합수에 의거하여 공정을 관리할 때 사용되는 관리도는?

① C 관리도　　　② P 관리도　　　③ x 관리도　　　④ nP 관리도

해설 관리도

① 계량치 관리도
　　㉠ $\bar{x}-R$(평균치범위)
　　㉡ x(개수측정치)
　　㉢ $\tilde{x}-R$(메디안 범위)

② 계수치 관리도
　　㉠ P_n(불량개수)
　　㉡ P(불량률)
　　㉢ C(결점 수)
　　㉣ U(단위당 결점 수)

57 TPM 활동 체제 구축을 위한 5가지 기둥과 가장 거리가 먼 것은?

① 설비초기관리체제 구축 활동

② 설비효율화의 개별개선 활동

③ 운전과 보전의 스킬 업 훈련 활동

④ 설비경제성 검토를 위한 설비투자분석 활동

해설 TPM(Total Productive Maintenance, 전사적 생산보전)
- ㉠ 3정 : 정위치, 정품, 정량
- ㉡ 5S : 정리, 정돈, 청소, 청결, 습관화

TPM 활동 체제 구축을 위한 기둥은 ①, ②, ③항이다.

58 도수분포표에서 알 수 있는 정보로 가장 거리가 먼 것은?

① 로트 분포의 모양

② 100단위당 부적합 수

③ 로트의 평균 및 표준편차

④ 규격과의 비교를 통한 부적합품률의 추정

해설 도수분포표

품질 변동을 분포형상 또는 수량적으로 파악하는 통계적 기법(평균치와 표준편차를 구할 때 사용)으로 그 정보는 ①, ③, ④이다.

59 ASME(American Society of Mechanical Engineers)에서 정의하고 있는 제품공정 분석표에 사용되는 기호 중 "저장(Storage)"을 표현한 것은?

① ○   ② □   ③ ▽   ④ ⇨

해설 ㉠ ◯, ⟹, ⟶ : 운반   ㉡ □ : 검사

㉢ ▽, △ : 저장   ㉣ D : 정체

60 자전거를 셀 방식으로 생산하는 공장에서 자전거 1대당 소요공수가 14.5H이며, 1일 8H, 월 25일 작업을 한다면 작업자 1명당 월 생산 가능 대수는 몇 대인가?(단, 작업자의 생산종합효율은 80%이다.)

① 10대   ② 11대   ③ 13대   ④ 14대

해설 8H×25일=200H

월 생산 가능 대수 $= \dfrac{200}{14.5} \times 0.8 = 11$ 대

1 증기난방의 특징에 대한 설명으로 틀린 것은?

① 이용하는 열량은 증발 잠열로서 매우 크다.

② 예열시간이 길고 응답속도가 느리다.

③ 증기공급방식에는 상향·하향공급식이 있다.

④ 증기를 공급하는 힘은 발생증기압으로 별도의 동력을 필요로 하지 않는다.

해설 ㉠ 증기는 비열(0.44kcal/kg℃)이 작아서 예열시간이 짧고 부하의 응답속도가 빠르다.

㉡ 온수난방은 온수의 비열(1kcal/kg℃)이 커서 예열시간이 길고 부하의 응답속도가 느리다.

2 증기보일러의 눈금판 바깥지름에 100mm 이상의 압력계를 부착해야 하는 반면, 다음 중 바깥지름에 60mm 이상의 압력계 부착이 가능한 보일러는?

① 대용량 보일러

② 최대 증발량이 5ton/h 이하인 관류 보일러

③ 최고 사용 압력이 0.5MPa(5kgf/cm²) 이하로서 전열면적이 2m² 이상인 보일러

④ 최고 사용 압력이 0.5MPa(5kgf/cm²) 이하이고, 동체의 안지름이 1,000mm 이하인 보일러

해설 60mm 이상 압력계 조건은 ②항 외에 최고압력 0.5MPa 이하 동체안지름 500mm 이하 동체의 길이 1,000mm 이하 보일러, 최고압력 0.5MPa 이하로서 전열면적 2m² 이하 보일러, 소용량 보일러 등이다.

3 절탄기에 대한 설명으로 가장 적절한 것은?

① 증기를 이용하여 급수를 예열하는 장치

② 보일러의 배기가스 여열을 이용하여 급수를 예열하는 장치

③ 보일러의 여열을 이용하여 공기를 예열하는 장치

④ 연도 내에서 고온의 증기를 만드는 장치

해설 절탄기(급수가열기＝폐열회수장치)는 연도에 설치하여 배기가스 여열로 보일러용 급수를 예열하여 보일러 열효율을 높인다.

4 비접촉식 온도계의 특징에 관한 설명으로 옳은 것은?

① 피측정체의 내부온도만을 측정한다.　　② 방사율의 보정이 필요하다.

③ 측정 정도가 좋은 편이다.　　④ 연속측정이나 자동제어에 적합하다.

해설 비접촉식 온도계(고온용 온도계)

㉠ 빙사온도계(빙사율의 보징이 필요하다.)

㉡ 광고온도계(연속측정이나 자동제어에 불편하다.)

㉢ 광전관식 온도계

㉣ 색온도계

5 증기난방의 진공환수식에 관한 설명으로 틀린 것은?

① 진공펌프로 환수시킨다.　　② 환수관경은 커야 한다.

③ 다른 방법보다 증기회전이 빠르다.　　④ 방열기 설치장소에 제한을 받지 않는다.

해설 증기난방 응축수 회수방법

㉠ 중력환수식(비중차 이용) : 환수관경이 크다.

㉡ 기계환수식(응축수 회수펌프)

㉢ 진공환수식(대규모 설비용) : 환수관경이 적다.

6 안전밸브를 부착하지 않은 곳은?

① 보일러 본체　　② 절탄기 출구　　③ 과열기 출구　　④ 재열기 입구

해설 급수가열기 절탄기에는 입구, 출구에 온도계 설치가 필요하다.(안전밸브는 증기에 사용된다.)

7 온수방열기의 입구온도가 85℃, 출구온도가 60℃이고, 실내온도가 20℃이다. 난방부하가 28,000kcal/h일 때 필요한 방열기 쪽수는?(단, 방열기 쪽당 방열면적은 0.21m², 방열계수는 7.2kcal/m²·h·℃이다.)

① 297쪽　　② 353쪽　　③ 424쪽　　④ 578쪽

해설 ㉠ 방열기 쪽수$[ea] = \dfrac{\text{난방부하}}{450 \times \text{쪽당 방열면적}}$

㉡ 소요방열량$= 450 \times \dfrac{\left(\dfrac{85+60}{2} - 20\right)}{62} = 381\text{kcal/m}^2\text{h}$

∴ 쪽수$= \dfrac{28,000}{381 \times 0.21} = 353$쪽

8 보일러에 사용되는 직접식(실측식) 가스미터의 종류에 속하지 않는 것은?

① 습식 가스미터　　② 막식 가스미터　　③ 루트식 가스미터　　④ 터빈식 가스미터

해 간접식 가스미터기 종류

　㉠ 오리피스식

　㉡ 터빈식

　㉢ 선근차식(익근차식)

9 단열 및 보온재는 무엇을 기준으로 하여 구분하는가?

① 최고 사용온도　　② 최저 사용온도　　③ 안전 사용온도　　④ 상용 온도

해 안전사용온도

　㉠ 내화물 : 1,560℃ 이상용~2,000℃ 이하용

　㉡ 단열재 : 800~1,200℃ 사용

　㉢ 보온재 : 100~800℃ 사용

　㉣ 보냉재 : 100℃ 이하용

10 보일러의 보수유지관리에서 압력계의 정비 시 주의사항으로 틀린 것은?

① 압력계 등은 양손으로 잡고 회전시켜 분리해서는 안 된다.

② 압력계와 미터코크는 나사삽입 연결의 가스켓으로 적정한 것을 사용한다.

③ 압력계는 적어도 1년에 한 번은 기준압력계와 비교검사를 한다.

④ 사이폰관에는 부착 전에 반드시 물이 없도록 한다.

해 증기보일러 부르동관 압력계

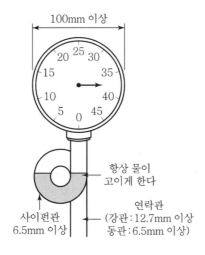

11 보일러의 자동제어장치에 해당되지 않은 것은?

① 안전밸브　　　　　　　　　② 노내압 조절장치
③ 압력조절기　　　　　　　　④ 저수위차단장치

해설 안전밸브(증기보일러용)
　㉠ 스프링식
　㉡ 추식
　㉢ 지렛대식

12 보일러의 성능을 표시하는 방법이 아닌 것은?

① 상당증발량(kgf/h)　　　　② 보일러 마력
③ 보일러 전열면적(m^2)　　④ 보일러 지름(mm)

해설 보일러 성능표시법
　㉠ 상당증발량(kg/h) : 정격용량
　㉡ 보일러 마력(HP)
　㉢ 보일러 전열면적(m^2)
　㉣ 정격출력(kcal/h)
　㉤ 상당방열면적(m^2)

13 열효율을 높이는 부속장치에 대한 설명으로 틀린 것은?

① 과열기 사용 시에는 같은 압력의 포화증기에 비하여 엔탈피가 적어지나, 증기의 마찰저항이 증가된다.
② 과열기의 설치형식에는 공기의 흐름방향에 의해 분류하였을 때 병행류, 대향류, 혼류식으로 나눌 수 있다.
③ 절탄기의 사용 시에는 급수와 관수의 온도차가 적어서 본체의 응력을 감소시킨다.
④ 공기예열기 종류에는 전도식과 재생식이 있다.

해설

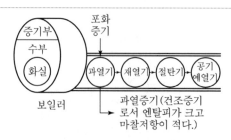

14 불필요한 증기 드럼을 없애고 초임계압력 이상의 고압 증기를 발생할 수 있는 관류보일러로
옳은 것은?

① 슐처 보일러   ② 레플러 보일러
③ 스코치 보일러   ④ 스터링 보일러

 ㉠ 관류보일러(증기드럼이 없다.)
  • 벤슨보일러
  • 슐처보일러
㉡ 스코치보일러(노통연관식), 레플러보일러(간접가열식), 스터링보일러(급경사 수관식 보일러)

15 보일러에 댐퍼(Damper)를 설치하는 목적과 가장 거리가 먼 것은?

① 가스의 흐름을 차단한다.
② 매연을 멀리 집중시켜 대기오염을 줄인다.
③ 통풍력을 조절하여 연소효율을 상승시킨다.
④ 주연도와 부연도가 있을 경우 가스흐름을 전환한다.

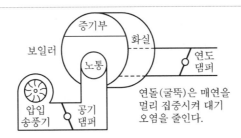

16 보일러 집진장치 중 세정 집진장치의 작동순서로 옳은 것은?

① 충돌-확산-증습-누설-응집   ② 충돌-확산-증습-응집-누설
③ 확산-충돌-증습-누설-응집   ④ 확산-충돌-증습-응집-누설

 (1) 보일러 집진장치 분류
  ㉠ 건식
  ㉡ 습식(세정식)
  ㉢ 전기식
(2) 세정식 집진장치 작동순서 : 충돌 → 확산 → 증습 → 응집 → 누설

17 다음 중 방열기는 창문 아래에 설치하는데 방열량을 고려하여 벽면으로부터 약 몇 mm 정도의 간격을 두어야 가장 적합한가?

① 10~20mm   ② 50~70mm   ③ 100~120mm   ④ 150~170mm

 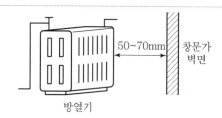

18 보일러 급수장치의 하나인 인젝터에 대한 설명으로 틀린 것은?

① 인젝터는 벤튜리의 원리를 응용해서 증기를 분출하고, 그 부근의 압력 강하로 생기는 진공을 이용하여 물을 빨아올린다.

② 응축작용에 의해 보유하는 열에너지를 물에 주어 고속의 수류를 만들고 이를 압력에너지로 바꾸어 보일러에 급수한다.

③ 인젝터는 일반적으로 급수압력 1MPa 미만이면 작동불량을 초래하기 때문에 주의해야 한다.

④ 증기속의 드레인이 많을 때에는 인젝터의 성능이 저하하기 때문에 이러한 일이 없도록 한다.

해설 인젝터(급수설비) 사용 시 증기압력은 0.2MPa 이상~1MPa(10kgf/cm²) 이하의 압력으로 사용하여야 작동이 원활하다.

19 화염검출기와 사용연료와의 적합성 내용으로 틀린 것은?

① CdS셀 : A중유, B·C중유   ② PbS셀 : 가스, 등유, A중유, B·C중유

③ 광전관 : B·C중유   ④ 플레임로드 : 중유, 등유

해설 플레임로드(전기전도성) 화염검출기는 일반적으로 가스연료용에 가장 많이 사용된다.

20 상당증발량이 5ton/h인 증기보일러의 연료소비량이 6kg/min이다. 이 보일러의 효율은?(단, 연료는 중유이며, 저위발열량은 9,200kcal/kg이다.)

① 76%   ② 81%   ③ 88%   ④ 92%

해 η(효율)$=\dfrac{유효열}{공급열}\times100(\%)$, 물의 증발열$=539$kcal/kg이다.

$$\therefore\ \eta=\frac{5\mathrm{ton/h}\times10^3\times539\mathrm{kcal/kg}}{6\mathrm{kg/min}\times60\mathrm{min/h}\times9,200\mathrm{kcal/kg}}\times100=\frac{2,695,000}{3,312,000}\times100=81(\%)$$

21 보일러의 자동제어장치인 인터록 제어에 대한 설명으로 가장 적합한 것은?

① 조건이 충족되지 않을 때 다음 동작이 정지되는 것
② 제어량과 설정목표치를 비교하여 수정 동작시키는 것
③ 점화나 소화가 정해진 순서에 따라 차례로 진행하는 것
④ 증기의 압력, 연료량, 공기량을 조절하는 것

해 보일러 자동제어 인터록
조건이 충족되지 않을 때 보일러 안전운전 차원에서 다음 동작이 정지되게 하는 조건(저연소인터록, 불착화인터록, 프리퍼지인터록, 압력초과인터록, 저수위인터록)

22 보일러 설비의 계획에서 연소장치의 선택은 가장 중요하다. 연소장치 종류가 아닌 것은?

① 버너   ② 송풍기   ③ 윈드 박스   ④ 급유펌프

해 통풍장치 : 송풍기, 댐퍼, 연도, 굴뚝

23 절대압력 5kg/cm²인 상태로 운전되는 보일러의 증발량이 시간당 5,000kg이었다면, 이 보일러의 상당증발량은?(단, 이때 급수온도는 30℃이고, 발생증기의 건도는 98%이며, 증기표 값은 다음과 같다.)

증기압(절대) (kg/cm²)	포화수 엔탈피(kcal/kg)	포화증기 엔탈피(kcal/kg)
5	152.1	656.0

① 6,085kg/h   ② 5,992kg/h   ③ 5,807kg/h   ④ 5,714kg/h

해 건도에 의한 습포화증기 엔탈피$(h_2)=h_1+r\cdot x$
물의 증발잠열$(r)=656.0-152.1=503.9$kcal/kg
$h_2=152.1+503.9\times0.98=645.922$kal/kg

$$상당증발량(We)=\frac{W\times(h_2-h_1)}{539}=\frac{5,000\times(645.922-30)}{539}=5,714\mathrm{kgf/h}$$

24 보일러 내처리에 사용되는 약제의 종류 및 작용에서 탈산소제로 쓰이는 약품이 아닌 것은?

① 수산화나트륨　　　② 탄닌　　　　　③ 히드라진　　　　　④ 아황산나트륨

해 수산화나트륨(NaOH＝가성소다) : pH 알칼리도 조정제, 경수연화제로 사용한다.

25 열역학법칙 가운데 에너지 보존법칙을 명확하게 나타낸 것은?

① 열역학 제0법칙　　② 열역학 제1법칙　　③ 열역학 제2법칙　　④ 열역학 제3법칙

해 (1) 에너지 보존의 법칙(열역학 제1법칙)

　　 (전환)　　(전환)

　　 일 → 열, 열 → 일

　　㉠ 일의 열당량＝$\dfrac{1}{427}$kcal/kg · m

　　㉡ 열의 일당량＝427kg · m/kcal

26 압력의 단위로서 국제단위계에서 Pa(파스칼)은?

① N/cm²　　　　　② N/m²　　　　　③ kgf/m²　　　　　④ kgf/cm²

해 ㉠ $1Pa = 1N/m^2$　　　㉡ $1bar = 10^5 N/m^2 = 10^5 Pa$

27 지름이 100mm에서 지름 200mm로 돌연 확대되는 관에 물이 0.04m³/s의 유량으로 흐르고 있다. 이때 돌연 확대에 의한 손실수두는?(단, 마찰은 무시한다.)

① 0.32m　　　　　② 0.53m　　　　　③ 0.75m　　　　　④ 1.28m

해 베르누이 방정식

$$\frac{V_1^2}{2g} + \frac{P_1}{r} + Z_1 = \frac{V_2^2}{2g} + \frac{P_2}{r} + Z_2 + H_L(손실수두)$$

손실수두(h_2)

유속(V_1)＝$\dfrac{0.04}{\dfrac{3.14}{4} \times (0.1)^2} = \dfrac{0.04}{0.00785} = 5.0955$m/s

유속(V_2)＝$\dfrac{0.04}{\dfrac{3.14}{4} \times (0.2)^2} = 1.2738$m/s

확대손실수두(h_2)＝$\dfrac{(V_1 - V_2)^2}{2g} = \dfrac{(5.0955 - 1.2738)^2}{2 \times 9.8} = 0.75$m

28 유체의 층류흐름과 난류흐름의 구분에 사용되는 수는?

① 프로드수 　　② 레이놀즈수 　　③ 아보가드로수 　　④ 웨버수

 레이놀즈수(Re)

ㄱ $Re < 2,100$: 층류

ㄴ $R_2 > 4,000$: 난류

ㄷ $2,100 < Re < 4,000$: 천이영역

29 엑서지(Exergy)에 대한 설명으로 틀린 것은?

① 열에너지를 전부 기계적 에너지로 변환시킬 수 없다.

② 열에너지로부터 얼마만큼의 기계적 일을 내게 할 수 있는가를 나타낸다.

③ 열에너지는 엑서지와 에너지의 합이다.

④ 환경온도(열기관의 저열원)가 높을수록 엑서지는 크다.

 엑서지는 열기관의 고열원이 높을수록 커진다.

30 보일러 연료의 연소 시에 발생하는 가마울림의 방지대책으로 가장 거리가 먼 것은?

① 수분이 적은 연료를 사용한다. 　　② 2차공기의 가열 통풍 조절을 개선한다.

③ 연소실과 연도를 개선한다. 　　④ 연소속도를 천천히 한다.

 보일러

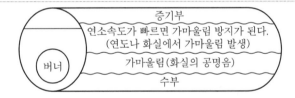

증기부

연소속도가 빠르면 가마울림 방지가 된다.
(연도나 화실에서 가마울림 발생)

버너

가마울림(화실의 공명음)

수부

31 과열증기의 설명으로 가장 적합한 것은?

① 습포화 증기의 압력을 높인 것

② 습포화 증기에 열을 가한 것

③ 포화증기에 열을 가하여 포화온도보다 온도를 높인 것

④ 포화증기에 압을 가하여 증기압력을 높인 것

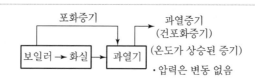

32 평판을 사이에 두고 고온유체와 저온유체가 접하고 있는 경우 열관류율에 영향을 미치지 않는 것은?

① 평판의 열전도율 ② 평판의 중량

③ 평판의 두께 ④ 고온 및 저온유체 열전달률

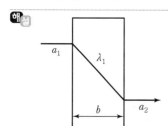

- 열관류율$(k) = \dfrac{1}{\dfrac{1}{a_1} + \dfrac{b_1}{\lambda_1} + \dfrac{1}{a_2}}$ (kcal/m²h℃)

  b_1 : 두께(m)

  λ_1 : 열전도율(kcal/mh℃)

  a_1, a_2 : 내면, 외면 열전달률(kcal/m²h℃)

33 부력(浮力)은 그 물체가 배제한 유체의 중량과 같은 힘을 수직상방으로 받는 것을 말하는데 이는 어떤 원리인가?

① 아르키메데스 ② 파스칼

③ 뉴톤 ④ 오일러

아르키메데스 원리
부력은 그 물체가 배제한 유체의 중량과 같은 힘을 수직 상방으로 받는 원리이다.

34 보일러 부속장치 중 고온부식이 유발될 수 있는 장치는?

① 절탄기 ② 과열기

③ 응축기 ④ 공기예열기

㉠ 고온부식인자 : 바나지움(V), 나트륨(Na) : 과열기, 재열기에서 발생
㉡ 저온부식인자 : 황(S), 황산(H₂SO₄) : 절탄기, 공기예열기에서 발생

35 보일러 부식의 원인이 아닌 것은?

① 수중의 용존산소   ② 염화마그네슘

③ 수산화나트륨   ④ 질소

해설 순도가 높은 질소(N_2)가스는 보일러 장기보존시 사용한다.(밀폐건조보존법 : 6개월 이상 보일러 휴지 시에)

36 보일러 세관작업을 염산으로 하는 경우 염산의 농도(%), 처리온도(℃), 순환시간으로 가장 적합한 것은?

① 1~3%, 30~40℃, 4~6시간   ② 5~10%, 55~65℃, 4~6시간

③ 10~15%, 30~40℃, 7~9시간   ④ 15~20%, 60~70℃, 10~12시간

해설 보일러 산세관(스케일 제거 작업)
  ㉠ 염산액 농도 : 5~10%
  ㉡ 세관액 온도 : 55~65℃
  ㉢ 세관작업 : 4~6시간

37 보일러 매연 발생의 원인으로 가장 거리가 먼 것은?

① 불순물 혼입   ② 연소실 과열   ③ 통풍력 부족   ④ 점화조작 불량

해설 연소실 과열 : 보일러 파열이나 강도저하 발생

38 수중에서 받는 압력은 그 깊이에 무엇을 곱한 값인가?

① 체적   ② 면적   ③ 부피   ④ 비중량

해설 보일러수(水)의 압력＝보일러수 깊이×비중량＝kgf/cm^2

39 1kg의 습증기 속에 수분이 $x$kg 포함되어 있을 때 건도는?

① x ② $x-1$ ③ $1-x$ ④ $x/(1-x)$

해설 습증기 건도$(x)＝1-x$(수분)
건도의 크기＝건포화증기 > 습포화증기 > 포화수

---

40 보일러 급수 중 가스 제거방법에 대해서 설명한 것으로 틀린 것은?

① 용존가스 제거방법에는 기폭법, 탈기법 등이 있다.

② 탈기에 의한 방법은 산소, 탄산가스 등을 제거하는 경우에 쓰인다.

③ 기폭에 의한 방법은 산소, 탄산가스 등은 제거하나 철분, 망간은 제거하지 못한다.

④ 기폭에 의한 처리방법은 보통 급수를 분무 또는 탑상에서 우화(雨化)시키는 방법을 취하고 있다.

해설 가스분처리용(탈기법)

산소나 CO_2는 제거하나 철분이나 망간은 제거하지 못한다.(기폭법에서는 CO_2, Fe, Mn 처리가 가능하다.)

41 저탄소녹색성장 기본법에서 온실가스·에너지 목표관리의 원칙 및 역할에 대한 설명으로 틀린 것은?

① 환경부장관은 온실가스 감축 목표의 설정·관리 및 필요한 조치에 관하여 총괄·조정기능을 수행한다.

② 건물·교통 분야의 관장기관은 국토교통부이다.

③ 환경부장관은 농림축산식품부와 공동으로 해당분야 관리업체의 실태조사를 할 수 있다.

④ 국토교통부장관은 부문별 관장기관의 소관 사무에 대해 점검할 수 있으며, 그 결과에 따라 부문별 관장기관에게 관리업체에 대한 개선명령을 요구할 수 있다.

해설 ④항은 환경부장관에 해당되는 법률이다.

42 보일러에 설치되는 원통형 파이프 강도 계산 시 길이방향 응력(kg/cm^2) 계산식은?(단, P는 원통 내부의 압력(kg/cm^2), D는 보일러 내경(cm), t는 동판의 두께(cm)이다.)

① $\frac{PD}{2t}$　　② $\frac{P}{4t}$　　③ $\frac{PD}{4t}$　　④ $\frac{D}{4t}$

해설 ㉠ 원주 방향 응력(ρ) $= \frac{P \cdot D}{2 \cdot t}$　　㉡ 길이 방향 응력(ρ) $= \frac{P \cdot D}{4 \cdot t}$

43 신축으로 인한 배관의 좌우, 상하 이동을 구속하고 제한하는 목적으로 사용되는 배관 지지구인 레스트레인트(Restraint)의 종류가 아닌 것은?

① 브레이스　　② 앵커　　③ 스토퍼　　④ 가이드

해설 브레이스 : 진동방지제(압축기, 펌프 등에 사용)

44 가스켓의 재질 중 동물성 섬유류로 거칠지만 강인하며 압축성이 풍부하고 약산에 잘 견디며 내유성이 커서 기름배관에 적합한 것은?

① 가죽 　　　② 펠트 　　　③ 형석 　　　④ 오일시트

해 펠트(동물성 섬유류)
플랜지 패킹으로 가스켓의 역할을 하며 거칠지만 강인하고 압축성이 풍부하며 약산에 잘 견디고 내유성이 커서 기름배관 패킹제로 쓰인다.

45 담금질한 강에 강인성을 부여하기 위해 특정변태점 이하의 온도에서 가열하는 열처리 방법은?

① 표면경화법 　　　② 풀림 　　　③ 불림 　　　④ 뜨임

해 표면경화법
기어, 크랭크축, 캠 등의 내마멸성, 강인성을 부여하기 위해 표면을 경화하는 열처리법이다.
㉠ 뜨임 : 열처리로서 담금질강에 강인성을 부여하기 위해 변태점 이하 온도(700℃)에서 가열(탬퍼링)
㉡ 풀림 : 어니얼링으로 열처리 후 내부응력 제거
㉢ 불림 : 노멀라이징으로서 열처리 후 재질의 균일화, 조직의 표준화를 한다.
• 변태점 : ($A_3 = 910℃$)

46 피복금속 아크용접에서 교류용접기와 비교한 직류 용접기의 장점이 아닌 것은?

① 극성의 변화가 쉽다. 　　　② 전격 위험이 적다.
③ 역률이 양호하다. 　　　④ 자기쏠림 방지가 가능하다.

해 직류용접기는 자기쏠림 방지가 어렵다.

47 아래에 주어진 평면도를 등각투상도로 나타낼 때 옳은 것은?

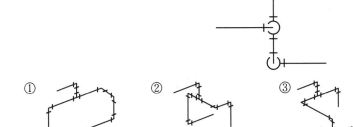

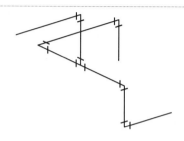

48 다음 중 동관의 납땜이음 순서로 옳은 것은?

> ⊙ 이음부의 안팎을 샌드페이퍼로 닦아 산화물을 제거한다.
> ⓛ 사이징툴(Sizing Tool)로 파이프 끝을 둥글게 가공한다.
> ⓒ 가열토치로 접합부 주위를 골고루 가열하여 땜납이 모세관 작용으로 빨려들도록 한다.
> ⓔ 이음부에 용제를 바르고 관을 끼워 맞춘다.
> ⑩ 이음부의 간격이 0.1mm 정도가 되도록 관의 지름을 넓힌다.

① ⓛ-⑩-⊙-ⓒ-ⓔ ② ⓛ-⊙-ⓒ-ⓔ-⑩
③ ⓛ-⑩-⊙-ⓔ-ⓒ ④ ⓛ-⊙-ⓔ-ⓒ-⑩

해설 동관(cu 구리관)의 납땜이음 순서는 ③항의 순서에 의한다.

49 에너지법 시행규칙에 의거 일반적으로 에너지열량 환산기준은 몇 년마다 작성하는가?

① 1년 ② 3년 ③ 4년 ④ 5년

해설 ⊙ 에너지 열량 환산기준 : 5년 마다 작성
　　 ⓛ 에너지 : 연료, 열, 전기

50 알루미늄 도료에 관한 설명 중 틀린 것은?

① 400~500℃의 내열성을 지니고 있어 난방용 방열기 등의 외면에 도장한다.
② 알루미늄 도막은 금속광택이 있고 열을 잘 반사한다.
③ 은분이라고도 하며 방청효과가 크고 습기가 통하기 어렵기 때문에 내구성이 풍부한 도막이 형성된다.
④ 알루미늄 분말에 아마인유와 혼합하여 만든다.

해설 알루미늄 도료

알루미늄(Al) 분말+(유성바니스)를 섞어 만든다.(400~500℃의 내열성)

51 높은 온도의 응축수가 압력이 낮아져 재증발할 때 생기는 부피의 증가를 밸브의 개폐에 이용한 증기트랩으로 응축수 양에 비해 극히 소형인 트랩은?

① 바이메탈식 ② 버켓식 ③ 디스크식 ④ 벨로즈식

해설 디스크식 증기트랩

열역학적 증기트랩이다. 재증발증기의 부피증가로 밸브의 개폐에 이용하는 스팀트랩이다.

52 다음 중 연관용 공구 중 분기관 따내기 작업 시 주관에 구멍을 뚫는 공구는?

① 봄볼 ② 드레서 ③ 벤드벤 ④ 턴핀

해설 ㉠ 봄볼 : 연관용 공구로서 주관에서 분기관 따내기 작업 시 구멍을 뚫는 공구이다.
ㄴ 드레서 : 연관 표면의 산화물을 제거한다.
ㄷ 벤드벤 : 연관을 굽히거나 펼 때 사용한다.

53 에너지이용합리화법상 검사대상기기 설치자가 검사대상기기 조종자를 선임하지 않았을 때 해당되는 벌칙은?

① 2년 이하의 징역 또는 2천만 원 이하의 벌금
② 1년 이하의 징역 또는 1천만 원 이하의 벌금
③ 2천만 원 이하의 벌금
④ 1천만 원 이하의 벌금

해설 검사대상기 설치자가 조종자(산업용 보일러, 압력용기 조종자)를 채용하지 않으면 1천만 원 이하의 벌금에 처한다.

54 관의 길이 팽창은 일반적으로 관경에는 관계없고 길이에만 영향이 있다. 강관인 경우 온도차 1℃일 때 1m당 신축길이는?(단, 철의 선팽창계수는 1.2×10^{-5}이다.)

① 1.2mm ② 0.12mm ③ 0.012mm ④ 0.0012mm

해설 신축길이(l) $=1\text{m} \times 1℃ \times 1.2 \times 10^{-5} = 0.000012\text{m} = 0.012\text{mm}$

55 계수 규준형 샘플링 검사의 OC 곡선에서 좋은 로트를 합격시키는 확률을 뜻하는 것은?(단, α는 제1종 과오, β는 제2종 과오이다.)

① α ② β ③ $1-\alpha$ ④ $1-\beta$

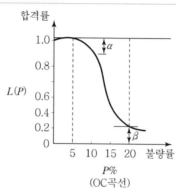

$P\%$
(OC곡선)

㉠ 불량률 P%인 로트가 검사에서 합격되는 확률 L(P)

㉡ $1-\alpha$: OC 곡선에서 좋은 로트를 합격시키는 확률이다.

㉢ OC 곡선에서 좋은 Lot의 과오에 의한 불합격 확률과 임의의 품질을 가진 로트의 합격 또는 불합격되는 확률을 알 수 있다.

㉣ 제1종 과오(생산자 위험) : 시료가 불량하기 때문에 lot가 불합격되는 확률(실제로는 진실인데 거짓으로 판단되는 과오로서 α로 표시한다.)

㉤ 제2종 과오(소비자 위험) : 당연히 불합격되어야 할 lot가 합격되는 확률(실제로는 거짓인데 진실로 판단되는 과오로서 β로 표시한다.)

56 계량값 관리도에 해당되는 것은?

① c 관리도   ② u 관리도   ③ R 관리도   ④ np 관리도

㉠ 계량값 관리도(길이, 무게, 강도, 전압, 전류 등의 연속변량 측정) : $\tilde{X}-R$ 관리도, X 관리도, $X-R$ 관리도, R 관리도

㉡ 계수치 관리도(직물의 얼룩, 흠 등 불량률 측정) : np 관리도, p 관리도, c 관리도, u 관리도

57 어떤 작업을 수행하는 데 작업소요시간이 빠른 경우 5시간, 보통이면 8시간, 늦으면 12시간 걸린다고 예측되었다면 3점 견적법에 의한 기대 시간치와 분산을 계산하면 약 얼마인가?

① $te=8.0$, $\sigma^2=1.17$ ② $te=8.2$, $\sigma^2=1.36$

③ $te=8.3$, $\sigma^2=1.17$ ④ $te=8.3$, $\sigma^2=1.36$

해설 ㉠ 3점 견적법$(te) = \dfrac{T_0 + 4T_m + T_p}{6}$ ∴ $\dfrac{5 + 4 \times 8 + 12}{6} = 8.2$

ㄴ 분산 $= \dfrac{8.2}{6} = 1.36$

58 정규분포에 관한 설명 중 틀린 것은?

① 일반적으로 평균치가 중앙값보다 크다.

② 평균을 중심으로 좌우대칭의 분포이다.

③ 대체로 표준편차가 클수록 산포가 나쁘다고 본다.

④ 평균치가 0이고 표준편차가 1인 정규분포를 표준정규분포라 한다.

해설 정규분포(Normal Distribution)

일명 Gauss의 오차분포라고 하며 평균치에 대한 좌우대칭 종모양을 하고 있는 분포로서 계량치는 원칙적으로 이 분포에 따른다.

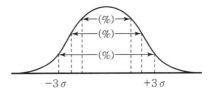

정규분포의 성질은 분포의 평균과 표준오차로 결정된다.

59 작업측정의 목적 중 틀린 것은?

① 작업 개선   ② 표준시간 설정   ③ 과업관리   ④ 요소작업 분할

해설 작업측정 목적

㉠ 작업 개선

ㄴ 표준시간 설정

ㄷ 과업관리

60 일반적으로 품질코스트 가운데 가장 큰 비율을 차지하는 것은?

① 평가코스트   ② 실패코스트   ③ 예방코스트   ④ 검사코스트

해설 실패코스트

품질코스트에서 가장 큰 비율을 차지하며 내부실패비율, 외부실패비율 초기단계에서 실패코스트가 50~75%로 그 비율이 크다.

1 급탕량이 10,000kg/h인 온수보일러의 급수 온도가 5℃이고 출구 온수 온도가 59℃일 때, 연료 소비량은?(단, 보일러 효율은 90%이며 사용연료는 도시가스이고, 저위발열량이 10,000kcal/kg 이다.)

① 100kg/h   ② 90kg/h   ③ 54kg/h   ④ 60kg/h

해설 급탕부하(H_2) =10,000kg/h×1kcal/kg℃×(59−5)℃=540,000kcal/h

연료소비량(f) = $\dfrac{540,000}{10,000 \times 0.9}$ =60kg/h

2 보일러 집진 장치 중 가압수식 집진기가 아닌 것은?

① 충전탑   ② 유수식

③ 벤튜리 스크러버   ④ 사이클론 스크러버

해설 세정식 집진장치(습식)

   ㄱ 유수식   ㄴ 가압수식   ㄷ 회전식

3 온수난방 분류에서 각 층, 각 실 간에 온수의 순환율이 동일하고 온도차를 최소화시키는 방식으로 배관길이가 다소 길고 마찰저항이 커지는 단점이 있는 배관방법은?

① 직접귀환방식   ② 역귀환방식

③ 중력순환식   ④ 강제순환식

해설 역귀환방식(리버스리턴방식)
온수의 순환율이 동일하다.

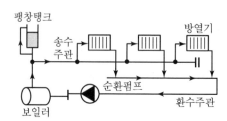

4 보일러의 운전 성능을 향상시키는 방법으로 틀린 것은?

① 공기비를 가급적 크게 한다.

② 연소용 공기를 예열한다.

③ 가급적 연속 가동을 하여 종합적인 연소 효율을 향상시킨다.

④ 배기가스 열을 회수하여 최종 배기가스 온도를 적정범위 내에서 최대한 낮춘다.

해설 공기비(실제공기량/이론공기량)는 연료마다 차이가 나지만 1.1~1.3 사이가 가장 이상적이다.

5 강철제 증기보일러의 전열면적이 10m²을 초과하는 경우 급수밸브의 크기는 호칭지름이 얼마 이상이어야 하는가?

① 15A   ② 20A   ③ 30A   ④ 40A

해설 급수밸브, 체크밸브 크기

    ㉠ 전열면적 $10m^2$ 이하 : 15A 이상   ㉡ 전열면적 $10m^2$ 초과 : 20A 이상

6 굴뚝 높이 140m, 배기가스의 평균온도 200℃, 외기온도 27℃, 굴뚝 내 가스의 외기에 대한 비중이 1.05일 때, 연돌의 통풍력은?

① 36.3mmAq   ② 49.8mmAq   ③ 51.3mmAq   ④ 55.0mmAq

해설 공기밀도 = 1.293kg/Nm³

배기가스밀도 = 1.293×1.05배 = 1.35765kg/Nm³

연돌 통풍력$(Z) = 273 \cdot H\left(\dfrac{r_o}{T_a} - \dfrac{r_o}{T_g}\right) = 273 \times 140 \times \left(\dfrac{1.293}{273+27} - \dfrac{1.35765}{273+200}\right) = 55.0mmAq$

7 관류보일러의 특징에 대한 설명으로 틀린 것은?

① 관로만으로 구성되어 기수드럼이 필요하지 않다.

② 급수량 및 연료량의 자동제어 장치가 필요하다.

③ 관을 자유로이 배치할 수 있다.

④ 열효율이 높고, 전열면적당 보유수량이 많다.

해설 관류보일러(입형보일러 = 수관식) 특징

    ㉠ ①, ②, ③항의 특징 및 열효율이 높다.

    ㉡ 전열면적당 보유수량이 적다.

    ㉢ 급수처리가 매우 까다롭다.

Answer   4. ①   5. 전항 정답   6. ④   7. ④

8 다음 기체 중 가연성인 것은?

① CO_2 ② N_2 ③ H ④ He

해설 가연성 기체

H_2 가스, CH_4 가스, C_3H_8 가스, C_4H_{10} 가스, CO 가스

9 버너 착화를 원활하게 하고 화염의 안정을 도모하는 장치는?

① 윈드 박스   ② 보염기

③ 버너 타일   ④ 플레임 아이

해설 ㉠ 윈드 박스(바람상자) : 연소용 공기를 적절하게 분산 공급시키는 장치

㉡ 보염기(공기조절장치 → 에어레지스터) : 버너에서 연료의 착화를 원활하게 하고 화염의 안정을 도모한다.

㉢ 버너 타일 : 윈드박스 내부에 설치하는 보염기구로서 착화를 용이하게 한다.

㉣ 플레임 아이 : 화염검출기

10 보일러의 자동제어에서 증기압력제어는 어떤 것을 조작하는가?

① 노 내 압력량과 기압량   ② 급수량과 연료공급량

③ 수위량과 전열량   ④ 연료공급량과 연소용 공기량

해설 ㉠ 증기압력제어 : 연료량과 공기량을 조절한다.

㉡ 노 내 압력제어 : 연소 가스량을 조절한다.

제어장치 명칭	제어량	조작량
자동연소제어(ACC)	증기압력	연료량, 공기량
	노 내 압력	연소가스량
자동급수제어(FWC)	보일러 수위	급수량
과열증기온도제어(STC)	증기온도	전열량

11 보일러 관수 중 불순물에 의한 장해를 방지하기 위한 분출의 직접적인 목적으로 가장 거리가 먼 것은?

① 관수의 pH를 조정하기 위해서

② 프라이밍, 포밍 현상 방지를 위해서

③ 발생하는 증기의 건조도를 높이기 위해서

④ 슬러지 성분을 배출하기 위해서

해설 ㉠ 기수분리기, 비수방지관 : 발생하는 증기의 건조도를 높이는 장치이다.
　　　㉡ ①, ②, ④는 분출장치(수면연속분출, 수저간헐분출)의 설치목적이다.

12 다음 내용의 (　) 안에 들어갈 알맞은 용어는?

> 사이클론 집진기는 연소가스가 회전운동을 일으켜 이 원심력으로 분진을 분리하는 것으로 30~60
> μm 정도의 분진에 유효하다. 이 사이클론은 연소가스의 유입방법에 따라 접선유입식과 (　)
> 식이 있다.

① 축류　　　　　　② 원심　　　　　　③ 사류　　　　　　④ 와류

해설 사이클론 집진장치(원심식 집진장치)
　　㉠ 접선유입식
　　㉡ 축류식

13 진공환수식 증기난방에 관한 설명으로 틀린 것은?

① 진공 펌프에 버큠 브레이커(Vacuum Breaker)를 설치하여 진공도가 높아지면 밸브를 열어
　서 진공도를 낮춘다.
② 배관 및 방열기 내의 공기를 뽑아내므로 증기의 순환이 빠르다.
③ 환수파이프와 보일러 사이에 진공펌프를 설치하여 응축수를 환수시킨다.
④ 방열기 설치장소에 제한을 받고 방열기의 밸브로 방열량을 조절할 수 없다.

해설 응축수환수법 중 진공환수식(배관 내 100~250mmHg 진공유지)은 방열기 설치장소에 제한을 받지 않는다.

14 보일러의 증발계수에 대하여 옳게 설명한 것은?

① 상당 증발량을 실제 증발량으로 나눈 값이다.
② 실제 증발량을 상당 증발량으로 나눈 값이다.
③ 상당 증발량을 539로 나눈 값이다.
④ 실제 증발량을 539로 나눈 값이다.

해설 보일러 증발계수(증발력)
$$\frac{\text{상당 증발량}}{\text{실제 증발량}} = \frac{\text{증기엔탈피} - \text{급수엔탈피}}{539}$$

15 다음 중 탄성식 압력계에서 속하지 않는 것은?

① 피스톤식   ② 벨로즈식   ③ 부르동관식   ④ 다이어프램식

해설 물체의 탄성을 이용한 압력계
ㄱ 부르동관식
ㄴ 벨로즈식
ㄷ 다이어프램식

16 배기가스 분석방법에서 수동식 가스분석계 중 화학적 가스 분석방법에 해당되지 않는 것은?

① 오르자트법   ② 헴펠법
③ 검지관법   ④ 세라믹법

해설 세라믹 산소(O_2) 측정계
지르코니아(ZrO_2)를 주원료로 한 세라믹의 온도를 높여주면 O_2 이온만 통과시키는 성질을 이용한 계측기(기전력을 측정하여 산소(O_2)농도 측정)

17 탄소(C) 1kg을 완전 연소시키는 데 필요한 이론공기량은?

① $8.89Nm^3/kg$ ② $3.33Nm^3/kg$
③ $1.87Nm^3/kg$ ④ $22.4Nm^3/kg$

해설 연소반응식
$C + O_2 \rightarrow CO_2(12kg + 22.4Nm^3 = 22.4Nm^3)$

$\therefore$ 이론공기량(A_0) = 이론산소량 $\times \dfrac{1}{0.21}$

$\therefore A_0 = \dfrac{22.4}{12} \times \dfrac{1}{0.21} = 8.89Nm^3/kg$

18 특수보일러인 열매체 보일러의 특징 중 틀린 것은?

① 관 내부의 열매체를 물 대신 다우섬, 수은 등을 사용한 보일러이다.
② 동파의 우려가 적다.
③ 높은 압력하에서 고온을 얻는 것이 특징이다.
④ 물처리 장치나 청관제 주입장치가 불필요하다.

해설 열매체(다우섬, 수은, 카네크롤, 모빌섬, 세큐리티 등) 보일러는 약 $3kg/cm^2$의 낮은 압력에서 $300℃$의 기상, 액상 등의 열매를 얻을 수 있다.

19 다음 배관 및 부속기기에 관한 설명으로 옳은 것은?

① 배관의 신축이음은 증기 배관에만 설치하고 응축수 배관에는 필요 없다.

② 각 설비로 공급하는 증기배관을 증기주관의 하부에 연결하면 스팀트랩을 설치하지 않아도 된다.

③ 축열기의 설치 목적은 보일러의 캐리오버를 방지하기 위한 것이다.

④ 주 증기 밸브를 개방할 때에는 서서히 개방하여야 보일러의 캐리오버를 줄일 수 있다.

해설 ㉠ 증기나 온수배관에는 신축이음이 필요하다.
　　㉡ 증기난방에는 응축수 배출을 위한 스팀트랩을 설치한다.
　　㉢ 증기축열기는 남아도는 잉여증기를 저장해 두었다가, 부하 증대 시 저장했던 증기를 빼서 보일러에 공급하는 장치이다. 부하 급변화 시에 부하에 대응하기가 수월하다.

20 대류난방과 비교하여 복사난방에 대한 특징을 설명한 것으로 틀린 것은?

① 외기 온도 급변에 대한 온도 조절이 쉽다.

② 하자 발생 시 보수작업이 번거롭고 힘들다.

③ 실내온도가 비교적 균등하다.

④ 동일 방열량에 대해 열손실이 비교적 적다.

해설 복사난방(패널난방＝바닥패널, 벽패널, 천장패널)
외기온도 급변화 시에 온도 조절이 불편하다.

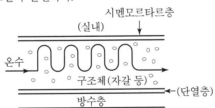

21 방열기 내 공기가 빠지지 않아 방열기가 뜨거워지는 것을 방지하기 위해 공기 빼기를 목적으로 설치하는 밸브는?

① 체크밸브　　　　　　　　　　② 솔레노이드 밸브

③ 에어벤트 밸브　　　　　　　　④ 스톱 밸브

해설 에어벤트 밸브＝공기 빼기 밸브

22 보일러의 안전밸브 또는 압력 릴리프밸브에 요구되는 기능에 관한 설명으로 틀린 것은?

① 적절한 정지압력으로 닫힐 것
② 방출할 때는 규정의 리프트가 얻어질 것
③ 설정된 압력 이하에서 방출할 것
④ 밸브의 개폐동작이 안정적일 것

해설 안전밸브, 방출밸브(릴리프밸브)
설정된 압력 이상에서 유체(증기, 액체 등)를 방출하는 안전장치이다.

23 체적과 시간으로부터 직접 유량을 구하는 유량계는?

① 피토관　　　　② 벤튜리관　　　　③ 로터미터　　　　④ 노즐

해설 로터미터(면적식 유량계)
플로트(부자)를 이용하여 체적과 시간으로부터 순간유량을 측정하면서 면적식 유량계로 사용된다.

24 다음 물질 중 상온에서 열전도도가 가장 낮은 것은?

① 구리(동)　　　　② 철　　　　③ 알루미늄　　　　④ 납

해설 열전도율(kcal/m·h·℃) : 20℃에서
㉠ 철 : 42
㉡ 알루미늄 : 175
㉢ 구리 : 375(은 다음으로 열전도율이 높다.)
㉣ 납 : 30

25 다음 설명에 해당되는 보일러 손상 종류는?

> 고온 고압의 보일러에서 발생하나 저압 보일러에서도 열부하가 클 경우 발생되며, 발생하는 장소로는 용접부의 틈이 있는 경우나 관공 등 응력이 집중하는 틈이 많은 곳이다. 외관상으로는 부식성이 없고 극히 미세한 불규칙적인 방사형을 하고 있다.

① 가성취화　　　　　　　　　　　② 크랙크(균열)
③ 블리스터　　　　　　　　　　　④ 라미네이션

해설 가성취화
용접부의 틈이 있는 경우나, 관공, 리벳 등의 응력이 집중하는 틈이 많은 곳에 발생하며 외관상 부식은 없고 극히 미세한 불규칙 방사형을 이룬다(농알칼리에 의한 취화균열이며 결정입자의 경계에 따라 균열이 생긴다).

26 0℃일 때 2.5m인 강철제 레일이 온도가 40℃가 되면 늘어나는 길이는?(단, 강철의 선팽창계수는 $1.1×10^{-5}$mm/m・℃이다.)

① 0.011cm ② 0.11cm ③ 1.1cm ④ 1.75cm

해설 팽창길이(l) = 2.5m×$1.1×10^{-5}$mm/m℃×(40−0) = 0.0011mm(0.011cm)

27 유체 속에 잠긴 경사 평면에 작용하는 전압력의 작용점 위치는?

① 경사 평면의 중심에 있다. ② 경사 평면의 좌측에 있다.

③ 경사 평면의 중심보다 위에 있다. ④ 경사 평면의 중심보다 아래에 있다.

해설 유체 속에 잠긴 경사 평면에 작용하는 전압력의 작용점 위치
경사 평면의 중심보다 아래에 있다.(즉, 면 중심에서의 압력과 면적의 곱과 같다.)

28 보일러 연소 시 역화가 발생하는 경우와 가장 거리가 먼 것은?

① 점화 시 착화가 빠를 경우

② 프리퍼지가 부족한 상태에서 점화하는 경우

③ 연도 댐퍼가 닫혀 있는 상태에서 점화하는 경우

④ 점화 시 공기보다 연료가 노 내에 먼저 공급되었을 경우

해설 점화 시 착화는 5초 이내에 일어나야 한다.(착화가 늦으면 CO 가스가 발생하여 역화가 일어난다.)

29 보일러 가동 시 매연 발생 원인으로 가장 거리가 먼 것은?

① 연소장치가 부적당할 때 ② 통풍력과 공기량이 부족할 때

③ 연소기기의 취급을 잘못하였을 때 ④ 연료 중에 수분이나 불순물이 없을 때

해설 연료 중 수분이나 불순물이 없으면 매연의 발생이 방지된다.

30 증기의 교축(Throttle) 시에 항상 증가하는 것은?

① 압력 ② 엔트로피 ③ 엔탈피 ④ 온도

해설 교축현상
증기가 오리피스나 밸브 등의 작은 단면을 통과할 때 외부에 대해 일을 하지 않지만 압력강하가 일어나는 현상(등엔탈피 과정, 비가역현상, 엔트로피 증가)

Answer 26. ① 27. ④ 28. ① 29. ④ 30. ②

31 보일러 가스폭발을 방지하는 방법이 아닌 것은?

① 급격한 부하변동(연소량의 증감)은 피한다.

② 점화할 때는 미리 충분한 프리퍼지를 한다.

③ 연료 속의 수분이나 슬러지 등은 충분히 배출한다.

④ 안전 저연소율보다 부하를 낮추어서 연소시킨다.

해설 가스폭발(CO가스 폭발)을 방지하려면 안전 저연소율(최대부하 30%) 이상 부하를 높여서 연소시킨다.

32 밀폐된 용기 속의 유체에 압력을 가(加)했을 때 그 압력이 작용하는 방향은?

① 압력을 가하는 방향으로 작용

② 압력을 가하는 반대 방향으로 작용

③ 용기 내 모든 방향으로 작용

④ 용기의 하부 방향으로만 작용

해설 압력은 용기 내 모든 방향으로 작용한다.

33 프라이밍에 관한 설명으로 틀린 것은?

① 이상 증발 현상의 하나임

② 보일러 부하를 급증시켰을 때 발생

③ 보일러 수위가 낮을 때 발생

④ 보일러 청정제를 다량 투입했을 때 발생

해설 ㉠ 보일러 수위가 낮으면 보일러 과열 저수위 사고로 보일러가 파열된다.

ⓛ 비수(프라이밍 현상) : 증기 발생 시 수분이 증기 속에 혼입되는 현상이다.

34 압력 3kg/cm²에서 물의 증발잠열이 517.1kcal/kg이며, 포화온도는 132.88℃이다. 물 5kg을 동일 압력에서 증발시킬 때 엔트로피의 변화량은?

① 1.32kcal/K   ② 4.42kcal/K   ③ 6.37kcal/K   ④ 8.73kcal/K

해설 엔트로피 변화$(\Delta S) = \dfrac{\delta Q}{T}$

$\delta Q = 517.1 \times 5 = 2,585.5\text{kcal}$

$T = ℃ + 273 = 132.88 + 273 = 405.88\text{K}$

$\therefore \ \Delta S = \dfrac{2,585.5}{405.88} = 6.37\text{kcal/K}$

35 물 중의 불순물 농도를 표시하는 단위인 ppb의 설명으로 옳은 것은?

① 만 단위중량분의 1단위 중량 ② 백만 단위중량분의 1단위 중량

③ 10억 단위중량분의 1단위 중량 ④ 용액 1L 중 1mg 해당량

해설 PPb(Parts Per billion) : 용액 1톤(1,000kg) 중의 용질 1mg(mg/ton)

즉, $\dfrac{1}{1,000,000,000} = \dfrac{1}{10억} = \dfrac{1}{10^8}$

36 선택적 캐리 오버(Selective Carry Over)는 무엇이 증기에 포함되어 분출되는 현상인가?

① 액적 ② 거품

③ 탄산칼슘 ④ 실리카

해설 캐리오버(Carry) : 기수공발

보일러 수 중의 용존물이나 고형물이 증기에 혼입되어 보일러 외부 증기사용처로 배출되는 현상으로, 포밍과 프라이밍 현상 및 규산(실리카) 캐리오버(Selective)가 있다.

37 다음 보기는 보일러의 산세정 공정의 일부를 나열한 것이다. 순서대로 바르게 된 것은?

〈보기〉

| 1. 산세정 | 2. 중화 방청처리 | 3. 연화처리 | 4. 예열 |

① 1→4→2→3 ② 1→2→4→3

③ 4→1→3→2 ④ 4→3→1→2

해설
- 산세관제 : 염산, 황산, 인산, 질산, 광산
- 용해촉진제 : 불화수소산
- 부식억제제 : 인히비터 0.2~0.6% 첨가
- 산세정공정 : 4→3→1→2 공정순서

Answer 35. ③ 36. ④ 37. ④

38 2개의 단열 변화와 2개의 등압 변화로 구성되며 증기와 액체의 상변화가 이루어지는 사이클은?

① 랭킨 사이클

② 재열 사이클

③ 재생 사이클

④ 재생 – 재열 사이클

해설 랭킨 사이클(Rankine Cycle0

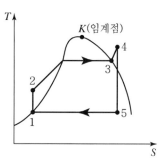

㉠ 1→2(단열압축) : 급수펌프   ㉡ 2→3→4(정압가열) : 과열증기

㉢ 4→5(단열팽창) : 증기터빈   ㉣ 5→1(정압방열) : 복수기

39 보일러 내부부식의 원인이 아닌 것은?

① 보일러수의 pH 값이 너무 높거나 낮다.

② 보일러수 중에 산(HCl, H_2SO_4)이 포함되어 있다.

③ 보일러수 중에 공기나 산소가 용존한다.

④ 보일러수 중에 적당량의 암모니아가 용해되어 있다.

해설 ㉠ 알칼리 세관제 : 암모니아, 가성소다, 탄산소다, 인산소다

㉡ 알칼리 세관 가성취화 억제제 : 질산나트륨, 인산나트륨

40 관 마찰계수가 일정할 때 배관 속을 흐르는 유체의 손실수두에 관한 설명으로 옳은 것은?

① 유속에 반비례한다.

② 관 길이에 반비례한다.

③ 유속의 제곱에 비례한다.

④ 관 직경에 비례한다.

해설 관 마찰계수 일정

유체의 손실수두는 유속의 제곱에 비례한다.

유체의 전수두$(H) = \dfrac{P}{r} + \dfrac{V^2}{2g} + Z = C(\mathrm{m})$ (일정)

41 유리섬유(Glass Wool) 보온재에 대한 특징으로 틀린 것은?

① 물 등에 의하여 화학작용을 일으키지 않으므로 단열·내열·내구성이 좋다.
② 순수한 유기질의 섬유제품으로서 불에 타지 않는다.
③ 섬유가 가늘고 섬세하게 밀집되어 다량의 공기를 포함하고 있으므로 보온효과가 좋다.
④ 외관이 아름답고 유연성이 좋아 시공이 간편하다.

해설 그라스울(유리섬유) : 무기질 원료로서 불에 잘 타지 않는다.

42 보온재와 보랭재, 단열재는 무엇을 기준으로 하여 구분하는가?

① 압축강도　　　　② 내화도　　　　③ 열전도도　　　　④ 안전 사용온도

해설 보온재, 보랭재, 단열재, 구분기준 : 안전 사용온도

43 도료의 분류에서 성분(도막 주요소)에 의한 분류로 가장 거리가 먼 것은?

① 유성도료　　　　　　　　　　② 수성도료
③ 프탈산 수지도료　　　　　　　④ 내알칼리 도료

해설 성분에 의한 도료(페인트) 분류
　　㉠ 유성도료
　　㉡ 수성도료
　　㉢ 프탈산 수지도료(합성수지 도료)

44 용접식 관 이음쇠인 롱 엘보(long elbow)의 곡률 반경은 강관 호칭지름의 몇 배인가?

① 1배　　　　② 1.5배　　　　③ 2배　　　　④ 2.5배

해설 용접식 관이음쇠
　　㉠ 롱 엘보 : 곡률반경(강관 호칭지름의 1.5배)
　　㉡ 쇼트엘보 : 곡률반경(강관 호칭지름의 1.0배)

45 강관의 전기용접 접합에서 사용되는 용접봉의 기호가 E4301로 표시되어 있을 때 43의 뜻은?

① 사용 가능한 용접자세　　　　② 용접봉 심선의 굵기
③ 용착금속의 최소인장강도　　　④ 심선의 최고인장강도

Answer　　41. ② 42. ④ 43. ④ 44. ② 45. ③

해설 용접봉 일미나이트계(피복제 계통 E4301)

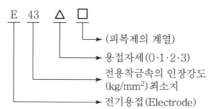

46 배관지지 장치의 종류 중 배관의 열팽창에 의한 이동을 구속 제한할 목적으로 사용되며 종류에는 앵커, 스토퍼, 가이드 등이 있는데 이와 같은 지지 장치를 무엇이라 하는가?

① 레스트레인트(Restraint) ② 브레이스(Brace)

③ 행거(Hanger) ④ 서포트(Support)

해설 레스트레인트
ㄱ 앵커
ㄴ 스토퍼
ㄷ 가이드

47 에너지법상의 에너지공급자란?

① 에너지 사용처의 사장

② 한국에너지공단 이사장

③ 에너지 관리 공장장

④ 에너지를 생산·수입·전환·수송·저장·판매하는 사업자

해설 에너지공급자
에너지를 생산, 수입, 전환, 수송, 저장, 판매하는 사업자

48 동관의 이음 방법으로 적합하지 않은 것은?

① 용접 이음 ② 플라스턴 이음

③ 납땜 이음 ④ 플랜지 이음

해설 플라스턴 이음(Plastann Joint)
(납 60% + 주석 40%) 합금이며 연(Pb)관의 이음이다.

Answer 46. ① 47. ④ 48. ②

49 다음은 배관의 일정한 방향의 이동과 회전만 구속하고 다른 방향은 자유롭게 이동하게 하는 배관 지지구이다. 이 지지구의 명칭은 무엇인가?

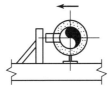

① 브레이스　　　② 앵커　　　③ 스토퍼　　　④ 가이드

 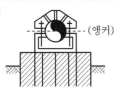 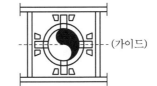

50 오리피스형 증기트랩에 관한 설명으로 틀린 것은?

① 작동 및 구조상 증기가 약간 누설되는 결점이 있다.

② 오리피스를 통과할 때 생성된 재증발 증기의 교축효과를 이용한 것이다.

③ 취급되는 응축수의 양에 비하여 대형이다.

④ 고압, 중압, 저압의 어느 곳에나 사용된다.

해 ㉠ 오리피스 증기트랩(열역학적 트랩)

- 소형이며 과열증기에 사용이 가능하다.
- 부품이 정밀하여 마모 시 문제가 많고 증기누설이 많다.
- 배압의 허용도가 30% 미만이다.

㉡ 상향버킷형(대형 증기트랩)

51 에너지이용 합리화법에 따라 에너지관리의 효율적인 수행과 특정열사용기자재의 안전관리를 위하여 에너지관리자, 시공업의 기술인력 및 검사대상기기조종자에 대하여 교육을 실시하는 자는?

① 고용노동부장관　　　　　② 국토교통부장관

③ 산업통상자원부장관　　　④ 한국에너지공단이사장

해 에너지관리자, 시공업의 기술인력, 검사대상기기조종자(보일러, 압력용기 조종자) 등의 교육실시부서장은 산업통상자원부장관이다.

Answer　　49. ③　50. ③　51. ③

52 다음의 인장시험 곡선에서 하중을 제거하였을 경우 처음 상태로 되돌아가는 탄성변형의 구간은?

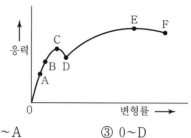

① 0~F ② 0~A ③ 0~D ④ 0~E

해설 응력–변형률선도
A : 비례한계, B : 탄성한계, C : 상항복점, D : 하항복점, E : 인장강도, F : 파괴점

53 에너지이용 합리화법에서 특정열사용기자재에 포함되지 않는 것은?

① 태양열집열기 ② 1종 압력용기
③ 온수보일러 ④ 버너

해설 버너는 연소기기이다.

54 증기 배관의 증기 트랩 설치 시공법을 설명한 것으로 틀린 것은?

① 응축 수량이 많이 발생하는 증기관에는 다량트랩이 적합하다.
② 관말부의 최종 분기부에서 트랩에 이르는 배관은 충분히 보온해 준다.
③ 증기 트랩 주변은 점검이나 고장 시 수리 및 교체가 가능하도록 공간을 두어야 한다.
④ 트랩 전방에 스트레이너를 설치하여 이물질을 제거한다.

해설 배관 끝부분(관말부)의 최종 분기부에서 트랩에 이르는 배관은 응축수의 원활한 이송을 위해 보온하지 않는다.

55 다음 표는 어느 자동차 영업소의 월별 판매실적을 나타낸 것이다. 5개월 단순이동 평균법으로 6월의 수요를 예측하면 몇 대인가?

월	1월	2월	3월	4월	5월
판매량	100대	110대	120대	130대	140대

① 120대 ② 130대 ③ 140대 ④ 150대

해설 판매월별

5개월 간 총 판매수량 : 600대

6월의 수요예측 : $\dfrac{600}{5}$ = 120대

56 이항분포(Binomial Distribution)에서 매회 A가 일어나는 확률이 일정한 값 P일 때, n회의 독립 시행 중 사상 A가 x회 일어날 확률 $P(x)$를 구하는 식은?(단, N은 로트의 크기, n은 시료의 크기, P는 로트의 모부적합품률이다.)

① $P(x)=\dfrac{n!}{x!(n-x)!}$ ② $P(x)=e^{-x}\cdot\dfrac{(nP)^x}{x!}$

③ $P(x)=\dfrac{\left(\dfrac{NP}{x}\right)\left(\dfrac{N-NP}{n-x}\right)}{\left(\dfrac{N}{n}\right)}$ ④ $P(x)=\left(\dfrac{n}{x}\right)P^x(1-P)^{n-x}$

해설 ㉠ 이항분포 확률($P_{(x)}$) 구하는 식

$$P_{(x)}=\left(\dfrac{n}{x}\right)P^x(1-P)^{n-x}$$

㉡ 통계학에서 정규분포와 마찬가지로 모집단이 가지는 이상적인 분포형으로 정규분포가 연소변량인 데 대하여 이항분포는 이산변량이다. A가 일어날 확률식은 ④항이다.

일명 계수치분포이다(계수치분포 : 이항분포, 푸아송 분포, 초기화분포 등).

57 표준시간 설정 시 미리 정해진 표를 활용하여 작업자의 동작에 대해 시간을 산정하는 시간연구법에 해당되는 것은?

① PTS법   ② 스톱워치법   ③ 워크샘플링법   ④ 실적자료법

해설 PTS법

표준시간 설정 시 미리 정해진 표를 활용하여 작업자의 동작에 대해 시간을 산정하는 시간연구법

58 다음 내용은 설비보전조직에 대한 설명이다. 어떤 조직의 형태에 대한 설명인가?

> 보전작업자는 조직상 각 제조부문의 감독자 밑에 둔다.
> • 단점 : 생산우선에 의한 보전작업 경시, 보전기술 향상의 곤란성
> • 장점 : 운전자와 일체감 및 현장감독의 용이성

① 집중보전   ② 지역보전   ③ 부문보전   ④ 절충보전

Answer   56. ④   57. ①   58. ③

해설 설비보전 부문보전

보전작업자는 조직상 각 제조부문의 감독자 밑에 둔다. 단점은 생산 우선에 의한 보전작업 경시, 보전기술 향상의 곤란성이며, 그 장점은 운전자와 일체감 및 현장감독의 용이성이다.

59 샘플링에 관한 설명으로 틀린 것은?

① 취락 샘플링에서는 취락 간의 차는 작게, 취락 내의 차는 크게 한다.
② 제조공정의 품질특성에 주기적인 변동이 있는 경우 계통 샘플링을 적용하는 것이 좋다.
③ 시간적 또는 공간적으로 일정 간격을 두고 샘플링하는 방법을 계통 샘플링이라고 한다.
④ 모집단을 몇 개의 층으로 나누어 각 층마다 랜덤하게 시료를 추출하는 것을 층별 샘플링이라고 한다.

해설 지그재그 샘플링(Zigzag Sampling)

제조공정에서 주기적인 변동이 있는 경우에 시료를 샘플링한다.(계통 샘플링에서 주기성에 의한 치우침의 발생위험을 방지하기 위한 방법으로 하나씩 걸러서 일정한 간격으로 시료를 뽑는다.)

60 다음은 관리도의 사용 절차를 나타낸 것이다. 관리도의 사용 절차를 순서대로 나열한 것은?

㉠ 관리하여야 할 항목의 선정	㉡ 관리도의 선정
㉢ 관리하려는 제품이나 종류 선정	㉣ 시료를 채취하고 측정하여 관리도를 작성

① ㉠ → ㉡ → ㉢ → ㉣　　　　② ㉠ → ㉢ → ㉣ → ㉡
③ ㉢ → ㉠ → ㉡ → ㉣　　　　④ ㉢ → ㉣ → ㉠ → ㉡

해설 품질관리 관리도의 사용 절차

㉢ → ㉠ → ㉡ → ㉣

1 작동방법에 따른 감압밸브의 분류에 포함되지 않는 것은?

① 로터리형   ② 벨로즈형

③ 다이어프램형   ④ 피스톤형

해설 (1) 작동방법에 따른 분류

　　㉠ 벨로즈형, ㉡ 다이어프램형, ㉢ 피스톤형

(2) 구조상 분류

　　㉠ 스프링식, ㉡ 추식

2 온수난방 방열기의 방열량 3600kcal/h, 입구온수 온도가 75℃, 출구온수 온도가 65℃로 했을 경우, 1분당 유입 온수유량은 몇 kg인가?

① 6   ② 10   ③ 12   ④ 40

해설 분당 온수유량 계산

$$\therefore \ \frac{3600\text{kcal/h}/60분}{1\times(75-65)}=6\text{kg/분당(min)}$$

• 물의 비열 : 1kcal/kg℃

3 긴 수관으로만 구성된 보일러로 초임계압력 이상의 고압증기를 얻을 수 있는 관류 보일러는?

① 슈미트 보일러   ② 베록스 보일러

③ 라몬트 보일러   ④ 슐처 보일러

해설 관류보일러

　㉠ 벤슨 보일러

　㉡ 슐처 보일러

　㉢ 다관식 보일러

• 초임계 압력(225.65kg/cm^2)

4 부하변동에 적응성이 좋으며 응축수를 연속적으로 배출하고 자동공기배출이 이루어지며 볼과 레버가 수격작용으로 인해 파손이 생기기 쉽고 겨울철 동파위험이 있는 증기트랩은?

① 버킷 트랩
② 플로트 트랩
③ 바이메탈식 트랩
④ 벨로즈 트랩

해설 연속트랩(플로트 트랩) : 다량트랩(응축수 배출)
㉠ 부하변동에 적응성이 좋다.
㉡ 응축수 연속배출이 가능하다.
㉢ 동절기 동파의 위험이 따른다.
㉣ 볼과 레버가 부착된다.

5 수소(H_2)의 영향을 가장 많이 받으며, 휘스톤브리지 회로를 구성한 가스 분석계는?

① 밀도식 CO_2계
② 오르자트식 가스분석계
③ 가스크로마토그래피
④ 열전도율형 CO_2계

해설 열전도율형 CO_2 가스분석계(CO_2는 공기에 비해 열전도율이 적은 것을 이용하여 CO_2 분석)
수소는 열전도율이 높아서 열전도율형 CO_2계로 가스분석 시 오차가 발생하고(H_2가스 혼입 시 오차가 발생)
CO_2계로 CO_2가스 측정이 용이하다(수소가스 혼입 시는 좋지 않다.)

6 보일러와 압력계 부착방법에 관한 설명으로 틀린 것은?

① 증기온도가 210℃가 넘을 때는 동관을 사용하여야 한다.
② 압력계에 연결되는 증기관은 동관일 경우 안지름 6.5mm 이상이어야 한다.
③ 압력계의 코크 대신에 밸브를 사용할 경우에는 한 눈에 개폐 여부를 알 수 있는 구조로 하여야 한다.
④ 압력계에 연결되는 관은 사이폰관을 부착하여 증기가 직접 압력계에 들어가지 않도록 하여야 한다.

해설 압력계 연락관은 동관이나 황동관 사용 시 210℃ 이상에서는 사용이 불가능하고 고온에서는 강관을 사용한다.

7 자동제어 방법에서 추치제어의 종류가 아닌 것은?

① 추종제어
② 정치제어
③ 비율제어
④ 프로그램 제어

해설 자동제어방식
㉠ 정치제어
㉡ 추치제어(추종, 비율, 프로그램)

8 원심펌프가 회전수 600rpm에서 양정이 20m이고, 송출량이 매분 0.5m³이다. 이 펌프의 회전수를 900rpm으로 바꾸면 양정은 얼마나 되는가?

① 25m   ② 30m   ③ 45m   ④ 60m

해설 송출유량＝회전수 증가에 비례한다(양정은 제곱에 비례)

$$\therefore \ 양정 = 20 \times \left(\frac{900}{600}\right)^2 = 45\text{m}$$

9 난방부하에 관한 설명으로 옳은 것은?

① 틈새바람의 양을 예측하는 방법으로 환기횟수법이 있다.
② 건축물 구조체에서의 열전달은 열전달계수와 관련이 있다.
③ 표면열전달계수는 풍속과는 관련이 없고 재질에 영향을 받는다.
④ 위험율 2.5% 온도는 최대부하에 근거한 외기온도보다 2.5% 낮은 온도를 기준한다.

해설 난방부하 : 틈새바람(극간풍)의 (환기 횟수에 의해) 횟수의 양을 측정하여 부하계산이 가능하다.

10 전양식 안전밸브를 사용하는 증기보일러에서 분출압력이 15kg/cm²이고, 밸브시트 구멍의 지름이 50mm일 때 분출용량은 약 몇 kg/h인가?

① 12985   ② 12920   ③ 12013   ④ 11525

해설 증기보일러 안전밸브 분출용량 계산(안전밸브는 전열면적이 50m² 이상일 경우 2개가 설치된다.)

$$전양식 \ 분출용량(W) = \frac{(1.03 \times P + 1) \times 면적}{2.5} = \frac{(1.03 \times 15 + 1) \times \frac{3.14}{4}(50)^2}{2.5}$$
$$\fallingdotseq 12920\text{kg/h}$$

11 증기 난방방식에서 응축수 환수방식에 의한 분류 중 진공 환수방식에 대한 설명으로 틀린 것은?

① 환수주관의 말단에 진공펌프를 설치한다.
② 환수관에서의 진공도는 20~30mmHg이다.
③ 방열량을 광범위하게 조절할 수 있어서 대규모 난방에 적합하다.
④ 방열기 설치 위치에 제한을 받지 않는다.

해설 증기난방 응축수 환수방법 : ㉠ 중력 환수식 ㉡ 기계 환수식 ㉢ 진공 환수식
• 진공 환수식 진공도 : 100~250mmHg

---

12 보일러 연돌의 통풍력에 관한 설명으로 틀린 것은?

① 연돌의 높이가 높을수록 통풍력이 크다.

② 연돌의 단면적이 클수록 통풍력이 크다.

③ 연돌 내 배기가스의 온도가 높을수록 통풍력이 크다.

④ 연돌의 온도구배가 작을수록 통풍력이 크다.

> **해설** 온도구배 : (내부온도~외부온도)에 의함
> 통풍력은 외기온도가 낮고 배기가스 온도가 높을수록 커진다(단위 : mmH₂O)

13 보일러 급수장치는 주펌프 세트 외에 보조펌프 세트를 갖추어야 하는데 관류 보일러의 경우 전열면적이 몇 m² 이하이면 보조펌프를 생략할 수 있는가?

① 12m²　　　　② 14m²　　　　③ 50m²　　　　④ 100m²

> **해설** 보일러 보조펌프 생략기준
> ㉠ 전열면적 12m² 이하의 보일러
> ㉡ 전열면적 14m² 이하의 가스용 온수보일러
> ㉢ 전열면적 100m² 이하의 관류보일러

14 고압기류식 분무버너의 특징에 관한 설명으로 옳은 것은?

① 연료유의 점도가 크면 비교적 무화가 곤란하다.

② 연소 시 소음의 발생이 적다.

③ 유량 조절범위가 1 : 3 정도로 좁다.

④ 공기 또는 증기를 분사시켜 기름을 무화하는 방식이다.

> **해설** 고압기류식 분무버너(무화방식) 매체는 공기나 증기이며 사용압력은 0.2~0.7MPa 정도로 중유를 무화(안개방울화) 시켜서 공기와의 혼합 촉진에 의한 양호한 연소가 된다(유량 조절범위 : 1:10).

15 버너에서 착화를 확실히 하고, 화염이 꺼지지 않도록 화염의 안정을 도모하기 위해 설치되는 장치는?

① 스택스위치　　　② 플레임아이　　　③ 플레임로드　　　④ 보염기

> **해설** 보염기(보염장치 : 에어레지스터)
> 버너 착화 시 화염이 꺼지지 않도록 화염의 안정을 도모하여 착화를 확실히 한다(버너타일, 콤버스터, 보염기, 윈드박스 등)

16 일정한 조건 아래에서 휘발성 물질의 증기가 다른 작은 불꽃에 의하여 불이 붙는 가장 낮은 온도를 무엇이라고 하는가?

① 인화점   ② 임계점
③ 연소점   ④ 유동점

해설 **인화점**
휘발성 물질의 증기가 다른 작은 불꽃에 의하여 불이 붙는 가장 낮은 온도를 말한다(휘발유 : −30℃)

17 송기장치 배관에 대한 설명으로 옳은 것은?

① 증기 헤더의 직경은 주증기관의 관경보다 작아도 된다.
② 벨로즈형 신축이음쇠는 일명 신축곡관이라고 하며, 고압배관에 적당하다.
③ 트랩의 구비조건은 마찰저항이 크고 응축수를 단속적으로 배출할 수 있어야 한다.
④ 감압밸브는 고압 측 압력의 변동에 관계없이 저압 측 압력을 항상 일정하게 유지한다.

해설 ㉠ 증기헤더는 주증기관 직경보다 크다.
㉡ 신축곡관 : 루프형 신축이음
㉢ 증기트랩은 마찰저항이 적고 연속배출이 가능하여야 한다.

18 급수펌프의 구비조건에 대한 설명으로 틀린 것은?

① 고온, 고압에도 충분히 견디어야 한다.
② 부하변동에 대한 대응이 좋아야 한다.
③ 고·저부하 시에는 반드시 펌프가 정지하여야 한다.
④ 작동이 확실하고 조작이 간편하여야 한다.

해설 보일러고부하 시에는 작동이 중지되고 저부하 시에는 보일러 운전에 의해 펌프가 작동되어야 한다.

19 천장이나 벽, 바닥 등에 코일을 매설하여 온수 등 열매체를 이용하여 복사열에 의해 실내를 난방하는 것은?

① 대류난방   ② 패널난방
③ 간접난방   ④ 전도난방

해설 **패널난방(복사난방)**
코일난방이며 천장, 벽, 바닥에 온수코일을 설치하는 난방이다.

20 탄소 12kg을 완전 연소시키기 위하여 필요한 산소량은?

① 16kg   ② 24kg   ③ 32kg   ④ 36kg

해설 분자량(탄소 : 12, 산소 : 32)

$$C \quad + \quad O_2 \quad \rightarrow \quad CO_2$$
$$(12kg) \quad + \quad (32kg) \quad \rightarrow \quad (44kg)$$
$$(1kg) \quad + \quad (2.67kg) \quad \rightarrow \quad (3.67kg)$$

21 수관식 보일러에서 전열면의 증발률(Be_1)을 구하는 식은?

① $Be_1 = \dfrac{총증기발생량}{전열면적}$ ② $Be_1 = \dfrac{매시실제증기발생량}{전열면적}$

③ $Be_1 = \dfrac{전열면적}{총증기발생량}$ ④ $Be_1 = \dfrac{전열면적}{매시실제증기발생량}$

해설 보일러 전열면의 증발률(kg/m^2h)

$$\therefore Be_1 = \frac{매시실제증기발생량}{전열면적}$$

22 가압수식 집진장치가 아닌 것은?

① 벤투리 스크러버   ② 사이클론 스크러버
③ 제트 스크러버   ④ 타이젠 와셔식

해설 집진장치 회전식 종류
㉠ 임펄스 스크레버식(충격식)
㉡ 타이젠 와셔식

23 복사난방에 관한 설명으로 틀린 것은?

① 별도의 방열기가 없으므로 공간 활용도가 높아진다.
② 열용량이 작고 방열량 조절 시간이 짧아 간헐난방에 적합하다.
③ 화상을 입을 염려가 없고, 공기의 오염이 적다.
④ 매립 코일의 고장 시 수리가 어렵다.

해설 복사난방(패널난방)
열용량이 크고 방열량 조절시간이 길어서 연속난방에 적합하다.

24 증기 선도에서 임계점이란?

① 고체, 액체, 기체가 불평형을 유지하는 점이다.

② 증발잠열이 어느 압력에 달하면 0이 되는 점이다.

③ 증기와 액체가 평형으로 존재할 수 없는 상태의 점이다.

④ 건포화증기를 계속 가열하면 압력 변동 없이 온도만 상승하는 점이다.

해 증기보일러 임계점

㉠ 온도 : 374.15℃

㉡ 압력 : 225.65kg/cm²

• 증발잠열 : 0kcal/kg(액과 증기의 구별이 없어진다.)

25 표준 대기압에 해당되지 않는 것은?

① 760mmHg

② 101325N/m²

③ 10.3323mAq

④ 12.7psi

해 표준대기압(1atm)

| ㉠ 760mmHg | ㉡ 101325N/m² | ㉢ 10.3323mAq |
| ㉣ 14.7psi | ㉤ 101.325kPa | ㉥ 101,325Pa |

26 냉동 사이클의 이상적인 사이클은 어느 것인가?

① 오토 사이클

② 디젤 사이클

③ 스털링 사이클

④ 역카르노 사이클

해 냉동사이클 기본사이클

역카르노 사이클(증발기, 압축기, 응축기, 팽창밸브)

27 물속에 경사지게 평판이 잠겨 있다. 이 경사 평판에 작용하는 압력의 중심에 대한 설명으로 옳은 것은?

① 압력의 중심은 도심의 아래에 있다.

② 압력의 중심은 도심과 동일하다.

③ 압력의 중심은 도심보다 위에 있다.

④ 압력의 중심은 도심과 같은 높이의 우측에 있다.

해 (물속)경사평판

작용하는 힘 : 압력의 중심은 도심의 아래에 있다.

28 이상기체가 일정한 압력 하에서의 부피가 2배가 되려면 초기 온도가 27℃인 기체는 몇 ℃가 되어야 하는가?

① 54℃ ② 108℃ ③ 300℃ ④ 327℃

 $T = 27 + 273 = 300K$

$300 \times 2 = 600K$

℃ = K $-$ 273 = 600 $-$ 273 = 327℃

29 가성취화 현상에 관한 설명으로 옳은 것은?

① 물과 접촉하고 있는 강재의 표면에서 철이온이 용출하여 부식되는 현상이다.

② 보일러 강판과 관이 화염의 접촉으로 화학작용을 일으켜 부식되는 현상이다.

③ 청관제인 탄산나트륨을 과다하게 공급하여 보일러수가 알칼리화되어 부식되는 현상이다.

④ 보일러판의 리벳트 구멍 등에 고농도 알칼리 작용에 의해 강 조직을 침범하여 균열이 생기는 현상이다.

가성취화 현상

보일러 판의 리벳트 구멍 등에 고농도 알칼리 작용에 의해 강 조직을 침범하여 균열이 발생하는 현상이다.

30 증기보일러에 부착된 저양정식 안전밸브의 분출압력이 0.1MPa, 밸브의 단면적이 100mm²이다. 이 밸브의 증기 분출용량(kg/h)은? (단, 계수는 1로 한다.)

① 9.23kg/h ② 20.31kg/h

③ 51.36kg/h ④ 82.47kg/h

저양정식 안전밸브 분출용량(W)

$W = \dfrac{(1.03P+1) \times S(\text{단면적})A}{22} = 9.23\text{kg/h}$

$\therefore \dfrac{(1.03 \times 1 + 1) \times 100 \times 1}{22} = 9.23(\text{kg/h})$

• 안전밸브는 전열면적 50m² 이하는 1개 설치

31 보일러 수의 관내 처리를 위하여 투입하는 청관제의 사용 목적으로 가장 거리가 먼 것은?

① pH 조정 ② 탈산소

③ 가성취화 방지 ④ 기포발생 촉진

해설 청관제
- ㉠ pH 조정
- ㉡ 탈산소
- ㉢ 기포방지
- ㉣ 관수의 연화
- ㉤ 슬러지 조정
- ㉥ 알칼리도 조정

32 열전도율의 단위로 옳은 것은?

① kcal/m · h · ℃

② kcal/m² · h · ℃

③ kcal · ℃/m · h

④ m² · h · ℃/kcal

해설 ㉠ 열전도율 : kcal/m · h · ℃

㉡ 열관류율 : kcal/m² · h · ℃

㉢ 열전달률 : kcal/m² · h · ℃

33 다음의 베르누이 방정식에서 $\frac{P}{r}$ 항은 무엇을 의미하는가?(단, H : 전수두, P : 압력, r : 비중량, V : 유속, g : 중력가속도, Z : 위치수두)

$$H = (P/r) + (V^2/2g) + (Z)$$

① 압력수두

② 속도수두

③ 공압수두

④ 유속수두

해설 베르누이 방정식 : $\frac{P}{r}$(압력수두), $\frac{V^2}{2g}$(속도수두), Z(위치수두)

34 보일러 내면에 발생하는 점식(pitting)의 방지법이 아닌 것은?

① 용존산소를 제거한다.

② 아연판을 매단다.

③ 내면에 도료를 칠한다.

④ 브리딩 스페이스를 작게 한다.

해설

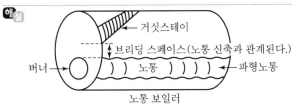

브리딩 스페이스를 크게 하여야 노통의 파손이나 균열이 방지된다.

35 신설 보일러의 소다 끓임 조작 시 사용하는 약품의 종류가 아닌 것은?

① 탄산나트륨

② 수산화나트륨

③ 질산나트륨

④ 제3인산나트륨

해설 질산나트륨($NaNO_3$) : 가성취화 억제제

36 증기난방에서 수격작용 방지법이 아닌 것은?

① 주증기관을 냉각 후 송기한다.

② 주증기 밸브를 서서히 연다.

③ 증기관 경사도를 준다.

④ 과부하를 피한다.

해설 수격작용(워터해머)을 방지하려면 주증기관을 예열하여야 응축수 생성이 느려서 관에서 수격작용이 방지된다.

37 보일러 전열면의 고온부식을 일으키는 연료의 주성분은?

① O_2(산소)

② H_2(수소)

③ S(유황)

④ V(바나듐)

해설 ㉠ 고온부식(500℃ 이상) 인자 : 나트륨, 바나듐

㉡ 저온부식(150℃ 이하) 인자 : 황(유황)

38 유체에서 체적탄성계수의 단위는?

① N/m^2

② m^2/N

③ $N \cdot m$

④ N/m^3

해설 ㉠ 체적탄성계수 단위 : N/m^2(kgf/cm^2)(압축률의 역수)

㉡ 압축률 : 주어진 압력변화에 대한 체적이나 밀도의 변화율

39 유체의 흐름에서 관이 확대되면 압력은?

① 높아진다.

② 낮아진다.

③ 일정하다.

④ 높아지다가 일정해진다.

해설 유체의 흐름에서 관이 확대되면

㉠ 압력감소

㉡ 유속증가

40 보일러 급수 중의 용존가스(O_2, CO_2)를 제거하는 방법으로 가장 적합한 것은?

① 석회소다법   ② 탈기법

③ 이온교환법   ④ 침강분리법

해설 가스탈기법(산소제거제)

ㄱ O_2 제거

ㄴ CO_2 제거(탈기법 : 용존산소 제거로 점식 부식방지용 급수처리, 기폭법 : CO_2 제거)

41 압력배관용 강관의 사용압력이 30kg/cm², 인장강도가 20kg/mm²일 때의 스케줄 번호는?(단 안전율은 4로 한다.)

① 30   ② 40   ③ 60   ④ 80

해설 스케줄번호(sch) : $10 \times \dfrac{P}{S} = \dfrac{30}{20 \times \frac{1}{4}} = 60$(숫자가 클수록 관의 두께가 두껍다.)

$$허용응력(S) = \left(인장강도 \times \frac{1}{안전율}\right)$$

42 내화물의 균열현상을 나타내는 스폴링의 분류에 해당되지 않는 것은?

① 열적 스폴링   ② 조직적 스폴링

③ 화학적 스폴링   ④ 기계적 스폴링

해설 내화물의 스폴링 종류

ㄱ 열적 스폴링(온도급변화 시 발생)

ㄴ 조직적 스폴링(벽돌 내부구조 변화 시 발생)

ㄷ 기계적 스폴링(불균일한 하중에 의함)

43 동관과 강관의 이음에 사용되는 것으로 분해, 조립이 비교적 자유로운 이음방식은?

① 플라스턴 이음   ② MR 이음

③ 용접 이음   ④ 플랜지 이음

해설 플랜지, 유니언 이음 : 관의 분해, 조립이 가능한 이음방식이다.

---

44 보일러에서 발생한 증기는 주증기 헤더를 통해서 각 사용처에 공급된다. 증기헤더의 설치목적으로 가장 적당한 것은?

① 각 사용처에 양질의 증기를 안정적으로 공급하기 위하여

② 보일러실 근무자가 스팀 사용량을 통제하여 보일러를 보호하기 위하여

③ 발생 증기의 1차 저장 기능을 가지기 위하여

④ 증기의 압력을 자동으로 조정하여 일정하게 저장하기 위하여

해설 ㉠ 양질의 증기를 만드는 부속장치 : 기수분리기, 비수방지관
ㄴ 양질의 증기와 증기의 안정적 공급 : 증기헤더(증기공급분배기)

45 배관 지지의 필요조건에 해당되지 않는 것은?

① 관의 합계 중량을 지지하는 데 충분한 재료이어야 한다.

② 진동과 충격에 대해서 견고해야 한다.

③ 관의 신축에 대하여 적합해야 한다.

④ 관의 시공 시 구배 조정과는 관계없다.

해설 배관지지장치(서포트, 행거 등)는 관의 시공 시 구배 조정과 관련이 크다.

46 루프형 신축 곡관에서 곡관의 외경(d)이 25mm이고, 길이(L)가 1m일 때 흡수할 수 있는 배관의 신장(Δl) 길이는 약 얼마인가?

① 0.3mm ② 0.75mm ③ 3mm ④ 7.5mm

해설 곡관의 필요길이(L) $= 0.073\sqrt{d \cdot (\Delta l)}$, $1 = 0.073 \times \sqrt{25 \times (\Delta l)}$
$\therefore \Delta l = 7.5$mm

47 무기질 보온재 중 암면을 가공한 것으로 빌딩의 덕트, 천장, 마루 등의 단열재로 한 쪽면은 은박지 등을 부착하였으며, 사용온도가 600℃ 정도인 것은?

① 로코트(rocoat) ② 펠트(felt)
③ 블랭킷(blanket) ④ 하이 울(high wool)

해설 블랭킷 : 무기질 보온재(암면가공)로서 은박지가 부착되며 600℃ 이하에서 사용한다.

48 서브머지드 아크 용접에서 이면 비드에 언더컷의 결함이 발생하였다. 그 원인으로 옳은 것은?

① 용접 전류의 과대　　　　　　② 용접 전류의 과소

③ 용제 산포량 과대　　　　　　④ 용제 산포량 과소

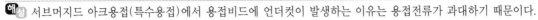 서브머지드 아크용접(특수용접)에서 용접비드에 언더컷이 발생하는 이유는 용접전류가 과대하기 때문이다.

49 증기트랩의 점검방법으로 틀린 것은?

① 배출상태로 확인

② 수작업으로 감지 확인

③ 초음파 탐지기를 이용하여 점검

④ 사이트 그리스를 이용하여 점검

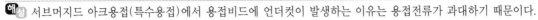 증기트랩 고장확인은 수(손)작업으로는 어렵다.

50 배관의 동력 절단기 종류가 아닌 것은?

① 포터블 소잉 머신　　　　　　② 고정식 소잉 머신

③ 커팅 휠 전단기　　　　　　　④ 리드형 전단기

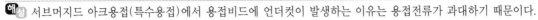 나사절삭기(수동식) 종류

ⓐ 리드형 수동나사 절삭기

ⓑ 오스터형 수동나사 절삭기

51 호칭지름 15A의 관을 반지름 90mm, 각도 90°로 구부리고자 할 때 필요한 곡선부의 길이는?

① 135.0mm　　　　　　　　　② 141.4mm

③ 158.6mm　　　　　　　　　④ 160.8mm

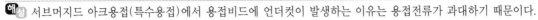 곡선부$(l) = 2\pi R \times \dfrac{\theta}{360} = 2 \times 3.14 \times 90 \times \dfrac{90°}{360°} = 141.4\text{mm}$

52 에너지이용합리화법에 따라 산업통상자원부장관 또는 시·도지사가 소속 공무원 또는 한국에 너지공단으로 하여금 검사하게 할 수 있는 사항이 아닌 것은?

① 에너지절약전문기업이 수행한 사업에 관한 사항

② 고효율시험기관의 지정을 위한 시험능력 확보 여부에 관한 사항

③ 에너지다소비사업자의 에너지 사용량 신고이행 여부에 관한 사항

④ 에너지절약전문기업의 경우 영업실적(연도별 계약 실적을 포함한다.)

해설 에너지절약 전문기업의 영업실적은 검사항목에서 제외된다.

53 배관도에서 "EL – 300 TOP"의 표시에 관한 설명으로 옳은 것은?

① 파이프 윗면이 기준면보다 300mm 높게 있다.

② 파이프 윗면이 기준면보다 300mm 낮게 있다.

③ 파이프 밑면이 기준면보다 300mm 높게 있다.

④ 파이프 밑면이 기준면보다 300mm 낮게 있다.

해설 ㉠ EL – : 표시사항은 기준면보다 낮다. ㉢ TOP : 파이프 윗면기준(top of pipe)
㉡ EL : 기준면 ㉣ EL + : 기준면보다 높다.

54 가스절단장치에 관한 설명으로 틀린 것은?

① 독일식 절단 토치의 팁은 이심형이다.

② 프랑스식 절단 토치의 팁은 동심형이다.

③ 중압식 절단 토치는 아세틸렌 가스 압력이 보통 0.05kgf/cm^2 미만에서 사용된다.

④ 산소나 아세틸렌 용기 내의 압력이 고압이므로 그 조정을 위해 압력조정기가 필요하다.

해설 중압식 가스압력 : $0.07 \sim 0.4\text{kg/cm}^2$

55 워크 샘플링에 관한 설명 중 틀린 것은?

① 워크 샘플링은 일명 스냅리딩(Snap Reading)이라 불린다.

② 워크 샘플링은 스톱워치를 사용하여 관측대상을 순간적으로 관측하는 것이다.

③ 워크 샘플링은 영국의 통계학자 L.H.C. Tippet가 가동률 조사를 위해 창안한 것이다.

④ 워크 샘플링은 사람의 상태나 기계의 가동상태 및 작업의 종류 등을 순간적으로 관측하는 것이다.

해설 워크 샘플링의 특징은 ①, ③, ④항 외에도 관측대상의 작업을 모집단으로 하고 임의의 시점에서 작업내용을 샘플링 한다.

56 설비보전조직 중 지역보전(area maintenance)의 장단점에 해당하지 않는 것은?

① 현장 왕복시간이 증가한다.
② 조업요원과 지역보전요원과의 관계가 밀접해진다.
③ 보전요원이 현장에 있으므로 생산 본위가 되며 생산의욕을 가진다.
④ 같은 사람이 같은 설비를 담당하므로 설비를 잘 알며 충분한 서비스를 할 수 있다.

해설 ㉠ 지역보전 : 현장 왕복시간이 단축된다.
ㄴ 설비보전조직기본 : 집중보전, 지역보전, 절충보전
ㄷ 지역보전은 보전요원이 제조부의 작업자에게 접근이 가능하다.

57 3σ법의 $\bar{X}$관리도에서 공정이 관리상태에 있는데도 불구하고 관리상태가 아니라고 판정하는 제1종 과오는 약 몇 %인가?

① 0.27
② 0.54
③ 1.0
④ 1.2

해설 3σ법의 $\bar{X}$관리도
㉠ 제1종과오 : 공정의 변화가 없음에도 불구하고 점이 한계선을 벗어나는 비율. 즉 0.27%
ㄴ 제2종과오 : 공정의 변화가 있음에도 불구하고 점이 관리한계선내에 있으므로 공정의 변화를 검출하지 못하는 비율. 10~13%를 얘기한다.

58 검사의 종류 중 검사공정에 의한 분류에 해당되지 않는 것은?

① 수입검사
② 출하검사
③ 출장검사
④ 공정검사

해설 검사공정에 의한 분류
㉠ 수입검사
ㄴ 출하검사
ㄷ 최종검사
ㄹ 공정검사

---

59 부적합품률이 20%인 공정에서 생산되는 제품을 매시간 10개씩 샘플링 검사하여 공정을 관리하려고 한다. 이때 측정되는 시료의 부적합품 수에 대한 기대값과 분산은 약 얼마인가?

① 기댓값 : 1.6, 분산 : 1.3

② 기댓값 : 1.6, 분산 : 1.6

③ 기댓값 : 2.0, 분산 : 1.3

④ 기댓값 : 2.0, 분산 : 1.6

해설 ㉠ 기댓값 = 10 × 0.2 = 2.0

㉡ 분산 = $\sum x^2 \times P(x) - (기댓값)^2$

∴ (10 − 2) = 8, 8 × 0.2 = 1.6

• 기댓값 : 확률의 결과가 수 값으로 나타날 경우 1회의 시행결과로 기대되는 수 값의 크기(예 : 20개 제품 중 3개의 불량 등 기대

• 분산 : 모집단에 대한 분산을 모분산이라하고 구해진 값은 불편분산이라고 한다.

60 설비배치 및 개선의 목적을 설명한 내용으로 가장 관계가 먼 것은?

① 제공품의 증가

② 설비투자 최소화

③ 이동거리의 감소

④ 작업자 부하 평준화

해설 설비배치 및 개선의 목적은 ②, ③, ④항 이외에 제공품의 감소이다.

과년도출제문제

2017. 7. 8.

1 공기예열기를 설치하였을 경우 나타나는 현상이 아닌 것은?

① 예열공기의 공급으로 불완전 연소가 증가한다.

② 노 내의 연소속도가 빨라진다.

③ 보일러의 열효율이 높아진다.

④ 배기가스의 열손실이 감소된다.

[해] 예열공기는 완전연소를 용이하게 한다. 공기가 예열되면 열효율이 증가하고 연료 소비량이 절감된다.(공기 온도 가 25℃ 상승하면 열효율 1% 상승)

2 전열면적이 12m²인 온수발생 보일러에 대해 방출관의 안지름 크기 기준은?

① 15mm 이상   ② 20mm 이상

③ 25mm 이상   ④ 30mm 이상

[해] 방출관 크기(온수 보일러용)

    ⊙ 전열면적 10m² 미만 : 25mm 이상의 안지름

    ⓒ 전열면적 10m² 이상~15m² 미만 : 30mm 이상의 안지름

3 안전밸브의 설치 및 관리에 대한 설명으로 옳은 것은?

① 안전밸브가 느슨하여 증기가 새는 경우 스프링을 더 조여 누설을 막는다.

② 설정압력에 도달하여도 안전밸브가 동작하지 않을 때 밸브 몸체를 두드려 동작이 되는지 확인한다.

③ 안전밸브의 분해 수리를 위하여 안전밸브 입구 측에 스톱밸브를 설치한다.

④ 안전밸브의 작동은 확실하고 안정되어 있어야 한다.

[해] • 안전밸브는 작동이 확실하고 안정되어 있어야 한다.

    • 안전밸브는 스프링식, 추식, 지렛대식이 있다.

    • 전열면적 50m² 초과 시 안전밸브는 2개 이상이 되어야 한다.

4 소형 보일러가 옥내에 설치되어 있는 보일러실에 연료를 저장할 때에는 보일러 외측으로부터 최소 몇 m 이상 거리를 두어야 하는가?(단, 반격벽이 설치되어 있지 않은 경우이다.)

① 1m   ② 2m   ③ 3m   ④ 4m

 소형보일러

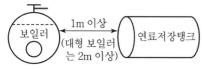

5 보일러의 부속 장치 중 감압밸브 사용 시 옳은 것은?

① 응축수 회수관이나 탱크에 재증발 증기 발생량이 증가한다.

② 감압 전후의 1차측과 2차측의 증기의 총 열량은 변하지 않는다.

③ 고압증기를 감압시켜 저압증기로 변화시키면 현열이 증가한다.

④ 고압증기는 저압증기보다 비체적이 크기 때문에 같은 양의 증기 수송 시 저압증기로 해야 보온 재료비가 적게 든다.

 감압밸브

보일러 ──고압── (R) ──▷◁── 저압 ── 증기헤더
       (1차측) 감압밸브 안전밸브 (2차측)

※ 압력이 저하되면 증기엔탈피가 저하된다.

6 증기보일러에서 안전밸브 및 압력방출장치의 크기를 20A로 할 수 있는 경우는?

① 최고사용압력 1MPa 이하의 보일러

② 최고사용압력 0.5MPa 이하의 보일러로 전열면적 2m² 이하의 보일러

③ 최고사용압력 0.7MPa 이하의 보일러로 동체의 안지름이 500mm 이하이며 동체의 길이가 1,200mm 이하인 보일러

④ 최대증발량 7t/h 이하의 관류보일러

 안전밸브의 크기 20A(20mm)

①항은 0.1MPa 이하

③항은 0.5MPa 이하, 동체길이 1,000mm 이하

④항은 5t/h 이하 관류보일러

7 증기보일러에서 규정 상용압력 이상 시 파괴위험을 방지하기 위해 설치하는 밸브는?

① 개폐밸브   ② 역지밸브

③ 정지밸브   ④ 안전밸브

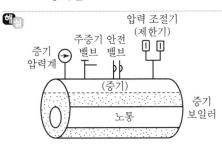

8 복사난방의 패널구조에 의한 분류 중 강판이나 알루미늄 판에 강관이나 동관 등을 용접 또는 철물을 사용하여 부착하고 배면에는 단열재를 붙여 열 손실을 방지하도록 하며, 일정한 규격의 제품을 조합하여 복사면을 구성하도록 한 방식은?

① 파이프 매설식   ② 유닛패널식

③ 덕트식   ④ 벽패널식

해설 유닛패널식(복사난방 패널구조)

　㉠ 강판이나 알루미늄 판에 동관 등을 용접이나 철물을 사용하여 부착한다.

　㉡ 배면에는 단열재를 붙여 열 손실 방지

　㉢ 복사면을 구성한다.

9 고체 및 액체연료 1kg에 대한 이론공기량(kg/ kg)을 중량으로 구하는 식은?(단, C : 탄소, H : 수소, O : 산소, S : 황)

① $11.49C + 34.5\left(H - \dfrac{O}{8}\right) + 4.31S$ ② $12.49C + 34.5\left(H - \dfrac{O}{8}\right) + 8.31S$

③ $11.49C + 38.5\left(H - \dfrac{O}{8}\right) + 4.31S$ ④ $12.49C + 38.5\left(H - \dfrac{O}{8}\right) + 4.31S$

해설 고체, 액체 연료 1kg의 이론공기량

　㉠ $11.49C + 34.5\left(H - \dfrac{O}{8}\right) + 4.31S \, (kg/kg)$

　㉡ $8.89C + 26.67\left(H - \dfrac{O}{8}\right) + 3.33S \, (Nm^3/kg)$

　㉢ $\left\{1.867C + 5.6\left(H - \dfrac{O}{8}\right) + 0.7S\right\} \times \dfrac{1}{0.21} \, (Nm^3/kg)$

10 굴뚝의 통풍력을 구하는 식으로 옳은 것은?[단, Z=통풍력(mmAq), H=굴뚝의 높이(m), γa = 외기의 비중량(kgf/m³), γg = 배기가스의 비중량(kgf/m³)이다.]

① $Z = (\gamma g - \gamma a)H$
② $Z = (\gamma a - \gamma g)H$
③ $Z = (\gamma g - \gamma a)/H$
④ $Z = (\gamma a - \gamma g)/H$

해설 굴뚝의 이론 통풍력(Z) 계산
$Z = (\gamma a - \gamma g)H$ (mmAq)

11 사이클론(cyclone) 집진장치의 주 원리는?

① 압력 차에 의한 집진
② 물에 의한 입자의 여과
③ 망(screen)에 의한 여과
④ 입자의 원심력에 의한 집진

해설 사이클론(원심식) 집진장치(건식용)는 포집입경이 $10 \sim 20\mu$ 정도이다.
 • 소형일수록 성능이 향상된다.

12 연소 안전장치에서 플레임 로드에 관한 설명으로 옳은 것은?

① 열적 검출방식으로 화염의 발열을 이용한 것이다.
② 화염의 방사선을 전기신호로 바꾸어 이용한 것이다.
③ 화염의 전기 전도성을 이용한 것이다.
④ 화염의 자외선 광전관을 사용한 것이다.

해설 화염 검출기
 ㉠ 플레임 아이 : 광전관, 화염의 발광체 이용
 ㉡ 플레임 로드 : 화염의 +, − 전기 전도성 이용
 ㉢ 스택 스위치 : 화염의 발열체 이용(소형 보일러용)

13 방열기에 대한 설명으로 옳은 것은?

① 방열기에서 표준방열량을 구하는 평균온도 기준은 온수가 $80℃$이고, 증기는 $102℃$이다.
② 주철제 방열기는 강제대류식이며, 응축수가 가진 현열을 이용하므로 증기 사용량이 감소한다.
③ 방열기는 증기와 실내공기의 온도 차에 의한 복사열에 의해서만 난방을 한다.
④ 방열기의 표준방열량은 증기는 $650W/m^2$이고, 온수는 $450W/m^2$이다.

해설 방열기 표준방열량 기준
 ㉠ 온수난방(450kcal/m²h, 온수 80℃, 실내 18℃)
 ㉡ 증기난방(650kcal/m²h, 증기 102℃, 실내 21℃)

14 증기 헤드(steam head)의 설치 목적으로 틀린 것은?

① 건도가 높은 증기를 공급하여 수격작용을 방지하기 위하여

② 각 사용처에 증기공급 및 정지를 편리하게 하기 위하여

③ 불필요한 증기 공급을 막아 열 손실을 방지하기 위하여

④ 필요한 압력과 양의 증기를 사용처에 공급하기 좋게 하기 위하여

해설 증기 보일러

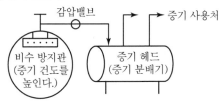

15 강제순환 수관보일러에 있어서 순환비란?

① 순환 수량과 포화수의 비율

② 포화 증기량과 포화 수량의 비율

③ 순환 수량과 발생 증기량의 비율

④ 발생 증기량과 포화 수량의 비율

해설 수관식 증기 보일러 순환비 $= \dfrac{\text{순환 수량}}{\text{발생 증기량}}$

16 2장의 전열 판을 일정한 간격을 둔 상태에서 시계의 태엽 모양으로 감아나간 것으로 오염저항 및 저유량에서 심한 난기류 등이 유발되는 곳에 사용하는 열교환기의 형식은?

① 플레이트식 열교환기

② 2중관식 열교환기

③ 스파이럴형 열교환기

④ 쉘 앤드 튜브식 열교환기

해설 스파이럴형 열교환기 : 2장의 전열 판을 일정한 간격을 둔 상태에서 시계의 태엽 모양으로 감아 만든 열교환기이다.
* 오염저항 및 저유량에서 심한 난기류 등이 유발되는 곳에 사용한다.

17 실내온도가 18℃, 외기온도가 −10℃이며, 열관류율이 5kcal/m²·h·℃인 건물의 난방부하는?(단, 바닥, 천장, 벽체 등 총면적은 180m²이고, 방위계수는 1.15이다.)

① 21,990kcal/h

② 22,100kcal/h

③ 25,200kcal/h

④ 28,980kcal/h

해설 난방부하＝벽체면적×열관류율×온도차×방위에 따른 부가계수

∴ 180×5×{18−(−10)}×1.15＝28,980kcal/h

18 보일러의 그을음 취출장치인 수트 블로워(soot blower)에 대한 설명으로 틀린 것은?

① 수트 블로워의 설치목적은 전열면에 부착된 그을음을 제거하여 전열효율을 좋게 하기 위해서다.

② 종류에는 장발형, 정치회전형, 단발형 및 건타입 수트 블로워 등이 있다.

③ 수트 블로워 분출(취출) 시에는 통풍력을 크게 한다.

④ 수트 블로워 분출 전에는 저온부식 방지를 위해 취출기 내부에 드레인 배출을 삼간다.

해설 ④ 취출기 내부에 드레인 배출을 실시한다.

19 보일러의 보염장치 설치 목적에 관한 설명으로 틀린 것은?

① 연소용 공기의 흐름을 조절하여준다.

② 확실한 착화가 되도록 한다.

③ 연료의 분무를 확실하게 방지한다.

④ 화염의 형상을 조절한다.

해설 보염장치(에어 레지스터)

㉠ 중유 등 오일연료를 분무(입자를 안개방울화)하여 연소상태를 양호하게 한다.

㉡ 버너타일, 콤버스터, 윈드박스, 보염기로 구성된다.

20 1일 급수량이 36,000L인 보일러에서 급수 중 고형분 농도가 100ppm, 보일러수의 허용 고형분이 2,000ppm일 때 1일 분출량은?(단, 응축수는 회수하지 않는다.)

① 1,625L/day ② 1,785L/day ③ 1,895L/day ④ 1,945L/day

해설 분출량$=\dfrac{W(1-R)d}{r-d}=\dfrac{36,000\times100}{2,000-100}=1,895\,(\text{L/day})$

• R : 응축수 회수율(%)

21 보일러에서 측정한 배기가스 온도가 240℃, 배기가스량이 100kg/h이고, 외기온도가 20℃, 실내온도가 25℃인 경우 배출되는 배기가스의 손실열량은?(단, 배기가스 및 공기의 비열은 각각 0.33, 0.31kcal/kg·℃이다.)

① 6,045kcal/h ② 6,820kcal/h ③ 7,095kcal/h ④ 7,260kcal/h

해설 배기가스 현열손실
=배기가스량×비열×온도차=100×0.33×(240−20)=7,260(kcal/h)

22 자동식 가스분석계 중 화학적 가스분석계에 속하는 측정법은?

① 연소열법　　　② 밀도법　　　③ 열전도도법　　　④ 자화율법

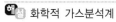 화학적 가스분석계
　㉠ 헴펠식
　㉡ 오르자트식
　㉢ 연소열법

23 보일러 출력 계산에 사용하는 난방부하의 계산방법이 아닌 것은?

① 상당 방열면적(EDR)으로부터 계산

② 예열부하로부터 열손실 계산

③ 열손실 열량으로부터 계산

④ 간이식으로부터 열손실 계산

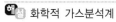 • 난방부하＝상당 방열면적×450(증기 : 650)
　• 난방부하＝단위면적당 열손실×난방면적
　• 보일러 정격출력＝난방부하＋급탕부하＋배관부하＋예열부하

24 보일러 수중의 용존 가스를 제거하는 장치는?

① 저면 분출장치　　　　　② 표면 분출장치

③ 탈기기　　　　　　　　④ pH 조정장치

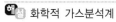 용존 가스 제거
　㉠ 탈기기(용존산소 제거)
　㉡ 기폭기(CO_2 제거기)

25 다음 랭킨사이클 $T-S$(온도-엔트로피)선도에서 단열팽창 구간은?

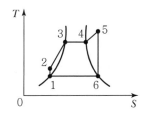

① 1-2　　　② 2-3-4　　　③ 5-6　　　④ 6-1

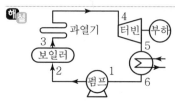

㉠ 1 → 2(단열압축)
㉡ 2 → 3 → 4(등압가열)
㉢ 4 → 5(단열팽창)
㉣ 5 → 1(등압냉각)
• 5 → 6(단열팽창)

26 보일러 급수의 순환계통 외처리에서 부유 및 유기물의 제거방법이 아닌 것은?

① 폭기법   ② 침전법   ③ 응집법   ④ 여과법

해설 폭기법(기폭법) : 급수처리에서 CO_2나 O_2 제거

27 두께 3cm, 면적 2m²인 강판의 열전도량을 6,000kcal/h로 하기 위한 강판 양면의 필요한 온도차는?(단, 열전도율 λ=45kcal/m·h·℃이다.)

① 2℃   ② 2.5℃   ③ 3℃   ④ 3.5℃

해설 $6,000 = 45 \times \dfrac{\Delta t_m \times 2}{0.03}$

온도차$(\Delta t_m) = \dfrac{6,000 \times 0.03}{45 \times 2} = 2℃$

28 원관 속 층류 유동이 되고 있을 때, 압력 손실에 관한 설명으로 옳은 것은?

① 유체의 점성에 비례한다.
② 관의 길이에 반비례한다.
③ 유량에 반비례한다.
④ 관경의 3제곱에 비례한다.

해설 원관 속의 층류 유동으로 흐르는 유체는 해당 유체의 점성에 비례하여 압력손실이 나타난다.

29 실제 열사이클에 있어서는 각부에서의 손실 때문에 이상사이클과는 일치하지 않는데, 그 손실 요인으로 가장 거리가 먼 것은?

① 배관 손실　　　　　　　　　② 과열기 손실

③ 터빈 손실　　　　　　　　　④ 복수기 손실

해설 과열기 : 포화증기를 압력이 일정한 가운데 온도만 상승시킨 증기로 만드는 폐열회수 장치이다.(손실과는 무관)
보일러 → 포화수 → 습포화증기 → 건포화증기 → 과열증기

30 일의 열당량의 값은?

① $\dfrac{1}{427}$ kcal/kg　　　　　　　　② 427dyne/kg

③ $\dfrac{1}{427}$ kcal/kg · m　　　　　　　④ 427kg · m/kcal

해설 ・ 일의 열당량 : $\dfrac{1}{427}$ kcal/kg · m

・ 열의 일당량 : 427kg · m/kcal

31 보일러가 과열이 되면 그 부분의 강도가 저하되는데 이것이 심한 경우에는 보일러의 압력에 못 견디어 안쪽으로 오므라드는 것을 압궤라 한다. 압궤를 일으킬 수 있는 부분으로 가장 거리가 먼 것은?

① 수관　　　　　② 연소실　　　　　③ 노통　　　　　④ 연관

해설

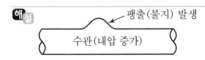

32 수관 내부에 부착되어 열전도를 저하시키는 스케일의 생성 원인으로 가장 거리가 먼 것은?

① 농축에 의하여 포화상태로 석출되는 경우

② 물에 불용성의 물질이 유입되는 경우

③ 온도 상승에 따라 용해도가 저하하여 석출되는 경우

④ 산성용액에서 용해도가 증가하여 석출되는 경우

해설 pH 7 이하인 산성용액에서는 부식이 촉진된다.

33 보일러수 중에 포함된 실리카(SiO₂)에 관한 설명으로 틀린 것은?

① 실리카 함유량이 많은 스케일은 연질이므로 제거가 쉽다.

② 알루미늄과 결합해서 여러 가지 형의 스케일을 생성한다.

③ 저압 보일러에서는 알칼리도를 높여 스케일화를 방지할 수 있다.

④ 보일러수에 실리카가 많으면 캐리오버에 의해 터빈날개 등에 부착하여 성능을 저하시킬 수 있다.

해 • 연질 스케일 : 탄산염(제거가 용이하다.)
    • 경질 스케일 : 규산염, 황산염(제거가 어렵다.)
    ※스케일 부착은 전열량 감소, 열효율 저하

34 0.5kW의 전열기로 20℃의 물 5kg을 80℃까지 가열하는 데 소요되는 시간은 약 몇 분인가?(단, 가열효율은 90%이다.)

① 46.5분   ② 21.0분   ③ 32.3분   ④ 12.7분

해 물의 현열 = 5kg×1kcal/kg℃×(80 − 20) = 300kcal
전열기 열량 = 0.5×860kcal/h×0.9 = 387kcal/h

∴ 소요시간 = $\dfrac{300}{387}$ = 0.775시간×60분 = 46.5분

35 유체 속에 잠긴 경사평면에 작용하는 힘의 작용점은?

① 면의 도심에 있다.   ② 면의 도심보다 위에 있다.

③ 면의 중심에 있다.   ④ 면의 도심보다 아래에 있다.

해 (평면에 작용하는 힘의 작용점은
면의 도심보다 아래에 있다.)

36 보일러 연소 관리에 관한 설명으로 틀린 것은?

① 보일러 본체 및 내화벽돌에 화염을 직접 충돌시키지 않는다.

② 연소량을 증가할 때에는 연료 공급량을 우선 늘리고, 연소량을 감소할 때는 통풍량부터 줄인다.

③ 연소상태 및 화염상태 등을 수시로 감시한다.

④ 노 내를 고온으로 유지한다.

해 연소량 증가 시 주의사항 : 공기량을 먼저 증가시킨 후에 연료량을 증가시켜야 가스폭발이 방지된다.

37 보일러수 내처리를 할 때 탈산소제로 쓰이지 않는 것은?

① 탄닌   ② 아황산소다

③ 히드라진   ④ 암모니아

해설 급수처리 탈산소제(점식 방지)

    ㉠ 아황산소다(Sodium Sulfite, Na_2SO_3)

    ㉡ 탄닌(타닌, Tannin)

    ㉢ 히드라진(Hydrazine, N_2H_4)

38 증기의 건도가 0인 상태는?

① 포화수   ② 포화증기

③ 습증기   ④ 건증기

해설 • 건도가 높은 순서

    건포화증기(건증기) > 습포화증기 > 포화수

    • 포화수(끓는 물) : 건도(건조도)가 0이다.

39 버너 정비 시 오일 콘의 끝단이 흠이 나 있으면 분무상태가 나빠지므로 눈금이 세밀한 줄을 사용하여 다듬질해야 하는 버너형식은?

① 고압분무식   ② 회전식

③ 유압분무식   ④ 건타입

해설 회전식 버너(수평 로터리 버너) : 버너 정비 시 오일 콘의 끝단이 흠이 나면 분무상태가 나빠진다.(수리 시 세밀한 줄을 사용하여 다듬질한다.)

40 이온교환처리장치의 운전공정에서 재생탑에 원수를 통과시켜 수중의 일부 또는 전부의 이온을 이온교환 또는 제거시키는 공정을 의미하는 것은?

① 통약   ② 압출

③ 부하   ④ 수세

해설 이온교환 수지법(급수처리 외 처리)

    • 역세(역세유속) → 재생(재생유속) → 압출(압출유속) → 수세(수세유속) → 통수(통수유속)

    • 부하 : 재생탑에서 원수를 통과시켜 수중의 이온을 교환하거나 제거시키는 공정이다.

41 에너지이용 합리화법에 따라 검사 대상 기기의 계속사용검사에 대한 연기는 검사유효기간 만료일 기준으로 최대 언제까지 가능한가?(단, 만료일이 9월 1일 이후인 경우는 제외한다.)

① 2개월 이내   ② 6개월 이내

③ 8개월 이내   ④ 당해년도 말까지

해설 9월 1일 이후 : 4개월 이내 연기 가능(9. 1 이선 : 낭해 년노 날)

42 연강용 피복 아크 용접봉 중 용입이 깊고, 비드가 깨끗하며, 작업성이 우수한 용접봉으로서 아래보기 수평 필릿용접에 가장 적합한 것은?

① E4316   ② E4313   ③ E4303   ④ E4327

해설 ㉠ E4316(저수소계)

㉡ E4313(고산화티탄계)

㉢ E4303(라임티탄계)

㉣ E4327(철분산화철계)

- E4327 : 아래보기 수평 필릿용접용

43 에너지이용 합리화법에 따라 에너지저장시설의 보유 또는 저장의무의 부과 시 정당한 이유 없이 이를 거부하거나 이행하지 아니한 자에 대한 벌칙 기준은?

① 2년 이하의 징역 또는 2천만 원 이하의 벌금

② 5백만 원 이하의 벌금

③ 1년 이하 징역 또는 1천만 원 이하의 벌금

④ 1천만 원 이하의 벌금

해설 에너지저장시설의 보유, 저장의무 부과 시 정당한 이유 없이 거부하면 보기 ①의 벌칙에 해당

44 온도조절밸브 선정 시 고려할 사항이 아닌 것은?

① 밸브의 구경 및 배관경

② 사용 유체의 종류, 압력, 온도와 유량

③ 가열 또는 냉각되는 유체의 종류와 압력

④ 최소 유량 시 밸브의 허용압력 손실

해설 온도조절밸브 : 최대 유량 시 밸브의 허용압력 손실을 고려하여 선정한다.

45 내열온도가 400~500℃이고, 금속광택이 있으며 방열기 등의 외면에 도장하는 도료로 적당한 것은?

① 산화철 도료　　　　　　　　　　② 콜타르 도료

③ 알루미늄 도료　　　　　　　　　　④ 합성수지 도료

[해설] 알루미늄 도료 : 내열온도가 400~500℃이고, 금속광택이 있으며 방열기 등의 외면을 도장하는 도료이다.

46 배관을 고정하는 받침쇠인 행거(hanger)의 종류가 아닌 것은?

① 스프링 행거　　　　　　　　　　② 롤러 행거

③ 콘스턴트 행거　　　　　　　　　　④ 리지드 행거

[해설] 행거 종류

　ⓐ 리지드 행거　　　　ⓑ 스프링 행거　　　　ⓒ 콘스턴트 행거

47 관 장치의 설계, 제작, 시공, 운전, 조작, 공정 수정 등에 도움을 주기 위해 주 계통의 라인, 계기, 제어기 및 장치기기 등에서 필요한 자료를 도시한 도면을 무엇이라고 하는가?

① 계통도(flow diagram)　　　　　　② 관 장치도

③ PID(Piping Instrument Diagram)　　④ 입면도

[해설] PID 도면 : 관 장치의 설계, 제작, 시공, 운전, 조작, 공정 수정 등에 도움을 주기 위한 주 계통의 라인(계기, 제어기의 자료도면이다.)

48 온수귀환 방식 중 역귀환 방식에 관한 설명으로 옳은 것은?

① 배관길이를 짧게 하여 온수공급거리에 따라 보일러에서 가까운 곳과 먼 곳의 방열기 온도차를 늘리는 방식이다.

② 각 방열기에 공급되는 유량 분배를 균등하게 하여 가까운 곳과 먼 곳의 방열기 온도차를 줄이는 방식이다.

③ 각 방열기에 공급되는 유량 분배에 차등을 두어 가까운 곳과 먼 곳의 방열기 온도차를 줄이는 방식이다.

④ 방열기를 통과한 귀환온수가 순차적으로 보일러에 귀환하여 가까운 곳과 먼 곳의 방열기 온도차를 늘리는 방식이다.

해설 리버스 리턴(Reverse Return) 배관방식

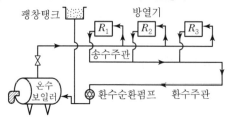

49 에너지법에서 정한 에너지위원회의 구성 및 운영에 관한 설명으로 옳은 것은?

① 위촉위원의 임기는 2년으로 하고, 연임할 수 있다.
② 위촉위원의 임기는 1년으로 하고, 연임할 수 있다.
③ 위촉위원의 임기는 2년으로 하고, 연임할 수 없다.
④ 위촉위원의 임기는 1년으로 하고, 연임할 수 없다.

해설 에너지위원회 구성
㉠ 위촉위원 임기 : 2년(연임 가능)
㉡ 인원 수 : 위원장 포함 25인 이내

50 폴리에틸렌관의 이음방법으로 틀린 것은?

① 테이퍼 조인트 이음   ② 인서트 이음
③ 용착 슬리브 이음   ④ 심플렉스 이음

해설 석면시멘트관(에터니트관)의 접합
㉠ 기볼트 접합
㉡ 칼라 접합
㉢ 심플렉스 접합

51 보온재의 구비조건으로 틀린 것은?

① 열전도율이 클 것   ② 비중이 작을 것
③ 어느 정도 기계적 강도가 있을 것   ④ 흡습성이 작을 것

해설 보온재(유기질, 무기질, 금속질)는 열전도율(kcal/ mh℃)이 작아야 한다.

52 가옥트랩 또는 메인트랩으로서 건물 내의 배수수평주관의 끝에 설치하여 공공 하수관에서의 유독 가스가 건물 안으로 침입하는 것을 방지하는 데 사용하는 트랩은?

① S트랩   ② P트랩   ③ U트랩   ④ X트랩

해설 U트랩(배수트랩) : 가옥트랩으로서 건물 내의 배수 수평주관의 끝에 설치하여 공공 하수관에서의 유독 가스가 건물 안으로 침입하는 것을 방지한다.

53 2개 이상의 엘보를 사용하여 신축을 흡수하는 이음은?

① 슬리브형 신축이음   ② 벨로스형 신축이음
③ 스위블형 신축이음   ④ 루프형 신축이음

해설 스위블형 신축이음

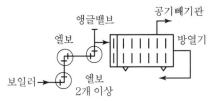

54 스프링 백(spring back)이 일어나는 원인은?

① 탄성 복원력 때문에   ② 영구변형이 많이 일어나므로
③ 극한 강도가 너무 작으므로   ④ 원인이 없음

해설 탄성 복원력에 의해 스프링 백 발생

55 다음 그림의 AOA(Activity-on-Arc) 네트워크에서 E 작업을 시작하려면 어떤 작업들이 완료되어야 하는가?

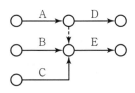

① B   ② A, B   ③ B, C   ④ A, B, C

해설 E 작업은 A, B, C 작업이 완료된 후에 시작한다.

---

56 표준시간을 내경법으로 구하는 수식으로 맞는 것은?

① 표준시간＝정미시간＋여유시간

② 표준시간＝정미시간×(1＋여유율)

③ 표준시간＝정미시간×($\dfrac{1}{1-여유율}$)

④ 표준시간＝정미시간×($\dfrac{1}{1+여유율}$)

해설 표준시간

㉠ 내경법 : 정미시간×$\left(\dfrac{1}{1-여유율}\right)$

㉡ 외경법 : 정미시간×(1＋여유율)

57 검사특성곡선(OC Curve)에 관한 설명으로 틀린 것은?(단, N : 로트의 크기, n : 시료의 크기, c : 합격판정개수이다.)

① N, n이 일정할 때 c가 커지면 나쁜 로트의 합격률은 높아진다.

② N, c가 일정할 때 n이 커지면 좋은 로트의 합격률은 낮아진다.

③ $N/n/c$의 비율이 일정하게 증가하거나 감소하는 퍼센트 샘플링 검사 시 좋은 로트의 합격률은 영향이 없다.

④ 일반적으로 로트의 크기 N이 시료 n에 비해 10배 이상 크다면, 로트의 크기를 증가시켜도 나쁜 로트의 합격률은 크게 변화하지 않는다.

해설 OC 곡선

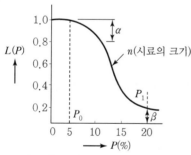

- lot(로트) : 1회의 준비로써 만들 수 있는 생산단위
- α : 생산자 위험확률
- n : 시료의 크기
- $L(P)$: 로트의 합격확률
- N : 크기 N인 모집단, 로트(lot)의 크기
- P_1 : 불합격시키고 싶은 lot의 합격될 확률($1-\beta$)
- β : 소비자 위험확률
- c : 합격판정개수
- (N, n, c) : 샘플링검사의 특성곡선
- P_0 : 합격시키고 싶은 lot의 부적합률($1-\alpha$)

58 품질특성에서 X관리도로 관리하는 것과 가장 거리가 먼 것은?

① 볼펜의 길이　　　　　　　　　② 알코올 농도
③ 1일 전력소비량　　　　　　　　④ 나사길이의 부적합품 수

해 X관리도(측정치의 관리도) : 계량치에 관한 관리도
　• 길이, 무게, 강도, 전압, 전류 등 연속변량 측정

59 다음 데이터로부터 통계량을 계산한 것 중 틀린 것은?

	21.5,	23.7,	24.3,	27.2,	29.1

① 범위(R)=7.6　　　　　　　　② 제곱합(S)=7.59
③ 중앙값(Me)=24.3　　　　　　④ 시료분산(s^2)=8.988

해 ㉠ 범위(Range) : 데이터가 얼마나 많은 숫자 값을 포함하고 있는지 알려준다.
　㉡ 제곱합(Sum of Sequence) : 각 데이터로부터 데이터의 평균값을 뺀 값의 제곱합을 말함
　• 중앙값(Median)=24.3
　• 범위=29.1−21.5=7.6
　• 평균값=$\dfrac{(21.5+23.7+24.3+27.2+29.1)}{5}$=25.16
　• 제곱합=$(21.5-25.16)^2+(23.7-25.16)^2$
　　　　　$+(24.3-25.16)^2+(27.2-25.16)^2$
　　　　　$+(29.1-25.16)^2$=35.952
　• 시료분산=$\dfrac{35.952}{4}$=8.988

60 브레인스토밍(Brainstorming)과 가장 관계가 깊은 것은?

① 특성요인도　　　　　　　　　② 파레토도
③ 히스토그램　　　　　　　　　④ 회귀분석

해 ㉠ 브레인스토밍 : 일정한 테마에 관하여 회의 형식을 채택하고 구성원의 자유발언을 통한 아이디어의 제시를
　　요구하여 발상을 찾아내려는 방법(브레인스토밍을 통해 지식과 문제의 원인, 의견을 수집하려면 특성요인
　　도가 필요함)
　㉡ 특성요인도 : 특성에 대하여 어떤 요인이 어떤 관계로 영향을 미치고 있는지 명확히 하여 원인 규명을
　　쉽게 할 수 있도록 하는 기법이다.

과년도출제문제

2018. 3. 31.

1 증기배관의 관 말부의 최종 분기 이후에서 트랩에 이르는 배관을 여분의 증기가 충분히 냉각되어 응축수가 될 수 있도록 보온피복을 하지 않은 나관 상태로 1.5m 설치하는 것을 무엇이라고 하는가?

① 하트포트 접속법   ② 리프트피팅

③ 냉각레그   ④ 바이패스 배관

 냉각레그

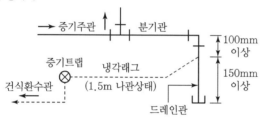

2 실제증발배수(kg증기/kg연료)가 3인 보일러의 시간당 연료소비량(kg/h)은?(단, 발생 증기량은 1.2ton/h이며, 효율은 89%이다.)

① 300   ② 340   ③ 356   ④ 400

증발배수 $= \dfrac{증기\ 발생량(kg/h)}{연료\ 소비량(kg/h)} = \dfrac{1.2 \times 10^3}{x} = 3$,

$\therefore\ x = \dfrac{1.2 \times 10^3}{3} = 400\,(kg/h)$

3 다음 중 습식 집진장치의 종류가 아닌 것은?

① 유수식   ② 가압수식   ③ 백필터식   ④ 회전식

• 건식 집진장치 : 백필터식, 사이클론식, 관성식
• 습식 집진장치 : 유수식, 가압수식(제트형, 사이클론 스크러버형, 충진탑, 벤투리형), 회전식

4 보일러의 용량(ton/h)이 최소 얼마 이상이면 유량계를 설치해야 하는가?

① 0.5　　　　　　② 1　　　　　　③ 1.5　　　　　　④ 2

해설 보일러 용량이 1(ton/h) 이상이면 유량계를 설치하여야 한다.

5 보일러 설치 시 유의사항으로 틀린 것은?

① 보일러의 저부하 운전을 방지하기 위해 사용압력은 특별한 경우 최고사용압력을 초과할 수 있도록 설치해야 한다.

② 기초가 약하여 내려앉거나 갈라지지 않아야 한다.

③ 수관식 보일러의 경우 전열면을 청소할 수 있는 구멍이 있어야 한다.

④ 강구조물은 빗물이나 증기에 의하여 부식이 되지 않도록 적절한 보호조치를 하여야 한다.

해설 보일러 설치 시 사용압력은 항상 최고사용압력 이하에서, 즉 상용압력에서 운전이 가능하도록 설치한다.

6 보일러의 매연을 털어내는 매연분출장치의 종류가 아닌 것은?

① 롱리트랙터블(long retractable)형　　　② 쇼트리트랙터블(short retractable)형
③ 정치 회전형　　　　　　　　　　　　④ 튜브형

해설 수트블로어(매연분출기, 그을음 제거기) 종류
　㉠ 롱리트랙터블형(고온 전열면에 사용, 공기예열기 클리너에 사용)
　㉡ 쇼트리트랙터블형(연소로 벽에서 사용)
　㉢ 건타입형(전열면에서 사용)
　㉣ 로터리형(저온 전열면 블로어)
　㉤ 트레블링 프레임형(공기예열기 클리너형)

7 다음 중 유량조절범위가 가장 넓은 오일 연소용 버너는?

① 고압기류식 버너　　　　　　　　　② 저압공기식 버너
③ 유압식 버너　　　　　　　　　　　④ 회전식 버너

해설 버너의 유량조절범위
　㉠ 고압기류식 : 1:10
　㉡ 저압공기식 : 1:5
　㉢ 유압식 : 1.2~1.3
　㉣ 회전식 : 1:5

---

8 효율이 80%인 보일러가 연료 150kg/h를 사용할 경우 손실열량(kcal/s)은?(단, 연료의 저위발열량은 8,800kcal/kg이다.)

① 49.3   ② 58.8   ③ 68.7   ④ 73.3

해설 손실열량(kcal/s) $= \dfrac{150 \times 8,800 \times (1 - 0.8)}{3,600}$

$$= 73.3 \, (\text{kcal/s})$$

※ 1시간 = 3,600초

9 보일러 안전밸브의 크기는 호칭지름 25A 이상이어야 하나, 보일러 크기나 종류에 따라 20A 이상으로 할 수 있다. 호칭지름 20A 이상으로 할 수 있는 경우의 보일러가 아닌 것은?

① 최대증발량 5t/h 이하의 관류보일러
② 최고사용압력 0.1MPa 이하의 보일러
③ 전열면적 10m² 이하의 보일러
④ 소용량 강철제 보일러

해설 전열면적 2m² 이하 보일러로서 최고사용압력이 0.5MPa 이하인 보일러는 안전밸브나 압력방출장치 크기로 20A 이상이 가능하다.

10 공기예열기에 대한 설명으로 옳은 것은?

① 공기예열기를 설치하여도 연도에서 흡입하는 압력이 있으므로 운전에는 영향이 없다.
② LNG를 이용하는 경우에 산로점의 문제 때문에 배기가스 온도 130℃ 이상을 유지한다.
③ 연소 공기의 온도가 올라가면 배기가스 중의 NO_X의 농도가 상승할 수 있으므로 주의가 요구된다.
④ 공기예열기는 기체인 공기를 가열하므로 동일한 열량의 급수예열기에 비해 전열면적이 작다.

해설 보일러

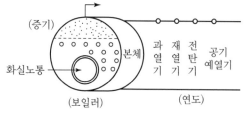

(폐열회수장치를 설치하면 통풍력 감소, 저온부식 발생, 청소 불편)
• 공기예열기를 설치하면 연소용 공기의 온도가 상승하며, 고온에서 질소산화물(NO_X, 녹스)이 발생되기 쉽다.

11 보일러에 사용되는 자동제어계의 동작순서로 옳은 것은?

① 검출 → 비교 → 판단 → 조작

② 조작 → 비교 → 판단 → 검출

③ 판단 → 비교 → 검출 → 조작

④ 검출 → 조작 → 판단 → 비교

해설 자동제어 동작순서

검출 → 비교 → 판단 → 조작

12 열손실 난방부하와 관계없는 것은?

① 열관류율(kcal/m² · h · ℃)　　② 예열부하계수

③ 전열면적(m²)　　④ 온도차(℃)

해설 보일러 정격용량(kcal/h) = 난방부하 + 급탕부하 + 배관부하 + 예열부하

• 난방부하(kcal/h) = 전열면적×열관류율×온도차

13 보일러에서 연돌의 자연 통풍력을 증대하는 방법으로 옳은 것은?

① 연돌의 높이를 낮게 한다.

② 연돌의 단면적을 작게 시공한다.

③ 연돌 내부, 외부 온도차를 작게 한다.

④ 연도의 길이를 짧게 한다.

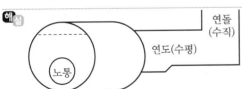

연도 길이는 짧게 연돌(굴뚝)은 조금 높게 하면 통풍력(mmH₂O)이 증가한다.

14 다음 중 보일러의 안전장치 종류가 아닌 것은?

① 방출밸브　　② 가용마개

③ 드레인콕　　④ 수면고저경보기

해설 드레인콕 : 배수 콕

Answer　11. ① 12. ② 13. ④ 14. ③

15 기체연료의 특징에 대한 설명으로 틀린 것은?

① 연소효율이 높고 소량의 공기로도 완전연소가 가능하다.
② 연소가 균일하고 연소조절이 용이하다.
③ 가스폭발 위험성이 있다.
④ 유황산화물이나 질소산화물의 발생이 많다.

해설 고체나 액체연료에는 황(S) 성분이 포함되어 있어서
$S + O_2 \rightarrow SO_2$(황산화물)가 발생한다.

16 태양열 보일러가 80W/m²의 비율로 열을 흡수한다. 열효율이 75%인 장치로 10kW의 동력을 얻으려면 전열면적(m²)은 얼마가 되어야 하는가?

① 216.7
② 166.7
③ 149.1
④ 52.8

해설 $1kW = 1,000W$, $10kW = 10,000W$

∴ 태양열 전열면적 $= \dfrac{10,000}{80 \times 0.75} = 166.7(m^2)$

17 강철제 보일러의 전열면적이 14m² 이하이고, 최고사용압력이 0.35MPa 이하일 때, 설치시공 후 실시하는 수압시험압력은 얼마이어야 하는가?

① 최고사용압력의 2배
② 최고사용압력의 1.3배
③ 최고사용압력의 1.5배
④ 최고사용압력의 1.3배 + 0.3MPa

해설 수압시험(강철제 보일러)
㉠ 최고사용압력 0.43MPa 이하 : 최고사용압력의 2배(단, 0.2MPa 이하는 0.2MPa로 한다.)
㉡ 최고사용압력 0.43MPa 초과~1.5MPa 이하 : 최고사용압력의 1.3배 + 0.3MPa
㉢ 1.5MPa 초과 : 최고사용압력의 1.5배

18 다음 중 저위발열량(H_l)을 구하는 식은?(단, H_h는 고위발열량(kcal/kg), h =연료 1kg 중의 수소량(kg), w =연료 1kg 중의 수분량(kg)이다.)

① $H_l = H_h - 600(h + 9w)$
② $H_l = H_h - 600(h - 9w)$
③ $H_l = H_h - 600(9h + w)$
④ $H_l = H_h - 600(9h - w)$

해설 고체, 액체 연료의 저위발열량(H_l)

$H_l(\text{kcal/kg}) = 고위발열량 - 600(9 \times 수소 + 수분) = H_h - 600(9h + w)$

• 물의 증발잠열(0℃에서) :
  약 600(kcal/kg), 480(kcal/m³)

19 난방방식에 대한 설명으로 옳은 것은?

① 증기난방은 증발잠열을 이용하는 난방법으로 방열량을 조절할 수 있다.
② 중력환수식 증기난방법에서 리프트피팅(lift fitting)을 적용하면 환수를 위쪽으로 끌어올릴 수 있다.
③ 온수난방은 예열시간이 짧으므로 반응이 빠르지만 방열량을 조절할 수 있다.
④ 복사난방은 쾌감도는 좋으나 하자발생 여부를 확인하기 어렵고 부하변동에 따른 즉각적인 대응이 어렵다.

해설 ㉠ 증기난방은 방열량 조절이 불편하다.
㉡ 온수난방은 외기온도 변화 시 방열량 조절이 용이하다.(단, 예열시간이 길고 열용량이 크다.)
㉢ 직접난방 : 대류난방(증기난방, 온수난방, 방열기난방)
㉣ 리프트피팅 : 진공환수식 증기난방용

20 증기난방 설비 중 진공환수식 응축수 회수방법에 대한 설명으로 틀린 것은?

① 환수관 내 유속이 다른 환수방식에 비해 빠르고 난방효과가 크다.
② 대규모 난방에 적합하다.
③ 공기빼기 밸브에 부착해야 한다.
④ 환수관의 관경을 작게 할 수 있다.

해설 진공환수식 증기난방은 대규모 난방에 사용되며 진공 펌프를 사용하기 때문에 별도의 공기빼기 밸브는 부착되지 않는 난방법이다.

21 다음 중 고압(50~300kg/cm²)에서 레이놀즈수가 클 때, 유체의 유량 측정에 가장 적합한 유량계는?

① 플로 노즐 유량계　　　　　② 오리피스 유량계
③ 벤투리 유량계　　　　　　④ 피토 유량계

해설 플로 노즐 차압식 유량계는 고압(5~30MPa)에서 레이놀즈수가 클 때 유체의 유량 측정에 가장 이상적인 유량계이다.

22 다음 중 방열기(radiator)의 사용 재질과 가장 거리가 먼 것은?

① 주철   ② 강   ③ 알루미늄   ④ 황동

해설 라디에이터(방열기) 재질
    ㉠ 주철   ㉡ 강철   ㉢ 알루미늄

23 지역난방의 특징에 대한 설명으로 틀린 것은?

① 각 건물에 보일러를 설치하는 경우에 비해 건물의 유효면적이 증대된다.

② 각 건물에 보일러를 설치하는 경우에 비해 열효율이 좋아진다.

③ 설비의 고도화에 따라 도시매연이 감소된다.

④ 열매체로 증기보다 온수를 사용하는 것이 관내 저항손실이 적으므로 주로 온수를 사용한다.

해설 관내 유체 중 증기보다는 온수가 순환 시 관내 저항손실이 크다.

24 보일러 안전관리 수칙에 대한 설명으로 가장 거리가 먼 것은?

① 안전밸브 및 저수위 연료차단장치는 정기적으로 작동상태를 확인한다.

② 연소실 내 잔류가스 배출을 위해 댐퍼의 개방상태를 확인한다.

③ 보일러 연소상태를 수시 확인하고 적정 공기비를 유지한다.

④ 급수온도를 수시로 점검하여 온도를 80℃ 이상으로 유지 한다.

해설 급수온도가 너무 높으면 펌프 내 서징(기화)현상 발생으로 보일러 수 급수·수송에 저항이 생겨서 저수위 사고가 발생할 수 있다. 따라서 급수는 80℃ 이하로 유지해야 한다.(급수온도가 높으면 용존산소 발생으로 부식 및 저항 발생)

25 연료의 연소 시 과잉공기량에 대한 설명으로 옳은 것은?

① 실제공기량과 같은 값이다.

② 실제공기량에서 이론공기량을 뺀 값이다.

③ 이론공기량에서 실제공기량을 뺀 값이다.

④ 이론공기량과 실제공기량을 더한 값이다.

해설 ㉠ 공기비(과잉공기계수)＝실제공기량/이론공기량 ⇒ 항상 1보다 크다.
    ㉡ 실제공기량＝이론공기량 × 공기비
    ㉢ 과잉공기량＝실제공기량－이론공기량

26 여러 가지 물리량에 대한 설명으로 틀린 것은?

① 밀도는 단위체적당의 중량이다.

② 비체적은 단위중량당의 체적이다.

③ 비중은 표준대기압에서 4℃ 물의 비중량에 대한 유체의 비중량의 비(比)이다.

④ 유체의 압축률은 압력 변화에 대한 체적 변화의 비(比)이다.

해설 밀도(ρ) : 단위체적당 질량(kg/m^3)이다.

비중량(γ) : 단위체적당 중량(kg/m^3)이다.

27 보일러의 건조보존법에서 질소 가스를 사용할 때 질소 가스의 보존압력(MPa)은?

① 0.06   ② 0.3

③ 0.12   ④ 0.015

해설 보일러 밀폐 건조법(보존기간 6개월 이상 시 사용)

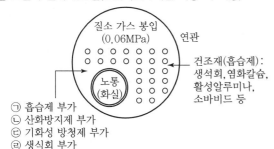

ⓐ 흡습제 부가
ⓑ 산화방지제 부가
ⓒ 기화성 방청제 부가
ⓓ 생석회 부가

28 다음 중 보일러 손상의 종류와 발생 부위에 대한 연결로 틀린 것은?

① 압궤 : 노통 또는 화실

② 팽출 : 수관, 동체

③ 균열 : 리벳 구멍, 플랜지 이음부

④ 수격작용 : 증기트랩 또는 기수분리기

해설 ⓐ 기수분리기 : 건조증기 취출

ⓑ 증기트랩 : 응축수 제거

(관 내 응결수가 제거되므로 수격작용, 즉 워터해머링이 방지된다.)

29 캐리오버(carry over)의 방지책이 아닌 것은?

① 보일러 수의 염소이온 농도를 높여야 한다.

② 수면이 비정상으로 높게 유지되지 않도록 한다.

③ 압력을 규정압력으로 유지해야 한다.

④ 부하를 급격히 증가시키지 않는다.

 ㉠ 캐리오버(기수공발) : 보일러 취출증기 중에 수분이나 규산염, 거품 등이 혼입되어 보일러 외부로 배출되는 현상(관내 수격작용, 증기저항, 관내 부식 등이 발생된다.)

㉡ 탄산염, 규산염, 황산염 등은 불순물이며 스케일의 원인이 된다.

30 급수예열기의 취급방법으로 틀린 것은?

① 바이패스 연도가 있는 경우에는 연소가스를 바이패스시켜 물이 급수예열기 내를 유동하게 한 후 연소가스를 급수예열기 연도에 보낸다.

② 댐퍼 조작은 급수예열기 연도의 입구댐퍼를 먼저 연 다음에 출구댐퍼를 열고 최후에 바이패스 댐퍼를 닫도록 한다.

③ 바이패스 연도가 없는 경우에는 순환관을 이용하여 급수예열기 내의 물을 유동시킨다.

④ 순환관이 없는 경우에는 적정량의 보일러 수의 분출을 실시한다.

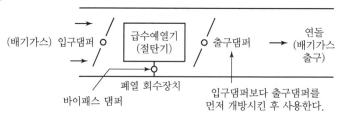

31 인젝터의 급수불량 원인으로 가장 거리가 먼 것은?

① 노즐이 마모된 경우

② 급수온도가 50℃ 이상으로 높은 경우

③ 증기압이 4kg/cm² 정도로 낮은 경우

④ 흡입관에 공기가 유입된 경우

인젝터 급수설비는 증기압력을 10kg/cm² 사이로 제한하여 사용한다.

32 보일러 내부에 부착된 페인트, 유지, 녹 등을 제거하기 위해 사용되는 약품은?

① 탄산소다(Na_2CO_3)　　　　　　② 히드라진(N_2H_4)

③ 염화칼슘 ($CaCl_2$)　　　　　　　④ 탄산마그네슘($MgCO_3$)

해 Na_2CO_3(탄산소다) : 급수처리 시 pH(알칼리도) 조정제, 관수 연화제, 신설 보일러의 소다 보정제(페인트, 녹, 유지분 제거 등)

33 순수한 물 1lb(파운드)를 표준대기압하에서 1°F 높이는 데 필요한 열량을 나타낼 때 쓰이는 단위는?

① Chu　　　　　② MPa　　　　　③ Btu　　　　　④ kcal

해 Btu : 순수한 물 1파운드(0.454kg)를 표준대기압하에서 1°F(화씨) 높이는 데 필요한 열량이다.

34 보일러의 건식보존 시 사용되는 약품이 아닌 것은?

① 생석회　　　　② 염화칼슘　　　　③ 소석회　　　　④ 활성알루미나

해 27번 문제 해설 참고

35 정체의 정압비열과 정적비열의 관계에 대한 설명으로 옳은 것은?

① 정압비열이 정적비열보다 항상 작다.

② 정압비열이 정적비열보다 항상 크다.

③ 정적비열과 정압비열은 항상 같다.

④ 정압비열은 정적비열보다 클 수도 있고 작을 수도 있다.

해 기체의 비열비(k) $= \dfrac{C_p}{C_v} = \dfrac{정압비열}{정적비열}$ (항상 1보다 크다.)

36 수관이나 동저부에 고열의 연소가스가 접촉하여 파열이 진행되는 순서는?

① 과열 → 가열 → 팽출 → 변형 → 파열

② 과열 → 가열 → 변형 → 팽출 → 파열

③ 가열 → 과열 → 팽출 → 변형 → 파열

④ 가열 → 과열 → 변형 → 팽출 → 파열

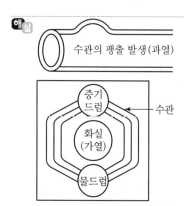

파열진행순서 : 가열 → 과열 → 변형 → 팽출 → 파열

37 액체 속에 잠겨 있는 곡면에 작용하는 합력을 구하기 위해서는 힘을 수평 및 수직분력으로 나누어 계산해야 한다. 이 중 수직분력에 관한 설명으로 옳은 것은?

① 곡면에 의해서 배제된 액체의 무게와 같다.

② 곡면의 수직 투영면에 비중량을 곱한 값이다.

③ 중심에서 비중량, 압력, 면적을 곱한 값이다.

④ 곡면 위에 있는 액체의 무게와 같다.

액체 속에 잠겨있는 곡면의 합력

㉠ 수직분력 : 곡면 위에 있는 액체의 무게와 같다.

㉡ 수평분력 : 곡면의 수평 투영면적에 작용하는 전압력과 같다.

38 유체의 원추 확대관에서 생기는 손실수두는?

① 속도에 비례한다.

② 속도에 반비례한다.

③ 속도의 제곱에 비례한다.

④ 속도의 제곱에 반비례한다.

손실수두

㉠ 속도수두$\left(\dfrac{V^2}{2g}\right)$와 관의 길이($L$)에 비례한다.

㉡ 관의 직경에 반비례한다.

손실수두(h) $= f\dfrac{L}{d} \cdot \dfrac{V^2}{2g}$

돌연 확대관 손실수두(h) $= \dfrac{(V_1 - V_2)^2}{2g}$

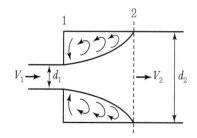

39 압력이 100kg/cm²인 습증기가 있다. 포화수의 엔탈피가 334kcal/kg이고, 건조포화증기 엔탈피가 652kcal/kg, 건조도가 80%일 때 이 습증기의 엔탈피(kcal/kg)는?

① 427　　　　　　　　　　② 575

③ 588　　　　　　　　　　④ 641

해설 습증기 엔탈피(h_2) = 포화수 엔탈피 + 증발잠열 × 건조도

∴ $h_2 = 334 + (652 - 334) \times 0.8$

　　　 $= 588(\text{kcal/kg})$

• 증발잠열(r)(kcal/kg)

　 = 증기 엔탈피 − 포화수 엔탈피

40 중유 연소 시 노 내의 상태가 밝고 공기량이 과다할 때 화염의 색깔은?

① 보라색　　　　　　　　　② 회백색

③ 오렌지색　　　　　　　　④ 적색

해설 중유 연소 시 노 내 화염 회백색 : 노 내 상태가 밝고 공기량이 과대할 때 발생

41 다음 중 중성 내화벽돌에 속하는 것은?

① 탄소질　　　　　　　　　② 규석질

③ 마그네시아질　　　　　　④ 샤모트질

해설 ㉠ 탄소질 : 중성

㉡ 규석질 : 산성

㉢ 마그네시아질 : 염기성

㉣ 샤모트질 : 산성

42 배관에 설치하는 신축 이음쇠의 종류가 아닌 것은?

① 루프형　　　　　　　　　② 벨로즈형

③ 스위블형　　　　　　　　④ 게이트형

해설 게이트형은 밸브의 형태 중 하나이다.

(밸브의 종류 : 게이트 밸브, 글로브 밸브, 체크 밸브, 볼 밸브)

43 주철의 일반적인 특징에 대한 설명으로 옳은 것은?

① 주철은 강에 비해 용융점이 높고 유동성이 나쁜 특성을 지니고 있다.
② 가단 주철은 마그네슘, 세륨 등을 소량 첨가하여 구상 흑연으로 바꿔서 연성을 부여한 것이다.
③ 흑연이 비교적 다량으로 석출되어 파면이 회색으로 보이고 흑연은 보통 편상으로 존재하는 것을 반주철이라 한다.
④ 흑연의 형상을 미세, 균일하게 하기 위하여 Si, Ca-Si 분말을 첨가하여 흑연의 핵 형성을 촉진시킨 것을 미하나이트 주철이라 한다.

해설 주철
㉠ 강에 비해 용융점이 낮고 유동성이 좋다.
㉡ 가단주철은 백선 주물이며 흑심가단주철, 백심가단주철이 있다.
㉢ 주철에 세륨이나, 세륨 대신 마그네슘을 첨가하여 흑연을 구상화시킨 주물은 구상 흑연주철이라고 한다.
㉣ 미하나이트 주철 : 철에 칼슘이나 규소를 접종시켜 미세한 흑연을 균일하게 분포시킨 펄라이트 주철이다.

44 강관용 플랜지와 관과의 부착방법에 따른 분류에 대한 각각의 용도를 설명한 것으로 틀린 것은?

① 웰딩넥형(welding neck type) - 저압배관용
② 랩조인트형(lap joint type) - 고압배관용
③ 블라인드형(blind type) - 관의 구멍 폐쇄용
④ 나사형(thread type) - 저압배관용

해설 플랜지시트 모양
㉠ 나사 이음형　　　㉡ 삽입 용접형
㉢ 소켓 용접형　　　㉣ 랩조인트형(유합 플랜지)
㉤ 블라인드형　　　㉥ 웰딩넥형 : 하이허브용(높은 응력 감소용)

45 에너지이용 합리화법에 따라 검사기관의 장은 검사대상기기인 보일러의 검사를 받는 자에게 그 검사의 종류에 따라 필요한 사항에 대한 조치를 하게 할 수 있다. 그 조치에 해당되지 않는 것은?

① 기계적 시험의 준비
② 비파괴 검사의 준비
③ 조립식인 검사대상기기의 조립 해체
④ 단열재의 열전도 시험의 준비

Answer 43. ④ 44. ① 45. ④

해설 ㉠ 검사대상기기를 검사할 때 단열재나 보온재의 열전도 시험 준비는 제외된다.
　　㉡ 검사대상기기
　　　• 강철제, 주철제 보일러
　　　• 가스형 소형 온수보일러(가스 사용량 232.6kW 초과용)
　　　• 압력용기 1, 2종
　　　• 철금속 가열로(0.58MW 이상)

46 에너지이용 합리화법에 따른 에너지관리지도 결과, 에너지 다소비 사업자가 개선명령을 받은 경우에는 개선명령일부터 며칠 이내에 개선계획을 수립·제출하여야 하는가?

① 60일　　　　　　　　　　　　② 45일
③ 30일　　　　　　　　　　　　④ 15일

해설 석유환산 연간 2,000티오이(TOE) 이상 사용자(에너지 다소비 사업자)는 에너지관리지도 결과 개선명령을 받은 경우 개선명령일로부터 60일 이내 개선계획을 수립하여 산업통상자원부장관에게 제출한다.

47 천연고무와 비슷한 성질을 가진 합성고무로서 내열성을 위주로 만들어진 알칼리성이며, 내열도 -46~121℃ 사이에서 사용되는 패킹 재료는?

① 네오프렌　　　　　　　　　　② 석면
③ 암면　　　　　　　　　　　　④ 펠트

해설 네오프렌(neoprene)
플랜지 패킹이며 내열범위가 -46~121℃인 합성고무 제품이다.(물, 기름, 공기, 냉매 배관용)

48 규조토질 단열재의 특징에 대한 설명으로 틀린 것은?

① 압축강도(5~30kg/cm²), 내마모성, 내스폴링성이 작다.
② 재가열·수축열이 크다.
③ 안전사용 온도가 1,300~1,500℃이다.
④ 기공률은 70~80% 정도이며, 350℃ 정도에서 열전도율은 0.12~0.2kcal/m·h·℃이다.

해설 ㉠ 규조토질 산성 내화벽돌은 SK31~34 정도의 내화용이다.
　　㉡ 규조토질 단열재 사용온도는 900~1,200℃ 정도이다.
　　㉢ 점토질 내화단열벽돌 사용온도는 1,300~1,500℃ 정도이다.

49 전동밸브에 대한 설명으로 옳은 것은?

① 회전운동을 링크 기구에 의한 왕복운동으로 바꾸어서 밸브를 개폐한다.

② 고압유체를 취급하는 배관이나 압력용기에 주로 설치한다.

③ 실린더의 왕복운동을 캠 장치를 이용하여 회전운동으로 바꾸어 밸브를 개폐한다.

④ 고압관과 저압관 사이에 설치하며 밸브의 리프트를 제어하여 유량을 조절한다.

해설 전동밸브(엑츄에이터)

전기적인 힘을 기계적인 일로 변환시켜 회전운동을 링크 기구에 의한 왕복운동으로 바꾸어서 밸브를 개폐시킨다.

(전동밸브)

50 다음 중 아크용접, 가스용접에 있어서 용접 중에 비산하는 슬래그 및 금속 입자를 의미하는 용어는?

① 자기 쏠림(magnetic blow)　　② 핀치 효과(pinch effect)

③ 굴하 작용(digging action)　　④ 스패터(spatter)

해설

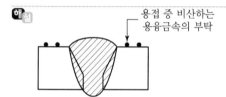

51 응축수의 부력을 이용해 밸브를 개폐하여 간헐적으로 응축수를 배출하는 증기트랩은?

① 벨로즈 트랩　　② 디스크 트랩

③ 오리피스 트랩　　④ 버킷 트랩

해설 버킷 트랩(상향식, 하향식)

㉠ 기계적인 증기 트랩이다.

㉡ 응축수의 부력을 이용한다.

㉢ 간헐적으로 응축수를 배출한다.

㉣ 대형의 증기 트랩이다.(고압, 중압용이다.)

52 배관의 높이를 관의 중심을 기준으로 표시할 때 표시 기호로 옳은 것은?(단, 기준선은 그 지방의 해수면으로 한다.)

① EL   ② GL   ③ TOP   ④ FL

해설 ㉠ EL(elevation line) : 관의 중심이 기준이다.
ㄴ GL(ground level) : 지면의 높이를 기준으로 한다.
ㄷ TOP(top of pipe) : EL에서 관 외경의 윗면까지의 높이를 표시한다.
ㄹ FL(floor level) : 건물의 바닥면을 기준으로 높이를 표시한다.
ㅁ BOP(bottom of pipe) : EL에서 관 외경의 밑면까지의 높이를 표시할 때 사용

53 에너지이용 합리화법에 따라 검사에 불합격한 검사대상기기를 사용한 자에 대한 벌칙기준은?

① 1년 이하의 징역 또는 1천만 원 이하의 벌금
② 2년 이하의 징역 또는 2천만 원 이하의 벌금
③ 5백만 원 이하의 벌금
④ 2천만 원 이하의 벌금

해설 검사대상기기를 검사받지 않거나 검사에 불합격한 기기를 사용한 자는 1년 이하의 징역 또는 1천만 원 이하의 벌금에 처한다.

54 펌프 등에서 발생하는 진동을 억제하는 데 필요한 배관 지지구는?

① 행거   ② 리스트레인트   ③ 브레이스   ④ 서포트

해설 ㉠ 리스트레인트(restraint) : 관의 신축으로 인한 배관의 상하좌우이동을 구속하고 제한한다.(앵커, 스톱, 가이드가 있다.)
ㄴ 브레이스(brace) : 각종 펌퓨류·압축기 등의 진동, 수격작용의 충격, 지진 시 진동 등을 제어하는 지지기구이다.(진동 방지 : 방진기 사용, 충격완화 : 완충기 사용)

55 Ralph M. Barnes 교수가 제시한 동작경제의 원칙 중 작업장 배치에 관한 원칙(Arrangement of the workplace)에 해당되지 않는 것은?

① 가급적이면 낙하식 운반방법을 이용한다.
② 모든 공구나 재료는 지정된 위치에 있도록 한다.
③ 적절한 조명을 하여 작업자가 잘 보면서 작업할 수 있도록 한다.
④ 가급적 용이하고 자연스러운 리듬을 타고 일할 수 있도록 작업을 구성하여야 한다.

해설 ④항은 인체 사용에 관한 동작경제의 원칙에 해당하는 내용이다.

---

56 직물, 금속, 유리 등의 일정 단위 중 나타나는 홈의 수, 핀홀 수 등 부적합수에 관한 관리도를 작성하려고 할 때 가장 적합한 관리도는?

① c 관리도

② np 관리도

③ p 관리도

④ $\overline{X} - R$ 관리도

> ⓗ ㉠ c 관리도 : 부적합 등의 결점수에 관한 관리도
> ㉡ p_n 관리도 : 불량 개수의 관리도
> ㉢ p 관리도 : 불량률의 관리도
> ㉣ $\overline{X} - R$ 관리도 : 평균치와 범위의 관리도
> ㉤ $\overline{X} - R$ 관리도 : 메디안과 범위의 관리도

57 어떤 회사의 매출액이 80,000원, 고정비가 15,000원, 변동비가 40,000원일 때 손익분기점 매출액은 얼마인가?

① 25,000원

② 30,000원

③ 40,000원

④ 55,000원

> ⓗ 손익분기점 계산(매출액)
> $$\frac{고정비}{한계이익률} = \frac{고정비}{1 - \dfrac{변동비}{매상고}} = \frac{15,000}{1 - \dfrac{40,000}{80,000}} = 30,000원$$

58 다음 데이터의 제곱합(sum of squares)은 약 얼마인가?

[데이터]								
18.8	19.1	18.8	18.2	18.4	18.3	19.0	18.6	19.2

① 0.129

② 0.338

③ 0.359

④ 1.029

> ⓗ 제곱합
> 각 데이터로부터 데이터의 평균값을 뺀 것의 제곱의 합
> $$평균값 = \frac{18.8 + 19.1 + 18.8 + 18.2 + 18.4 + 18.3 + 19.0 + 18.6 + 19.2}{9} = 18.71$$
> $$\therefore (18.8 - 18.71)^2 + (19.1 - 18.71)^2 + (18.8 - 18.71)^2 + (18.2 - 18.71)^2 + (18.4 - 18.71)^2 + (18.3 - 18.71)^2$$
> $$+ (19 - 18.71)^2 + (18.6 - 18.71)^2 + (19.2 - 18.71)^2$$
> $$= 1.029$$

59 전수검사와 샘플링검사에 관한 설명으로 맞는 것은?

① 파괴검사의 경우에는 전수검사를 적용한다.

② 검사항목이 많을 경우 전수검사보다 샘플링검사가 유리하다.

③ 샘플링검사는 부적합품이 섞여 들어가서는 안 되는 경우에 적용한다.

④ 생산지에게 품질향상의 자극을 주고 싶을 경우 전수검사가 샘플링검사보다 더 효과적이다.

해설 전수검사, 샘플링검사

㉠ 검사항목이 너무 많으면 전수검사보다 샘플링 검사가 유리하다.

㉡ 검사가 정확한 것은 전수검사이다.

㉢ 불량품이 1개라도 혼입되면 안 될 때, 전체검사를 쉽게 행할 수 있을때 외에는 소량의 표본만 검사하는 검사인 sampling 검사를 주로 한다.

60 국제표준화의 의의를 지적한 설명 중 직접적인 효과로 보기 어려운 것은?

① 국제 간 규격 통일로 상호 이익 도모

② KS 표시품 수출 시 상대국에서 품질 인증

③ 개발도상국에 대한 기술 개발의 촉진을 유도

④ 국가 간의 규격 상이로 인한 무역장벽의 제거

해설 KS 표시는 국제표준화가 아닌 우리나라의 품질 인증이다.

2018년 6월 시험부터

시험 주최 측인 한국산업인력공단에서

시험문제를 제공하지 않습니다.

참고하여 주시기 바랍니다.

Part 02

CBT 모의고사

(2018년 중반기 이후 일부 복원문제 수록함)

에너지관리기능장 Master Craftsman Energy Management

CBT 모의고사

1회

1 단위무게(1kg)의 물 또는 증기가 보유하는 열량을 무엇이라 하는가?

① 비열

② 엔트로피

③ 엔탈피

④ 칼로리

해설 엔탈피 : 단위 무게의 물 또는 증기 1kg이 보유하는 열량이다.

2 다음 중 무기질 보온재에 속하는 것은?

① 펠트

② 코르크

③ 규조토

④ 기포성 수지

해설 ㉠ 유기질 보온재 : 펠트, 코르크, 기포성 수지(합성수지)

㉡ 무기질 보온재 : 규조토, 석면, 글라스 울, 암면, 탄산마그네슘, 규산칼슘 보온재

㉢ 규조토(석면 사용 시 500℃, 삼여물 사용 시 250℃)

3 다음 사항 중 스케일(Scale)의 영향이 아닌 것은?

① 전열면의 과열

② 포밍 현상

③ 연료의 손실

④ 물 순환의 저해

해설 (1) 스케일의 영향

㉠ 전열면의 과열   ㉡ 연료의 손실   ㉢ 물 순환의 저해

(2) 포밍(물거품 발생현상)

4 증기 방열기를 증기 주관에 연결할 때 사용하는 신축이음은?

① 루프형

② 벨로스

③ 스위블

④ 슬리브

해설 증기 방열기는 입상배관이므로 증기 주관에 연결할 때의 신축이음은 스위블 이음으로 한다.

Answer   1. ③   2. ③   3. ②   4. ③

5 금형으로 압축하여 300℃ 정도로 가열하여 내부까지 흑갈색으로 탄화시킨 보온재는 어느 것인가?

① 암면
② 탄산마그네슘
③ 탄화코르크
④ 스치로폴

해설 **탄화코르크**

코르크 입자는 금형으로 압축하고 300℃ 정도로 가열하여 제조한다. 방수성을 향하여(향상시킨다.) 아스팔트를 결합하는 것을 탄화코르크라 한다.(안전사용온도 130℃) 유기질 보온재이다.

6 열사용기자재는 제조업 허가 및 형식승인을 받도록 규정되어 있다. 다음 중 형식승인을 받지 않아도 무방한 기자재는?

① 육용강재 보일러
② 1종 압력용기
③ 태양열 집열기
④ 유리면 보온재

해설 법규개정으로 형식승인은 폐지

7 다음 중 자체검사의 종류에 들어가는 것은?

① 수입검사
② 용접검사
③ 구조검사
④ 개조검사

해설 ㉠ 용접검사 신청서 : 용접 부위도 1부
　　　용접하는 재료의 원자재 검사 성적서 사본 1부
　　　검사대상기기의 설계 도면 2부
㉡ 구조검사 신청서 : 용접검사증 1부, 수관 또는 연관의 원자재, 검사 성적서 사본 1부
㉢ 개조검사 신청서 : 개조한 검사대상기기의 개조부분의 설계도면 및 그 설명서 1부 및 검사대상기기 검사증 1부
㉣ 자체검사 : 수입검사, 중간검사, 제품검사

8 유닛히터 설치 시 증기관과 환수관 사이에 사용할 수 있는 증기트랩은?

① 열동식 트랩
② 충동식 트랩
③ 다량트랩
④ 버킷트랩

해설 증기관과 환수관 사이에는 응축수를 배출하기 위하여 열동식 트랩(벨로스트랩)을 설치한다.

9 원심펌프의 구조 중에서 흡입된 물의 속도 에너지가 압력에너지로 변환되는 곳은?

① 흡입관　　　　　　　　　　　　② 푸트밸브

③ 안내날개　　　　　　　　　　　④ 조정밸브

🔑 안내날개 : 원심펌프(터빈펌프)에서 흡입된 물의 속도가 압력에너지로 변환하는 안내가이드이다.

10 열사용기자재의 형식을 품목별로 제한 승인하고자 할 경우 미리 공고해야 할 사항에 해당되는 것은?

① 사용량 및 기간　　　　　　　　② 품목 및 내용

③ 시설 및 구조　　　　　　　　　④ 제조일 및 효능

🔑 형식승인 폐지

11 증기난방에서 응축수 환수방법에 따른 종류가 아닌 것은?

① 진공환수식　　　　　　　　　　② 중력환수식

③ 저압환수식　　　　　　　　　　④ 기계환수식

🔑 증기난방의 응축수 환수방법
　　㉠ 진공환수식(대규모 난방)
　　㉡ 기계환수식(순환펌프 즉 응축수 펌프 사용)
　　㉢ 중력환수식(증기와 응축수의 밀도 차 이용)

12 물체에 가해진 열량을 dQ, 내부에너지 dU, 외부에 대한 열 dL로 나타낼 때 다음 중 옳은 것은?(단, A는 열의 일당량)

① $dL = dQ + AdU$　　　　　　　② $dQ = dL + AdU$

③ $dL = dU + AdQ$　　　　　　　④ $dQ = dU + AdL$

🔑 엔탈피 = 내부에너지 + 외부에너지
　　$dQ = dU + AdL$

13 강철제 보일러의 최고사용압력이 4.3kg/cm² 초과 15kg/cm² 이하일 때 수압시험압력은?

① 최고사용압력의 1.3배 + 3kg/cm²　　② 최고사용압력의 2.0배 + 2kg/cm²

③ 최고사용압력의 1.5배　　　　　　　④ 최고사용압력의 2배

해설 강철제 보일러 수압시험
- ㉠ 최고사용압력 $4.3kg/cm^2$ 이하 : 2배
- ㉡ 최고사용압력 4.3 초과 $15kg/cm^2$ 이하 : 최고사용압력의 1.3배+$3kg/cm^2$
- ㉢ 최고사용압력의 $15kg/cm^2$ 초과 : 1.5배

14 자동제어의 제어방법 중 추치제어에 해당되지 않는 것은?

① 프로그램제어　　　　　　　　　② 비율제어

③ 정치제어　　　　　　　　　　　④ 추종제어

해설 ㉠ 추치제어 : 추종제어, 비율제어, 프로그램제어
- ㉡ 정치제어 : 목표 값이 일정한 제어이다.

15 급수온도 25℃에서 압력 $15kg/cm^2$, 온도 350℃의 증기를 1시간당 12,000kg 발생시키는 경우의 상당증발량은?(단, 발생증기엔탈피는 725kcal/kg, 급수엔탈피는 25kcal/kg)

① 9,700kg/h　　　　　　　　　　② 15,590kg/h

③ 12,700kg/h　　　　　　　　　　④ 13,000kg/h

해설 상당증발량 $\dfrac{12,000 \times (725-25)}{539} = 15,590kg/h$

16 다음 중 보냉재에 속하는 것은?

① 폴리우레탄 발포제　　　　　　　② 탄산마그네슘

③ 탄화코르크　　　　　　　　　　④ 생석회

해설 보냉재(100℃ 이하의 보온)
- ㉠ 코르크
- ㉡ 우모
- ㉢ 양모
- ㉣ 폼류[경질 폴리우레탄, 폴리스티렌 폼, 염화비닐 폼 등(80℃ 이하)]

17 동체외경이 2m, 동체길이가 4.5m인 랭커셔 보일러의 전열면적은?

① 24.6m²　　　② 36m²　　　③ 18m²　　　④ 9m²

㉠ 랭커셔 보일러(노통이 2개) : 4DL
ㄴ 코니시 보일러(노통이 1개) : πDL
∴ 4×2×4.5=36m²

18 가스 통로에 고정식 또는 회전식의 물분무로 매연을 처리하는 방식은?

① 회전식

② 기계식

③ 세정식

④ 분무식

세정식 집진장치
배기가스 통로에 고정식(유수식) 또는 회전식, 가압수식 장치에 의해 물분무로 매연을 처리한다.

19 다음 성분 중 경질 스케일을 만드는 물질은?

① $CaSO_4$

② $CaSO_3$

③ $MgCO_4$

④ $Ca(OH)_7$

경질 스케일 : 황산칼슘($CaSO_4$)
연질 스케일 : 탄산염($CaCO_3$)

20 0℃와 100℃ 사이에서 조작되는 역카르노사이클에서 성적계수(Cop)는?

① 1.69

② 2.73

③ 3.56

④ 4.20

$Cop = \dfrac{T_1}{T_1 - T_2}$

$Cop = \dfrac{273 - 0}{(273 + 100) - (273 + 0)} = 2.73$

21 루프형 신축이음의 곡률 반경은 얼마 이상이어야 하는가?

① $R \geq 2D$

② $R \geq 5D$

③ $R \geq 6D$

④ $R \geq 3D$

루프형(곡관형) 곡률 반경
$R \geq 6D$

22 압력 12kgf/cm², 온도 200℃에서 포화수의 엔탈피가 204kcal/kg, 포화증기 엔탈피가 667kcal/kg, 같은 온도에서 건도가 0.9인 습증기의 엔탈피는?

① 250kcal/kg   ② 435kcal/kg   ③ 621kcal/kg   ④ 713kcal/kg

해설 $h_2 = h' + xr$

∴ $204 + 0.9 \times (667 - 204) = 620.7$kcal/kg

h' : 포화수 엔탈피

r : 물의 증발잠열

23 소용량 강철제 보일러의 전열면적(m²) 규정은 어느 것인가?

① 3.5 이하   ② 1 이하   ③ 5 이하   ④ 14 이하

해설 소용량 강철제 보일러의 전열면적은 5m² 이하이고 최고사용압력은 1kg/cm²g 이하이다.

24 보일러 가동 중 안전관리 사항으로서 가장 주의하여야 할 사항은?

① 규정 압력초과   ② 캐비테이션 발생

③ 연료의 과다 투입   ④ 매연발생

해설 안전관리 주의사항

㉠ 압력초과   ㉡ 저수위 사고   ㉢ 착화실패   ㉣ 가스폭발

25 다음 증기트랩 중 열역학적 특성차를 이용한 것은?

① 디스크트랩   ② 부자형 트랩

③ 상향버킷트랩   ④ 하향버킷트랩

해설 ㉠ 열역학 특성차 : 디스크트랩, 오리피스트랩

㉡ 비중차 트랩 : 버킷(상향, 하향)트랩, 부자형

㉢ 온도차 트랩 : 바이메탈, 벨로스트랩

26 강철제 보일러의 수압시험 시 시험 수압은 규정압력의 몇 %를 초과해서는 안 되는가?

① 10   ② 8   ③ 5   ④ 6

해설 강철제 보일러의 수압시험 규정압력은 6%를 초과해서는 안 된다.

27 어떤 물체의 온도가 59°F로 측정되었다면 절대온도(°K)는?

   ① 15°K   ② 288°K   ③ 475°K   ④ 47°K

해설 $°K = ℃ + 273, \ ℃ = \dfrac{5}{9} \times (°F - 32)$

$\therefore \ \left(\dfrac{5}{9}(59-32) \right) + 273 = 288°K$

28 다음의 통풍방식 중에서 연돌(Stack)의 역할이 가장 큰 것은?

   ① 자연통풍   ② 압입통풍   ③ 흡입통풍   ④ 평형통풍

해설 자연통풍방식은 외기와 배기가스의 비중차에 의한 연돌(굴뚝)의 역할이 가장 큰 통풍력에 의존한다.

29 기름버너 중에서 대용량 연소장치에 부적합한 것은?

   ① 공기분무식   ② LP식   ③ 증발식   ④ 압력분무식

해설 ㉠ 기화연소방식 : 심지식, 포트식, 버너식, 증발식은 소용량 연소장치에 사용

     ㉡ 분무연소방식 : 공기분무식, 압력분무식, 회전분무식, 기류식, 초음파식은 대용량 버너에 사용

30 수면계의 수위가 나타나지 않는 원인으로 적당하지 않은 것은?

   ① 수위가 너무 낮을 때   ② 절탄기 고장 시

   ③ 수위가 너무 높을 때   ④ 과대한 프라이밍 시

해설 절탄기(급수가열기) : 폐열회수장치

31 다음 그림과 같은 이음쇠의 호칭방법이 맞는 것은?

   ① $4B \times 3B \times 2B \times 1\dfrac{1}{2}B$

   ② $3B \times 4B \times 1\dfrac{1}{2}B \times 2B$

   ③ $1\dfrac{1}{2}B \times 2B \times 3 \times 4$

   ④ $4B \times 3B \times 1\dfrac{1}{2}B \times 2B$

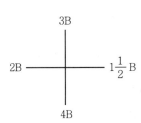

해설 $4B \times 3B \times 2B \times 1\frac{1}{2}B$

32 1시간 동안 800kg의 석탄을 연소시킨 보일러의 연소율이 120kg/m²h인 이 보일러의 화격자 면적은?

① 3.56

② 6.67

③ 7.67

④ 8.57

해설 $F = \dfrac{\text{시간당 석탄소비량}}{\text{화격자 연소율}}$

$F = \dfrac{800}{120} = 6.666\text{m}^2$

33 독가스를 마셨을 때 응급치료에 사용할 수 있는 약품은 어느 것인가?

① 벤젠

② 석회수

③ 초산암모니아수

④ 에테르

해설 염소(Cl_2)나 포스겐($COCl_2$)의 독성가스 흡수제는 소석회이다.

34 동물성 섬유로 만든 펠트에 아스팔트로 방습 가공한 것은 몇 ℃까지 보냉용으로 사용이 가능한가?

① −60℃

② −80℃

③ −40℃

④ −30℃

해설 펠트 유기질 보온재
  ㉠ 석면, 암면, 광재면 등의 광물 섬유를 이용한 것
  ㉡ 양모, 우모, 마모, 기타 짐승의 털, 동물의 섬유와 삼베, 면, 기타의 식물성 섬유와 혼용한 것
  ㉢ 아스팔트와 아스팔트 천을 가지고 방습 가공한 것은 −60℃까지 보냉에 사용된다.

35 생산의 4M이 아닌 것은?

① 사람

② 기계

③ 방법

④ 관리

해설 생산의 4M
  ㉠ 3요소 : 사람, 자재, 기계
  ㉡ 4요소 : 사람, 자재, 기계, 방법
  ㉢ 5요소 : 사람, 자재, 기계, 방법, 정보
  ㉣ 7요소 : 사람, 자재, 기계, 판매, 자본

Answer 32. ② 33. ② 34. ① 35. ④

36 유량이 초당 10m³ 흐르는 관의 유속이 22m/sec일 때 이 관의 내경은 얼마인가?

① 약 76cm ② 약 65cm ③ 100cm ④ 50cm

해설 $d = \sqrt{\dfrac{4Q}{\pi V}}$

$d = \sqrt{\dfrac{4 \times 10}{3.14 \times 22}} = 0.76\text{m} = 76\text{cm}$

37 증기난방에서 응축수 펌프의 열수량은 전 응축수량의 몇 배 크기로 정하는가?

① 2배 ② 1배 ③ 4배 ④ 3배

해설 증기난방에서 응축수 펌프는 전 응축수량의 3배의 크기로 선정하고 응축수 탱크의 크기는 응축수 펌프수량의 2배 크기로 한다.

38 공정분석기호에서 운반을 나타내는 기호는 어느 것인가?

① ◯ ② ←→ ③ □ ④ ▽

해설 ◯ : 작업(가공, 조직) ←→ : 운반
□ : 검사 ▽ : 저장(보관)

39 다음 중 압력식 온도계에 속하지 않는 것은?

① 고체 팽창식 온도계 ② 액체 팽창식 온도계
③ 증기압식 온도계 ④ 기체압식 온도계

해설 압력식 온도계
㉠ 액체 팽창식 온도계
㉡ 증기압식 팽창식 온도계
㉢ 기체압식 팽창식 온도계

40 다음 중 와유량계가 아닌 것은?

① 스와르미터 ② 델타 ③ 칼만형 ④ 게이트형

해설 면적식 유량계
ㄱ 로터미터
ㄴ 게이트 식

41 진공환수식에서 흡상이음의 1단 높이는 몇 m 이내로 설치하는가?

① 1m   ② 1.5m   ③ 2m   ④ 2.5m

해설 증기난방에서 진공환수식은 환수관이 진공펌프의 흡입구보다 저 위치에 있을 때 응축수를 끌어올리기 위하여 리프트 피팅 시설을 하고 환수주관 지름보다 1~2 정도 작은 치수를 사용하며, 1단의 흡상높이는 1.5m 이내로 설치한다.

42 다음 급수처리방법 중 물속의 용해가스를 제거하기 위한 방법은?

① 증류법   ② 침전법
③ 여과법   ④ 가열법

해설 급수처리에서 물속의 용해가스를 제거하기 위하여는 가열법이나 탈기법, 기폭법을 사용한다.

43 온수난방의 배관 시공에서 배관구배는 관 길이 1m에 대해 어느 정도가 적당한가?

① 1mm 정도   ② 2mm 정도
③ 4mm 정도   ④ 8mm 정도

해설 온수난방의 구배는 $\frac{1}{250}$ 이다.

1m=1,000mm

$\therefore 1,000 \times \frac{1}{250} = 4mm$

44 형식승인을 받아야 되는 열사용기자재는 다음 중 어느 것인가?

① 1종 압력용기   ② 2종 압력용기
③ 보일러   ④ 요업요로

해설 형식승인 폐지

45 다음 중 설비의 열화 종류가 아닌 것은?

① 기계적 열화　　　　　　　　② 기능적 열화
③ 기술적 열화　　　　　　　　④ 물리적 열화

해설 설비의 열화
　㉠ 물리적 열화　　㉡ 기능적 열화
　㉢ 기술적 열화　　㉣ 화폐적 열화

46 열사용기자재 중 단열재가 아닌 것은?

① 유리면　　　　　　　　　　② 암면
③ 컨벡터　　　　　　　　　　④ 질석

해설 컨벡터(대류 방열기)
강판제 캐비닛 속에 핀 튜브형의 가열기가 들어있는 캐비닛 속에서 대류작용을 일으켜 난방한다.
높이가 낮으면 베이스보드 히터라고 한다.

47 증기난방 배관에서 분기관은 주관에 대해서 몇 도 이상의 각도로 만드는가?

① 35도　　　　② 45도　　　　③ 40도　　　　④ 50도

해설 증기난방의 분기관 취출은 주관에 대해 45° 이상으로 지관을 상향 취출하고 열팽창을 고려해 스위블 이음을 해 준다.

48 다음 중 교축작용 이후에도 일정한 값을 갖는 것은?

① 절대온도　　　　　　　　　② 엔탈피
③ 절대압력　　　　　　　　　④ 엔트로피

해설 교축작용 이후에도 일정한 값을 갖는 것은 엔탈피이다.

49 다음 중 강관의 접합방법이 아닌 것은?

① 용접접합　　　　　　　　　② 나사접합
③ 플레어접합　　　　　　　　④ 플랜지접합

해설 플레어접합은 압축접합이며 관경이 20mm 미만의 동관에서 기계의 점검, 보수 또는 관을 분해할 경우에 대비하여 접합하는 방법이다.

---

50 보일러의 과열원인 중 가장 중요한 것은?

① 보일러의 이상감수　　　　　　② 설계결함

③ 제작결함　　　　　　　　　　④ 부식

해설 보일러 이상감수(저수위 사고)에서는 과열의 원인이 된다.

51 다음 중 유체의 흐름방향과 평행하게 밸브가 개폐되는 것은?

① 특수밸브　　　　　　　　　　② 회전밸브

③ 슬라이드밸브　　　　　　　　④ 리프트밸브

해설 리프트 체크밸브는 관에서 유체의 흐름방향과 평행하게 밸브가 개폐된다.

52 연료의 완전연소 시 공기비(m)의 값은?

① m>1　　　　　　　　　　　② m<1

③ m=1　　　　　　　　　　　④ m≤1

해설 연료의 완전연소 시 공기비(m)는 항상 1보다 크다.

$$공기비(m) = \frac{실제공기량}{이론공기량}$$

53 계량의 기본단위가 아닌 것은?

① 질량　　　　② 길이　　　　③ 부피　　　　④ 시간

해설 기본단위

ㄱ 길이(m)　　　ㄴ 질량(kg)

ㄷ 시간(S)　　　ㄹ 전류(A)

ㅁ 온도(°K)　　　ㅂ 물질량(mol)

ㅅ 광도(cd)

※ 부피(유도단위)

54 여분의 열을 이용하여 보일러에 공급하는 급수를 가열하는 장치는?

① 과열기　　　　　　　　　　② 절탄기

③ 재열기　　　　　　　　　　④ 공기예열기

해설 ㉠ 절탄기 : 배기가스 등의 여분의 열을 이용하여 보일러에 공급하는 급수를 가열한다.
　　 ㉡ 폐열회수장치(여열장치)의 설치 순서
　　　 과열기 > 재열기 > 절탄기 > 공기예열기

55 다음 중 열교환기의 용도와 거리가 먼 것은?

① 잠열증가　　　　 ② 냉각　　　　　 ③ 폐열회수　　　　 ④ 응축

해설 열교환기의 용도
　　 ㉠ 냉각
　　 ㉡ 폐열회수
　　 ㉢ 응축

56 압력용기를 옥내에 설치 시 용기와 본체의 벽과의 거리는 몇 m 이상인가?

① 0.1m　　　　　 ② 0.2m　　　　　 ③ 0.3m　　　　　 ④ 0.4m

해설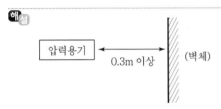

57 중유에서 연소 전 예열온도(℃)로 가장 적당한 것은 어느 것인가?

① 30~60　　　　　　　　　　 ② 60~90
③ 90~120　　　　　　　　　　 ④ 120~150

해설 중유 C급의 사용 시 보일러에 사용되는 예열온도는 60~90℃가 가장 적당하다.

58 다음 중 가장 작은 분진까지 포집할 수 있는 집진기는?

① 관성집진장치　　　　　　　 ② 사이클론 집진기
③ 중력집진장치　　　　　　　 ④ 전기집진장치

해설 ㉠ 전기식 집진장치(코트렐) : 0.05~20μ
　　 ㉡ 중력집진장치 : 20μ
　　 ㉢ 관성집진장치 : 20μ 이상
　　 ㉣ 사이클론 원심식 집진장치 : 10~20μ

59 화격자의 재료는 다음 중 어느 것이 가장 적당한가?

① 주철
② 고속도강
③ 구리
④ 크롬강

해설 석탄, 목재 등의 화상에서 화격자(로스터) 재료는 주철이다.

60 제어계의 난이도가 큰 경우 적합한 제어동작은?

① 헌팅동작
② PID 동작
③ PD 동작
④ ID 동작

해설 (1) PID(비례, 적분, 미분동작)
ㄱ P동작 : 편차에 비례한 신호를 내는 비례동작
ㄴ I동작 : 잔류편차를 제거하기 위한 신호를 내는 적분동작
ㄷ D동작 : 응답을 신속히 하기 위한 미분동작

(2) 헌팅
자동제어를 하는 계 중에 에너지를 축적하는 부분, 즉 기계적인 관성이나 전기회로의 인덕턴스 정전용량 등을 포함하는 경우에 조정의 감도를 어느 한도 이상으로 하면 제어량이 규정값의 상하로 진동하여 멈추지 않는 현상을 말한다.

CBT 모의고사

2회

1 다음 중 사용목적에 의한 요로의 분류는 어느 것인가?

① 도염식 요로   ② 연속요로

③ 소결요로   ④ 중유요로

해설 사용목적(용도에 따른 분류)
- ㉠ 고로
- ㉡ 도가니로
- ㉢ 균열로
- ㉣ 큐폴라
- ㉤ 소결로
- ㉥ 소성로
- ㉦ 배소로
- ㉧ 건류로
- ㉨ 유리용융로
- ㉩ 반사로
- ㉪ 열처리로

2 내화물이란 각종 요로의 구조재료로 사용되는 것인데 대략 몇 ℃ 이상의 내화물을 말하는가?

① 100℃ 이상   ② 1,300℃ 이상

③ 1,580℃ 이상   ④ 1,250℃ 이상

해설 내화물 SK26(1,580℃ 이상)에서 SK42번(2,000℃)까지가 내화물이다.

3 다음 중 보온재의 보온효과가 가장 큰 것은?

① 보온재의 화학성분   ② 보온재의 조직

③ 보온재의 관물조성   ④ 보온재의 내화도

해설 보온재가 보온에 영향을 미치는 요소
- ㉠ 밀도(비중)
- ㉡ 열전도율
- ㉢ 기공의 층
- ㉣ 기공의 크기와 균일도
- ㉤ 수분의 흡습성

4 보일러의 최고사용압력이 5kg/cm²(0.5MPa)일 때 필요한 수압시험압력은?

① 5kg/cm²

② 9.5kg/cm²

③ 8.3kg/cm²

④ 125kg/cm²

해 4.3kg/cm²~15kg/cm² 이하의 보일러는 (P×1.3배+3kg/cm²)의 수압시험을 한다.

∴ 5×1.3+3=9.5kgf/cm²

0.5×1.3+0.3=0.95MPa

5 다음 중 드럼 없이 초임계압하에서 증기를 발생시키는 보일러는 어느 것인가?

① 연관보일러

② 관류보일러

③ 특수열매체보일러

④ 이중증발보일러

해 관류보일러(단관형의 경우)는 드럼 없이 초임계압하에서 증기를 발생시킬 수 있는 보일러이다.

6 유황분에 의한 연소생성물이 초래하는 직접적인 악영향은?

① 통풍저하로 인한 발열량

② 환경오염원인

③ 전열면 침식

④ 보일러 효율 저하

해 황(S)에 의한 전열면의 저온부식

$S+O_2 \rightarrow SO_2$

$2SO_2+O_2 \rightarrow 2SO_3$

$SO_3+H_2O \rightarrow H_2SO_4$(진한 황산) : 부식

7 열정산에서 출열 항목에 속하는 것은?

① 공기의 보유열량

② 화학 반응열

③ 연료의 현열

④ 증기의 보유열량

해 열정산 출열

㉠ 발생증기 보유열

㉡ 미연탄소분에 의한 열손실

㉢ 불완전연소에 의한 손실열

㉣ 배기가스에 의한 손실열

※ 공기의 보유열량, 연료의 현열, 연료의 현열열량은 입열이다.

8 안전밸브의 부착방법으로 옳지 않은 것은?

① 보일러 몸체에 직접 붙인다.　　　② 보일러 증기부에 붙인다.

③ 보일러 몸체에 수평으로 붙인다.　④ 보일러 몸체에 수직으로 붙인다.

해 안전밸브의 부착방법

보일러 동체 상부에 수직으로 증기부에 직접 붙인다.

9 다음은 비수의 원인을 적은 것 중 적당치 않은 것은?

① 증기의 발생이 과다할 때　　　　② 증기의 정지밸브를 급히 열었을 때

③ 보일러수가 너무 농축되었을 때　④ 보일러 내의 수위가 너무 낮을 때

해 ㉠ 보일러 내의 수위가 너무 낮으면 과열의 원인 및 압력초과 보일러 폭발의 간접발생 원인

㉡ 비수(프라이밍) : 보일러 수면 위에서 물방울이 증기 내에 흡수되는 현상

10 자동제어에서 목표 값이라 함은 무엇을 의미하는가?

① 제어량에 의한 희망 값　　　　　② 조절부의 조절 값

③ 동작신호 값　　　　　　　　　　④ 기준입력 값

해 목표 값 : 제어량에 의한 희망 값

11 온수 순환펌프는 원칙적으로 어디에 설치해야 하는가?

① 환수주관부

② 급탕관 주관부

③ 방출관 및 팽창관의 작용을 차단하는 장치

④ 공급주관부

해 온수의 순환펌프는 특별한 경우가 없는 한 환수주관부에 설치한다.

12 보일러의 전열면적이 5m² 이상이라면 최소한 팽창관은 몇 A 이상으로 하여야 하는가?

① 15A　　　　　② 20A　　　　　③ 25A　　　　　④ 30A

해 팽창관, 방출관의 크기

㉠ 전열면적 5m² 미만 : 25A 이상　　㉡ 전열면적 5m² 이상 : 30A 이상

13 우리나라 중부지방 건물의 단위면적당 열손실 지수가 141kcal/m²h이라 할 때 총 실제난방면적이 25.14m²라 하면 손실열량은 어느 정도 되겠는가?

① 3,554.7kcal/h

② 5,608kcal/h

③ 8,460kcal/h

④ 7,089.4kcal/h

해설 $Q = 141 \times 25.14 = 3,544.74$kcal/h

14 강관의 호칭법에서 스케줄 번호란?

① 관의 바깥지름

② 관의 길이

③ 관의 안지름

④ 관의 두께

해설 강관의 스케줄 번호(SCH) : 관의 두께

$$SCH = 10 \times \frac{P}{S}$$

※ P : 사용압력(kg/cm²)

S : 허용응력(kg/mm²) : $\dfrac{\text{인장강도}}{\text{안전율}}$

15 보일러 신설 시 노벽 건조의 조치사항으로 틀린 것은?

① 보일러수는 보통 때보다 많이 넣는다.

② 맨홀은 닫아 놓는다.

③ 댐퍼는 완전히 열어 놓는다.

④ 굴뚝의 흡입이 나쁘면 굴뚝 밑에 불을 땐다.

해설 신설보일러에서 노벽 건조 시 조치사항

㉠ 보일러수는 보통 때보다 많이 넣는다.

㉡ 맨홀을 열어 놓는다.

㉢ 댐퍼는 완전히 열어 놓는다.

㉣ 굴뚝의 배기가스 흡입이 나쁘면 굴뚝 밑에 불을 땐다.

16 보일러를 사용하지 않고 휴식상태로 놓을 때 부식을 방지하기 위해 채워두는 가스는?

① 이산화탄소

② 메탄가스

③ 아황산가스

④ 질소가스

해설 보일러 밀폐건조 보존법에서는 부식방지를 위하여 0.6kg/cm² 정도의 질소가스를 채워둔다.

17 중유연소에서 안전점화를 할 때 제일 먼저 해야 할 사항은?

① 증기밸브를 연다.   ② 불씨를 넣는다.

③ 댐퍼를 연다.   ④ 기름을 넣는다.

해 중유연소에서 안전점화 시 안전조치로 연도댐퍼를 열고 프리퍼지(치환)하여 가스 폭발을 방지한다.

18 증기를 맨 먼저 보낼 때의 주의사항은?

① 캐리오버나 수격작용이 발생치 않게 한다.

② 수위, 증기압 일정유지와 연소조절

③ 증기트랩을 열어 놓는다.

④ 보일러 수위를 낮춘다.

해 ㉠ 증기를 맨 먼저 보낼 때는 증기관 내의 응결수에 의한 수격작용(워터해머)이 발생되지 않게 주증기 밸브를 천천히 연다.
㉡ 캐리오버(증기와 물이 함께 배관으로 나가는 현상)

19 연소가스 폭발을 방지하기 위한 안전사항은?

① 연도를 가열한다.   ② 배관을 굵게 한다.

③ 스케일을 제거한다.   ④ 방폭문을 부착한다.

해 연소가스의 폭발을 방지하기 위하여 방폭문(폭발구)을 설치한다.

20 고체연료의 연소성을 측정하는 방법이 아닌 것은?

① 온도상승에 의한 중량감소로 측정하는 방법

② 온도상승에 의한 CO_2량을 측정하는 방법

③ 비중부표법을 측정하는 방법

④ 착화의 온도를 측정하는 방법

해 비중부표법은 액체연료 비중시험에 사용된다.

21 보일러 외처리방법 중 물리적 처리방법이 아닌 것은?

① 여과법   ② 탈기법   ③ 기폭법   ④ 석회소다법

해설 ㉠ 보일러 건조보존에서는 건조제로 생석회 사용
　　 ㉡ 신설보일러에서 유지분해 처리로서 소다 보링(소다 끓이기)을 한다.

22 청관제의 사용목적이 아닌 것은?

① 보일러수의 pH 조정　　　　　　② 보일러수의 탈산소
③ 가성취화 방지　　　　　　　　　④ 보일러 수위를 일정하게 유지

해설 청관제의 사용목적
　　 ㉠ 보일러수의 pH 조절
　　 ㉡ 보일러수의 탈산소
　　 ㉢ 가성취화 방지

23 약품을 사용해서 급수를 연화하는 방법이 있다. 다음 약품 중 틀린 것은?

① 가성소다　　　② 황산칼슘　　　③ 탄산소다　　　④ 인산소다

해설 보일러 관수연화제 : 수산화나트륨, 탄산나트륨, 인산나트륨
　　 황산칼슘, 탄산마그네슘은 스케일의 주성분이다.

24 다음 중 보일러 판에 점식을 일으키는 것은?

① 급수 중의 탄산칼슘　　　　　　② 급수 중의 인산칼슘
③ 급수 중의 공기　　　　　　　　④ 급수 중의 황산칼슘

해설 보일러 판에 점식을 일으키는 가스는 공기(산소, CO_2 등)이다.

25 물의 경도가 $CaCO_3$로서 300mg/l 일 때 Ca은 몇 mg/l 인가?

① 120　　　　　② 150　　　　　③ 170　　　　　④ 190

해설 분자량
Ca : 40, CO_3 : 60
C : 12, $CaCO_3$: 100(분자량)
O_2 : 32
O_3 : 48
∴ $300 \times \dfrac{40}{40+60} = 120$mg/$l$

26 ppb의 설명으로 맞는 것은?

① 백만 분의 1당량 중량

② 백만분의 1량

③ 중량 10억분의 1량

④ 용액 $1l$ 중 $1gr$의 해당량

해 ①항은 epm의 경도표시(mg/kg) 당량온도

②항은 ppm이 경도표시(g/ton)(mg/kg)

③항은 ppb의 경도표시(mg/ton) : 중량 10억분의 율이다. ppm보다 용질의 농도가 작을 경우에 사용된다.

27 강관을 구부릴 때 사용하는 램식 밴드의 주요명칭을 나타낸 것 중 틀린 것은?

① 센터포머

② 램실린더

③ 심봉

④ 유압펌프

해 심봉 : 로터리식 파이프 벤딩 머신에 사용(램식에는 센터포머, 램실린더, 유압펌프가 사용된다.)

28 수도, 가스 등의 지하 매설관으로 적당한 것은?

① 강관

② AL관

③ 주철관

④ 황동관

해 주철관은 내식성이 뛰어나서 지중매설용으로 많이 사용된다.

29 강관에 대한 설명으로 바른 것은?

① 통쇠파이프뿐이다.

② 재질은 보통 고속도강이다.

③ 내식성을 위해 구리도금을 한다.

④ 두께는 얇으나 상당한 고온, 고압에도 견딘다.

해 강관은 두께는 얇으나 상당한 고온, 고압에도 견딘다.

30 사용압력이 $40kg/cm^2$, 인장강도가 $20kg/cm^2$일 때의 스케줄 번호는?(단, 안전율은 4로 한다.)

① 60

② 80

③ 120

④ 160

해설 허용응력$(S) = \dfrac{20}{4} = 5$

$SCH = \dfrac{40}{5} \times 10 = 80$

31 다음 중 고온고압에 이용하여 내식성이 있는 관은?

① 압력배관용 탄소강관   ② 스테인리스관

③ 경질염화비닐관   ④ 동관

해설 스테인리스 강관은 내식성이 우수하다.

32 배관이음 도중 고장이 생겼을 때 쉽게 분해하기 위해 사용되는 배관이음쇠는?

① 소켓   ② 티

③ 유니온   ④ 엘보

해설 유니온이나 플랜지는 배관이음 도중 고장이 생겼을 때 쉽게 분해하기 위해 사용되는 배관이음쇠이다.

33 XL관 이음쇠용으로 만들어지지 않은 것은?

① 플랜지   ② 밸브소켓

③ 유니온   ④ 엘보

해설 (1) PE 파이프(고밀도 폴리에틸렌관 XL 파이프)

ㄱ 시공이 용이하다.

ㄴ 가격이 싸다.

ㄷ 배관비용이 적게 든다.

ㄹ 내식성이 크다.

ㅁ 내구성이 있어 장기간 사용이 가능하다.

(2) 이음쇠 : 소켓, 엘보, 유니온, 티

34 유체의 흐름방향을 90°로 바꾸어주는 밸브는?

① 압력조절밸브   ② 앵글밸브

③ 체크밸브   ④ 글로밸브

해설 앵글밸브는 유체의 흐름방향을 90°로 바꾸어주는 밸브이다.

35 보일러, 압력용기, 저장탱크 등의 압력 조절용으로 많이 사용되는 밸브는?

① 안전밸브 ② 공기빼기밸브

③ 글로밸브 ④ 감압밸브

해설 안전밸브는 보일러, 압력용기, 저장탱크의 이상 압력 상승 시 분출하여 압력을 정상화시킨다.

36 다음 중 열발생 설비가 아닌 것은?

① 열교환기 ② 열펌프

③ 보일러 ④ 증기헤더

해설 증기헤더는 증기의 분배기이다.

37 열사용기자재 중 기관에 포함되지 않는 것은?

① 컨백터 ② 육용강제보일러

③ 태양열집열기 ④ 축열식 전기보일러

해설 기관

　ㄱ 강철제 보일러　　ㄴ 주철제 보일러

　ㄷ 온수보일러　　　ㄹ 구멍탄용 온수보일러

　ㅁ 축열식 전기보일러　ㅂ 태양열 집열기

38 특정 열사용기자재가 아닌 것은?

① 기관 ② 난방기기 ③ 압력용기 ④ 요업요로

해설 특정 열사용기자재

　ㄱ 기관　　　　ㄴ 압력용기

　ㄷ 요업요로　　ㄹ 금속요로

39 다음 중 연료가 아닌 것은?

① 핵연료 ② 프로판 ③ 석탄 ④ 원유

해설 연료 : 석유, 석탄, 대체에너지, 기타 열을 발생하는 열원[핵연료(核燃料)는 제외]

40 연료 및 열의 석유환산 기준에서 기준이 되는 연료는?

① 원유

② 벙커C유

③ 석탄

④ 휘발유

해설 원유 : 석유환산기준은 원유 1kg당 10,000kcal로 한다.

41 다음 중 유량 측정장치가 아닌 것은?

① 벤튜리관

② 피토관

③ 위어

④ 마노미터

해설 (1) 유량측정

　　ㄱ 벤튜리관　　ㄴ 피토관

　　ㄷ 로터미터　　ㄹ 위어

　　ㅁ 오벌기어식

(2) 마노미터

　　유자관 압력계(저압측정용)

42 2,500kcal를 BTU로 환산하면?

① 9,920BTU

② 992BTU

③ 630BTU

④ 6,300BTU

해설 1kcal=3,968BTU

∴ 2,500×3,968=9,920BTU

43 보일 - 샤를의 법칙을 설명한 것은?

① $\dfrac{PV}{T} = C$

② $\dfrac{P}{TV} = C$

③ $\dfrac{TV}{P} = C$

④ $\dfrac{PT}{V} = C$

해설 ㄱ 보일의 법칙 $P_1 V_1 = P_2 V_2 = PV = C$

ㄴ 샤를의 법칙 $\dfrac{V_2}{V_1} = \dfrac{T_2}{T_1}$

ㄷ 보일 - 샤를의 법칙 $\dfrac{P_1 V_1}{T_1} = \dfrac{P_2 V_2}{T_2} = C$

44 분자량이 18인 수증기를 완전가스로 보고 표준상태에서의 비체적은?

① 0.5m³/kg

② 1.24m³/kg

③ 2.04m³/kg

④ 1.75m³/kg

 비체적 = $\dfrac{\text{체적}}{\text{질량}}$

$\dfrac{22.4}{18} = 1.244\text{m}^3/\text{kg}$

45 증기의 압력이 상승할 때 관계되는 것 중 틀린 것은?

① 포화수의 부피가 증가한다.

② 엔탈피가 증가한다.

③ 물의 현열이 감소한다.

④ 증기의 잠열이 감소한다.

해설 증기압력 상승 시
㉠ 엔탈피가 증가한다.
㉡ 포화수의 부피가 증가한다.
㉢ 물의 현열이 증가한다.
㉣ 증기의 잠열이 감소한다.

46 복사에서 고온의 물체에서 저온의 물체로 열이 이동할 때 어떤 현상으로 이동되는가?

① 열선

② 밀도

③ 고체

④ 유체

해설 복사에서 고온의 물체에서 저온의 물체로 열이 이동할 때는 열선의 현상으로 열이 이동된다.

47 에너지 보존의 법칙에 따르면 다음 설명 중 옳은 것은?

① 에너지가 변하지 않는다.

② 우주의 에너지는 일정하다.

③ 계의 에너지는 일정하다.

④ 계의 에너지는 증가한다.

해설 에너지 보존식(열역학 제1법칙)
㉠ $dQ = du + APdV$, $dq = du + APdu$ (kcal/kg)
㉡ 우주의 에너지는 일정하다.
㉢ 제1종 영구기관 : 열역학 제1법칙에 위배되는 장치

---

48 수관식 또는 노통연관 보일러에서 열효율이 73%인 장치로 68kW의 동력을 얻으려면 전열면적은 몇 m²인가?

① 116.4

② 216.4

③ 52.8

④ 149.1

해설
- 68kW = 92.5316PS
- 노통보일러 : 전열면적 0.465m²가 보일러 1마력
- 수관식, 연관식 보일러 : 전열면적 0.929m²가 보일러 1마력

$$\therefore \frac{92.5316 \times 0.929}{0.73} = 117\text{m}^2$$

49 어떤 연료 1kg의 발열량이 6,800kcal이다. 이 열이 전부열로 변화한다고 하고 1시간당 35kg의 연료가 소비된다고 할 때의 발생마력은?

① 325.93PS

② 450.79PS

③ 399.98PS

④ 376.3PS

해설
35×6,800 = 238,000kcal

1PS − h = 632kcal

$$\therefore \frac{238,000}{632} = 376.3\text{PS}$$

50 이상기체의 단열과정 설명 중 옳은 것은?

① 엔트로피 변화가 없다.

② 엔탈피 변화가 없다.

③ 일이 0이다.

④ 내부에너지 변화가 없다.

해설 이상기체에서 단열과정에서는 엔트로피의 변화가 없다.

$$Q = C \rightarrow dq = 0 \rightarrow ds = \frac{dQ}{T} = 0$$

$$\therefore S = C$$

51 다음 중 가공 후 공정대기 후의 운반시간은 어느 공정시간에 속하는가?

① 바로 앞공정

② 현공정

③ 독립공정

④ 다음공정

해설 다음공정 : 가공 후 공정대기 후의 운반시간

52 공장뿐만 아니라 사무 부문이나 사회현상의 조사 및 그 밖의 많은 경우에도 적용되는 기법은 어느 것인가?

① 표준자료법   ② 실적기록법
③ 워크샘플링   ④ WF법

해설 표준자료법 : 공장, 사무실, 사회현상의 조사 및 그 밖의 많은 경우에 적용되는 기법이다.

53 RMF법의 시간단위(RU)는 다음 중 어느 것인가?

① 0.001분   ② 0.0001분
③ 0.006분   ④ 0.0006분

해설 시간측정수법과 구성
공정 → 단위작업 → 요소작업 → 동작 → 동소(Therblig)
(10분) → (1분) → (0.1분) → (0.01분) → (0.001분)

54 내화물에 대하여 겉보기 비중을 좌우하는 공격으로 가장 적당한 것은?

① 폐구공격과 개구공격   ② 연결공격
③ 폐구공격만   ④ 개구공격만

해설 겉보기 비중

$$\frac{무게(W_1)}{외형부피(W_1 - W_2)}$$

$$\frac{시료를\ 105 \sim 120℃로\ 건조\ 후\ 무게}{시료를\ 105 \sim 120℃로\ 건조\ 후\ 무게 - 건조시료를\ 물속에\ 넣고\ 3시간\ 이상\ 끓인\ 다음\ 식힌\ 후\ 수중무게}$$

55 용접검사를 하기 위해 기계적 시험을 하려고 한다. 시험은 용접부 표점 간의 연신율을 얼마 이상으로 실시하여야 하는가?

① 30%   ② 40%
③ 50%   ④ 60%

해설 용접검사 시 기계적 시험에서 시험은 용접부 표점 간의 연신율은 30% 이상 굽어질 때까지 용접부의 바깥쪽에 길이 1.5mm 이상의 균열이 발생해서는 안 된다.

Answer   52. ①   53. ①   54. ①   55. ①

56 다음 버너 중 사용 용량이 가장 큰 버너는 어느 것인가?

① 저압공기식 버너

② 건타입 버너

③ 고압기류식 버너

④ 유압식 버너

해설 버너 연료 사용량

㉠ 저압공기식 버너 : $2l \sim 300l/h$

㉡ 건타입 버너 : 경유버너(소용량 버너)

㉢ 고압기류식 버너 : $2l \sim 2,000l/h$

㉣ 유압식 버너 : $15l \sim 3,000l/h$

57 다음 중 입형 보일러에 있어서 수면계 부착위치는 다음 중 어느 것이 가장 적당한가?

① 노통 최고부위 100mm

② 화실 천장판 최고부위 75mm

③ 연소실의 $\frac{1}{3}$ 위치

④ 저수위면에서 $\frac{1}{2}$ 위치

해설 입형보일러에서 수면계 부착위치는 안전수위와 일치시켜야 하므로 화실 천장판에서 75mm 지점이다.

58 계속 사용검사 중 운전성능 검사기준에서 보일러의 성능시험 중 운전상태 시험 시 얼마의 부하를 걸어서 시험하는가?

① 10% 이상

② 30% 이상

③ 50% 이상

④ 70% 이상

해설 육용강제 보일러 형식승인 시험에서는 부하 운전성능에서 보일러 장치가 워밍업 된다면 부하율은 30% 이상으로 한다. 단, 보일러 설치검사기준에서 운전성능 운전상태에서는 정격부하상태를 원칙적으로 하고 열정산에서 시험부하는 정격부하상태에서 실시한다. 그러나 계속사용 검사 중 운전성능 검사기준에서는 사용부하에서 검사한다.

59 다음 중 염화비닐관의 단점인 것은 어느 것인가?

① 내산, 내알칼리성이며 전기저항이 작다.

② 폴리에틸렌관 보다 비중이 적고 유연하다.

③ 중량이 크고 알칼리에 잘 부식된다.

④ 열팽창률이 크고 고저온 강도가 저하된다.

예 경질 염화비닐관

　㉠ 내식성이 크고 알칼리 등의 부식성 약품 또는 산의 성분에 대해 거의 부식되지 않는다.

　㉡ 전기절연성이 크다.

　㉢ 열의 불량도체이다.

　㉣ 열팽창률이 강관의 7~8배로 크기 때문에 온도변화 시 신축이 심하다.

　㉤ 50℃ 이상의 고온이나 저온 장소에는 신축이 부적당하다.

60 유체에서 한 점에 대한 수직응력이 모든 방향에서 같은 경우는?

　① 마찰이 없는 정지유체의 경우이다.

　② 압축 상 실제유체의 경우이다.

　③ 점성유체가 유동하고 있을 때이다.

　④ 마찰이 있는 비압축성 유체의 경우이다.

예 마찰이 없는 정지유체에서는 한 점에 대한 수직응력이 모든 방향에서 같다.

CBT 모의고사

3회

1 관류보일러 중에서 초기에 증기를 발생하는 보일러는?

① 벤슨 보일러
② 슐처 보일러
③ 앳모스 보일러
④ 타쿠마 크레이튼형 보일러

해설 관류보일러
㉠ Benson Boiler
㉡ Sulzer Boiler
※ 벤슨보일러는 헤더가 있으나 슐처 보일러는 헤더가 없다.(1개의 긴 연속관을 전열면으로 하고 있다. 그러나 벤슨보일러는 수관이 병렬상태이다.)

2 슈트블로어 작업에 사용되는 매체가 아닌 것은?

① 기름
② 증기
③ 공기
④ 불연성 가스

해설 슈트블로어(그을음 제거) 매체
㉠ 기름은 제외(화기성 물질)
㉡ 증기, 공기, 불연성 가스 등

3 동력용 나사절삭기 중 나사절삭, 파이프 절단 거스러미 제거가 가능한 절삭기는?

① 오스터식
② 다이헤드형
③ 호브형
④ 고속 숫돌 절단기

해설 동력용 나사절삭기 : 오스터식, 호브식, 다이헤드식

4 동관의 이음방법이 아닌 것은 어느 것인가?

① 납땜이음
② 압축이음
③ 플라스턴 이음
④ 플랜지 이음

Answer 1. ② 2. ① 3. ② 4. ③

해설 동관의 접합 : 플레어 접합, 용접접합(연납, 경납), 플랜지 접합, 분기관 접합

5 카바이트 발생에서 카바이트 1kg이 물과 반응했을 때 생성되는 아세틸렌 양으로 알맞은 것은?

① 200l

② 230l

③ 268l

④ 348l

해설 카바이트(CaC_2)에 물(H_2O)을 가하면 소석회[$Ca(OH)_2$]와 아세틸렌(C_2H_2) 가스가 발생한다.
순수한 카바이트 1kg에 대해 348l 정도의 아세틸렌가스가 발생된다.

6 보일러에서 상당증발량은 1마력을 기준할 때 몇 kg이 되는가?

① 10

② 15.65

③ 50

④ 105

해설 보일러 상당증발량에 의한 마력계산

$$\frac{상당증발량}{15.65} = HP$$

시간당 상당증발량 15.65kg을 낼 수 있는 능력이 보일러 1마력(8,435kcal/h 능력)

7 보일러의 효율이나 능력의 표시방법이 아닌 것은?

① 화격자 연소율

② 상당방열면적

③ 보일러 마력

④ 상당증발량

해설 보일러 능력 표시
㉠ 보일러 마력(HP)
㉡ 상당방열면적(EDR)
㉢ 상당증발량(kg/h)
㉣ 정격출력(kcal/h)
㉤ 정격용량(kg/h)

8 어떤 유체의 체적이 10m³, 중량이 9,000kg일 때 이 유체의 비중은 얼마인가?

① 0.5

② 0.75

③ 0.9

④ 10

해설 ㉠ 물(1,000kg/m³) : 비중 1(고체, 액체의 기준)
㉡ 9,000kg/10m³ = 0.9
∴ 비중 0.9

Answer   5. ④   6. ②   7. ①   8. ③

9 급수처리방법에서 외부청소방법이 아닌 것은 어느 방식인가?

① 스팀쇼킹법　　　　　　　　② 산세관법
③ 워터쇼킹법　　　　　　　　④ 샌드블로법

해 (1) 보일러 화학 세관
　　　㉠ 산세관법
　　　㉡ 중성세관법
　　　㉢ 알칼리세관법
　　(2) 급수처리 외처리(수관식 보일러)
　　　㉠ 압축공기법(에어쇼킹법)
　　　㉡ 증기 분무법(스팀쇼킹법)
　　　㉢ 물 분무법(워터쇼킹법)
　　　㉣ 모래 사용법(샌드블루법)

10 스케일을 생성하는 성분과 무관한 것은?

① 칼슘염　　　　　　　　　　② 규산염
③ 인산염　　　　　　　　　　④ 산화철 및 마그네슘염

해 ㉠ 스케일 성분 : 칼슘염, 마그네슘탄산염, 유산염, 규산염, 산화철
　　㉡ 슬러지 성분 : 인산염(인산칼슘)

11 다음 중 내부 부식의 원인이 아닌 것은 어느 것인가?

① 연료 중 불순물 함유
② 휴지 중 보존이 좋지 않을 때
③ 보일러수의 순환불량
④ 증기부에 고열이 접촉하여 재질의 변화가 있을 때

해 연료 중 불순물
외부 부식의 원인은 바나듐, 황에 의해 고온부식, 저온부식이 과열기, 재열기, 절탄기, 공기예열기에서 발생한다.

12 터보형 펌프운전 중 분당 급수량이 1.2m³, 양정이 3m, 펌프의 효율이 60%일 때 이 펌프의 축동력은 얼마인가?

① 0.5PS　　　　　　　　　　② 0.7PS
③ 1.3PS　　　　　　　　　　④ 2.5PS

$$\frac{1,000 \times Q \times H}{75 \times 60 \times \eta} = \frac{1,000 \times 1.2 \times 3}{75 \times 60 \times 0.6} = 1.33PS$$

13 온수보일러에 사용하는 고온수 난방에서 밀폐식 팽창탱크를 설치하였다. 다음 중 필요 없는 것은 어느 것인가?

① 안전밸브   ② 압력계

③ 일수장치   ④ 수위계

해설 ㉠ 개방식 팽창탱크 : 안전관, 배기관, 배수관, 팽창관, 오버플로관(일수장치), 급수관
　　 ㉡ 밀폐식 팽창탱크 : 수위계, 압력계, 안전밸브, 배수관, 압축공기관, 급수관

14 기체연료의 연소방식에는 확산연소방식과 예혼합가스 연소방식이 있다. 예혼합연소에서 발생하기 쉬운 것은 어느 것인가?

① 역화의 위험이 적다.   ② 부하 조정 범위가 크다.

③ 역화의 위험이 크다.   ④ 난류와 확산으로 혼합한다.

해설 기체연료 연소방식
　　 ㉠ 예혼합연소방식(가스연소) : 역화의 위험성이 크다.
　　 ㉡ 확산연소방식 : 역화의 위험성이 없다.

15 오스테나이트계의 주성분으로 올바른 것은 어느 것인가?

① γ 철   ② a 철

③ C   ④ Fe_3C

해설 오스테나이트계 주성분 : 감마(γ)철

16 고온배관용 탄소강 강관의 최고사용온도는?

① 350℃   ② 350~450℃

③ 500℃   ④ 550~850℃

해설 고온배관용 탄소강 강관(SPHT) : 350℃ 이상~450℃ 사이의 유체가 흐르는 배관이다.

17 온수방열기의 입열이 70℃, 출열이 60℃, 발열량이 3,600kcal/h일 때 분당 발생열량은 얼마인가?

① 3kcal/min

② 5kcal/min

③ 60kcal/min

④ 10kcal/min

해 시간당 60분, 3,600sec/hr

$$\frac{3,600}{60} = 60\text{kcal/min}$$

$$\frac{3,600}{3,600} = 1\text{kcal/sec}$$

18 다음 중에서 이상증기발생을 일으키는 현상이 아닌 것은 어느 것인가?

① 연소기 과소

② 연소과대

③ 비수발생

④ 포밍발생

해 이상증기 발생원인
  ㉠ 연소과대
  ㉡ 비수발생(프라이밍)
  ㉢ 포밍발생(거품발생)

19 다음 중 안전밸브의 호칭지름을 20A 이상으로 할 수 있는 경우는 어느 것인가?

① 최고사용압력 5kg/cm² 이하, 전열면적 10m² 이하 보일러

② 최고사용압력 1kg/cm² 이상

③ 관류 5T/h 이하

④ 대용량 강철제, 주철제 보일러

해 20A 이상으로 할 수 있는 조건
  ㉠ 최고사용압력 1kg/cm² 이하의 보일러
  ㉡ 최고사용압력 5kg/cm² 이하의 보일러로서 동체의 안지름이 500mm 이하이며 동체의 길이가 1,000mm 이하의 것
  ㉢ 최고사용압력 5kg/cm² 이하의 보일러로 전열면적 2m² 이하
  ㉣ 최대 증발량 5T/h 이하의 관류 보일러
  ㉤ 소용량 보일러

20 다음 중 압력을 수주(水柱)로 나타낸 것은?

① kg/cm²

② PSI

③ mbar

④ mmH₂O(Aq)

해설 수주압(mmH₂O, mmAq)

21 연료 중 LNG, 액화석유가스, 고로가스, 중유를 매연이 적은 순서로 표시된 사항은?

① 중유 → 고로가스 → LNG → 액화석유가스

② LNG → 액화석유가스 → 고로가스 → 중유

③ 고로가스 → 액화석유가스 → LNG → 중유

④ LNG → 중유 → 고로가스 → 액화석유가스

해설 매연이 적은 순서

LNG(액화천연가스) → 액화석유가스(LPG) → 고로가스 → 중유

22 보염장치의 일종인 버너타일 부착 시 나타나는 효과로서 옳은 것은?

① 착화와 불꽃의 안정을 도모

② 연료와 공기의 혼합을 느리게 한다.

③ 타일 표면에서 복사열을 흡수한다.

④ 급속연소를 시킨다.

해설 보염장치(에어레지스터)

㉠ 버너타일(착화와 불꽃의 안전도모)

㉡ 보염기

㉢ 콤버스트(급속연소)

㉣ 윈드박스

23 작업시간 측정 시 올바른 행동이 아닌 것은?

① 신중하게 측정한다.

② 절대로 말하면 안 된다.

③ 정도가 높은 측정기를 사용한다.

④ 오차에 주의한다.

해설 작업시간에는 의논상대가 있으면 말해도 무방하다.

24 청관제를 사용하는 목적이 아닌 것은?

① pH 알칼리도 조정   ② 슬러지 조정 및 가성취화 억제

③ 경도성분 연화   ④ 취출

해설 청관제의 사용목적
ⓐ pH 알칼리도 조정
ⓑ 경수 연화
ⓒ 슬러지 조정 및 가성취화 억제

25 내부 부식을 일으키지 않는 물질은?

① O_2(산소)   ② 암모니아

③ 탄산가스   ④ $MgCl_2$

해설 ⓐ 산소, 탄산가스 : 점식 등 부식
ⓑ 염화마그네슘 : 스케일 촉진, 경수 촉진
ⓒ 암모니아 : 보일러 보존액, 부식방지

26 다음 중 경질스케일을 생성하는 물건은?

① $Ca(HCO_3)_2$ ② $MgCl_2$

③ $MgCO_3$ ④ $CaSO_4$

해설 황산칼슘($CaSO_4$)은 경질스케일

27 백필터 사용과 연관이 없는 내용으로 합당한 것은?

① 분진 및 매연 제거   ② 노점온도 상승

③ 유해물질 제거   ④ 대기오염방지

해설 백필터(건식 여과집진기) 성능
ⓐ 분진 및 매연 제거
ⓑ 유해물질 제거
ⓒ 대기오염방지

28 증기난방에서 응축수 환수방법이 아닌 것을 기술한 것은 어느 것인가?

① 저압환수식 ② 중력환수식

③ 기계환수식 ④ 진공환수식

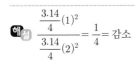 증기난방 응축수 환수방법

㉠ 중력환수식

㉡ 기계환수식(환수펌프 사용)

㉢ 진공환수식(대규모 난방)

29 황 1kg 연소 시 발생하는 연소 가스량으로 옳은 것은 어느 것인가?

① $0.1Nm^3$ ② $0.5Nm^3$

③ $0.7Nm^3$ ④ $0.9Nm^3$

해설 $S + O_2 \rightarrow SO_2$

$32kg : 22.4Nm^3 \rightarrow 22.4Nm^3$

$\therefore \dfrac{22.4}{32} = 0.7Nm^3/kg$

30 어떤 관의 면적이 $1m^2$에서 $2m^2$로 확관 시 압력 저하는?

① $\dfrac{1}{4}$ 압력 감소 ② 2배 감소

③ $\dfrac{1}{32}$배 감소 ④ 32배 감소

해설 $\dfrac{\dfrac{3.14}{4}(1)^2}{\dfrac{3.14}{4}(2)^2} = \dfrac{1}{4} = $ 감소

31 보일의 법칙에서 n자승의 양으로 옳은 것은?

① 1 ② 2 ③ 3 ④ 4

해설 $P_2 = 2P_1, \ V_1 = \dfrac{V_1}{2}, \ P_1 V_1 = P_2 V_2, \ V_2 = V_1 \times \dfrac{P_1}{P_2}$

보일의 법칙

기체의 온도를 일정하게 유지할 때 모든 기체의 부피는 압력에 반비례한다.

32 가스 용접의 고정방법을 기술한 것 중 맞지 않은 것은?

① 위치결정 고정구   ② 구속 고정구

③ 전진식 용접 고정구   ④ 회전 고정구

해설 용접 고정구

㉠ 위치결정 고정구   ㉡ 구속 고정구
㉢ 회전 고정구   ㉣ 안내용 고정구

33 공정 기호 중 □이 뜻하는 것은?

① 작업   ② 운반   ③ 검사   ④ 저장

해설 ㉠ 작업 : ◯   ㉡ 운반 : ⇒

㉢ 검사 : □   ㉣ 저장 : ▽

㉤ 지연 : D   ㉥ 작업 중 일시 대기 : ✡

34 노통보일러의 일종인 코니시 보일러의 전열면적으로 적합한 것은?(단, 지름이 1,000mm, 길이가 4,000mm이다.)

① 12.56m²   ② 15.56m²

③ 25m²   ④ 50m²

해설 코니시 보일러 전열면적(πDL)
랭커셔 보일러 전열면적($4DL$)
$\therefore$ $3.14 \times 4 \times 1 = 12.56$m²
※ 1,000mm(1m), 4,000mm(4m)

35 증기 보일러에서 상당 방열면적이 1,200m², 증발잠열이 535kcal/kg, 배관 내의 응축수량이 방열기의 응축수량의 30%일 때 장치 내의 전 응축수량은 몇 kg/h인가?

① 1,595   ② 1,895   ③ 2,035   ④ 3,005

해설 $EDR \times \dfrac{650}{\text{잠열}} \times (1+a)$

$\therefore$ $1,200 \times \dfrac{650}{535} \times (1+0.3) = 1,895$kg/h

36 목표원단위의 뜻으로 옳은 것은 어느 것인가?

① 에너지를 사용하여 만드는 제품의 연료소비량

② 연료, 열, 전기를 만드는 열량의 단위

③ 에너지의 목표소비효율 또는 목표사용량의 기준

④ 에너지를 사용하여 만드는 제품의 단위당 에너지 사용 목표량

해설 목표원단위 : 에너지를 사용하여 만드는 제품의 단위당 에너지 사용 목표량이다.

37 샘플링 검사 목적이 아닌 것은?

① 제품의 결점정도를 평가하고 측정기기의 정밀도를 측정하기 위해

② 좋은 로트와 나쁜 로트를 구별하기 위해

③ 불합격시키기 위함

④ 검사원의 정확도와 제품설계에 필요한 정보를 얻기 위해

해설 샘플링 검사의 목적
①, ②, ④ 항목에 해당된다.

38 설비 노후 시 갱신 열화인 것은?

① 물리적 열화   ② 화학적 열화

③ 피로 열화   ④ 강도 열화

해설 설비 열화의 종류 : 물리적 열화, 기능적 열화, 기술적 열화, 화폐적 열화

39 에너지 보존의 법칙이 뜻하는 것은?

① 우주에너지는 일정하다.

② 계의 에너지는 일정하다.

③ 계의 에너지는 증가한다.

④ 에너지는 변하지 않는다.

해설 에너지 보존의 법칙(열역학 제1법칙)은 우주에너지는 일정하다.

40 다음 Net Work에서 E작업을 시작하려면 어떤 작업들이 완료되어야 하는가?

① A, B
② B
③ A, B, C
④ A, B, C, D

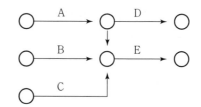

 E의 작업을 완료하려면 사전에 A, B, C의 작업에 완료되어야 한다.

41 급수밸브의 크기나 체크밸브의 크기는 전열면적 10m² 이하의 보일러에서는 호칭 몇 A 이상이어야 하는가?

① 15A 이상
② 20A 이상
③ 25A 이상
④ 30A 이상

급수밸브나 체크밸브의 크기
㉠ 전열면적 10m² 이하 : 15A 이상
㉡ 전열면적 10m² 초과 : 20A 이상

42 온수발생 보일러 및 액상식 열매체 보일러의 방출관의 크기로서 맞는 것은?

① 전열면적 10m² 미만 : 10 이상~20mm 미만
② 전열면적 15m² 이상~20m² 미만 : 40mm 이상
③ 전열면적 25m² 이상 : 30mm 이하
④ 전열면적 40m² 이상 : 100mm 이상

전열면적(m²)	방출관의 안지름(mm)
10 미만	25 이상
10 이상~15 미만	30 이상
15 이상~20 미만	40 이상
20 이상	50 이상

43 보일러 설치 시 온도계를 설치하여야 하는 곳으로 틀린 것은 어느 것인가?

① 급수 입구의 급수온도계

② 버너 급유입구의 급유온도계(단, 예열이 필요 없는 것은 제외한다.)

③ 보일러 부속장치 온도계

④ 절탄기 또는 공기예열기의 전후 온도계

해설 온도계 설치장소

㉠ 급수입구의 급수온도계

㉡ 버너 급유입구의 급유온도계(예열이 필요 없는 경우는 제외)

㉢ 절탄기(급수가열기), 공기예열기의 경우 전후 온도계

㉣ 보일러 본체 배기가스 온도계(절탄기, 공기예열기의 온도계가 부착된 경우는 제외된다.)

㉤ 과열기, 재열기의 그 출구온도계

44 자동제어에서 검출된 신호를 공기압력으로 변화시켜 계기실의 지시계, 기록계 또는 조절계로 전송하는 전송기로서 올바른 것은?

① 유압식 전송기

② 전기식 전송기

③ 불연성 가스 전송기

④ 공기식 전송기

45 기계장치 등에서 동작이 일정한 한계 위치에 달하면 접점이 전환되는 스위치는 어떤 스위치인가?

① 접점 스위치

② 리밋 스위치

③ 서보 스위치

④ 수동 스위치

해설 리밋 스위치는 기계장치 등에서 동작이 일정한 한계 위치에 달하면 접점이 전환된다.

46 u자관 액주계를 사용하여 압력을 측정하고자 한다. 관의 한 쪽은 측정부에 연결하고 다른 쪽 관은 대기에 통해 있을 때 측정압력은?

① 절대압력

② 계기압력

③ 절대압력＋계기압력

④ 절대압력－계기압력

해설 ㉠ u자관 압력계(계기압력 측정)

㉡ 절대압력＝대기압＋계기압력

　　　　　대기압－진공압

㉢ 계기압력＝절대압력－대기압력

47 다음 중에서 에너지의 단위가 될 수 없는 것은?

① kW−h
② kcal
③ kg−m
④ N

해설 ㉠ 힘의 단위 : N(뉴턴)
㉡ 에너지의 단위 : kW−h, kcal, kg−m

48 연료에서 저위발열량의 경우는?

① 연소생성물 중 H_2가 액체상태이다.
② 연소생성물 중 H_2가 증기상태일 때이다.
③ 연소생성물 중 H_2O가 액체상태일 때이다.
④ 연소생성물 중 H_2O가 증기상태일 때이다.

해설 연소생성물 중 H_2O가 액체(고위발열량), 증기(저위발열량)
$600(9H+w)$: 수증기 기화열

49 10몰의 탄소(C)를 완전 연소시키는 데 필요한 최소 산소량은 몇 몰 또는 몇 l인가?

① 15몰−336l
② 20몰−448l
③ 10몰−224l
④ 5몰−112l

해설 ㉠ $C+O_2 \rightarrow CO_2$
1몰+1몰→1몰
㉡ 1몰=22.4 l, 탄소 10몰의 연소 시 산소량은 10몰(224 l)이 필요하다.

50 숯이 타서 탄산가스(CO_2)가 될 때 필요 산소량과 생성된 표준상태에서의 체적비는?

① 1 : 2
② 2 : 1
③ 1 : 1
④ 일정하지 않음

해설 $C+O_2 \rightarrow CO_2$
1몰+1몰→1몰
∴　1 : 1

---

51 저위발열량이 7,000kcal/kg인 석탄을 매시 30톤씩을 소비하여 매시간 5만 kW를 발생시키는 화력발전소의 열효율은 몇 %인가?

① 20.5   ② 23.5

③ 25.5   ④ 28.5

해설 1kWh=860kcal

$$\frac{50,000\times860}{30\times1,000\times7,000}\times100=20,476\%$$

52 다음의 내용 중 산업통상자원부장관 또는 시, 도지사가 업무를 한국에너지공단에 위탁한 내용이 아닌 것은?

① 에너지 절약 전문기업의 등록

② 검사 대상기기의 검사

③ 검사 대상기기 조종자의 선임, 해임 또는 퇴직신고의 접수

④ 에너지 사용신고의 접수

해설 에너지 사용신고 접수는 시장, 도지사의 권한

53 검사대상기기의 계속사용검사는 당해 연도 말까지 이를 연기할 수 있다. 다만 유효기간 만료일이 9월 1일 이후인 경우에는 몇 개월 기간 내에서 이를 연기할 수 있는가?

① 1개월   ② 2개월

③ 4개월   ④ 6개월

해설 ㉠ 9월 1일 이전 : 연말까지 연기
㉡ 9월 1일 이후 : 4개월의 연기

54 측온저항 온도계의 특징으로 틀린 것은?

① 측정치의 원반전송에 적합하며, 지시, 기록, 조절이 용이하다.

② 열전대에 비하여 비교적 낮은 온도의 정밀측정에 적합하다.

③ 구조가 복잡하고 취급이 불편하며 측정 시 숙련이 필요하다.

④ 구조적으로 저항소선이 단선되기는 쉬우나 검출시간 지연은 없다.

해설 측온저항 온도계는 그 단점으로 저항소선이 단선되기 쉽고 검출시간이 지연된다.

55 지르코니아(ZrO_2)를 주원료로 한 특수한 가스 분석계로서 세라믹식 가스 분석계가 있다. 850℃에서 가열 유지시키면서 어떤 가스를 측정하는가?

① CO_2

② O_2

③ CH_4

④ N_2

해설 지르코니아(세라믹 O_2계) : 850℃로 가열하면 산소(O_2) 이온만을 통과시킨다.

56 다음 중 연소생성 수증기량을 계산하는 데 필요 없는 계산식은?

① $11.2H + 1.244W(Nm^3/kg)$

② $1.244(9H + W)(Nm^3/kg)$

③ $1.244(11.2H + 9H)(Nm^3/kg)$

④ $9H + W(kg/kg)$

해설 $Wg = 1.244(9H + W)(Nm^3/kg)$

$Wg = 11.2H + 1.244W(Nm^3/kg)$

수증기 1킬로 몰($18kg = 22.4Nm^3$)

$\dfrac{22.4}{18} = 1.244Nm^3/kg$ ※ H(수소), W(수분)

57 비례조절 버너의 유량조절 범위로서 합당한 것은?

① 1 : 8

② 1 : 5

③ 1 : 1

④ 비례조절이 필요 없다.

해설 비례조절 버너(연동형 버너) : 저압기류식 버너

㉠ 연동형 버너 : 1 : 6~1 : 8

㉡ 비연동 버너 : 1 : 5

58 미분탄 분쇄기의 종류 중 연결이 옳지 않은 내용은?

① 튜브밀 – 중력식

② 로드밀 – 낙차식

③ 로시밀 – 스프링식

④ 해머밀 – 충격식

해설 로드밀 : 원심력식

Answer 55. ② 56. ③ 57. ① 58. ②

59 다음과 같은 특징을 가진 보일러에 해당되는 보일러는?

> • 화상 면적이 커서 연료소비량이 많아 증기발생량이 많다.
> • 구조가 간단하여 청소나 검사가 용이하다.
> • 증기발생 속도가 느리며 열효율이 낮다.
> • 물의 순환이 불확실하며 파손 시 수리가 곤란하다.

① 하이네 보일러   ② 다쿠마 보일러

③ 야로우 보일러   ④ 스터링 보일러

60 다음의 보일러에서 수관식 보일러가 아닌 것은 어느 보일러인가?

① 밥콕 보일러(Babcook Boiler)   ② 스터링 보일러(Stirling Boiler)

③ 라몬트 보일러(Lamont Boiler)   ④ 케와니 보일러(Kewanee Boiler)

해설 ㉠ 기관차, 횡연관식, 케와니 보일러 : 연관식 보일러(원통형 보일러)

㉡ 밥콕 보일러 : 자연순환식 수관식 보일러

㉢ 스터링 보일러 : 곡관식 보일러

㉣ 라몬트 보일러 : 강제순환식 수관 보일러

---

1 검댕은 무엇이 응결되어 생기는가?

① 배기가스 중 수분과 탄소가 결합한 결정체
② 회분과 수분과의 결정체
③ 일산화탄소와 질소와의 결정체
④ CO_2와 CO의 결정체

해설 가마검댕 : 배기가스 중 수분과 탄소가 결합한 결정체이다.

2 대기압이 750mmHg이고 게이지 압력이 10kg/cm²일 때 절대압력은 몇 kg/cm²abs인가?

① 10   ② 11.02   ③ 10.2   ④ 9.0

해설 $1.033 \times \dfrac{750}{760} = 1.019 \text{kg/cm}^2$

$1.019 + 10 = 11.019 \text{kg/cm}^2 \text{abs}$

3 보일러수 중에 급수처리방법을 실시하여 철분을 제거할 수 있는 것은?

① 탈기법   ② 가열법   ③ 기폭법   ④ 여과법

해설 ㉠ 탈기법 : 용존산소 등 가스류 제거
㉡ 가열법(증류법) : 순수한 물 제조
㉢ 기폭법 : 철, 망간, CO_2 제거
㉣ 여과법 : 현탁고형물 처리

4 1kW-h는 몇 kcal인가?

① 632   ② 860   ③ 641   ④ 102

해설 $1\text{kW} = 102\text{kg} \cdot \text{m/sec}$

$102\text{kg} \cdot \text{m/sec} \times 1\text{hr} \times 3{,}600\text{sec/hr} \times \dfrac{1}{427}\text{kcal/kg} \cdot \text{m} = 860\text{kcal}$

5 에너지 보존에 해당하는 법칙은?

  ① 열역학 제1법칙   ② 열역학 제2법칙

  ③ 열역학 제0법칙   ④ 보일 – 샤를의 법칙

해설 열역학 제1법칙 : 에너지 보존의 법칙

6 엔트로피의 변화가 없는 경우는 어떤 상태인가?

  ① 등온압축   ② 등압압축

  ③ 폴리트로픽 압축   ④ 단열압축

해설 단열압축 : 엔트로피의 변화가 없다.

7 고압 가스용기에 압축가스인 산소가 $47l$ 충전내용적에 150기압으로 저장되어 있다. 시간당 $1{,}410l$씩 사용한다면 몇 시간을 사용할 수 있는가?

  ① 5.5시간   ② 4.3시간

  ③ 10시간   ④ 5시간

해설 150기압 $\times 47l/$용기 $= 7{,}050\,l$

$\dfrac{7{,}050}{1{,}410} = 5$시간 사용

8 증기배관에서 가장 많이 사용하는 밸브는?

  ① 게이트(슬루스) 밸브   ② 볼 밸브

  ③ 글로브 밸브   ④ 앵글 밸브

해설 ㉠ 글로브 밸브(유량조절밸브) : 증기배관라인용
    ㉡ 게이트 밸브 : 액체 배관용
    ㉢ 볼 밸브 : 가스 배관용
    ㉣ 앵글밸브 : 주증기 배관, 방열기, 급수앵글밸브용

9 부르동관 압력계의 설치방법으로 알맞은 내용은?

① 사이펀관에 물을 채워서 설치한다.
② 압력계에 밸브를 달고서 설치한다.
③ 사이펀관에 가연성 가스를 봉입하여 설치한다.
④ 압력계 외경을 60mm 이하로 하여 설치한다.

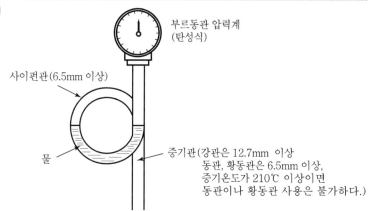

부르동관 압력계
(탄성식)

사이펀관(6.5mm 이상)

물

증기관(강관은 12.7mm 이상
동관, 황동관은 6.5mm 이상,
증기온도가 210℃ 이상이면
동관이나 황동관 사용은 불가하다.)

10 다음 스케줄 번호(SCH)를 구하는 식으로 맞는 것은 어느 것인가?(단, P : 사용압력, S : 허용응력, 인장강도 : δ, 안전율 : a)

① $SCH = 10 \times \dfrac{P}{S}$

② $SCH = 10 \times \dfrac{P \cdot S}{\delta}$

③ $SCH = 10 \times a/\delta \cdot P$

④ $SCH = 10 \times \dfrac{S}{P}$

해설 스케줄 번호(SCH) : 관의 두께를 나타내는 번호

$10 \times \dfrac{P}{S}$

※ S(허용응력(kg/mm²)) : $\dfrac{\text{인장강도}}{\text{안전율}}$

11 바이메탈 스위치를 이용하여 연소실 출구나 연도에 설치하는 화염검출기로서 바른 것은 어느 것인가?

① 스텍 스위치　　　　　　　　② 플레임 아이
③ 플레임 로드　　　　　　　　④ 바이메탈 온도계

해설 화염검출기

　ⓐ 스텍 스위치 : 연소실 출구나 연도에 설치(바이메탈 스위치)
　ⓑ 플레임 로드 : 전기전도성을 이용(가스버너용)
　ⓒ 플레임 아이 : 화염의 발광체 이용

12 증기난방 배관시공에서 증기공급 수직관 설치 시 드레인 빼기에서 열동식 트랩의 냉각레그 길이는 몇 m 이상이어야 하는가?

　① 1m　　　　　　② 1.5m　　　　　　③ 5m　　　　　　④ 7.5m

해설 증기 주관에서 응축수를 건식 환수관에 배출하려면 주관과 동경으로 100mm 이상 내리고 하부로 150mm 이상 연장해서 드레인 포켓을 만들어준다. 냉각관은 트랩 앞에서 1.5m 이상 떨어진 곳까지 보온을 하지 않은 배관(나관)을 한다.

13 액화천연가스의 주성분은 무엇인가?

　① 프로판　　　　　② 부탄　　　　　③ 펜탄　　　　　④ 메탄

해설 ⓐ 액화천연가스(LNG) : 메탄(건성가스)
　ⓑ 액화석유가스(LPG) : 프로판, 부탄 등

14 물에 관한 용어에서 용액 중에 불순물의 단위가 mg/m^3에 해당되는 단위로서 올바른 것은?

　① epm　　　　　② ppb　　　　　③ 탁도　　　　　④ ppm

해설 ⓐ ppm : 100만분율(mg/kg, g/ton)
　ⓑ ppb : 중량 10억분율(mg/ton)
　ⓒ epm : 100만 단위 중량당량 중 1단위 중량당량(mg/kg) 당량농도이다.

15 고온 부식이 발생하는 장소로서 가장 적당한 곳은 어느 곳인가?

　① 공기예열기　　　　　　　② 절탄기
　③ 과열기　　　　　　　　　④ 그린 절탄기

해설 ⓐ 고온부식 : 과열기, 수관에서 발생(바나듐 V_2O_5이 원인)
　ⓑ 저온부식 : 절탄기, 공기예열기(황의 성분이 원인)
　$S + O_2 \rightarrow SO_2$
　$2SO_2 + O_2 \rightarrow 2SO_3$, $SO_3 + H_2O \rightarrow H_2SO_4$(진한 황산)

Answer　　12. ②　13. ④　14. ②　15. ③

16 스케일이 생기는 원인이 아닌 것은?

① 보일러수의 농축　　　　　　　　② 저수위 사고
③ 슬러지 생성　　　　　　　　　　④ 분출장치의 고장

해설 (1) 스케일의 원인
　　　　㉠ 보일러수의 농축
　　　　㉡ 슬러지 생성
　　　　㉢ 분출장치의 고장
　　(2) 저수위사고 : 보일러의 과열, 폭발의 원인

17 리스트레인트에서 앵커에 관한 도시기호로서 올바른 내용은?

① —⊗—　　　　　　　　　② $\underset{=}{\overline{\quad}} G$

③ —✕—　　　　　　　　　④ —●— SH

해설 ① 앵커　　　　② 스프링 행거
　　③ 가이드　　　④ 용접이음

18 폐열회수장치에서 과열기의 온도를 일정하게 유지하는 방법이 아닌 것은 어느 것인가?

① 배기가스량의 열가스량 조절　　　② 과열 저감기의 사용
③ 연소가스의 재순환방법　　　　　④ 과열기 옆에 절탄기를 부착시킨다.

해설 과열증기 온도 조절
　　㉠ 배기가스량의 조절
　　㉡ 과열저감기 사용
　　㉢ 연소가스의 재순환방법
　　㉣ 연소실의 화염위치 변경
　　㉤ 과열증기에 물 분무

19 보일러수와 급수의 pH 범위로서 가장 이상적인 것은 어느 것인가?(단, 원통보일러이다.)

① 10.5~11.8, 6.0~7.0　　　　　② 10.5~11.8, 8.0~9.0
③ 10.5~11.8, 10.5~12　　　　　④ 7.5~8.5, 10.5~11.8

해설 ㉠ 보일러수(관수)의 pH : 10.5~11.8
　　㉡ 보일러 급수의 pH : 8.0~9.0

Answer　16. ② 17. ① 18. ④ 19. ②

20 자동제어방법에서 같은 용도에 사용되는 제어가 아닌 것은 어느 것인가?

① 추종제어 　　　② 프로세스 제어 　　　③ 비율제어 　　　④ 프로그램 제어

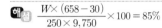 보일러 추치제어(목표 값이 변화하는 제어)

ⓐ 추종제어

ⓑ 비율제어

ⓒ 프로그램 제어

21 보일러 효율이 85%, 증기 엔탈피가 658kcal/kg, 급수엔탈피가 30kcal/kg, 시간당 연료소비량이 250kg일 때 보일러 급수사용량은 시간당 몇 kg인가?(단, 연료의 저위발열량은 9,750kcal/kg이다.)

① 2,250 　　　② 2,750 　　　③ 3,300 　　　④ 3,333

해설 $\dfrac{W \times (658-30)}{250 \times 9,750} \times 100 = 85\%$

$W = \dfrac{(250 \times 9,750) \times 0.85}{658-30} = 3,299.16 \text{kg/h}$

22 보일러 최고사용압력이 10kg/cm²g 이면 수압시험압력으로 가장 적당한 것은?

① 16kg/cm²g 　　　② 17.5kg/cm²g 　　　③ 20kg/cm²g 　　　④ 22.5kg/cm²g

해설 수압시험

ⓐ 4.3kg/cm² 이하이면 2배

ⓑ 4.3 초과~15kg/cm² 이하

　P×1.3배+3kg/cm²

　∴ 10×1.3배+3kg/cm²=16kg/cm²

ⓒ 15kg/cm² 초과 : 1.5배

23 다음의 계산식 중 옳지 않은 문제는 어떤 계산식인가?

① 화격자연소율 $= \dfrac{\text{단위시간당 석탄소비량}}{\text{화격자면적}}$

② 전열면의 증발률 $= \dfrac{\text{전열면적}}{\text{시간당 증기발생량}}$

③ 증발계수 $= \dfrac{(\text{발생증기엔탈피}-\text{급수엔탈피})}{538.8}$

④ 상당증발량 $= \dfrac{\text{시간당 증기발생량}(\text{발생증기엔탈피}-\text{급수엔탈피})}{538.8}$

해설 전열면의 증발률 $=\dfrac{\text{단위시간당 석탄소비량}}{\text{화격자면적}}$

화격자 연소율(kg/m^2h), 상당증발량(kg/h), 증발계수(단위가 없다.)

24 관의 지지 기구에서 주로 진동을 방지하거나 감소시키는 것은 어느 것인가?

① 스톱   ② 앵커
③ 브레이스   ④ 가이드

해설 ㉠ 리스트레인트 : 열팽창 등으로 인한 신축에 의해 발생되는 좌우, 상하 이동을 구속하고 제한하는 스톱, 앵커, 가이드가 있다.
㉡ 브레이스 : 배관계의 진동을 방지하거나 감쇠시키는 데 사용되는 방진기와 수격작용이나 안전밸브의 흡출반력 등에 의한 충격을 완화시키는 완충기(스프링식, 유압식)가 있다.

25 파형노통의 설명으로 틀린 것은 어느 것인가?

① 전열면적이 증가된다.
② 노통의 강도가 보강된다.
③ 노통의 신축 흡수가 용이하다.
④ 제작이 용이하고 가격이 싸고 청소하기가 수월하다.

해설 ㉠ 파형노통 : 전열면적의 증가, 노통의 강도보강, 노통의 신축흡수가 용이하다. 청소가 어렵다. 제작이 어렵고 가격이 비싸다.
㉡ 평형노통 : 제작이 용이하고 가격이 싸며 청소가 수월하다.

26 수격작용의 원인에 해당되지 않는 것은 어느 것인가?

① 비수발생 시
② 주증기 밸브의 급개
③ 보일러 부하변경의 일정
④ 증기트랩의 고장으로 응축수 배출이 원활하지 못할 때

해설 수격작용(워터해머)의 원인 : 비수발생, 주증기 밸브의 급개, 응축수 배출이 원활하지 못할 때

27 점성계수 : μ, 밀도 : ρ, 지름 : d, 관내 평균유속 : v라고 할 때 레이놀드 수 계산식으로 맞는 것은 어느 것인가?

① $Re = \dfrac{\rho \cdot v \cdot d}{\mu}$

② $Re = \dfrac{\mu}{\rho \cdot v \cdot d}$

③ $Re = \dfrac{\mu \cdot d}{\rho \cdot v}$

④ $Re = \dfrac{\rho \cdot v}{\mu \cdot d}$

해설 레이놀드 수(유체 흐름의 층류, 난류 구별)

$$Re = \frac{\text{밀도} \times \text{유속} \times \text{지름}}{\text{점성계수}}$$

28 다음 중 중성 내화물에 속하는 내화물은 어떤 내화물인가?

① 규석 벽돌

② 납석 벽돌

③ 마그네시아 벽돌

④ 탄소질 벽돌

해설 ㉠ 산성 내화물 : 규석질, 반규석질, 납석질, 샤모트질

㉡ 중성 내화물 : 고알루미나질, 탄소질, 탄화규소질, 크롬질

㉢ 염기성 내화물 : 마그네시아질, 돌로마이트질, 포스테라이트질, 마그네시아 크롬질

29 보일러 보존법에서 장기보존방법에 속하는 것은?

① 습식 보존법

② 밀폐건조보존법(질소봉입법)

③ 만수보존법

④ 페인트 도장법

해설 ㉠ 장기보존법 : 밀폐건조보존법(질소봉입법)

(6개월 이상 보존 시에 사용)

㉡ 단기보존법 : 만수보존법(2~3개월 보존)

가성소다, 히드라진, 암모니아 사용

30 보일러 운전 중 팽출이 일어나기 쉬운 곳으로 적당한 것은?

① 수관

② 노통

③ 연소실

④ 관판

해설 ㉠ 팽출 발생장소 : 수관, 횡연관 보일러의 하부(인장응력 부위)

㉡ 압궤 발생장소 : 노통, 연소실, 관판(압축응력을 받는 부위에서 생긴다.)

31 공기예열기의 설치 시 이점으로서 옳은 내용이 아닌 것은 어느 것인가?

① 착화열의 감소 및 연소실의 온도 상승

② 보일러 효율이 5% 이상 향상된다.

③ 수분이 많은 저질탄의 연료도 유효하게 연소시킨다.

④ 통풍저항을 감소시킨다.

해설 공기예열기 설치 시 배가스의 온도 저하로 통풍저항이 증가한다.(저온부식 발생)

32 송풍기의 운전 중 풍량을 2배로 하기 위하여 송풍기의 회전수는 몇 배로 증가시켜야 하는가?

① 4배

② 2배

③ $\frac{1}{4}$ 배

④ $\frac{1}{2}$ 배

해설 ㉠ 풍량은 회전수 증가의 비례

㉡ 풍압은 회전수 증가의 2승에 비례

㉢ 풍마력(동력)은 회전수 증가의 3승에 비례

33 공업규격에서 내화물은 SK 넘버와 온도로서 그 규격이 맞는 것은 어느 것인가?

① 26번, 1,580℃

② 25번, 1,580℃

③ 32번, 2,000℃

④ 40번, 2,000℃

해설 ㉠ 내화물(SK 26번, 1,580℃부터)은 SK 26~42번(2,000℃)까지가 있다.

㉡ SK 27(1,610℃)

㉢ SK 32(1,710℃)

34 내부에너지가 23kcal이고 외부에서 19kcal가 주어진 후 427kg·m의 일을 하는 경우에 엔탈피는 얼마인가?

① 39kcal

② 41kcal

③ 50.5kcal

④ 55kcal

해설 427kg·m/kcal(열의 일당량)

$(23+19)-1=41kcal$

35 펌프의 소요동력으로 구하는 식 중 올바른 내용은 어느 것인가?(단, Ps : 소요동력, Q : 송출량 (m^3/min), H : 양정(m), 비중량 : ρ(kg/m^3), 효율 : η)

① $Ps = \dfrac{\rho \cdot H \cdot Q}{4,500 \cdot \eta}$

② $Ps = \dfrac{\rho \cdot H \cdot Q}{75 \cdot \eta}$

③ $Ps = \dfrac{\rho \cdot H \cdot Q}{6,120 \cdot \eta}$

④ $Ps = \dfrac{\rho \cdot H \cdot Q}{75 \times 60}$

해설 펌프의 소요동력$(Ps) = \dfrac{\rho \cdot H \cdot Q}{75 \times 60 \times \eta} = \dfrac{\rho \cdot H \cdot Q}{4,500 \times \eta}$

36 화학세정 산세정 후 중화 방청처리가 필요하다. 중화 방청처리제로서 옳지 않은 것은 어느 것인가?

① 탄산나트륨 ② 수산화나트륨 ③ 히드라진 ④ 질산나트륨

해설 중화방청처리제 : 탄산나트륨, 수산화나트륨, 인산나트륨, 아황산나트륨, 히드라진, 암모니아

37 다음 내용 중 시장, 도지사에게 산업통상자원부 장관이 위임한 사항이 아닌 것은?

① 시공업등록의 말소 또는 시공업의 전부 또는 일부의 정지 요청
② 에너지절약 전문기업의 등록
③ 과태료의 부과징수
④ 에너지 사용신고의 접수

해설 에너지절약 전문기업(ESCO) 등록권자 : 한국에너지공단 이사장

38 강철제 보일러, 주철제 보일러의 설치검사에서 보일러의 외벽온도는 주위온도보다 몇 ℃를 초과하면 안 되는가?

① 20℃ ② 25℃ ③ 30℃ ④ 50℃

해설 보일러 외벽온도는 주위온도보다 30℃를 초과해서는 안 된다.

39 보일러에서 급수밸브 및 체크밸브의 크기는 전열면적 10m^2를 초과하는 경우 보일러에서는 호칭 몇 A 이상이어야 하는가?

① 12A ② 20A ③ 30A ④ 50A

> **해설** 급수밸브 체크밸브의 크기
> ㉠ 전열면적 10m² 이하 : 호칭 15A 이상
> ㉡ 전열면적 10m² 초과 : 호칭 20A 이상

40 집진장치 중에서 가장 정도가 좋은 집진장치는 어느 것인가?

① 중력 침강식

② 사이클론식

③ 벤튜리 스크러버

④ 코트렐식

> **해설** ㉠ 중력 침강식 : 20μ
> ㉡ 사이클론식 : 10~20μ
> ㉢ 벤튜리 스크러버 : 1~5μ
> ㉣ 코트렐식 : 0.05~20μ

41 복사난방의 특징으로 볼 수 없는 것은?

① 실내의 온도 분포가 균등하여 쾌감도가 높다.

② 방열기가 필요 없어 바닥면의 이용도가 높다.

③ 천장이 높거나 공회당 홀 등의 난방이 용이하다.

④ 전열체의 열용량의 매우 커서 온도 급변 시에 방열량 조절이 순조롭다.

> **해설** (1) 복사난방(방사난방)
> ㉠ 실내 온도분포가 균등하여 쾌감도가 높다.
> ㉡ 방열기가 불필요하여 이용도가 높다.
> ㉢ 천장이 높거나 공회당 홀 등의 난방이 용이하다.
> (2) 온수난방
> 열용량이 매우 커서 온도 급변화 시에 방열량 조절이 용이하다.

42 검사대상기기의 계속사용 검사 신청서는 유효기간 만료 며칠 전까지 누구에게 신고하는가?

① 10일, 도지사

② 10일, 에너지 관리공단 이사장

③ 7일, 산업통상자원부장관

④ 7일, 에너지 경제 연구소장

> **해설** 검사대상기기의 계속사용 검사신청서는 유효기간 만료 10일 전까지 한국에너지공단 이사장에게 신고한다.

43 에너지이용합리화법에서 정하는 효율기준 기자재가 아닌 것은 어느 것인가?

① 전기냉장고

② 자동차

③ 전기계량기

④ 발전설비 등 에너지 공급설비

해설 효율관리기준기자재

㉠ 전기냉장고 ㉡ 전기냉방기

㉢ 전기세탁기 ㉣ 자동차

㉤ 조명기기 ㉥ 발전설비 등 에너지 공급설비

44 전열방식에 의한 과열기가 아닌 것은?

① 접촉가열기

② 복사과열기

③ 병류과열기

④ 복사 접촉과열기

해설 (1) 전열방식 과열기

㉠ 접촉과열기(대류과열기)

㉡ 복사과열기

㉢ 복사 접촉과열기

(2) 열가스 흐름 방향에 의한 과열기 : 병류형, 향류형, 혼류형

45 증기의 특성으로 맞지 않는 것은 어느 것인가?

① 다량의 열을 가지고 있다.

② 증기의 온도는 일정한 상태에서 열전달이 이루어진다.

③ 증기의 온도와 압력은 항상 일정한 값을 갖는다.

④ 증기는 가볍기 때문에 별도의 펌프가 있어야 이송이 가능하다.

해설 증기는 수증기이므로 분자운동과 압력에 의해 이송된다. 펌프 이송은 불필요하다.

46 보일러 보존방법에서 질소 건조보존법은 압력을 얼마로 유지하여야 하는가?

① $0.3 \sim 0.5 \text{kg/cm}^2$

② $0.5 \sim 0.75 \text{kg/cm}^2$

③ $0.75 \sim 1.0 \text{kg/cm}^2$

④ $1.5 \sim 2.0 \text{kg/cm}^2$

해설 (1) 보일러 밀폐 건조보존법(6개월 이상 장기 보존)

질소보존 : ㉠ 압력은 약 0.6kg/cm^2 정도

㉡ 순도 99.5% 이상

(2) 만수보존법 : 0.35kg/cm^2 정도의 가압수

47 압궤(Coppapse)현상이 자주 일어나는 곳이 어느 곳인가?

① 수관
② 노통 및 화실관판
③ 기수분리기
④ 가용전

해설 ㉠ 압궤 : 노통, 화실관판
ㄴ 팽출 : 수관, 횡관, 동체

48 점식을 일으키는 가스는 다음 중 어느 것인가?

① CO
② N_2
③ O_2
④ NH_3

해설 점식(Pitting) : 용존산소가 원인

49 부탄가스의 이론공기량으로 가장 적당한 것은 어느 것인가?

① 20.9
② 30.9
③ 23
④ 9.52

해설 부탄 $C_4H_{10} + 6.5O_2 \rightarrow 4CO_2 + 5H_2O$
㉠ 이론산소량 : $6.5m^3/m^3$
ㄴ 이론공기량 : $6.5 \times \dfrac{100}{21} = 30.95m^3/m^3$

50 이론 배기가스량이 11.443Nm³/kg, 이론공기량이 10.75Nm³/kg, 공기비가 1.15 배기가스비열이 0.33kcal/Nm³℃, 배기가스 온도가 280℃일 때 배기가스의 열손실은 몇 kcal/kg인가?(단, 외기온도는 20℃)

① 1,050
② 1,100
③ 1,120
④ 1,500

해설 ㉠ 실제배기가스량(G) $= 11.443 + (1.15 - 1) \times 10.75 = 13.055m^3/kg$
 $G = Go + (m-1)Ao$
ㄴ 배기가스손실열량 열손실 $= 13.055 \times 0.33(280 - 20) = 1,120.1619kcal/kg$

51 과잉공기량의 설명으로 올바른 내용은 어느 것인가?

① 실제공기량과 이론공기량과의 차이
② 실제공기량에 이론공기량을 나눈 값
③ 이론공기량에 공기비를 곱한 값
④ 실제공기량에 이론공기량을 더한 값

해설 ㉠ 과잉공기량＝실제공기량－이론공기량
㉡ 실제공기량＝이론공기량×공기비(과잉공기계수)
㉢ 이론공기량＝연료의 연소에 필요한 최소의 공기량

52 국가에너지 기본계획 사항에 포함되지 않는 것은?

① 국내의 에너지 수급 정세의 추이와 전망
② 소요에너지의 안정적 확보 및 공급을 위한 대책
③ 에너지이용의 합리화를 위한 전망
④ 환경친화적 에너지 이용을 위한 대책

해설 ㉠ 국내의 에너지 수급 정세의 추이와 전망
㉡ 소요에너지의 안정적 확보 및 공급을 위한 대책
㉢ 환경친화적 에너지 이용을 위한 대책
㉣ 에너지이용의 합리화를 위한 대책
㉤ 에너지 관련기술의 개발 및 보급을 촉진하기 위한 대책
㉥ 에너지 및 에너지 관련 환경정책의 국제적 조화와 협력을 위한 대책

53 다음의 보일러 중 효율이 가장 높은 보일러로 가장 적당한 것은?

① 노통연관식
② 스코치 보일러
③ 밥콕 웰콕스 보일러
④ 슐처 보일러

해설 효율이 가장 높은 보일러는 관류 보일러
㉠ 벤슨 보일러
㉡ 슐처 보일러
㉢ 앳모스 보일러
㉣ 소형 관류 보일러

54 주철제 보일러의 섹션 수로서 가장 이상적인 수치는?

① 5~10개
② 5~18개
③ 18~23개
④ 많을수록 좋다.

해설 주철제 섹션보일러의 섹션 수는 5~18개가 이상적이다.

특징 : ㉠ 내압에 대한 강도가 약하다.
　　　 ㉡ 구조가 복잡하여 청소검사 수리가 곤란하다.
　　　 ㉢ 열 충격에 약하고 균열이 생기기 쉽다.
　　　 ㉣ 내용량 고압에 부적당하다.

55 검사대상기기 조종자가 아닌 자격증은 어느 것인가?

① 열관리기사　　　　　　　　　② 에너지관리산업기사
③ 에너지정비기능사　　　　　　④ 인정검사 대상기기 조종자

해설 검사대상기기 조종자 자격자
㉠ 열관리기사
㉡ 열관리산업기사
㉢ 에너지관리기능장
㉣ 에너지관리산업기사
㉤ 에너지관리기능사
㉥ 인정검사 대상기기 조종자 교육이수자(소형 보일러)

56 설비열화의 종류에 해당되지 않는 것은?

① 물리적 열화　　　　　　　　② 기술적 열화
③ 기능적 열화　　　　　　　　④ 예방보전의 열화

해설 설비열화의 종류
㉠ 물리적 열화　　　㉡ 기능적 열화
㉢ 기술적 열화　　　㉣ 화폐적 열화

57 검사가 행해지는 공정에 의한 분류로서 틀린 것은 어느 것인가?

① 수입검사　　　　　　　　　② 공정검사
③ 순회검사　　　　　　　　　④ 출하검사

해설 검사가 행해지는 공정에 의한 분류
㉠ 수입검사　　　㉡ 공정검사
㉢ 최종검사　　　㉣ 출하검사
㉤ 기타 검사

58 Therblig 기호로서 틀린 것은?

① 찾는다(Search) : SH : 

② 조사하다(Inspect) : I : 

③ 생각하다(Plan) : PN : 

④ 운반하다(Transport Loaded) : TE : 

해설
㉠ 찾는다(SH) : 
㉡ 조사하다(I) : 
㉢ 생각하다(PN) : 
㉣ 운반하다(TL) : 
㉤ 빈손 이동(TE) : 
㉥ 쥐고 있다(H) : 
㉦ 사용하다(U) : 
㉧ 선택한다(G) : ST

59 Q.C 기능으로 틀린 것은 어느 것인가?

① 품질설계 ② 공정관리
③ 수입자재관리 ④ 품질조사

해설 Q.C 기능
㉠ 품질설계 ㉡ 공정관리
㉢ 품질보증 ㉣ 품질조사

60 샘플링 검사의 종류(유형)로 적당하지 못한 것은 어느 것인가?

① 규준형 ② 선택형
③ 조정형 ④ 연속생산형

해설 샘플링 검사의 종류
㉠ 규준형 ㉡ 선별형
㉢ 조정형 ㉣ 연속생산형
㉤ 축차형

Answer 58. ④ 59. ③ 60. ②

1 보일러 연소실의 열부하를 나타내는 단위는?

① $kcal/m^3 \cdot h$　　② $kg/m^3 \cdot h$　　③ $kcal/m^3$　　④ kg/m^2

해설 ㉠ 연소실의 열부하율 : $kcal/m^3 \cdot h$
　　㉡ 전열면의 증발률 : $kgf/m^2 \cdot h$
　　㉢ 전열면의 열부하율 : $kcal/m^2 \cdot h$

2 기체연료의 특징을 설명한 것 중 틀린 것은?

① 연소효율이 좋고 조절이 용이하다.
② 완전연소가 가능하므로 전열면 오손이 적다.
③ 유황산화물이나 질소산화물의 발생이 많다.
④ 점화, 소화 시 가스폭발 위험성이 있다.

해설 기체연료는 탈황제거로 정제한 가스라서 유황산화물이나 질소산화물의 발생이 많지 않다.

3 상당증발량 2,500kg/h, 매시 연료소비량 150kg인 보일러가 있다. 급수온도 28℃, 증기압력 10kg/cm²일 때, 이 보일러의 효율은?(단, 연료의 저위발열량은 9,800kcal/kg이다.)

① 65%　　② 77%　　③ 92%　　④ 98%

해설 $\eta = \dfrac{2,500 \times 539}{150 \times 9,800} \times 100 = 91.666\%$

4 사이클론(Cyclone) 집진장치의 주원리는?

① 망(Screen)에 의한 여과　　　② 물에 의한 입자의 여과
③ 입자의 원심력에 의한 집진　　④ 압력차에 의한 집진

해설 사이클론 집진장치의 주원리는 입자의 원심력에 의한 집진이다.

5 증기의 건도를 향상시키는 방법으로 틀린 것은?

① 증기주관 내의 드레인을 제거한다.
② 기수분리기를 사용하여 수분을 제거한다.
③ 고압증기를 저압으로 감압시킨다.
④ 과열저감기를 사용하여 향상시킨다.

> **해설** 과열저감기는 과열증기의 온도를 일정하게 유지시킨다.

6 보일러 연료로서 중유가 석탄보다 좋은 점을 설명한 것으로 틀린 것은?

① 집진장치가 필요 없다.　　　　② 단위체적당 발열량이 크다.
③ 자동제어가 용이하다.　　　　④ 매연의 발생이 적다.

> **해설** 집진장치는 설치할수록 매연을 제거하고 환경친화적이다.

7 기체연료의 연소 시 공기비의 일반적인 값은?

① 0.8~1.0　　　　　　　　② 1.1~1.3
③ 1.3~1.6　　　　　　　　④ 1.8~2.0

> **해설** ㉠ 기체연료의 연소 시 공기비는 일반적으로 1.1~1.3 정도이다.
> ㉡ 연료가 나쁜 연료일수록 공기비가 크다. 석탄은 1.5~2 정도이다.

8 보일러 매연 발생의 원인이 아닌 것은?

① 불순물 혼입　　　　　　② 연소실 과열
③ 통풍력 부족　　　　　　④ 점화조작 불량

> **해설** 연소실 과열현상은 보일러 폭발사고와 관계된다.

9 수관 보일러에서 강관을 확관하여 관판에 부착시킬 때 강관의 최적 두께 감소율은?

① 2~3%　　　　　　　　② 6~7%
③ 9~10%　　　　　　　④ 12~13%

> **해설** 수관 보일러에서 강관을 확관하여 관판에 부착하면 강관의 최적 두께가 6~7% 감소한다.

---

10 굴뚝 높이 100m, 배기가스의 평균온도 200℃, 외기온도 27℃, 굴뚝 내 가스의 외기에 대한 비중을 1.05라 할 때 통풍력은?

① 26.3mmAq ② 29.3mmAq

③ 36.3mmAq ④ 39.3mmAq

해설 $Z = 355 \times H \times \left[\dfrac{1}{273+27} - \dfrac{1.05}{273+200} \right]$

$Z = 355 \times 100 \times \left[\dfrac{1}{300} - \dfrac{1.05}{473} \right] = 39.3 \text{mmAq}$

11 내열도의 구분에 따라 저온용 보온재에 해당되는 것은?

① 석면 ② 글라스 울

③ 우모 펠트 ④ 암면

해설 양모, 우모 펠트는 유기질 보온재라서 저온용이다. 펠트 상으로 제작하며 곡면 등의 시공이 가능하다. 안전사용온도는 100℃. 그러나 아스팔트 방습한 것은 −60℃까지 보냉용이다.

12 자동제어의 신호전달방식 중 신호전달 거리가 가장 짧은 것은?

① 유압식 ② 공기압식

③ 전기식 ④ 전자식

해설 자동제어에서 신호전달거리는 공기압식이 가장 짧다.(약 100m 이내)
전기식 > 유압식 > 공기압식

13 보일러를 건식 보존할 때 보일러에 채워두는 가스로 가장 적합한 것은?

① CO_2 ② SO_2 ③ N_2 ④ O_2

해설 보일러에서 6개월 이상 장기보존 시 보일러 동내부에 채워두는 순도가 높은 질소(N_2) 가스이다.

14 최고사용압력이 14kg/cm²인 강철제 증기보일러의 안전밸브 호칭지름은 얼마 이상으로 해야 하는가?

① 15mm ② 20mm ③ 25mm ④ 32mm

Answer 10. ④ 11. ③ 12. ② 13. ③ 14. ③

㉠ 최고사용압력 1kg/cm² 이하 보일러 : 20A 이상

㉡ 최고사용압력 1kg/cm² 초과 보일러 : 25A 이상

15 대기압하에서 펌프의 최대흡입양정(揚程)은 이론상 몇 m 정도인가?

① 10m   ② 20m   ③ 15m   ④ 30m

대기압은 1.033kg/cm²(10.33mmAq)이므로 펌프의 최대흡입양정은 이론상 10m 정도이고 실용상은 6~7m이다.

16 베르누이의 정리에서 전수두는 어떤 수두들의 합인가?

① 위치수두, 압력수두, 속도수두   ② 압력수두, 손실수두, 저항수두

③ 위치수두, 저항수두, 속도수두   ④ 전수두, 위치수두, 압력수두

전수두＝위치수두＋압력수두＋속도수두

17 원관에서 난류가 흐르고 있을 때 손실수두는?

① 속도의 3제곱에 비례한다.   ② 관경에 비례한다.

③ 관 길이에 반비례한다.   ④ 관의 마찰계수에 비례한다.

원관에서 관의 난류가 흐르고 있을 때 손실수두는 관의 마찰계수에 비례한다.

18 랭킨사이클에서 복수기의 압력이 낮아질 때의 현상으로 옳은 것은?

① 열효율이 낮아진다.

② 복수기의 포화온도는 상승한다.

③ 터빈 출구부의 증기의 건도가 높아진다.

④ 터빈 출구부의 부식문제가 생긴다.

랭킨사이클에서 복수기의 압력이 낮아질 때의 현상으로 터빈 출구부의 부식문제가 생긴다.

19 "일정량의 기체의 체적은 압력에 반비례하고 절대온도에 비례한다."는 법칙은?

① 보일의 법칙   ② 샤를의 법칙

③ 보일-샤를의 법칙   ④ 켈빈의 법칙

해설 보일-샤를의 법칙은 일정량의 기체의 체적은 압력에 반비례하고 절대온도에 비례한다.

20 감압밸브는 작동방법에 따라 3가지로 나눌 때 해당되지 않는 것은?

① 벨로스형　　　② 파일럿형　　　③ 피스턴형　　　④ 다이어프램형

해설 감압밸브의 작동방법에 의한 분류
　㉠ 벨로스형
　㉡ 피스턴형
　㉢ 다이어프램형

21 보온재의 열전도율에 관한 사항으로 맞는 것은?

① 비중이 작으면 열전도율도 작아진다.
② 온도가 낮아질수록 열전도율은 커진다.
③ 비중과 열전도율은 무관하다.
④ 수분을 많이 포함할수록 열전도율은 작아진다.

해설 보온재는 비중이 작으면 열전도율이 작아진다.
열전도율의 단위는 kcal/m · h · ℃이다.

22 지름 1.2m의 보일러 동판에 20kg/cm²의 증기압력이 작용하면 동판의 두께는 약 몇 mm로 해야 하는가?(단, 재료의 허용응력 800kg/cm², 이음효율은 90%이다.)

① 12mm　　　② 17mm　　　③ 22mm　　　④ 25mm

해설 800kg/cm² = 8kg/mm²

$$t = \frac{P \cdot D}{200 \cdot S \cdot \eta}$$

$$t = \frac{20 \times (1.2 \times 1,000)}{200 \times 8 \times 0.9} = 17mm$$

23 보온재가 갖추어야 할 성질로 잘못 설명한 것은?

① 열전도율이 작을 것　　　② 가벼울 것
③ 기계적 강도가 있을 것　　　④ 밀도가 클 것

Answer　20. ②　21. ①　22. ②　23. ④

해설 보온재는 밀도가 가벼워야 열전도율이 낮아진다.

24 강철제 유류용 보일러의 용량이 얼마 이상이면 공급 연료량에 따라 연소율 공기를 자동조절하는 장치를 갖추어야 하는가?(단, 난방 및 급탕 겸용 보일러임)

① 2T/h
② 5T/h
③ 10T/h
④ 20T/h

해설 난방이나 급탕보일러는 5T/h 이상이면 공급연료량에 따라 연소용 공기를 자동조절하는 장치가 갖춰줘야 한다.

25 보일러 자동제어에서 어떤 조건이 구비되지 않았을 때 다음 단계의 동작이 이루어지지 않는 형태의 제어는?

① 추치제어
② 피드백 제어
③ 인터록 제어
④ 디지털 제어

해설 인터록 제어는 보일러 자동제어에서 어떤 조건이 구비되지 않았을 때 다음 단계의 동작이 이루어지지 않는 형태의 제어이다.

26 열정산에서 출열 항목에 속하는 것은?

① 증기의 보유열량
② 공기의 보유열량
③ 연료의 현열
④ 화학반응열

해설 증기의 보유열량은 열정산에서 출열 중 가장 큰 출열 항목이다.

27 원심식 송풍기의 풍량을 Q(m³/min), 회전수 N(rpm), 풍압을 P(mmAq), 날개의 직경을 D라고 할 때, 다음 관계식 중 틀린 것은?

① $Q \propto N$
② $Q \propto D^3$
③ $P \propto N$
④ $P \propto D^2$

해설 유량(풍량) $Q'' = Q \propto N = Q'' = Q \propto D^3$
풍압(P) $P'' = P \propto D^2$

28 배관의 상부에서 관을 지지하는 것으로 관의 상하 방향 이동을 허용하면서 일정한 힘으로 관을 지지하는 것은?

① 콘스탄트 행거　　　　　　　② 리지드 행거

③ 슈　　　　　　　　　　　　④ 앵커

해설 행거는 배관의 상부에서 관을 지지하는 것으로 관의 상하 방향 이동을 허용하면서 일성한 힘으로 관을 지지하는 것은 콘스탄트 행거이다.

29 설비배관에 있어서 유속을 V, 유량을 Q라 할 때 관경 d를 구하는 식은?

① $d = \sqrt{\dfrac{4Q}{\pi V}}$　　　　　　　② $d = \sqrt{\dfrac{\pi V}{Q}}$

③ $d = \sqrt{\dfrac{\pi V}{4Q}}$　　　　　　　④ $d = \sqrt{\dfrac{Q}{\pi V}}$

해설 $d = \sqrt{\dfrac{4Q}{\pi V}}$

30 동관의 용도와 무관한 것은?

① 급유관　　　　　　　　② 배수관

③ 냉매관　　　　　　　　④ 열교환기용관

해설 동관의 용도
㉠ 급유관
㉡ 냉매관
㉢ 열교환기용관 등

31 1일 급수량이 36,000ℓ인 보일러에서 급수 중 염화물의 이온농도를 100ppm, 보일러수의 허용 이온농도를 2,000ppm으로 할 때 1일 분출량(ℓ/day)은?

① 1,625.3ℓ/day　　　　　　② 1,785.1ℓ/day

③ 1,894.7ℓ/day　　　　　　④ 1,945.4ℓ/day

해설 $\dfrac{W(1-R)d}{r-d}$

$\dfrac{36,000 \times 100}{2,000-100} = 1,894.7\ell/\text{day}$

Answer　28. ①　29. ①　30. ②　31. ③

32 증기의 압력이 상승할 때 나타나는 현상이 아닌 것은?

① 포화수의 부피가 증가한다.　　　② 엔탈피가 증가한다.

③ 물의 현열이 감소된다.　　　④ 증기의 잠열이 감소한다.

해설 증기의 압력이 상승하면 물의 현열이 증가하나 잠열은 감소한다.

33 강관의 용접이음 특징을 잘못 설명한 것은?

① 보온 피복재의 시공이 쉽다.

② 변형과 수축의 염려가 적다.

③ 가공시간이 단축되며 재료비가 절약된다.

④ 유체의 저항손실이 감소된다.

해설 강관의 용접이음 특징
㉠ 보온 피복재의 시공이 용이하다.
㉡ 가공시간이 단축되며 재료비가 절약된다.
㉢ 유체의 저항손실이 감소된다.

34 연돌의 유효높이를 증가시키는 방법으로 옳은 것은?

① 배기가스의 온도를 높인다.

② 배기가스의 배출속도를 늦춘다.

③ 배기가스의 유량을 감소시킨다.

④ 연돌의 굴곡부 개소를 증가한다.

해설 연돌의 유효높이를 증가시키려면 배가가스의 온도를 높이거나 굴뚝의 높이를 증가시킨다.

35 보일러 설치 시 주의사항으로 틀린 것은?

① 수압이 낮은 수도관은 보일러에 직결한다.

② 보일러는 수평으로 설치한다.

③ 보일러는 보일러실 바닥보다 높게 설치하고, 유지관리를 위한 공간이 필요하다.

④ 보일러는 내화구조로 시공된 보일러실에서 설치한다.

해설 수도관은 될수록 저장탱크나 팽창관으로 연결하고 보일러에 직결하는 것은 피하는 것이 좋다.

36 개방식과 밀폐식 팽창탱크에 공통적으로 필요한 것은?

① 통기관   ② 압력계   ③ 팽창관   ④ 안전밸브

해설 개방식, 밀폐식에는 팽창관은 반드시 설치되어야 한다.

37 캐리오버(Carry Over)의 발생원인이 아닌 것은?

① 증기부하가 과대하다.
② 수면이 고수위에 있다.
③ 주증기밸브를 천천히 열었다.
④ 보일러수에 불순물 등이 많이 용해되어 있다.

해설 주증기밸브를 신속히 열면 캐리오버(수격작용)가 발생된다.

38 보일러 연소장치인 공기조절장치와 무관한 것은?

① 윈드박스   ② 보염기   ③ 버너타일   ④ 플레임 아이

해설 플레임 아이는 화염의 유무를 검출하는 화염검출기이다.

39 주어진 평면도를 등각투상도로 나타낼 때 맞는 것은?

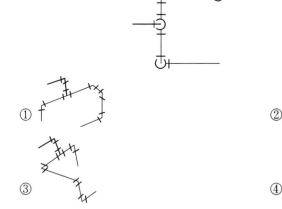

해설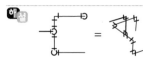

Answer   36. ③   37. ③   38. ④   39. ④

40 최고사용압력이 5kg/cm²인 강철제 보일러수의 수압시험 압력과 유지시간은?

① 5.5kg/cm², 30분

② 9.5kg/cm², 30분

③ 8.5kg/cm², 1시간

④ 10.0kg/cm², 1시간

해설 5×1.3배+3kg/cm²=9.5kg/cm²(수압시험 시간은 30분 이상 요한다.)
0.5×1.3+0.3=0.95MPa

41 자연 순환 온수난방에서 보일러와 방열기와의 수직높이 차이가 6m이고, 송수온도 80℃, 환수온도 68℃일 때 자연 순환력은 몇 mmAq인가?(단, 68℃ 물의 비중량은 978.94kg/m³, 80℃ 물의 비중량은 971.84kg/m³이다.)

① 17.76mmAq

② 35.52mmAq

③ 42.6mmAq

④ 85.2mmAq

해설 $1,000 \times H(\gamma_1 - \gamma_2)$
∴ 6×(978.94−971.84)=42.6mmAq

42 증기에 관한 기본적 성질을 설명한 것으로 옳은 것은?

① 순수한 물질은 한 개의 포화온도와 포화압력이 존재한다.

② 습증기 영역에서 건도는 항상 1보다 크다.

③ 증기가 갖는 열량은 4℃의 순수한 물을 기준하여 정해진다.

④ 대기압 상태에서 엔탈피의 변화량과 주고받은 열량의 변화량은 같다.

해설 ㉠ 습증기 영역에서는 건도는 항상 1보다 적다.
㉡ 대기압 상태에서 엔탈피의 변화량과 주고받은 열량의 변화량은 같다.

43 보일러 가동 중 압축응력을 받아 압궤를 일으킬 수 있는 부분이 아닌 것은?

① 수관

② 연소실

③ 노통

④ 관판

해설 수관은 팽출현상이 많다.(인장응력을 받는 곳에는 팽출현상 발생)

44 다음 pH값 중 강산성의 성질을 지닌 것은?

① pH 2

② pH 6

③ pH 7

④ pH 14

해설 ㉠ pH가 7 이하로 낮아질수록 강산성이다.

㉡ pH 7(중성)

㉢ pH 7이 넘으면 알칼리

45 보일러 급수처리방법과 관계없는 것은?

① 자연적 처리법

② 물리적 처리법

③ 전기적 처리법

④ 화학적 처리법

해설 보일러 급수처리

㉠ 물리적 처리법

㉡ 전기적 처리법

㉢ 화학적 처리법

46 보일러의 성능에서 증발배수는?

① 1시간당 발생증기량을 1시간당 연료사용량으로 나눈 값

② 증기와 물의 엔탈피 차를 539로 나눈 값

③ 1시간당 발생증기량을 539로 나눈 값

④ 1시간당 발생증기량을 연소율로 나눈 값

해설 증발배수 $= \dfrac{\text{시간당 증기발생량}}{\text{시간당 연료소비량}}\,(\mathrm{kg/kg})$

47 연소 안전장치에서 플레임 로드(Flame Rod)를 옳게 설명한 것은?

① 열적 검출방식으로 화염의 발열을 이용한 것이다.

② 화염의 전기전도성을 이용한 것이다.

③ 화염의 방사선을 전기신호로 바꾸어 이용한 것이다.

④ 화염의 자외선 광전관을 사용한 것이다.

해설 ㉠ 화염 검출기인 플레임 로드는 화염이 전기전도성을 이용한 것이다.

㉡ ①은 바이메탈 스위치 화염 검출기

㉢ ③, ④는 플레임 아이 화염 검출기

48 보일러에서 그루빙(Grooving)은 어느 부분에 많이 발생하는가?

① 경판 구석의 둥근 부분
② 동체 내부나 수관 내면
③ 동체의 증기와 접촉하는 부분
④ 동체의 표준수면과 접촉하는 부분

해 보일러에서 그루빙(구식)은 경판 구석의 둥근 부분에서 많이 발생된다.

49 보일러에서 저온부식을 일으키는 성분은?

① 바나듐
② 탄산가스
③ 황
④ 일산화탄소

해 $S + O_2 \rightarrow SO_2$(아황산가스)

$SO_2 + H_2O \rightarrow H_2SO_3$(무수황산)

$H_2SO_3 + \frac{1}{2}O_2 \rightarrow H_2SO_4$(진한 황산)

50 신설 보일러의 청정화를 도모할 목적으로 행하는 소다 끓이기에서 사용하는 약품이 아닌 것은?

① 수산화나트륨
② 인산나트륨
③ 탄산나트륨
④ 탄산칼슘

해 (1) 탄산칼슘은 슬러지나 스케일의 주성분이다.
　　(2) pH 알칼리 조정제 및 알칼리 세관제
　　　　㉠ 수산화나트륨
　　　　㉡ 탄산나트륨
　　　　㉢ 인산나트륨

51 점성계수의 차원(Dimension)은?

① $ML^{-2}T^2$
② $ML^{-1}T^{-1}$
③ MLT^2
④ ML^2T^2

해 점성계수의 차원 : $ML^{-1}T^{-1}$

52 관 지지구 중 리스트레인트의 종류에 포함되지 않는 것은?

① 앵커
② 스톱
③ 서포터
④ 가이드

Answer　　48. ①　　49. ③　　50. ④　　51. ②　　52. ③

[해설] ㉠ 배관 지지쇠 : 행거, 서포트, 리스트레인트, 브레이스
ㄴ 리스트레인트 : 앵커, 스톱, 가이드

53 나사용 패킹으로서 화학약품에 강하고 내유성이 크며, 내열범위가 -30~130℃인 것은?

① 네오프렌
② 액상 합성수지
③ 테프론
④ 일산화 연(鉛)

[해설] 액상 합성수지는 나사용 패킹이며 화학약품에 강하고 내유성이 크며 내열범위가 -30~130℃ 정도이다.

54 전기 용접봉의 피복제 중, 석회석이나 형식이 주성분으로 되어 있는 것은?

① 저수소계
② 일미나이트계
③ 고셀룰로오스계
④ 고산화티탄계

[해설] 전기용접법의 피복제 중 석회석이나 형석이 주성분으로 된 것은 저수소계 용접봉이다.

55 도수분포표에서 도수가 최대인 곳의 대표치를 말하는 것은?

① 중위수
② 비 대칭도
③ 모드(Mode)
④ 첨도

[해설] ㉠ 도수분포표에서 도수가 최대인 곳의 대표치를 말하는 것은 Mode(모드)이다.
ㄴ 도수분포(Frequency Distrbution)는 샘플의 품질특성의 측정치를 도수로 나타낸 도수분포표 또는 그림(히스토그램, 도수분포곡선)으로서 세로 측에 도수, 가로 측에 품질특성을 취하여 만든다.

56 일정통제를 할 때 1일당 그 작업을 단축하는 데 소요되는 비용의 증가를 의미하는 것은?

① 비용구배(Cost Slope)
② 정상 소요시간(Normal Duration)
③ 비용견적(Cost Estimation)
④ 총비용(Total Cost)

[해설] 비용구배란 일정통제를 할 때 1일당 그 작업을 단축하는 데 소요되는 비용의 증가를 의미한다.

57 서블리그(Therblig) 기호는 어떤 분석에 주로 이용되는가?

① 연합작업분석   ② 공정분석

③ 동작분석   ④ 작업분석

해설 Therblig 기호는 동작분석에 이용된다. 즉 동작의 기본요소이다.

58 관리도에서 점이 관리한계 내에 있고 중심선 한 쪽에 연속해서 나타나는 점을 무엇이라 하는가?

① 경향   ② 주기

③ 런   ④ 산포

해설 ㉠ "런"이란 관리도에서 점이 관리한계 내에 있고, 중심선 한 쪽에 연속해서 나타나는 점이다.
㉡ 관리도(Control Chart)는 공정의 상태를 나타내는 특성치에 관해서 그려진 그래프로서 공정을 안전상태로 유지하기 위해 사용

59 모집단의 참값과 측정 데이터의 차를 무엇이라 하는가?

① 오차   ② 신뢰성

③ 정밀도   ④ 정확도

해설 모집단의 참값과 측정 데이터의 차를 오차라 한다.

60 준비작업시간이 5분, 정미작업시간이 20분, lot 수 5주 작업에 대한 여유율이 0.2라면 가공시간은?

① 150분   ② 145분

③ 125분   ④ 105분

해설 $(5+20) \times 5 = 125$분

CBT 모의고사

6회

1 항상 일정한 수압으로 급수할 수 있는 방식은?

① 옥상 탱크식   ② 직결 배관식

③ 압력 탱크식   ④ 상향 배관식

해설 고가 탱크방식(옥상 탱크식)

ⓐ 항상 일정한 수압으로 급수할 수 있다.

ⓑ 수압의 과대 등에 따른 밸브류 등 배관 부속품의 손실이 적다.

ⓒ 저수량을 언제나 확보할 수 있어 단수가 되지 않는다.

ⓓ 대규모 급수설비에 적합하다.

2 전열방식에 따른 과열기의 종류가 아닌 것은?

① 방사형   ② 대류형

③ 방사 대류형   ④ 평행 방사형

해설 (1) 전열방식에 따른 과열기

    ⓐ 방사형(복사형)

    ⓑ 대류형(접촉형)

    ⓒ 방사대류형

(2) 열가스 흐름방식에 따른 과열기

    ⓐ 병류형

    ⓑ 향류형

    ⓒ 혼류형

3 다음 기체 중 가연성인 것은?

① CO_2 ② N_2 ③ CO ④ He

해설 ⓐ CO_2, N_2, He : 불연성 가스

    ⓑ CO, CH_4, C_3H_8, C_4H_{10}, H_2, C_2H_2 : 가연성 가스

4 실제 증발량 1,300kg/h, 급수온도 35℃, 전열면적 50m²인 연관식 보일러의 전열면 환산 증발률은?(단, 발생증기 엔탈피는 659.7kcal/kg이다.)

① 68kg/m² ② 56kg/m²

③ 47kg/m² ④ 30kg/m²

$We = \dfrac{1,300 \times (659.7 - 35)}{539 \times 50} = 30.13$

5 고압기류 분무식 버너의 공기 또는 증기의 압력은 몇 kg/cm² 정도인가?

① 2~7kg/cm² ② 8~12kg/cm²

③ 15~18kg/cm² ④ 20~25kg/cm²

고압기류 분무버너 : 2~7kg/cm² 압력으로 분무시킨다.(증기 또는 공기를 이용하여 분무시킨다.)

6 에너지이용합리화법상 소형 온수보일러란 전열면적과 최고사용압력이 얼마 이하인 보일러인가?

① 10m², 3.5kg/cm² ② 14m², 5.5kg/cm²

③ 15m², 4.5kg/cm² ④ 14m², 3.5kg/cm²

소형 온수보일러
㉠ 전열면적 : 14m² 이하
㉡ 최고사용압력 : 3.5kg/cm² 이하

7 보일러 1마력에 상당하는 증발량은?

① 15.65kg/h ② 16.50kg/h ③ 18.65kg/h ④ 17.50kg/h

보일러 1마력이란 상당증발량 15.65kg/h(8,435kcal)의 발생능력이다.

8 어떤 복수기의 진공도가 600mmHg이다. 절대압력은 얼마인가?(단, 표준대기압은 765mmHg이다.)

① 65mmHg ② 165mmHg ③ 265mmHg ④ 320mmHg

765 - 600 = 165mmHg
절대압력 : ㉠ 게이지 압력 + 대기압
㉡ 대기압 - 진공압

9 차압식 유량계가 아닌 것은?

① 오벌기어 유량계　　　　　　　② 벤튜리관 유량계
③ 플로노즐 유량계　　　　　　　④ 오리피스 유량계

해설 루트식, 오벌기어식은 용적식 유량계이다.

10 보일러 급수내관(內管)을 설치하는 목적과 무관한 것은?

① 급수를 얼마 정도라도 예열하기 위하여
② 냉수를 직접 보일러에 접촉시키지 않게 하기 위하여
③ 보일러수의 농축을 막기 위하여
④ 보일러수의 순환을 좋게 하기 위하여

해설 보일러수의 농축을 방지하기 위해서는 연수기, 분출이나 청관계를 사용하여야 한다.

11 주원료에 따른 내화벽돌의 종류가 아닌 것은?

① 납석질　　　　　　　　　　　② 마그네시아질
③ 반규석질　　　　　　　　　　④ 벤토나이트질

해설 주원료에 따른 내화벽돌
　㉠ 납석질
　㉡ 마그네시아질
　㉢ 반규석질
　㉣ 알루미나 등

12 보일러 제작 후 알칼리 세관을 행할 때 사용하는 약품이 아닌 것은?

① 계면활성제　　　　　　　　　② 인산(H_3PO_4)
③ 가성소다(NaOH)　　　　　　④ 인산소다(Na_3PO_4)

해설 알칼리 세관 시 해당약품
　㉠ 계면활성제
　㉡ 인산소다
　㉢ 가성소다 등

13 보일러 급수장치는 주 펌프 세트 외에 보조펌프 세트를 갖추어야 하는데 관류보일러의 경우 전열면적이 몇 m^2 이하이면 보조펌프를 생략할 수 있는가?

① 12m²   ② 14m²

③ 50m²   ④ 100m²

해설 관류보일러의 전열면적이 100m² 이하이면 보조펌프를 생략할 수 있다.

14 유류 버너 중 유량의 조절범위가 가장 큰 것은?

① 고압기류식 버너   ② 저압공기식 버너

③ 유압식 버너   ④ 회전식 버너

해설 유량조절범위
   ㉠ 고압기류식 버너 : 1 : 10
   ㉡ 저압공기식 버너 : 1 : 5
   ㉢ 유압식 버너 : 1 : 2
   ㉣ 회전식 버너 : 1 : 5

15 액상식 열매체 보일러 온도 120℃ 이하의 온수발생 보일러에 설치하는 방출밸브 지름은?

① 15mm 이상   ② 20mm 이상

③ 25mm 이상   ④ 30mm 이상

해설 액상식 열매체 보일러 및 온도 120℃ 이하의 온수발생 보일러의 방출밸브 지름은 20mm 이상이어야 한다. 120℃ 초과 시에는 안전밸브를 장착하여야 한다.

16 보일러를 장기간(6개월 이상) 사용치 않고 보존하는 경우 가장 좋은 보존방법은?

① 보통 밀폐 보존법   ② 보통 만수 보존법

③ 소다 만수 보존법   ④ 석회 건조 보존법

해설 보일러 보존법
   ㉠ 단기보존 : 소다 만수 보존법
   ㉡ 장기보존 : 석회 건조 보존법

17 보일러 점화 시 발생하는 역화현상(逆火現像)을 방지하는 방법으로 가장 적합한 것은?

① 유압을 높인다.　　　　　　　　② 연도 댐퍼를 닫는다.

③ 슈트 블로를 한다.　　　　　　　④ 포스트퍼지를 한다.

해설 보일러 퍼지
　　㉠ 점화 시 : 프리퍼지
　　㉡ 가동중지 시나 점화실패 시 : 포스트퍼지

18 보일러에서 간헐 분출할 경우의 주의사항으로 틀린 것은?

① 분출은 가급적 시동 후 부하가 가장 클 때 한다.

② 분출작업은 2대의 보일러를 동시에 해서는 안 된다.

③ 분출은 2명이 한 조가 되어 작업을 한다.

④ 분출할 때는 절대로 다른 작업을 해서는 안 된다.

해설 간헐분출(수저분출)은 가급적 보일러 시동 전에 하며 가동 중이라면 부하가 가장 적을 때 실시한다.

19 보일러 운전 시 프라이밍이나 포밍이 발생하는 경우가 아닌 것은?

① 수면과 증기 송출구의 거리가 가까울 때

② 동체 내의 수면이 지나치게 넓을 때

③ 보일러수가 농축하여 불순물이 많을 때

④ 주증기 밸브를 급격히 열었을 때

해설 보일러 동체 내의 수면이 지나치게 넓을 때는 부하변동에 응하기가 수월하다.

20 일의 열당량(熱當量) 값 및 단위로 옳은 것은?

① $\dfrac{1}{427}$ kcal/kg · m　　　　　　② $\dfrac{1}{427}$ kg · m/kcal

③ 427dyne/kg　　　　　　　　　④ 427kcal/kg

해설 ㉠ 일의 열당량 : $\dfrac{1}{427}$ kcal/kg · m

　　㉡ 열의 일당량 : 427kg · m/kcal

21 몰리에르(Mollier) 선도는 x축과 y축을 각각 어떤 양으로 하는가?

① x축 : 비체적, y축 : 온도   ② x축 : 엔탈피, y축 : 엔트로피

③ x축 : 온도, y축 : 엔탈피   ④ x축 : 엔트로피, y축 : 온도

해설 몰리에르 선도
    ㉠ x축 : 엔탈피   ㉡ y축 : 엔트로피

22 물의 임계압력은 절대압력으로 몇 kg/cm²인가?

① 374.15kg/cm²   ② 225.56kg/cm²

③ 647.3kg/cm²   ④ 538kg/cm²

해설 ㉠ 물의 임계압력 : 225.56kg/cm²
    ㉡ 물의 임계온도 : 374.15℃

23 직경이 각각 10cm와 20cm로 된 관이 서로 연결되어 있다. 20cm 관에서의 속도가 2m/s일 때 10cm관에서의 속도는?

① 1m/s   ② 2m/s   ③ 6m/s   ④ 8m/s

해설 10cm의 단면적 $= \dfrac{3.14 \times 0.1^2}{4} = 0.00785 mm^2$

20cm의 단면적 $= \dfrac{3.14 \times 0.2^2}{4} = 0.0314 mm^2$

$\therefore V = 2 \times \dfrac{0.0314}{0.00785} = 8 m/s$

24 1kg의 습포화증기 속에 증기상(蒸氣相)이 $x$kg, 액상(液相)이 $(1-x)$kg 포함되어 있을 때 습기는?

① $x-1$ ② $1-x$ ③ $\dfrac{x}{1-x}$ ④ x

해설 ㉠ 습기도(습도) $y = 1 - x$
    ㉡ 건조도(x)가 1이면 건포화증기
    ㉢ 건조도 x는 습포화증기
    ㉣ 건조도 x가 0이면 포화수$(0 < x < 1)$

25 랭킨사이클의 열효율을 크게 하는 방법으로 옳은 것은?

① 보일러 발생증기의 초압을 높게 하고 초온을 낮게 한다.

② 발생증기의 초압, 초온을 모두 높게 한다.

③ 발생증기의 초압, 초온을 모두 낮게 한다.

④ 발생증기의 초압은 낮게 하고, 초온은 높게 한다.

해설 랭킨사이클(증기원동소사이클)의 열효율을 크게 하려면 발생증기의 초압, 초온을 모두 높게 한다.

26 어떤 보일러 송풍기의 풍량이 3,600m³/min, 송풍압력이 35mmH₂O, 효율이 0.62이면 이 송풍기의 소요동력은?

① 33.2kW   ② 53.5kW   ③ 63.4kW   ④ 87.6kW

해설 소요동력 $= \dfrac{\text{풍압} \times \text{분당풍량}}{102 \times \text{효율} \times 60} = (\text{kW})$

$= \dfrac{35 \times 3,600}{102 \times 0.62 \times 60} = 33.20\text{kW}$

27 보일러에서 증발과정의 변화는?

① 정적변화   ② 등온, 정압변화

③ 정압변화   ④ 단열변화

해설 보일러 증발과정

㉠ 온도일정

㉡ 압력일정

28 물에 대하여 압력이 증가할 때 포화온도 및 증발열의 설명이 옳은 것은?

① 포화온도는 내려가고 증발열은 증가한다.

② 포화온도는 올라가고 증발열도 증가한다.

③ 포화온도는 올라가고 증발열은 감소한다.

④ 포화온도가 내려가고 증발열도 감소한다.

해설 ㉠ 물의 압력이 증가하면 포화온도 상승 증발잠열이 감소

㉡ 1atm에서 물의 증발잠열을 100℃에서 539kcal/kg

㉢ 임계점(225.56kgf/cm², 374℃)에서는 증발잠열이 0kcal/kg이다.

29 동관의 이음방법이 아닌 것은?

① 플라스턴 이음

② 플랜지 이음

③ 용접이음

④ 납땜이음

해설 플라스턴 이음은 연관의 이음방법이다.

30 부력을 이용하여 밸브를 개폐하는 트랩은?

① 벨로스 트랩

② 디스크 트랩

③ 오리피스 트랩

④ 버킷 트랩

해설 ㉠ 부력을 이용하여 밸브를 개폐하는 기계식 트랩 : 버킷 트랩, 플로트 트랩

ⓛ 온도차에 의한 트랩 : 벨로스 트랩, 바이메탈 트랩

ⓒ 열역학을 이용한 트랩 : 디스크 트랩, 오리피스 트랩

31 증기배관의 신축 이음장치에서 가장 고장이 적고 고압에 잘 견디는 것은?

① 벨로스형

② 단식 슬리브형

③ 복식 슬리브형

④ 루프형

해설 증기배관 신축 이음장치에서 가장 고장이 적고 고압에 잘 견디고 신축량이 큰 이음은 루프형(곡관형)이다. 그러나 응력이 생기는 결점이 있고 대형이라 옥외 배관에 사용이 용이하다.

32 KS 배관재료 기호 중 STHA는?

① 보일러 열교환기용 합금강관

② 보일러 열교환기용 스테인리스 강관

③ 일반구조용 강관

④ 보일러용 압력강관

해설 STHA : 보일러 열교환기용 합금강관

33 탄소강의 청열취성 온도 범위는?

① 100~200℃

② 200~300℃

③ 400~500℃

④ 800~1,000℃

해설 탄소강의 청열취성 온도 범위 : 200~300℃

탄소강의 적열취성 온도 범위 : 800~900℃

34 특정열사용기자재 중 검사대상기기의 계속사용검사 신청은 유효기간 만료 며칠 전에 해야 하는가?

① 20일   ② 30일

③ 7일   ④ 10일

해설 특정열사용기자재 중 검사대상기기의 계속사용검사 신청은 유효기간 만료 10일 전에 한국에너지공단 이사장에게 제출한다.

35 보일러 분출장치의 설치 목적으로 잘못된 것은?

① 슬러지분을 배출, 스케일 부착을 방지한다.

② 관수의 신진대사를 원활하게 한다.

③ 증기압력을 일정하게 유지한다.

④ 관수의 불순물 농도를 한계치 이하로 유지한다.

해설 증기의 압력을 일정하게 유지하는 것은 감압밸브이다.

36 탄산마그네슘($MgCO_2$) 보온재의 설명으로 잘못된 것은?

① 염기성 탄산마그네슘에 석면을 8~15 정도 혼합한 것이다.

② 안전사용온도는 무기질 보온재 중 가장 높다.

③ 석면의 혼합비율에 따라 열전도율은 달라진다.

④ 물 반죽 또는 보온판, 보온통 형태로 사용된다.

해설 ㉠ 안전사용온도가 높은 무기질 보온재는 규산칼슘 보온재나 세라믹 파이버 등이다.
㉡ 탄산마그네슘 보온재 안전사용온도는 250℃ 이하
㉢ 규산칼슘(650℃), 세라믹 파이버(1,300℃)

37 보일러 급수 중의 용존가스(O_2, CO_2)를 제거하는 방법으로 가장 적합한 것은?

① 석회소다법   ② 탈기법

③ 이온교환법   ④ 침강분리법

해설 보일러 급수 중 O_2, CO_2 등의 용존가스를 제거하는 방법은 탈기법이나 기폭법을 이용한다.

38 용해 고형물을 제거하는 방법 중의 하나인 이온교환법에서 사용하는 재생재는?

① 탄산칼슘　　　　　　　　　　　② 수산화나트륨

③ 산화칼슘　　　　　　　　　　　④ 탄산나트륨

해설 용해 고형물을 제거하는 방법 중의 하나인 이온교환법 재생재는 소금물이나 수산화나트륨이 사용된다.

39 보일러 동 내부에 점식을 일으키는 것은?

① 급수 중의 탄산칼슘　　　　　　② 급수 중의 인산칼슘

③ 급수 중에 포함된 공기　　　　　④ 급수 중의 황산칼슘

해설 보일러 동 내부에 점식이나 부식을 일으키는 것은 O_2나 공기 등이다.

40 보일러 급수의 외처리방법 중 물리적 처리방법이 아닌 것은?

① 여과법　　　　　　　　　　　　② 침강법

③ 기폭법　　　　　　　　　　　　④ 석회소다법

해설 석회소다법은 화학적인 처리방법이다.

41 피복 아크 용접에서 자기쏠림현상을 방지하는 방법으로 옳은 것은?

① 용접봉을 굵은 것으로 사용한다.　　② 접지점을 용접부에서 멀리한다.

③ 용접 전압을 높여준다.　　　　　　④ 용접 전류를 높여준다.

해설 피복 아크 용접에서 자기쏠림현상을 방지하려면 접지점을 용접부에서 멀리한다.

42 압력배관용 강관의 사용압력이 $40kg/cm^2$, 인장강도가 $20kg/mm^2$일 때의 스케줄 번호는?
(단, 안전율은 4로 한다.)

① 60　　　　　　② 80　　　　　　③ 120　　　　　　④ 160

해설 $Sh = 10 \times \dfrac{P}{S}$, $S = \dfrac{20}{4} = 5$

$\therefore 10 \times \dfrac{40}{5} = 80$

43 아래 용접기호에 대한 설명으로 틀린 것은?

① ▛ : 현장용접

② S : 치수 또는 강도

③ F : 표면 모양의 기호

④ R : 루트 간격

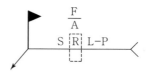

헤설 F : 다듬질 방법의 기호

— : 표면형상의 기호

44 15℃, 15kg/cm²에서 아세톤 1l에 대하여 아세틸렌가스는 몇 l가 용해되는가?(단, 15℃, 1kg/cm²에서 아세톤 1l에 아세틸렌 25l가 용해된다.)

① 250l　　　　② 375l　　　　③ 425l　　　　④ 480l

헤설 25l : 1kg/cm² = x : 15kg/cm²

$x = 25 \times \dfrac{15}{1} = 375l$

45 보일러 내에 아연판을 설치하는 목적은?

① 비수작용방지　　　　　　　② 스케일 생성방지

③ 보일러 내부 부식방지　　　　④ 포밍 방지

헤설 보일러 내에 아연판을 설치하는 목적은 보일러 내부의 부식인 점식을 방지한다.

46 보일러의 공기조절장치에 대한 설명으로 틀린 것은?

① 윈드박스(Wind Box) : 풍도로부터 공기를 받아들여 정압을 동압으로 바꾸어준다.

② 보염기(Stabilizer) : 착화를 확실하게 하며 화염의 안정을 도모한다.

③ 안내날개(Guide Vane) : 공기의 흐름을 균일한 선회류가 되도록 한다.

④ 버너타일(Burner Tile) : 연료와 공기를 노내에 분사하기 위하여 노벽에 설치된 목(Burner Throat)을 구성하는 내화재로 착화와 화염이 안정되도록 한다.

헤설 윈드박스(바람상자)는 풍도를 이용하여 공기를 받아들여 동압을 정압으로 바꾸어 연료와의 혼합으로 완전연소에 일조한다.

47 보일러수의 가성취화현상을 방지하기 위하여 사용되는 청관제가 아닌 것은?

① 리그닌   ② 질산나트륨

③ 인산나트륨   ④ 탄산나트륨

해설 가성취화 방지제
- ㉠ 리그닌
- ㉡ 질산나트륨
- ㉢ 인산나트륨
- ㉣ 탄닌

48 부정형 내화물에 해당되는 것은?

① 캐스터블 내화물   ② 마그네시아 내화물

③ 규석질 내화물   ④ 탄소 규소질 내화물

해설 캐스터블, 플라스틱 내화물은 부정형 내화물이다.

49 에너지 사용량이 대통령이 정하는 기준량 이상이 되는 경우에는 신고하여야 한다. 이때 신고사항이 아닌 것은?

① 전년도의 에너지 사용량 및 제품 생산량

② 당해 연도의 에너지 사용 예정량 및 제품생산 예정량

③ 에너지 사용기자재의 현황

④ 내년도의 에너지 사용량 및 제품생산량

해설 에너지 사용량이 대통령이 정하는 기준량인 석유환산 2,000T.O.E 이상이면 당해 연도 1월 31일까지 ①, ②, ③의 내용을 신고한다.

50 코니시 보일러(Cornish Boiler)에서 노통을 편심으로 설치하는 이유는?

① 보일러의 강도를 향상시키기 위함이다.

② 연소장치의 설치를 쉽게 하기 위함이다.

③ 온도 변화에 따른 신축작용을 흡수하기 위함이다.

④ 보일러수의 순환을 좋게 하기 위함이다.

해설 코니시 보일러에서 노통을 편심시키는 이유는 보일러수의 순환을 좋게 하기 위함이다.

51 온수보일러 설치·시공 기준상 온수보일러의 용량이 50,000kcal/h일 때 급탕관의 크기는?

① 25mm 이상
② 20mm 이상
③ 15mm 이상
④ 10mm 이상

해설 온수보일러 급탕관의 크기
㉠ 50,000kcal/h 이하 : 15mm 이상
㉡ 50,000kcal/h 초과 : 20mm 이상

52 보일러에서 그을음 불어내기(Shoot Blow)를 할 때 주의사항으로 틀린 것은?

① 그을음 불어내기를 하기 전에 드레인(Drain)을 충분히 한다.
② 그을음 불어내기 관을 동일 장소에서 오랫동안 작용시키지 않는다.
③ 댐퍼의 개도를 늘리고 통풍력을 적게 한다.
④ 흡입 통풍기가 있을 경우 흡입통풍을 늘려서 한다.

해설 보일러에서 그을음 불어내기를 할 때는 댐퍼의 개도를 늘리고 통풍력을 다소 크게 한다.

53 다음 중 보일러 관수의 탈산소제가 아닌 것은?

① 아황산소다
② 암모니아
③ 탄닌
④ 히드라진

해설 보일러 관수의 탈산소제(산소 제거)
㉠ 아황산소다
㉡ 탄닌
㉢ 히드라진

54 관의 지지장치에서 이어(Ear), 슈(Shoe) 등은 어떤 종류의 지지장치에 해당되는가?

① 서포트(Support)
② 행거(Hanger)
③ 리스트레인트(Restraint)
④ 브레이스(Brace)

해설 ㉠ 행거 : 리지드 행거, 콘스탄틴 행거, 스프링 행거
㉡ 서포트 : 스프링 서포트, 롤러 서포트, 리지드 서포트
㉢ 리스트레인트 : 앵커, 스톱, 가이드
㉣ 브레이스 : 방진구, 완충기
㉤ 기타 : 이어, 슈, 러그, 스커트

55 공급자에 대한 보호와 구입자에 대한 보증의 정도를 규정해 두고 공급자의 요구와 구입자의 요구 양쪽을 만족하도록 하는 샘플링 검사방식은?

① 규준형 샘플링 검사 ② 조정형 샘플링 검사

③ 선별형 샘플링 검사 ④ 연속생산형 샘플링 검사

해설 공급자 요구와 구입자 요구 양쪽을 만족하도록 하는 샘플링은 규준형 샘플링 검사이다.

56 표는 어느 회사의 월별 판매실적을 나타낸 것이다. 5개월 이동평균법으로 6월의 수요를 예측하면?

월	1	2	3	4	5
판매량	100	110	120	130	140

① 150 ② 140 ③ 130 ④ 120

해설 $\dfrac{100+110+120+130+140}{5}=120$

57 u 관리도의 공식으로 가장 올바른 것은?

① $\bar{u} \pm 3\sqrt{u}$ ② $\bar{u} \pm \sqrt{u}$ ③ $\bar{u} \pm 3\sqrt{\dfrac{u}{n}}$ ④ $\bar{u} \pm \sqrt{n}$

해설 ㉠ u 관리도 공식 $= \bar{u} \pm 3\sqrt{\dfrac{u}{n}}$

㉡ u 관리도 : 단위당 결점수의 관리도

58 도수분포표를 만드는 목적이 아닌 것은?

① 데이터의 흩어진 모양을 알고 싶을 때

② 많은 데이터로부터 평균치와 표준편차를 구할 때

③ 원 데이터를 규격과 대조하고 싶을 때

④ 결과나 문제점에 대한 계통적 특성치를 구할 때

해설 도수분포표를 만드는 목적은 ①, ②, ③의 내용이다.

Answer 55. ① 56. ④ 57. ③ 58. ④

59 설비의 구식화에 의한 열화는?

① 상대적 열화

② 경제적 열화

③ 기술적 열화

④ 절대적 열화

해설 설비의 구식화에 대한 열화는 상대적 열화이다.

60 모든 작업을 기본동작으로 분해하고 각 기본동작에 대하여 성질과 조건에 따라 정해놓은 시간치를 적용하여 정미시간을 산정하는 방법은?

① PTS법

② WS법

③ 스톱워치법

④ 실적기록법

해설 ㉠ PTS법 : 모든 작업을 기본동작으로 분해하고 각 기본동작에 대하여 성질과 조건에 따라 정해 놓은 시간치를 적용하여 정비시간을 산정하는 방법이다.

ⓛ PTS법은 종래의 스톱워치에 의한 직접시간연구법의 결점을 보완하기 위한 새로운 수법이다. (Predetermined Time Standard Time System)

에너지관리기능장 필기

과년도 문제해설

발행일 | 2009. 1. 5 초판 발행
2009. 5. 10 개정 1판1쇄
2011. 3. 1 개정 2판1쇄
2012. 8. 30 개정 3판1쇄
2014. 1. 15 개정 4판1쇄
2014. 3. 15 개정 5판1쇄
2015. 1. 30 개정 6판1쇄
2016. 5. 10 개정 7판1쇄
2017. 3. 30 개정 8판1쇄
2019. 1. 15 개정 9판1쇄
2019. 4. 10 개정 9판2쇄
2021. 1. 15 개정 9판3쇄
2022. 6. 10 개정 10판1쇄
2024. 2. 10 개정 11판1쇄

저 자 | 권오수
발행인 | 정용수
발행처 | 예문사

주 소 | 경기도 파주시 직지길 460(출판도시) 도서출판 예문사
T E L | 031) 955-0550
F A X | 031) 955-0660
등록번호 | 11-76호

정가 : 30,000원

ISBN 978-89-274-5364-2 13530